Astrobiologie – die Suche nach außerirdischem Leben

EBOOK INSIDE

Die Zugangsinformationen zum eBook Inside finden Sie am Ende des Buchs.

Aleksandar Janjic

Astrobiologie – die Suche nach außerirdischem Leben

 Springer

Aleksandar Janjic
Technische Universität München
Freising, Deutschland

ISBN 978-3-662-59491-9   ISBN 978-3-662-59492-6   (eBook)
https://doi.org/10.1007/978-3-662-59492-6

Die Deutsche Nationalbibliothek verzeichnet diese Publikation in der Deutschen Nationalbibliografie; detaillierte bibliografische Daten sind im Internet über http://dnb.d-nb.de abrufbar.

Planung: Stephanie Preuß
Coverbild: © elen31/Adobe Stock unter Verwendung von NASA-Bildmaterial

Springer ist ein Imprint der eingetragenen Gesellschaft Springer-Verlag GmbH, DE und ist ein Teil von Springer Nature.
Die Anschrift der Gesellschaft ist: Heidelberger Platz 3, 14197 Berlin, Germany

Für Mama.
Eine fleißige Infektionsbiologin ihrer Zeit,
bevor der Krieg ihre Interessen kreuzte.

Vorwort und Ziel

Die großen Distanzen verbargen uns bisher die vielfältigen und komplexen Strukturen der Sterne und ihrer Planetensysteme. Doch dieser Schleier löst sich aufgrund moderner technischer Möglichkeiten allmählich. Die kleinen leuchtenden Punkte am Nachthimmel wurden schon im letzten Jahrhundert zu kernfusionsbetreibenden und energiespendenden Lebensstiftern. Und noch kleinere Pünktchen werden mit der heutigen Forschung zu unterschiedlichsten Welten voller Möglichkeiten. Acht Planeten kennen wir schon seit Langem aus unserer direkten Nachbarschaft im Sonnensystem. Zu der Enthüllung tausend weiterer Welten möchte ich Sie mit diesem Buch einladen. Vor allem aber auch zu einer Neuinterpretation unseres Heimatplaneten Erde.

Die Astrobiologie behandelt das Phänomen des Lebens im uns bekannten Universum. Aber sie ist – und das sei gleich am Anfang dieses Buches erwähnt – eine ausgebeutete Naturwissenschaft. Das ist nicht nur den nach Schlagzeilen eifernden Medien geschuldet, sondern zum Teil auch der Ausführung der Disziplin an sich. „Vielleicht", „Könnte", „Möglicherweise" – die Astrobiologie der letzten Jahrzehnte war oftmals nur noch eine Disziplin des Konjunktivs und verkam mancherorts zu einem wissenschaftlichen Gebilde von Spekulationen, das auf Spekulationen über Spekulationen basierte.

Dieses Buch soll ein Gegenbeispiel sein und Ihnen die moderne und evidenzbasierte Astrobiologie vermitteln. Insbesondere führt es in das Forschungsgebiet der Exoökologie bzw. Astroökologie ein, welches einen wesentlichen Teilbereich der Astrobiologie verkörpert und die Interaktion von Lebewesen mit ihrer planetaren Umwelt unter die Lupe nimmt.

Mit dem Präfix exo- (griechisch: „außen") kennzeichnet man wissenschaftliche Disziplinen, die sich mit Themen außerhalb eines definierten Rahmens oder Körpers beschäftigen, in dem der jeweilige Beobachter selbst eingebettet ist. In einem Bezugssystem also, das alleinig mit seinen intrinsischen Angaben nicht ausreicht, um Phänomene außerhalb dieses Systems zu beschreiben. Dieses Präfix ist insbesondere in der Astrophysik gebräuchlich, der größten Vertreterin innerhalb der Naturwissenschaften in diesem Zusammenhang. Sie beschreibt die physikalischen Grundlagen von Systemen und Strukturen, die im Universum außerhalb von unserem irdischen Bezugssystem existieren und wirken. Das beinhaltet nicht nur unser Sonnensystem, sondern auch ferne Sterne und deren einzelne planetaren Begleiter, oder gar ganze Galaxien und großmaßstäbliche kosmische Strukturen. Die Vorsilbe astro stammt schließlich aus der griechischen Bezeichnung für den „Stern".

Im Zuge der bahnbrechenden kosmologischen und teilchenphysikalischen Untersuchungen und Erkenntnisse des letzten Jahrhunderts erlangte neben der Astrophysik auch die Astrobiologie innerhalb der astronomischen Fachgemeinde zunehmend Aufmerksamkeit. Vor einigen Jahrzehnten wurde die Disziplin gemeinhin auch als Exobiologie bezeichnet und sorgte mit vielen spannenden Raumfahrtmissionen und einigen einprägenden Science-Fiction-Filmen auch in der allgemeinen Bevölkerung, vor allem bei Kindern mit akutem Astronauten-Fieber, für Staunen und große Augen. Die Astrobiologie skaliert als interdisziplinäre Naturwissenschaft biochemische, molekular- und mikrobiologische Fragestellungen auf den astronomischen Maßstab und untersucht somit fachübergreifend nichts Geringeres als die Entstehung, Ausbreitung und Evolution – die Vergangenheit, Gegenwart und Zukunft – lebendiger Systeme im uns bekannten Universum.

Für Astrobiologen gibt es einen ganz besonderen Planeten von elementarer Bedeutung: die Erde. In der astrobiologischen Forschung geht es in erster Linie nicht um die Weiten des Alls und Außerirdische, um ferne Welten und exotische Wesen. Sondern darum, die Evolution der Erde und die Entwicklung des Lebens als uns derzeit einzig zugängliches Referenzsystem für eine vor Leben blühende Welt zu verstehen. Im Zentrum des astrobiologischen Verständnisses steht somit die irdische Ökologie, die auch ohne einen astronomischen Bezug ein elementarer Bestandteil der Biowissenschaften ist. Ökologen untersuchen sowohl die Interaktionen von einzelnen Organismen und Populationen mit Mitlebewesen und anderen Lebensgemeinschaften, als auch deren Wechselwirkungen mit ihrer abiotischen, also der nicht lebendigen chemisch-physikalischen Umwelt. Wesentlicher Bestandteil der Ökologie ist die Erforschung der Zusammensetzung und Diversität von tierischen, pflanzlichen und mikrobiellen Populationen sowie deren gegenseitigen Abhängigkeiten und die räumliche und zeitliche Entwicklung der Akteure eines Ökosystems. Sei es nun im Zuge längst vergangener Erdzeitalter („Paläoökologie") oder eines zukünftig anstehenden Klimawandels. Als Astrobiologe versteht man die Erde und ihre Pracht an Leben als den Stein von Rosetta, der uns helfen kann, die Schrift der irdischen Entwicklung des Lebens zu dechiffrieren und in einen neuen astronomischen Kontext zu stellen. Natürlich müssen wir uns aber auch dessen bewusst sein, dass wir uns mit dem Fokus auf die Erde zu einem planetaren Chauvinismus bekennen, während wir im entgegengesetzten Fall lediglich im spekulativen Reich der Science-Fiction verbleiben würden.

Indem sie fachübergreifende Aspekte mit einbezieht, weitet nicht nur die Astrobiologie, sondern auch die Ökologie rein biologische Fragestellungen ebenfalls auf eine großmaßstäbliche Ebene aus. Von den mikroskopischen Beobachtungen innerhalb einer Zelle über multizelluläre Organismen, komplexen Populationen und Lebensgemeinschaften bis hin zur landschaftlichen und globalen Skala. Durch die Kombination ökologischer und astrophysikalischer Fragestellungen geht die Astrobiologie folglich noch einen Schritt weiter und untersucht letztlich das ganzheitliche System Leben und dessen Wechselwirkungen mit den abiotischen Prozessen extraterrestrischer Welten und den beschreibbaren Energien des uns bekannten Universums. Und zwar unter rein naturwissenschaftlichen Gesichtspunkten.

Letzteres muss heutzutage leider mit Nachdruck betont werden. Auf den Gebieten der Astrophysik – vor allem der Kosmologie und der Quantenmechanik – versucht sich oftmals ideologisch anmutendes Gedankengut hinter mehr oder weniger wissenschaftlich wirkenden Darstellungen zu verbergen. Die Bandbreite reicht hier von radikalen Anhängern der Flat-Earth-„Theorie", welche die sphärische Gestalt der Erde rein dogmatisch verneinen, bis hin zu den Vertretern eines universell wirkenden und mystischen Quantenbewusstseins. Hinsichtlich der Astrobiologie werden die dabei vorgebrachten Konzepte und Verschwörungstheorien von manchen Medien sogar noch gefördert, welche die Themen der Astrobiologie mit „Dokumentationen" über spektakuläre Entführungen durch Aliens, vorantike Außerirdische oder geheime Area-51-Aufzeichnungen in Verbindung bringen. Das Ergebnis dieser Entwicklung sind selbsternannte Propheten, deren Zukunftsvisionen je nach ideologischem Lager vom Untergang der

Welt bis hin zu einem riesigen Sprung in der menschlichen Evolution reichen. Diese Art der Unterhaltung wäre nicht weiter schlimm, wenn meinen Beobachtungen zufolge nicht jugendliche Konsumenten besonders empfänglich für dieses Gedankengut wären. Wenn wir unsere Studiengänge in Schulen vorstellen, stelle ich fest, dass solche Beiträge in Gesprächen mitunter völlig überzeugt als fundierte und ausschließliche Quellen genutzt werden, während es an den grundlegenden biologischen und physikalischen Kenntnissen mangelt – seien es nun elementare genetische und metabolische Zusammenhänge oder die Grundlagen der Mechanik und Elektrizität.

Natürlich gehört es aber zweifelsfrei zum Wesen der Naturwissenschaft, dass nichts als endgültig absolut angesehen oder etwas ein für allemal ausgeschlossen werden kann, also auch eine gesunde Portion Kreativität und Phantasie vorhanden sein darf. Die Naturwissenschaft, und somit auch die Astrobiologie, ist schließlich immer der aktuellste Stand des Irrtums. Zum Glück! Denn genau dieses undogmatische Vorgehen, welches das stetige Revidieren und die fortlaufende Weiterentwicklung natürlicherweise beinhaltet, unterscheidet die evidenzbasierte Astrobiologie von dogmatischen und vermeintlich ewig gültigen Absolutismen. Dieses Buch wird Ihnen dieses wissenschaftliche Vorgehen, aber auch die notwendigen Rückschläge und die Ambivalenz in der astrobiologischen Forschung näherbringen.

Dieses Vorwort ist in erster Linie also ein persönliches Anliegen, um mögliche vorhandene Differenzen zwischen den Erwartungen einiger Leser und dem tatsächlich ökologischen und astrophysikalischen Fachwissen, das mit diesem Buch verständlich vermittelt werden soll, im Vorhinein aufzulösen. Statt Alien-Entführungen und UFO's werden hier neben planetaren Atmosphären und chemischen Potenzialen auch genetische Anpassungen und physiologische Adaptationen, populationsdynamische Effekte und geochemische Stoffkreisläufe auf einem allgemein verständlichem Niveau behandelt. Allesamt Wörter, die zugegebenermaßen mit Sicherheit nicht am besten geeignet sind, um ein Buch besonders populär zu vermarkten. Aber Wörter, die für die ernsthafte astrobiologische Forschung unerlässliche und grundlegende Voraussetzung sind.

Daraus folgernd soll Ihnen die astrobiologische Forschung in diesem Buch ausschließlich mit Verweisen auf die Primärliteratur näher gebracht werden. Damit sind Veröffentlichungen gemeint, die von Wissenschaftlern und Instituten in internationalen Fachzeitschriften veröffentlicht und von mehreren wissenschaftlichen Gutachtern im sogenannten Peer-Review-Prozess unabhängig auf methodische, argumentative und mathematische Fehler geprüft wurden. Verweise auf sekundäre Literatur, Populärzeitschriften oder irgendwelche Websites und Foren in den astronomischen Weiten des Internets werden Sie in diesem Buch nicht finden. Als Grundlage dieses Buches dient das kleine Buch „Lebensraum Universum", welches ich 2017 veröffentlicht habe und welches hiermit mit deutlich größerer Breite und Tiefe neu aufgesetzt wird.

Molekularbiologen und Biochemiker können uns verstehen helfen, wie die Vorläufer lebendiger Zellen entstanden sind und was das für die Möglichkeit der Entstehung von Leben in anderen Zeiten und Orten des Universums bedeutet. Evolutionsökologen zeigen uns, ob und wie sich Organismen an harte Umweltbedingungen auf der Erde angepasst haben und fortlaufend anpassen, und welche Potenziale somit für das Überdauern in extraterrestrischen Habitaten geschlussfolgert werden kann. Geophysiker und -chemiker können hingegen die elementare Entwicklung der Oberflächen, Böden und Untergründe von fernen Körpern und der Erde erläutern, während Astrophysiker mit dem Licht der Sterne lebensfreundliche Atmosphären jenseits der Erde aufspüren. Die Notwendigkeit der transdisziplinären Zusammenarbeit und Kooperation in der astrobiologischen Wissenschaft soll durch dieses Buch ebenfalls vermittelt werden. Ich möchte Ihnen das Phänomen Leben aus verschiedensten Blickwinkeln als einen planetaren Prozess vorstellen.

Insgesamt folgt das Buch einem Top-Down-Ansatz. Das bedeutet, dass ich mit dem Großen beginne und allmählich in kleinere und detailliertere Themengebiete einführe. Das erste Kapitel führt Sie in die astrophysikalischen Grundlagen der Detektion und Analyse von Exoplaneten ein. Der Maßstab ist anfangs also noch astronomisch und behandelt ferne Sternsysteme mit ihren bekannten planetaren Begleitern, bei denen mittlerweile mithilfe von modernsten Weltraumobservatorien gezielt nach ökologischen und technologischen Signaturen Ausschau gehalten wird. Anschließend geht es zurück zur Erde, ihren extremen Habitaten, sowie den dort heimischen und hartnäckigen Lebensformen und deren Potenzial, extraterrestrische Reisen unter bewegungsökologischen Gesichtspunkten erfolgreich zu überstehen und andere Welten im Sonnensystem mit organischem Material und Leben auszustatten. Uns Menschen mit eingeschlossen. Der letzte Teil dieses Buches umfasst schließlich die allerkleinste und elementare Skala des Lebens. Die Konzepte der sogenannten präbiotischen Evolution helfen uns zu verstehen, wie die chemische Entstehung der ersten lebenden Entität stattgefunden hat, die sodann das Fundament der ersten Zelle und aller ökologischen Interaktionen auf der Erde bildete. Und gerade aus diesen Einblicken in die kleinstmögliche ökologische Skala öffnet sich der Maßstab in den letzten Abschnitten des Buches wieder zu den größtmöglichen astronomischen Fragestellungen – zur Möglichkeit der Entstehung von Leben auf erdähnlichen Welten oder in völlig exotischen Ökosystemen unseres Kosmos, die uns manchmal näher gelegen sind als gedacht.

Viel Vergnügen.

Freising   Aleksandar Janjic
10. Mai 2019

Inhaltsverzeichnis

1

Signaturen des Lebens

Leben verändert abiotische Bedingungen und hinterlässt mitunter massive Spuren in der Umwelt – sei es durch Bakterien vor Milliarden von Jahren oder durch uns Menschen heute. Die Suche nach solchen Ökosignaturen auf fernen Welten hat bereits begonnen. Doch welche Indikatoren für Leben sind besonders aufschlussreich und welche Welten sollen zuerst untersucht werden?

Die Nacht ist sternenklar. Sie sind der Leiter eines Hightech-Observatoriums und beobachten den Nachthimmel mit den neuesten Instrumenten. Die Wanderung einiger benachbarter Planeten können Sie sogar ohne technische Hilfsmittel mit Ihrem großen Sehpigment erkennen. Langsam wird es am gebogenen Horizont etwas heller. Die erste Sonne kündigt den Morgen an. Einige Minuten später beenden Sie Ihre Beobachtung schließlich, da der zweite Sonnenaufgang den Himmel so hell erstrahlen lässt, dass der Glanz des anvisierten Sterns in der giftgrünen Atmosphäre verblasst. Kurz zuvor konnten Sie noch den blau-weiß schimmernden Punkt in einer sehr nahen Konstellation ausfindig machen, den Sie in den vergangenen Nächten eindeutig als Planeten identifizieren konnten. Ein Gesteinskörper mit Gashülle. Jedoch ist er nur an einen weiß-gelblich strahlenden Mutterstern gebunden. Der Planet ist deutlich schwerer und größer als Ihr Heimatkörper und vermutlich mit einer anderen Flüssigkeit benetzt. Mit H_2O. Ist dieses Lösungsmittel überhaupt als Grundlage für lebendige Ökosysteme geeignet? Lassen molekulare Eigenschaften der hauptsächlich aus Stickstoff und Sauerstoff bestehenden Atmosphäre vielleicht sogar Rückschlüsse auf ökologische Aktivitäten von Lebewesen zu? Ist Leben auf dieser fernen blauen Welt indirekt nachweisbar?

© Springer-Verlag GmbH Deutschland, ein Teil von Springer Nature 2019
A. Janjic, *Astrobiologie – die Suche nach außerirdischem Leben*,
https://doi.org/10.1007/978-3-662-59492-6_1

Solche Fragen stellen sich nicht nur Alien-Wissenschaftler, die die blau-weiß schimmernde Erde mit großen Sehpigmenten im Visier haben, sondern auch irdische Kollegen aus Fleisch und Blut, die den Nachthimmel nach allerlei Mustern und Farben akribisch abspannen. Oder besser gesagt: Sie hoffen, dass sie sich in den nächsten Jahren solche Fragen stellen können, weil ihre Teleskope immer mehr Daten von Planeten außerhalb des Sonnensystems einfangen und präziser verarbeiten können. Beispielsweise gelingt das mit den imposanten Mauna-Kea-Observatorien auf Hawaii oder dem gigantischen Allen Telescope Array, 500 Kilometer nordöstlich von San Francisco, aber auch mit Weltraumteleskopen, die nicht an die Ober-fläche der Erde gebunden sind. Zumindest die Konstruktionen auf der Erde können mit ihren gewaltigen Radioteleskopen jedoch durchaus auch außer-irdisch anmuten, vor allem, wenn sich die metallischen Lauscher in feiner Abstimmung ganz gemächlich wie von Geisterhand gemeinsam und syn-chron bewegen.

Wenngleich auf der Erde durch den Bau und Betrieb solch riesiger Obser-vatorien bereits heute enorme technische und finanzielle Anstrengungen unternommen werden, um Ökosysteme auf fernen Planeten erstmals auf-zuspüren, so befürchten einige Menschen für die nahe oder ferne Zukunft jedoch eher das umgekehrte Szenario. Hollywood-Blockbuster, die ein Ende der menschlichen Zivilisation durch Alien-Invasionen (mal mehr, mal weni-ger kreativ) darstellen, präsentieren diese Furcht wohl am eindrucksvollsten: Nicht wir werden andere Lebensformen entdecken, sondern wir werden von anderen gefunden!

Aber auch hollywoodferne und eher nüchterne Astrophysiker um Carl Sagan von der Cornell University in Ithaca, New York, erlaubten sich im Jahr 1993 die Veröffentlichung eines Artikels mit dem Titel „A search for life on earth from Galileo spacecraft" („Suche nach Leben auf der Erde vom Raumschiff Galileo aus"). Im Text wurde zusätzlich die amüsant wirkende Fragestellung „Is there Life on Earth?" („Gibt es Leben auf der Erde?") gestellt, und zwar so, als ob ein Außerirdischer die Erde beobachten würde. Ganz so scherzhaft konnte diese Publikation jedoch nicht gemeint sein – der Artikel wurde schließlich in einer der renommiertesten Wissenschafts-zeitschriften (Nature) veröffentlicht (Sagan et al. 1993). Was war mit diesen Fragen also gemeint?

Zur selben Zeit, als der Artikel von den Forschern eingereicht wurde, befand sich die Raumsonde Galileo bereits im interplanetaren Raum und hatte den etwa 780 Millionen Kilometer entfernten Gasriesen Jupiter als Reiseziel. Die Ergebnisse dieser Reise benutzten die Forscher um Carl Sagen für ihre Publikation. Besonders relevant für ihre Arbeit war, dass Galileo nicht direkt zum größten Planeten unseres Sonnensystems fliegen konnte, sondern zuvor ein sogenanntes Swing-by-Manöver an der Erde absolvieren musste, welches im deutschsprachigen Raum auch als „Graviationsmanöver" bezeichnet wird. An dieser frühen Stelle möchte ich Ihnen dieses Prinzip der Raumfahrt bereits kurz erläutern, da es Ihnen in diesem Buch noch häufiger begegnen wird.

Stellen Sie sich hierfür eine Raumsonde vor, die von der Erde zu einem anderem Planeten weit außen im Sonnensystem reisen soll. Die Raumsonde kann auf ihrem Weg nach draußen auch andere dazwischenliegende Planeten passieren – und genau dann kann ein Gravitationsmanöver absolviert werden. Man kann die für die Raumfahrt ungemein wichtige Swing-by-Methode vereinfacht mit einer Murmel veranschaulichen, die Sie in einen großen gewölbten Trichter werfen, sodass sie die Trichterachse umkreist. Die Murmel dreht ihre Kreise im Trichter mit Verlauf der Zeit immer weiter unten und somit näher an der Achse. Dabei wird sie aufgrund der gekrümmten Innenfläche zum Zentrum hin natürlich auch immer schneller. Wenn man den Mittelpunkt des Trichters gedanklich nun durch einen Planeten mit seinem Gravitationspotenzial ersetzt und die Murmel durch Galileo, dann ist es die Raumsonde, die beschleunigt wird, weil sie der gekrümmten Raumzeit (Trichterwand) um einen massereichen Körper folgt. Kurz gesagt: Die Masse der Erde oder eines anderen Planeten zieht an einer Raumsonde und beschleunigt diese. Die oft zu hörende Aussage, dass die direkte Verbindung von A nach B die kürzeste und schnellste Route ist, stimmt in der Raumfahrt also nicht unbedingt. Erst indem eine Sonde bei einem Planeten ihre Kreise zieht und sich somit in dessen Gravitationspotenzial vorübergehend beschleunigt, erreicht sie eine höhere Geschwindigkeit, was es ihr sodann ermöglicht, ein viel weiter entferntes Reiseziel insgesamt früher und mit weniger Treibstoff zu erreichen als wenn sie von Anfang an mit geringerer Geschwindigkeit einer perfekten Gerade durch den interplanetaren Raum gefolgt wäre. Auch Sie wären auf dem Jahrmarkt vermutlich deutlich schneller am anderen Ende des Geländes, wenn Sie sich gegen einen Spaziergang entscheiden und sich lieber in ein Karussell setzen, das sich schnell dreht und Sie mit dieser Energie quer über das Gelände schleudert. Auch die Murmel erreicht im Trichter selbstverständlich eine viel höhere Endgeschwindigkeit und kann anschließend schneller durch den Raum flitzen, als wenn Sie sie nur mit einem kleinen Fingerstups von einem Ende des Wohnzimmers zum nächsten gestoßen hätten. Vorsicht ist aber natürlich geboten: Die Murmel erreicht irgendwann das Loch am Grund des Trichters und fällt hindurch. Das sollte bei Raumsonden möglichst nicht passieren, denn hier entspricht dies dem Sturz auf den betreffenden Planeten. Um einen Crash mit dem Planeten zu verhindern, verlässt die Sonde die Umlaufbahn des Planeten also irgendwann wieder und folgt mit erhöhter Geschwindigkeit einem neuen Kurs. (Manchmal kann ein Kamikaze-Sturzflug auf einen Planeten aber gerade aufgrund astrobiologischer Gründe sehr wohl gewünscht sein, wie Sie im zweiten Kapitel erfahren werden). So wird – um ein aktuelles Beispiel zu nennen – auch die im Oktober 2018 gestartete Raumsonde BepiColumbo, die die ausstehenden Geheimnisse des Planeten Merkur ab 2025 enträtseln soll, nicht nur einen Swing-by an der Erde durchführen, sondern auch zweimal an der Venus und sechsmal am Zielplaneten Merkur selbst – und das hoffentlich ohne einen Crash.

Kommen wir mit diesem Grundlagenwissen aber wieder zurück zu Carl Sagans Artikel und Galileos Suche nach Leben auf der Erde. Eigentlich ist der Effekt der gravitativen – und somit geometrisch gut beschreibbaren – Wirkung des Swing-by-Manövers hauptsächlich dafür gedacht, die ausgesandten Raumsonden deutlich schneller und treibstoffsparender zu den entfernten Himmelskörpern in unserem Sonnensystem manövrieren zu können. Doch bei ihrem Swing-by an der Erde nutzten die beteiligten Forscher aus, dass die Messinstrumente von Galileo einige Zeit lang in Richtung Erde ausgerichtet waren. Sie aktivierten diese Geräte vorübergehend für die Beobachtung unseres Heimatplaneten, obwohl sie in der astrophysikalischen Forschung eigentlich für die Analyse ferner Gesteins- und Gasplaneten, begleitender Monde, weit entfernter Sterne oder gar gigantischer kosmischer Strukturen gedacht sind. Die Zeit, die Galileo gebraucht hat, um sich an der Erde zu beschleunigen, nutzten die Astronomen um Carl Sagan also aus, um die Erde selbst zu observieren.

Galileo blickte vor Antritt seines neuen Kurses in die Kälte und Dunkelheit des Alls also noch einmal zurück auf den blau schimmernden Ort seiner Entstehung. Was würden die Messgeräte, darunter hochsensible Infrarot- und UV-Spektrometer, über seine Heimat anzeigen? Wie präsentiert sich unsere Bleibe, die eindeutig lebendig ist, in den Weiten des Alls? Wäre Galileo ein außerirdisches Raumschiff, würden die Messgeräte der Aliens dann Alarm schlagen, weil die Existenz von Leben auf unserem blau schimmernden Planeten sehr wahrscheinlich ist? Oder atmende Organismen laut den Anzeigen sogar vorhanden sein müssen?

Und vor allem: Was würde es für uns bedeuten, wenn wir in einem fremden Planetensystem einen Körper aufspüren, dessen Observierung ähnliche, vielleicht sogar identische Ergebnisse auf unseren Messinstrumenten anzeigt? Ein erdähnlicher Planet? Oder gar Terra 2 – die zweite Erde?

1.1 Am Anfang etwas Astrophysik: der Nachweis von Exoplaneten

Schon mit dem Start des Weltraumzeitalters Mitte des letzten Jahrhunderts wurde die Entdeckung von Leben fernab der Erde als ein großes Ziel der Naturwissenschaften formuliert. Damals war, abgesehen von einigen Spekulationen, von Planeten außerhalb des Sonnensystems selbstverständlich aber noch nicht maßgeblich die Rede, sondern im Fokus standen erste einmal unsere planetaren Nachbarn (Lederberg 1960). Die aussichtsreichste Suche nach Leben außerhalb der Erde besteht neben zukünftigen Missionen zu unseren planetaren Nachbarn heute aber sehr wohl in der Strategie, Atmosphären von sogenannten Exoplaneten aufzuspüren und ihre ganzheitliche molekulare Zusammensetzung zu analysieren. Exoplaneten sind schlicht und ergreifend Planeten, die nicht unseren Mutterstern Sonne umlaufen, sondern in anderen Planetensystemen eingebettet sind oder im Kosmos frei von stellaren Eltern ihre Bahnen ziehen. Sowohl Astrophysiker als auch Astrobiologen interessieren sich insbesondere für die Atmosphären dieser Exoplaneten, da sie aufzeigen, welche klimatischen und chemischen Bedingungen auf der Oberfläche dieser fernen Körper erwartet werden können. Bevor die Gashülle eines Exoplaneten nach ökologischen Indizien durchleuchtet werden kann, muss zunächst aber selbstverständlich erst der fremde Himmelskörper selbst aufgespürt werden.

Das hört sich für Sie angesichts modernster und imposanter Teleskopensysteme vielleicht nicht besonders schwierig an. Doch überlegen Sie selbst einmal, wie Sie einen Planeten entdecken wollen würden, der (1) im Gegensatz zu Sternen nicht selbst leuchtet, der (2) mindestens vier Lichtjahre entfernt ist und zudem (3) im Vergleich zu seinem Mutterstern verschwindend klein ist? Zur Veranschaulichung: Der nächstgelegene Stern Proxima Centauri ist rund 40.000.000.000.000 Kilometer, also 4 Lichtjahre, entfernt und die Erde passt mehr als eine Million Mal in die Sonne. Wenn Sie einen gewöhnlichen Stern am Nachthimmel betrachten und dort einen Planeten finden wollen würden, müssten sie also einen blassen und eine Million Mal kleineren Lichtpunkt erkennen können.

1.1.1 Planetenfotografie

Falls Sie daran gedacht haben, einfach durch ein extrem leistungsstarkes Teleskop zu schauen oder eine stark vergrößerte Fotografie in einem Observatorium zu erstellen, muss ich Sie im Hinblick auf die bisher realisierte

Technik leider enttäuschen. Vor allem ein Problem bringt solche Strategien nämlich oft zum Erliegen: Ein Stern strahlt in der Regel so hell, dass jeder nicht leuchtende und auch jeder reflektierende Körper in der Nähe völlig überstrahlt wird. Sie sehen also nichts weiter als einen riesigen Licht-Fleck. Selbst die modernsten heutigen Teleskope mit ihren weiten Spiegeldurchmessern und sehr feinen Trennschärfen können einen fernen Stern und seine planetarischen Begleiter im sichtbaren Licht meistens nicht direkt differenzieren und einen Planeten somit auch nicht separat vom Mutterstern abbilden. Einen Exoplaneten auf diese Art und Weise zu suchen, wäre so aussichtsreich wie der Versuch, in der Nacht aus mehreren Kilometern Entfernung eine winzige Motte zu fotografieren, die vor einem gewaltigen Lichtstrahler eines Fußballstadions herumschwirrt.

Das soll jedoch keineswegs heißen, dass es unmöglich ist, einen fernen Exoplaneten abzubilden – das ist bereits mehrmals gelungen. Und zwar sage und schreibe 125-mal (Stand Mai 2019) (Exoplanet Database 2019). Man spricht bei dieser Methode vom „Direct Imaging" und für sie werden raffinierte Tricks benötigt, die in jüngster Zeit nicht nur immer häufiger, sondern auch fortlaufend erfolgreicher von Astro-Optikern angewandt wurden.

Die Grundlage für eine direkte Abbildung eines Exoplaneten ist zunächst, dass astronomische Kameras nicht wie handelsübliche Fotoapparate funktionieren, die das von uns sichtbare Strahlungsspektrum (also Licht) auffangen. Beim Direct Imaging wird stattdessen die Infrarotstrahlung aufgefangen. Die alltagssprachliche Bezeichnung „Wärmestrahlung" ist hierbei durchaus zutreffend, weshalb die bekannten rot bis blau gefärbten Wärmebilder eines menschlichen Körpers oder eines Gebäudes als Vergleich zu Bildern von Exoplaneten herangezogen werden können. Durch Infrarotaufnahmen ist der Kontrast zwischen einem stark strahlenden Stern und der deutlich geringeren Wärmestrahlung eines Exoplaneten deutlich besser erkennbar und auch differenzierter abbildbar, sofern die Körper nicht zu nahe beieinander liegen. Zusätzlich kann die Strahlung eines Sterns, bei dem Exoplaneten vermutet werden, stets mit einer passgenauen Blende auf dem Teleskopspiegel überdeckt werden, um den Überstrahlungseffekt zumindest etwas einzuschränken (oft hilft das aber auch nicht viel).

Das erste Foto eines Exoplaneten wurde der Weltöffentlichkeit im Jahr 2004 präsentiert (Abb. 1.1). Es wurde vom in Chile verorteten Very Large Telescope (VLT) der Europäischen Südsternwarte (ESO, European Southern Observatory) veröffentlicht und zeigt sowohl ein leuchtendes Objekt in der Mitte als auch einen kleineren, rötlich schimmernden Himmelskörper, der sich als Exoplanet entpuppte und den kryptischen Namen 2M 1207-39 b erhielt (Chauvin et al. 2004; ESO 2005). Dieser Planet ist über

Abb. 1.1 2M1207b ist der erste Exoplanet (orange), der direkt fotografiert werden konnte. Diese Aufnahme des Very Large Telescope zeigte außerdem erstmals, dass ein Planet an einen Braunen Zwerg (weiß) gebunden sein kann (© ESO)

1.600.000.000.000.000 (1,6 Billiarden) Kilometer von uns entfernt, was bedeutet, dass sich das Licht vor rund 170 Jahren von dort aus auf den Weg machte, um schließlich im Detektor des Teleskops in Chile zu landen.

Das klingt natürlich zunächst nach einem großen Erfolg – jedoch weiß man als Astrophysiker nur zu gut, dass dieses Bild nur deswegen gelingen konnte, weil der große leuchtende Körper in der Mitte (Abb. 1.1) tatsächlich gar kein echter Stern ist. Stattdessen ist mit diesem Exoplaneten zum ersten Mal der Nachweis gelungen, dass Planeten einen sogenannten Braunen Zwerg umrunden können. Auch wenn der in der Mitte gelegene weiße Körper in Abb. 1.1 stark zu leuchten scheint, handelt es sich tatsächlich nicht um einen klassischen Stern, sondern um einen Braunen Zwerg. Diese Bezeichnung wird Himmelskörpern vergeben, die weder Sternen noch Planeten zugeordnet werden können, weil sie hinsichtlich ihrer Masse in einer dazwischenliegenden Grenzzone liegen. Im Gegensatz zu „echten" Sternen haben sie mit ihrer kleineren Masse einen zu geringen Druck und eine vergleichsweise kühle Temperatur, sodass die Wasserstofffusion in ihrem Kernbereich nicht zünden kann (die stabile Fusion von Wasserstoff zu Helium im Kernbereich ist die grundlegende Voraussetzung, um einen Himmelskörper als Stern zu klassifizieren). Im Unterschied zu den noch kleineren Gasplaneten jedoch, werden im Inneren eines Braunen Zwergs sehr wohl Deuterium (schwerer Wasserstoff) und Lithium fusioniert, weil für diesen Prozess genug Druck und Temperatur herrscht. Wenn man so will, ist ein Brauner Zwerg also ein Zwitter zwischen

Stern und Gasplanet. Merken Sie sich also: Die Unterscheidung von Planeten und Sternen ist im Gegensatz zur geläufigen Meinung vieler Menschen nicht immer eindeutig, sondern verschwimmt irgendwo in diesem Grenzbereich der Braunen Zwerge. Die theoretische untere Grenzmasse, die eine Kernfusion à la Brauner Zwerg ermöglicht, liegt bei etwa 13 Jupitermassen, und erst ab etwa 75 Jupitermassen gehen wir davon aus, dass die stellare Kernfusion von Wasserstoff dominiert. Diese Körper werden dann als „Rote Zwerge" bezeichnet, die zwar immer noch deutlich kleiner sind als die Sonne, aber nun durchaus zu den echten Sternen gezählt werden (unsere Sonne besitzt etwa das Tausendfache der Jupitermasse). Mit diesem Wissen können Sie auch für unser Planetensystem einige fiktive Schlüsse ziehen. Hätte zur Entstehungszeit unseres Sonnensystems etwa deutlich mehr Material zur Verfügung gestanden, hätte unsere Sonne statt den großen Gasplaneten Jupiter also womöglich einen noch größeren Braunen Zwerg als Begleiter. Und das wäre aus astrobiologischer Sicht für die Entwicklung der inneren Planeten inklusive Erde nichts Gutes gewesen, da diese entweder aus dem System geschleudert oder von den massereichen Körpern selbst verschluckt worden wären. Diese Umstände können für Astrophysiker übrigens nicht nur fiktive Konstellationen, sondern auch reale Forschungsprobleme sein. So fand ein Astronom der Pennsylvania State University einen neuen und spannenden Himmelskörper in der direkten Nachbarschaft des Sonnensystems, doch aufgrund der vergleichsweise großen Masse konnte man letztlich nicht einmal eindeutig klären, ob es sich nun um einen neuen und nahegelegenen Braunen Zwergen oder um einen frei wandernden Gasplaneten handelt (Kirkpatrick et al. 2014; Luhman 2014).

Sie merken es aus diesen astrophysikalischen Abschweifungen schon: Das erste Foto eines fernen Planeten war eine historische Sensation, aber in erster Linie nur für Astrophysiker. Hinsichtlich der Astrobiologie und der Suche nach einer Antwort auf die Frage, wie extraterrestrische Ökosysteme aussehen könnten, brachte die erste Abbildung eines Exoplaneten uns keinen Schritt weiter. Bei dem rot schimmernden fotografierten Planeten handelt es sich nämlich um einen riesigen Gaskörper, der mit einer fünffachen Masse des Jupiters diesmal jedoch eindeutig ein Planet ist. Zudem verläuft die Bahn von 2 M1207-39 b extrem weit von seinem Zentralgestirn entfernt – etwa die 40-fache Distanz von der Erde zur Sonne ist hier vorhanden, also doppelt so weit entfernt wie unser äußerster Planet Neptun. Sprich: Der erste fotografierte Exoplanet ist ein unseren Kenntnissen nach sehr unwirtlicher Körper an einem komplett lebensfeindlichen Ort, wie er gnadenloser nicht sein könnte. Und er hat nicht einmal einen echten Mutterstern.

Daraus kann man folgern, dass wir beim Direct Imaging einen Kompromiss eingehen müssen. Denn genau diese „lebensfeindlichen" Eigenschaften und extremen Distanzen zum Zentralgestirn sind ja der Grund, wieso man diesen und andere ähnliche Planeten überhaupt abbilden konnte. Kein enormer Überstrahlungseffekt aufgrund der schwachen Leuchtkraft des Braunen Zwergen und der großen Distanz zu der Strahlungsquelle einerseits sowie andererseits die riesigen Ausmaße des Gasplaneten selbst. Ein Schnappschuss von 2 M1207-39 b wäre also nicht gelungen, wenn er kleiner oder näher am Zentralgestirn gelegen wäre, oder wenn der Braune Zwerg ein tatsächlicher Stern gewesen wäre, der seine Umgebung überstrahlt. Auch andere optische Aufnahmen heutiger Weltraumobservatorien und erdgebundener Teleskope beschränken sich deshalb bisher maßgeblich auf große Gasplaneten, die einen gewissen Sicherheitsabstand zu ihrem Stern einnehmen.

Trotz dieser problematischen Umstände konnten im Mai 2018 Forscher der Universität Leiden (Niederlande) verkünden, dass sie einen Exoplaneten sogar versehentlich fotografiert haben (Ginski et al. 2018). Sie entdeckten einen hellen kleinen Punkt in den Aufnahmen des Doppelsternsystems CS Cha im Sternbild Chamäleon, der auch bei deutlich älteren Fotos aufgenommen, jedoch damals nicht entdeckt wurde. Die Fotografie zeigt vermutlich sogar zum ersten Mal einen Planeten, der von einer eigenen Staubwolke umgeben ist (man spricht von einer sogenannten Protoplanetaren Scheibe, auch „Proplyd" genannt). Planetensysteme mit dermaßen viel Staub sind noch sehr jung und befindet sich somit noch im turbulenten Entstehungsprozess. Eins war jedoch klar: ein terrestrischer Planet mit Erdgröße war es sicher nicht. Bei dieser Abbildung kam vielmehr wieder das Problem der Grenzmasse zwischen Gasplaneten und Braunen Zwergen ins Spiel, da die Forscher wegen dem großen Staubanteil im System auch hier nicht eindeutig klären konnten, welche Masse der Körper besitzt und zu welcher Kategorie der fotografierte Körper letztlich gehört. Dieses Problem stellte sich bei dem Körper PDS 70 b hingegen nicht, da er eindeutig ein heißer Gasriese ist und im Juni 2018 ebenfalls durch eine Fotografie nachgewiesen werden konnte. In diesem Fall war jedoch keine direkte Fotografie, sondern eine indirekte Abbildung geglückt (Indirect Imaging). Die Astronomen aus Heidelberg beobachteten eine etwa 370 Lichtjahre entfernte Staubscheibe um einen jungen Stern und entdeckten in ihr auffällige Verwirbelungen und Lücken. Diese gut abbildbaren Hinterlassenschaften waren nur mit einem in der Entstehung befindlichen Exoplaneten erklärbar, der Material aus der Umgebung ansammelt und somit wohl auch der jüngste bis dato nachgewiesene Planet ist (Keppler et al. 2018).

Bis heute kann also zusammengefasst werden: Fotografisches Beweismaterial für die Existenz von erdähnlichen Planeten gibt es bisher noch nicht. Und Gesteinsbrocken, die eine der Erde oder dem Mars vergleichbare

Größe aufweisen (das ist schon im Vergleich zum Jupiter winzig), können in fremden Planetensystemen schlicht und ergreifend noch nicht direkt abgebildet werden und auf diese Art und Weise also auch nicht auf potenzielle ökologische Spuren untersucht werden. Doch aufgegeben hat man das Direct Imaging selbstverständlich nicht: Planetenjäger mit Kameras hätten bei einer weiteren Entwicklung der Methode nämlich den wesentlichen Vorteil, dass sie nicht monate- oder jahrelang auf ihre Daten warten müssen, sondern binnen Tagen oder gar Stunden schöne Aufnahmen erhalten könnten. Dies ist bei den anderen Methoden nicht der Fall, wie Sie in den nächsten Unterkapiteln erfahren werden.

Der exponentielle technologische Fortschritt in diesem Bereich ist demzufolge nicht zum Erliegen gekommen, im Gegenteil. Es ist meines Erachtens nicht ausgeschlossen, dass wir spätestens im nächsten Jahrzehnt ein Portrait eines ungefähr erdgroßen Exoplaneten von der Erde aus schießen werden. Dieser astronomische Fotowettbewerb ist für das nächste Jahrzehnt auch schon angekündigt worden, und zwar im Zuge der HabEx-Mission (Habitable Exoplanet Imaging Mission) der NASA, die deutlich kleinere Planeten als bisher möglich ins Visier nehmen soll (Mennesson et al. 2016; Lovis et al. 2016). Versprechen Sie sich von dem ersten Portrait einer erdähnlichen Welt aber bitte nicht zu viel: Es wird sich letztlich um einen mehr oder weniger hellen Lichtpunkt auf einem dunklen Hintergrund handeln, der maximal ein paar wenige Pixel ausfüllt. In den nächsten Unterkapiteln erfahren Sie aber, dass auch ein einziger heller Pixel mit spannender Information gefüllt sein kann.

Bei der Entwicklung neuer Ansätze des Direct Imaging wird zunächst das grundlegende Problem gelöst werden müssen: wie kann der Überstrahlungseffekt des Sterns geschickt umgangen werden? Das Schlüsselwort zur möglichen Lösung dieser Herausforderung lautet „Starshade" (Sternschatten), welches die Bezeichnung für ein neuartiges Konzept der NASA ist. Ein Starshade ist eine einige zehn Meter durchmessende Konstruktion, die in exakter Formation mit einem Teleskop fliegt und in größerer Entfernung vor dessen Linse positioniert ist, um das Sternenlicht zu blockieren. Der wesentliche Trick besteht bei dieser komplexen Choreografie darin, dass man mit einer exakten Positionierung und mit einer speziellen Form des Starshades verhindern kann, dass das Sternenlicht die Spiegel des Teleskops erreicht, ohne dabei jedoch den Blick auf die Planeten zu verdecken, die in dem jeweiligen Sternsystem vom Stern beleuchtet werden (Cash et al. 2005; Turnbull et al. 2012). Damit der geworfene Schatten tief genug und nur so klein ist, dass der dahinterliegende Stern verdeckt wird, wird jedoch eine große Entfernung zwischen Teleskop und dem Starshade benötigt. Derzeit

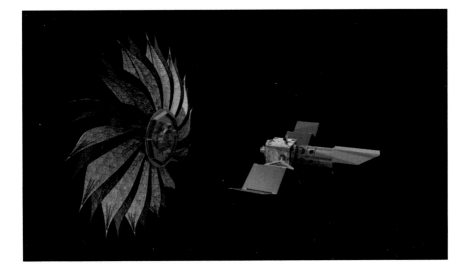

Abb. 1.2 Die blütenförmige Starshade-Konstruktion positioniert sich in mehreren zehntausend Kilometern vor einem Weltraumteleskop, beispielsweise im Rahmen der für 2020 angesetzten HabEx-Mission. Die Strahlung des Sterns wird so verdeckt und abgelenkt, dass das Teleskop lediglich die vom Stern beleuchteten Planeten detektiert (© NASA)

gehen wir von einer Entfernung von mehreren zehntausend Kilometern aus (Glassman et al. 2009), was – sofern das Starshade denn zur Realität wird – einen enormen Akt der Präzision abverlangen wird. Die aktuell geplante Form des Starshades erinnert passenderweise an eine weit geöffnete Blüte, die sich hier wie bei echten Blumen auch nach dem Licht des Sterns sehnt und ihre Blätter den wärmenden Strahlen entgegenstellt (Abb. 1.2). Mit dieser sogenannten high contrast observation (Hoch-Kontrast-Beobachtung) wird es der NASA zufolge möglich sein, auf ein tatsächliches Bild zu zeigen, um die Existenz eines fernen Gesteinsplaneten zu beweisen.

Das Starshade-Projekt wurde bislang aber nur konzeptionell formuliert. Die Planetenfotografie wird folglich für die Astrobiologie, so schätze ich zumindest für die nächsten fünf bis zehn Jahre, wohl keine ernsthafte Alternative zu den anderen und wohl etablierten Instrumenten sein, die schon seit einem Jahrzehnt Exoplaneten aus dem leuchtenden Schleier ihres Sterns enthüllen. Wie immer, wird die Zeit zeigen, ob sich die Versprechungen der NASA in den kommenden Jahrzehnten erfüllen – das Starshade-Modell wird auf jeden Fall schon imposant als einer der wesentlichen Bestandteile der „New Worlds Missions" gehandelt, für die jedoch noch kein offizieller Starttermin feststeht.

Eine Überraschung bezüglich des Direct Imaging erreichte mich im November 2018 aber auch wieder aus Europa: Die ESO kann seitdem nämlich nicht nur behaupten, einen fernen Exoplaneten erstmals direkt fotografiert zu haben, sondern auch den ersten Film mit einem Exoplaneten als Protagonisten können sie nun für sich beanspruchen, auch wenn dieser nur 2 Sekunden dauert (ESO 2018a). Der Filmstar heißt Beta Pictorius b und wurde in flagranti von den Forschern bei seinem Vorbeizug am Mutterstern erwischt.

1.1.2 Sternbewegung und Astrometrie

Auch ohne Fotos von aussichtsreichen Exoplaneten wissen wir, dass es in den Weiten des Alls nicht nur riesige und unwirtliche Körper, sondern auch Planeten gibt, die unserer Erde sehr wohl ähneln. Von den 4063 bisher entdeckten Exoplaneten in 3038 verschiedenen Planetensystemen in unserer Milchstraße (Stand Mai 2019) sind es bei vorsichtiger Auslegung zwar gerade mal 16 bestätigte Exoplaneten, die auf dem sogenannten Earth-Similarity-Index (Erdähnlichkeits-Index, ESI) einen Wert über 0,5 erreichen und somit vorläufig als potenzielle Kandidaten für erdähnliche Welten gelten (Schneider et al. 2011; Exoplanet Database 2018). Rechnet man diese Zahl auf die noch unzähligen, nicht untersuchten und ausgewerteten Systeme hoch, kommt man allein in unserer Galaxie jedoch auf schwindelerregende Höhen im zweistelligen Milliardenbereich. Die Exoplanetenforschung gleicht in der heutigen Zeit also noch der Suche nach der Nadel im Heuhaufen, wobei jedoch eher das Problem ist, dass unzählige Heuhaufen mit völlig unbekanntem Inhalt vor uns liegen.

Der Earth-Similarity-Index gibt an, wie stark ein bestätigter Exoplanet der Erde hinsichtlich der grundlegenden physikalischen Eigenschaften ähnelt. Er beinhaltet den Radius, die mittlere Dichte, die Fluchtgeschwindigkeit (bezogen auf den Stern) und die Oberflächentemperatur. Ein zusammengetragener Wert von 1,0 wäre identisch zur Erde.

Hinsichtlich der Astrobiologie muss man aber beachten, dass die Habitabilität (Lebensfreundlichkeit) eines Exoplaneten hiermit jedoch nicht mit einbezogen ist. Der ESI kann uns also zwar Hinweise für in ihrer Grundbeschaffenheit besonders erdähnliche Welten liefern, jedoch müssen diese nicht lebensfreundlich sein, wie beispielsweise der Fund des Planeten K2-239 c zeigt, der für uns bekanntes Leben viel zu heiß ist, aber trotzdem exakt so groß ist wie die Erde und mit anderen zwei erdgroßen Planeten im Sternbild Sextant seine Bahnen zieht (Diez Alonso et al. 2018). Spitzenreiter auf dem ESI mit einem Wert von 0,87 sind derzeit drei Planeten, einer davon ist der im August 2016 erspähte Planet Proxima Centauri b. Zum Vergleich: Unsere Nachbarn Mars und Venus erreichen auf dem ESI jeweils einen Wert von 0,70 bzw. 0,44.

Proxima Centauri b ist durch seine Bindung an den Roten Zwergen Proxima Centauri, der der nächste Nachbarstern der Sonne ist, auch der uns nächstgelegene Exoplanet. Sein Mutterstern besitzt nur ein Zehntel der Sonnenmasse und leuchtet als Roter Zwerg rund 20.000-mal schwächer als unser Zentralgestirn. Der Name leitet sich aufgrund der direkten Nachbarschaft auch aus dem lateinischen proximus ab, was so viel wie „nächstliegend" bedeutet. Doch woher wissen wir, dass diese Welt – oder gar noch viel weiter entfernte Planeten – existieren, wenn wir sie noch nie fotografiert und somit auch noch nie tatsächlich gesehen haben?

Die Antwort liefert eine astrophysikalische Technik, mit der im Jahr 1995 auch 51 Pegasi b, der erste definitiv bestätigte Exoplanet, nachgewiesen werden konnte: die Radialgeschwindigkeitsmethode (radial velocity method).

Um dieses Verfahren der Planetendetektion zu verstehen, müssen wir zunächst eine gemeinhin akzeptierte Vereinfachung genauer unter die Lupe nehmen. Unter anderem, weil es in den Medien und sogar in etlichen Dokumentationen so dargestellt wird, stellen sich die meisten von uns vermutlich vor, dass sich kleinere Körper auf ihren jeweiligen Umlaufbahnen stets um die größeren und zentralen Objekte bewegen. Der Mond umkreist die im Mittelpunkt stehende Erde, die Erde wiederum unser Zentralgestirn, die Sonne. Diese Aussagen sind physikalisch betrachtet jedoch nicht ganz korrekt.

Zwischen zwei Himmelskörpern und deren Massen ergibt sich nämlich immer ein dazwischenliegender gravitativer Schwerpunkt im Raum – das sogenannte Baryzentrum. Diese „Massenmittelpunkte" entsprechen den eigentlichen Zentren der kosmischen Rotationen. Der Mond bewegt sich also nicht um unseren vermeintlich zentralen Heimatplaneten, sondern sowohl der Mond, als auch die Erde kreisen um ihren gemeinsamen Schwerpunkt. Aufgrund der relativ großen Massendifferenz zwischen Mond und Erde (unser Trabant besitzt etwa 1,2 Prozent der Erdmasse) befindet sich der Erde-Mond-Schwerpunkt knapp innerhalb der Erde im Erdmantel, weshalb für einen externen Beobachter der visuelle Eindruck entsteht, dass nur der Mond die Erde umläuft. Tatsächlich wackelt die Erde aufgrund der Mondmasse aber genauso hin und her.

Unter denselben Aspekten bildet unsere Sonne ebenfalls nicht das exakte Zentrum der Planetenumlaufbahnen, sondern der gemeinsame Schwerpunkt aller beteiligten Körper im Sonnensystem. Unser Mutterstern taumelt also ebenfalls um das Baryzentrum unseres Planetensystems, welches aufgrund der äußerst massereichen Gasplaneten Jupiter und Saturn zeitweise sogar außerhalb der Sonne liegen kann. Theoretisch beeinflussen auch Asteroiden und sogar Raumsonden die Position des Baryzentrums, wenn sie beispielsweise einen Swing-By an einem massereichen Körper durchführen – die Werte sind dann aber selbstverständlich völlig vernachlässigbar und liegen weit unter jeder praktischen Nachweisgrenze. Sprich: Sie werden einen Stern nicht von A nach B bewegen können, wenn sie Raumsonden oder Asteroiden um ihn herum parken.

Es gibt in den Weiten des Alls aber Systeme, bei denen man die Existenz von Baryzentren besonders gut erkennen kann. Stellen Sie sich hierfür vor, dass ein Stern nicht von leichtgewichtigen Planeten, sondern von einem anderen massereichen Stern begleitet wird, was als „Doppelsternsystem" bezeichnet wird. Da hier kein großes Massegefälle zwischen den Körpern besteht (wir sprechen von „fehlender Dominanz"), entsteht gar nicht erst der Eindruck, dass der „unterlegene" Körper den „dominanten" Körper umrundet, da beide Sterne nun „selbstbewusst" ihre eigene Bahn um das dazwischenliegende gravitative Zentrum herum aufrechterhalten. Haben Sie Kinder? Falls ja, kennen Sie vielleicht das Gekreische, wenn das ältere und größere Kind die Wippe absichtlich mit seiner höheren Masse nach unten drückt und das kleinere Geschwisterchen somit oben in der Luft sitzen lässt. Analog also ein böser großer Stern und ein armer kleiner Planet. Vielleicht gehören Sie aber zu den Glücklichen, die einfach zwei gleich schwere Zwillinge gleichzeitig auf eine ausgewogene Wippe setzen können. Das Gleichgewicht bleibt bestehen und jeder nimmt einen gleichberechtigten Platz um das Zentrum der Wippe ein. Jetzt haben sie zwei süße Sterne. Noch zur Jahrtausendwende nahm man gemeinhin an, dass die Mehrheit der Sterne in der Milchstraße mit einem zweiten Stern gepaart auftreten – heute schätzt man jedoch, dass der Anteil von Doppelsternsystemen oder gar Mehrsternsystemen lediglich etwa ein Drittel beträgt (Lada 2006; Kosheleva und Kreinovich 2016).

Bleiben wir bei den Ein-Stern-Systemen, zu denen auch unser Sonnensystem gehört: Blickt man auf einen fremden Stern und entdeckt, dass sich das Zentralgestirn periodisch hin- und herbewegt, kann man folglich darauf schließen, dass der Stern von Körpern mit gewissen Massen umrundet wird. Irgendwas befindet sich also in der Nähe dieses Sterns und lässt diesen ein wenig wackeln – ein Exoplanet oder auch mehrere. Dieses Hin-und-her ist die „Radialbewegung" eines Sterns, die mit einer spezifischen Radialgeschwindigkeit einhergeht. Und tatsächlich sind die heutigen Detektoren so sensibel, dass eine Bewegung von rund 15 Zentimetern theoretisch erfassbar wäre. Das ist insofern fast schon unglaublich, weil schon unsere vergleichsweise kleine Sonne einen Durchmesser von rund 1,3 Millionen Kilometern aufweist. Die taumelnde Bewegung eines Sterns ist in der Praxis jedoch nicht unter allen Blickwinkeln gleich gut erkennbar. Er muss aus unserer irdischen Perspektive günstig gelegen sein, um die Radialgeschwindigkeitsmethode am effizientesten einsetzen zu können.

Derzeit erkennen wir keine generellen Trends, wie Planetensysteme im Raum ausgerichtet sind – die Ausrichtungen sind zufällig oder erscheinen zumindest so. Wenn ein Weltraumteleskop ein Planetensystem aber von oben betrachten kann, von unserer Perspektive aus also nur eine Draufsicht möglich ist und kein seitlicher Einblick, könnte man das Wackeln des betreffenden Sterns vor dem fixen Hintergrund (weiter entfernte dahinterliegende Sterne) unter Umständen direkt erkennen und messen. Hier sehen sie also tatsächlich, wie sich ein Stern mit der Zeit ein wenig hin und her bewegt. Diese Methode nutzt zwar ebenfalls die Radialbewegung eines Sterns, jedoch unterscheiden wir diese Methode klar von der eigentlichen Radialbewegungsmethode und nennen sie „Astrometrische Methode" (Astrometry). Sie hat den gewichtigen Nachteil, dass eine extrem hohe optische Auflösung benötigt wird, um die gravitativ bedingten Bewegungen eines Sterns vor der gedachten Fixsternebene zu erkennen, was schon bei nah gelegenen Sternen schwierig sein kann – vor allem dann, wenn bei erdgebundenen Teleskopen störende Effekte unserer Atmosphäre hinzu kommen und das Signal verfälschen.

Die eigentliche Radialgeschwindigkeitsmethode umgeht dieses Problem, indem sie im Gegensatz zur astrometrischen Methode bei einer möglichst seitlichen Perspektive auf ein fremdes Planetensystem angewandt wird. Wenn Sie von der Seite in ein fremdes Planetensystem blicken, wackelt der beobachtete Stern aber nun nicht mehr vor einem festen Hintergrund hin und her, nach oben und unten, links und rechts. Sondern er bewegt sich eine gewisse Zeit lang auf Sie als Beobachter zu und anschließend wieder von Ihnen weg, also abwechselnd nach vorne und hinten.

Die lokalen Positionen des Sterns und deren Verschiebungen werden hierbei aber nicht mehr optisch bestimmt wie bei der astrometrischen Methode. Es ist also nicht so, dass wir bei einem Stern darauf schauen, ob er größer wird, wenn er sich auf uns zu bewegt, oder dass er kleiner wird, wenn er von uns wegdriftet. Dafür reicht einfach die Auflösung bei Weitem nicht aus. Im Fokus steht nun vielmehr die penible Analyse von kontinuierlichen Veränderungen des Sternspektrums, also von auffälligen Mustern in der Strahlung des Sterns – denn diese Veränderungen der Strahlung ergeben sich, wenn sich der Stern in unserer Blickachse bewegt.

1.1.3 Stellare Spektroskopie und die Radialbewegung

Im Gegensatz zu Planeten und subplanetaren Körpern – hierzu gehören zum Beispiel Asteroiden oder Zwergplaneten wie Pluto – reicht die Masse von Sternen wie der Sonne aus, um die Kernfusion von Wasserstoff im Kern zu zünden. Dadurch wird massenhaft Energie in Form von Strahlung emittiert. Im Rahmen der klassischen Physik können wir diese Strahlung als ein Fortschreiten elektromagnetischer Wellen auffassen, welche auch in unsere Augen (und Detektoren) gelangen und je nach Wellenlänge unterschiedlich neuronal bzw. maschinell verarbeitet und interpretiert werden.

Auch die Lichtwellen der Glühbirne über Ihrem Lesesessel werden von Ihrem Sehsinn wahrgenommen. Das Licht, das diese Buchseite beleuchtet, scheint bei Ihnen gerade vielleicht weiß bis gelb-rötlich zu schimmern – ebenso verhält es sich auch mit dem Licht der meisten Sterne am Nachthimmel. Tatsächlich werden Sie in Ihrem Lesesessel jedoch von Licht mehrerer Farben eingehüllt und, falls Sie das Buch auf Ihrem Balkon bei Tageslicht lesen, sogar von elektromagnetischen Spektren der Sonne, die von Ihrem Gehirn gar nicht als Farbe wahrgenommen werden können (insbesondere Ultraviolett, Infrarot und Radio). Die Gesamtheit der Strahlung bezeichnet man in der optischen Physik als „Strahlungskontinuum", wobei Licht nur den Teil der Strahlung darstellt, den wir sehen können Abb. 1.3a).

Das Intensitätsmaximum unserer Sonne liegt trotz ihres weiß-gelblichen Schimmers aber tatsächlich im sichtbaren grünen Bereich, was bedeutet, dass von allen Lichtwellenlängen die grünen Wellenlängen am häufigsten vertreten sind bzw. am intensivsten abgestrahlt werden (Grün entspricht etwa einer Wellenlänge um die 500 Nanometer). Dass die Sonne uns jedoch nicht als grün leuchtende Weihnachtskugel erscheint, liegt daran, dass das grüne Maximum durch die Vermischung mit allen anderen Wellenlängen verschwindet, was in einem einheitlichen weiß-gelben Gesamteindruck resultiert. Und genau hier kommt nun die astronomische Spektralanalyse ins Spiel, auch „Spektroskopie" oder „Spektrometrie" genannt. Mit ihr verfolgt man bei der Beobachtung von Sternen genau den umgekehrten Pfad: Die Decodierung und Zerlegung der vermischten Farbe in die einzelnen Wellenlängenbereiche. Mit bunten Farben und deren Mischungen kann man also nicht nur Kindergartenkinder am Maltisch begeistern, sondern insbesondere erwachsene Astronomen, die sich über die farbigen Resultate auf den Bildschirmen ihrer Arbeitstische freuen, wobei die Kinder diejenigen wären, die die Farben vermischen, und die Astronomen diejenigen, die zu verstehen versuchen, welche Farben ein Kind ursprünglich verwendet hat. Dabei kann

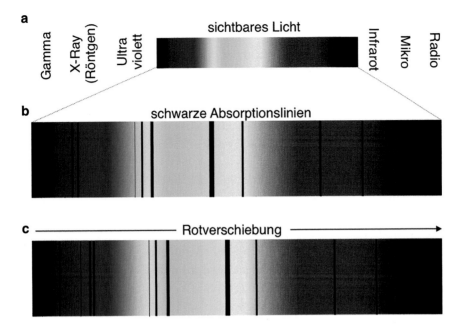

Abb. 1.3 Strahlungskontimuum

das Licht eines Sterns bei den gängigen astronomischen Instrumenten in bis zu 50.000 einzelne abgestufte Wellenlängen (= Farbklassen) unterteilt werden. Die Ergebnisse dieser Spektralanalysen sind in der beobachtenden Astronomie unverzichtbare Messgrößen, denn erst durch sie lassen sich Sterne nicht nur in Farbklassen, sondern davon ausgehend auch in Temperatur-, Helligkeits- und Größenklassen unterscheiden. Das gilt ebenfalls für einige andere astronomische Objekte, vor allem für stark strahlende Galaxien. Was haben diese physikalischen Grundlagen aber nun mit der Astrobiologie zu tun?

Aus einer peniblen Spektralanalyse und der zeitlichen Veränderung der Ergebnisse können wir neben einigen chemischen Eigenschaften des betreffenden Sterns auch seine Bewegung ableiten. Damit ist insbesondere die Radialbewegung gemeint, also die Vorwärts- und Rückwärtsbewegung eines Sterns, wenn wir von der Seite auf dessen Planetensystem blicken (Abschn. 1.1.2).

Misst man dieses Strahlungsspektrum, erscheinen im Kontinuum zunächst aber unterschiedlich verteilte und breite dunkle Balken (Abb. 1.3b). Diese schwarzen Streifen sind für Astrophysiker äußerst relevant. Denn sie verraten uns, welche chemische Zusammensetzung die äußeren Schichten eines Sterns haben, denn jedes chemische Element des Periodensystems erzeugt (glücklicherweise) einen eigenen charakteristischen Fingerabdruck im elektromagnetischen Spektrum. Das heißt: Das Licht eines Sterns wird auf seinem Weg nach außen von den jeweiligen Atomen, die sich in der Sternhülle befinden, zu gewissen Anteilen absorbiert. Diese Wellenlängen erreichen also nie (oder in deutlich schwächerer Intensität) unsere Detektoren, weshalb die Linien in den Messungen schwarz oder dunkel erscheinen. Diese Absorptionslinien werden aufgrund des Entdeckers auch „Fraunhofer-Linien" genannt.

Vor fast hundert Jahren wurde mit der Spektralanalyse sodann auch herausgefunden, dass die Sonne tatsächlich aus denselben Elementen besteht wie die Erde, neben Wasserstoff und Helium nämlich aus Kohlenstoff, Silizium und Eisen. Daraus sollte aber nicht geschlussfolgert werden, dass unsere Heimat tatsächlich chemisch ähnlich aufgebaut ist wie unser Zentralgestirn, denn die Massenverhältnisse sind komplett verschieden. Während die Erde aus einem riesigen Eisenkern besteht, wird die gesamte Masse der Sonne zu fast 100 Prozent von Wasserstoff und Helium gestemmt, während alles andere dort nur in Form von winzigsten Spuren aus den Überresten früherer Sternengenerationen vorhanden ist. Auch die Strahlung der heutigen Sonne stammt somit zu fast 100 Prozent aus der Fusion von Wasserstoff zu Helium.

Bei genauer Observierung – und das ist der Knackpunkt für die Exoplanetenforschung – scheint sich diese Strahlung eines Sterns mit der Zeit jedoch periodisch zu verändern, weil der Stern nicht still im Raum steht, sondern eine Eigendrehung besitzt und mitunter um ein Baryzentrum taumelt, wenn es Planeten in der Umgebung gibt. Bewegt sich ein Stern im Zuge seiner Radialbewegung von uns weg, erkennt man im elektromagnetischen Spektrum eine sogenannte Rotverschiebung: Die schwarzen Absorptionslinien verschieben sich hin zum roten Ende des Strahlungskontinuums (Abb. 1.3c). Der Grund hierfür ist der optische Doppler-Effekt, den Sie vermutlich am einfachsten verstehen, wenn Sie sich zunächst den akustischen Doppler-Effekt aus dem Schulunterricht in Erinnerung rufen. Das am häufigsten benutzte, weil einfachste, Beispiel: Stellen Sie sich ein Polizeiauto mit eingeschalteter Sirene vor, das sich auf uns zubewegt. Der Ton wird immer höher, vielleicht sogar unerträglich, da sich die Frequenz der Schallwellen zum Beobachter hin staucht. Düst der Wagen schließlich ans uns vorbei, wird der Klang wieder tiefer und erträglicher, bis er irgendwann völlig verschwindet. Die Art und Weise, wie unser Ohr Schallwellen wahrnimmt, hängt also maßgeblich von der eintreffenden Frequenz der Schallwellen ab (ausgedrückt in der Messeinheit Hertz). Wenn Sie von

Formel-1-Rennen begeistert sind, wissen Sie nun also auch, wieso sich die Wagen so raketenartig anhören. Da sich elektromagnetische Strahlung in der klassischen Physik analog zu Schallwellen ebenfalls als das Fortschreiten von Wellen beschreiben lässt, kann man sich den optischen Doppler-Effekt auf dieselbe Art und Weise veranschaulichen – die prinzipiellen Unterschiede zwischen Hören und Sehen lösen sich hier also auf. Wichtig zum Verständnis ist, dass blaue Strahlung eine hohe Frequenz (kurze Wellenlängen) aufweist, rote Strahlung hingegen eine niedrige (weite Wellenlänge), was einfach bedeutet, dass blaues Licht energiereicher ist als rotes. Die Farben in Abb. 1.3 veranschaulichen nun, wie wir als Beobachter ein sich bewegendes Objekt wahrnehmen, diesmal jedoch kein Polizeiauto oder Rennfahrzeug, sondern einen sich bewegenden Stern. Bewegt sich ein Stern von uns weg, sehen wir eine niedrigere Frequenz (längere Wellen) des Lichts, was als Rotverschiebung bezeichnet wird. Bei einer Annäherung erkennen wir hingegen das Gegenteil, die sogenannte Blauverschiebung. Aus dieser Analyse der periodischen Rot- und Blauverschiebungen des Sternspektrums können wir sodann Rückschlüsse auf die Radialbewegung und -geschwindigkeit eines beobachteten Sterns ziehen, also in welchem Maße und mit welcher Geschwindigkeit sich dieser von uns weg- und zu uns hinbewegt. Somit lässt sich letztlich auch darauf schließen, ob massereiche Objekte wie Planeten in der Nähe des Sterns existieren, denn ihre Anwesenheit und die dadurch bedingte gravitative Wechselwirkung ist ja der Grund des Hin- und Her-Taumelns von Sternen (Abschn. 1.1.2).

Die spektroskopische Untersuchung des Sterns Proxima Centauri enthüllte 2016 sodann auch den uns nahegelegensten Exoplaneten Proxima Centauri b, der die Absorptionslinien seines Muttersterns in einem elftägigen Rhythmus abwechselnd in den blauen und roten Spektralbereich verschiebt (Anglada-Escude et al. 2016). Dasselbe gilt für den sechs Lichtjahre entfernten und somit zweitnächsten Stern unseres Sonnensystems, der „Barnards Pfeilstern" genannt wird, weil er von allen Sternen am sichtbaren Nachthimmel am schnellsten seine Bahn zieht. In seinem Fall gaben im November 2018 ebenfalls Radialverschiebungen den Hinweis für einen neuen Planeten, der etwa drei mal so groß wie die Erde, aber mit vermutlich −170 Grad Celsius Oberflächentemperatur eisig kalt ist (Ribas et al. 2018). Die Rot- und Blauverschiebung des Sterns Gliese 581 lieferte nach über zehn Jahren Beobachtungszeit sogar Hinweise auf sechs Exoplaneten. Dieser Rote Zwerg wanderte nach diesen Entdeckungen sogar ins Programm alltäglicher Nachrichtensendungen, da zwei seiner Begleiter eindeutig in einer für potenzielles Leben angenehm temperierten Zone liegen und im Jahr 2007 somit als erdähnlichste bis dahin bekannte Planeten im Universum galten

(Udry et al. 2007). Diese Zone wird als „habitable Zone" bezeichnet und markiert den Bereich in einem Planetensystem, der aufgrund seiner Entfernung zum Mutterstern und der sich daraus ergebenden Temperatur Wasser in flüssiger Form auf der Oberfläche zulässt. In unserem Sonnensystem ist sie relativ eng und schließt nur die Erde eindeutig mit ein. Über das tatsächliche Vorhandensein von Leben sagt der Begriff der habitablen Zone jedoch noch nichts aus, auch wenn er oftmals euphorisch präsentiert und interpretiert wird. (Zu Beginn der ersten Beschreibungen im letzten Jahrhundert verwendete man hierfür übrigens den Begriff der „Ökosphäre", der meines Erachtens deutlich treffender ist, sich in Literatur und Medien aber nicht durchsetzen konnte).

Der innerhalb der habitablen Zone gelegene Planet Gliese 581 g war den damaligen Beobachtungen zufolge wie die Erde ein Gesteinskörper und hatte vor allem eine ausreichende Masse, um eine stabile Atmosphäre dauerhaft halten zu können. Der von der Europäischen Südsternwarte im selben System erspähte Exoplanet Gliese 581 d war damals sogar als ein so aussichtsreicher Kandidat für erdähnliche Verhältnisse betrachtet worden, dass eine hoffnungsvolle Kampagne gestartet wurde: Personen aus aller Welt konnten sich anmelden und Grüße mit maximal 160 Zeichen verfassen, welche 2009 mit dem Canberra Deep Space Communication Complex (CDSCC) von Australien aus versandt wurden und voraussichtlich im Jahr 2029 den Planeten – und seine vielleicht intelligenten Bewohner – erreichen sollten. Die naiven Bürger (selbstverständlich eine sehr sympathische Naivität) aus allerlei Ländern und Kulturen wurden jedoch bald wieder auf den Boden der physikalischen Tatsachen verfrachtet. Die Spektralanalyse, die die Träumereien erst in Gang setze, beendete sie nämlich auch bald wieder.

Im Juli 2014 veröffentlichten Forscher von der Pennsylvania State University eine neuere und detailliertere Überprüfung des Spektrums von Gliese 581. Das ernüchternde Ergebnis: Die erdähnlichen Exoplaneten existieren mit ziemlicher Sicherheit überhaupt nicht (Robertson et al. 2014). In dieser Studie wurden modernere Verfahren eingesetzt, bei der die „Eigenaktivitäten" eines Sterns berücksichtigt werden. Dazu zählen beispielsweise die sogenannten Sonnenflecken, also unterschiedlich aktive und kühlere Bereiche auf der Oberfläche der Sonne und anderer Sterne. Oder auch elektromagnetische Ausbrüche in den äußeren Sternschalen. Solche stellaren Phänomene können die Absorptionslinien innerhalb des Strahlungsspektrums ebenfalls verschieben – wenn man Pech hat in einer peniblen periodischen Regelmäßigkeit. Das gilt natürlich auch dann, wenn nirgendwo in der Nähe ein Planet vorhanden ist. Man erkennt im Detektor also rhythmische Veränderungen der Rot- und Blauverschiebung und stuft sie fälschlicherweise als Signale von Exoplaneten ein.

So unterliegt auch unsere Sonne einem Zyklus, bei dem die Solarstrahlung in einem etwa 11-jährigen Rhythmus leicht, aber für Detektoren dennoch auffällig, variiert (sogenannter Schwabe-Zyklus). Diese Untersuchung der „Unruhe" von Sternen nennt man analog zur Erdbebenkunde „Asteroseismologie" bezüglich der Sonne „Helioseismologie". Ohne diese Kenntnis der astronomischen Erdbebenkunde könnten Alien-Forscher also von Welten in unserer planetaren Nachbarschaft fantasieren, die es gar nicht gibt. Und bei Gliese 581 unterlagen dieser stellaren Täuschung wohl auch unsere irdischen Kollegen, da die Signale für die bislang vermuteten erdähnlichen Planeten nicht mehr deutlich vom üblichen Hintergrundrauschen zu unterscheiden waren, nachdem man die berechneten und simulierten Sternaktivitäten herausgerechnet hatte. Bei diesem Roten Zwerg existieren demnach nur drei statt sechs Planeten, von denen keiner ansatzweise erdähnlich ist.

Um das Chaos zu vollenden, wurde von den Entdeckern zirka ein Jahr später wiederum eine gegensätzliche Studie veröffentlicht, welche nun die moderneren Analysemethoden als fehleranfällig beschrieb und forderte, internationale Standards festzulegen und davon ausgehend eine erneute Überprüfung der Interpretationen von Gliese 581 durchzuführen (Anglada-Escude und Tuomi 2015). Auch wenn die Leute aus allerlei Ländern, die ihre Nachrichten interstellar verschickt haben, bis heute also keine Gewissheit haben, ob ihre Herzensgrüße den umstrittenen Planeten Ende des nächsten Jahrzehnts erreichen werden, so zeigt uns die Debatte um Gliese 581 zumindest eins: Wir können die Eigenschaften eines Exoplaneten – und erst recht Hinweise auf Leben darauf – nur in dem Maße erfassen, in dem wir seinen Mutterstern selbst verstehen.

1.1.4 Planetentransit und Verdunkelung

Die Abhängigkeit zwischen der Kenntnis der Sternaktivitäten und erfolgreichen Planetennachweisen gilt auch bei dem bisher ergiebigsten Nachweisverfahren für Exoplaneten, das sich von der Radialgeschwindigkeitsmethode in vielerlei Hinsicht unterscheidet. Die sogenannte Transitmethode (planetary transit method) offenbarte bis zum Februar 2019 etwa 75 Prozent aller fernen Planeten (2943 von 4063), von denen rund 120 in der habitablen Zone für flüssiges Wasser liegen – Tausende weitere Signale wurden als mögliche Planetenkandidaten eingestuft (Kane et al. 2016; Exoplanet Database 2019).

Das Verfahren beruht darauf, dass ein Stern geringfügig dunkler erscheint, wenn ein Planet vor ihm vorbeizieht und einen Teil des Lichts bedeckt. Statt Mustern im Sternspektrum geht es hier also in erster Linie um die Helligkeit des Sterns. Diese Art der Detektion kompensiert dabei zwei wichtige Nachteile der Radialgeschwindigkeitsmethode. So eignen sich das massenbedingte Wackeln eines Sterns und die sich daraus ergebenden Rot- und Blauverschiebungen nicht sehr gut für die korrekte Größen- und Massenbestimmung der umgebenden Planeten. Eine exakte Angabe wäre nur dann möglich, wenn die Blickachse des Observierungsgeräts in einem perfekten rechten Winkel seitlich auf die Bahnebene der Planetenbahnen zeigt, da ein flacherer oder spitzerer Winkel des Einblicks stets auch beeinflusst, wie stark sich die Linien im Sternspektrum verschieben – also wie stark sich der Stern aus unserer Perspektive aus hin und her bewegt. Die zufällig erscheinende Ausrichtung der Planetensysteme im Raum erschwert es uns zu wissen, aus welcher Perspektive wir auf ein fremdes System blicken. Und das bedeutet wiederum, dass die Radialgeschwindigkeitsmethode neben der Umlaufzeit immer nur eine Mindestmasse eines vermuteten oder beobachteten Exoplaneten angeben kann, da sich die exakte Größe nur aus einem perfekten rechten Winkel zu der Sternbewegung heraus ergeben würde. Sind mehrere Planeten vorhanden, können die einzelnen Massen auch zum Problem werden, da die besonders dominanten Planeten (schwere Gasriesen) am meisten zu der Radialbewegung des Sterns beitragen, während erdgroße Gesteinsplaneten mitunter eine vernachlässigbare Wirkung ausüben, die in der gesamten Bilanz dann kaum separat aufzuspüren ist.

Zieht jedoch ein planetarer Körper vor ein strahlendes Objekt (im besten Fall ein Exoplanet vor seinen Stern, aber auch eine Mücke vor den Strahler eines Fußballstadions), sinkt die Helligkeit der observierten Strahlung des Senders, da ein kleiner Teil des Lichts vorübergehend blockiert wird. Auch wenn die Verdunklung bei Sternen meist nur im Promillebereich liegt, sind die heutigen Detektoren so sensibel, dass das Prinzip der Transitmethode bis zu einer gewissen Mindestgröße des Planeten funktioniert. Wir sind bei der Transitmethode bereits soweit, Planeten zu entdecken, die ungefähr so groß wie die Erde sind, sogar auch ein wenig kleiner. Um die minimale periodische Absenkung der Gesamthelligkeit zu erkennen, muss der Beobachter wie bei der Radialgeschwindigkeitsmethode freilich ebenfalls von der Seite der Bahnebene des Planeten auf den Stern blicken, sodass der observierte Körper in unserer Blickrichtung vor seinem Gestirn vorbeizieht und dieses überhaupt verdunkeln kann.

Unser stellarer Nachbar Proxima Centauri b scheint leider nicht in dieser Blickachse zu liegen, weshalb er nur durch seine gravitative Beeinflussung des Baryzentrums und der damit einhergehenden Radialbewegung entdeckt werden konnte. Zusätzlich muss wie bei der Radialgeschwindigkeitsmethode ebenfalls ausgeschlossen werden, dass bekannte Phänomene der Sternaktivität oder andere zufällige Ereignisse für kontinuierliche Helligkeitsschwankungen verantwortlich sein könnten. So könnte zwischen dem Beobachter und dem Stern beispielsweise eine interstellare Wolke liegen, die gewisse Anteile der Strahlung blockiert oder absorbiert – das Zentrum unserer Galaxie ist ein passendes Beispiel dafür, da hier ausgedehnte Staubwolken einen großen Bereich für direkte Einblicke versperren. Wir würden also eine Verdunklung ausfindig machen, die mit einem Exoplaneten aber nichts zu tun hat. Oder aber ein sogenannter Planemo könnte kurzzeitig die Sichtlinie passieren – also ein Planet, der keine ersichtliche gravitative Bindung an einen Stern aufweist und im Kosmos frei seine Bahnen zieht. (Man ist sich heute nicht einig, wie viele Planemos (auch free floating planets, vagabundierende Planeten oder Waisenplaneten genannt) in unserer Galaxie existieren. Einige Studien legen eine Größenordnung von mindestens der doppelten Anzahl der vorhandenen Sterne nahe, andere gar das Hunderttausendfache (Sumi et al. 2011; Strigari et al. 2012; Mroz et al. 2017)). Sie könnten kurz das Licht verdecken, aber dann nie wieder auftauchen, weil sie nicht an den Stern gebunden sind, was eine nähere Untersuchung schwierig oder gar unmöglich macht. Da für die meisten Sterne keine genauen Daten über ihre stellare Aktivität vorliegen und der Einfluss von „freien" Objekten planetarer Masse auf das elektromagnetische Spektrum eines Sterns ohnehin kaum erforscht ist, ergibt sich bei Weltraumobservatorien somit zunächst immer eine enorm hohe Anzahl von unsicheren Planetenkandidaten, bei denen weiterführende Untersuchungen des betreffenden Sterns und der Umgebung notwendig sind, um das Vorhandensein von Exoplaneten eindeutig zu bestätigen.

Die Planetentransits sind nicht nur bei Forschern und Astro-Nerds beliebt. Die eher selten auftretenden Venus- und Merkurtransits vor unserer Sonne oder auch die totale Sonnenfinsternis sind ebenfalls nichts anderes als astronomische Bedeckungen und ziehen mitunter Millionen Menschen aus der ganzen Welt an. Diese Transits, die sich ergeben, wenn wir in Richtung Sonne schauen anstatt in die weiten Fernen des Alls, wurden schon in der Antike bewundert (sofern man keine apokalyptische Angst vor ihnen hatte) und größtenteils mit wundersamen Mythen belegt, mitunter jedoch auch durchaus wissenschaftlich beschrieben. Dabei hängt die Höhe der Verdunklung des Sonnenlichts hauptsächlich von zwei Faktoren ab: der Größe des Bedeckers und dessen Durchgangsbahn. Je größer der Transitkörper, desto mehr Licht wird selbstverständlich blockiert. Und je zentraler der

Körper die Scheibe der Sonne passiert, desto länger bleibt die Verdunklung bestehen, während ein Streif-Transit am oberen oder unteren Rand schnell vorüber ist. Dieselben „simplen" Faktoren, die Sie bemerken, wenn Sie am Balkon mit Ihrer Sonnenfinsternisbrille in Richtung Himmel blicken, gelten im Prinzip auch für die Beobachtung von fernen Sternen und deren Exoplaneten.

Sind mögliche Störquellen wie stellare Aktivitäten weitgehend ausgeschlossen, können das Phänomen der Bedeckung und die Transitmethode deutlich präzisere Angaben über die physikalischen Eigenschaften eines entdeckten Exoplaneten liefern als die Radialgeschwindigkeitsmethode. So lässt sich aus der peniblen Betrachtung des Verlaufes der Helligkeitskurve erst einmal erschließen, ob der Planet die Scheibe seines Zentralgestirns aus unserer Perspektive mittig durchquert oder lediglich in äußeren Zonen streift. Stellt man diesen Wert dann der Sternmasse und dem Sternradius gegenüber, lässt sich auch der Durchmesser des Exoplaneten bestimmen, was unter Einbeziehung der Umlaufbahn und der Kepler'schen Gesetze letztlich auch die Masse des beobachteten Körpers enthüllt, für die der optische Doppler-Effekt der Radialgeschwindigkeitsmethode lediglich einen Mindestwert angeben kann.

Beachtet werden muss aber, dass auch die Transitmethode Schwierigkeiten aufweist, wenn die Exoplaneten wie die Erde und die anderen inneren Planeten unseres Sonnensystems relativ klein sind. Für die bloße Feststellung, dass es überhaupt Planeten gibt, ist die Radialgeschwindigkeitsmethode deutlich empfindlicher, weil sie nicht auf der optisch auch für Detektoren schwierigen und ohnehin fehleranfälligen Verdunklung aufbaut. Deshalb ist es heute gängige Praxis, beide Verfahren synergetisch einzusetzen: Die Radialbewegung liefert den Forschern aus allerlei aufgenommenen Spektren einen Stern, der höchstwahrscheinlich von Planeten umgeben ist, und die Transitmethode fokussiert sich nach dem Herausfiltern vermutlich aussichtsloser Sterne auf die Dominanzverhältnisse (Massenunterschiede) und die ableitbaren geophysikalischen Charaktereigenschaften der Begleiter. Ist man unabhängig von astrobiologischen Fragestellungen gezielt auf der Suche nach großen (Gas-)Planeten, die weiter entfernt vom Mutterstern ihre Bahnen ziehen, wird in Zukunft wohl auch die Planetenfotografie eine größere Rolle spielen und die anderen beiden Methoden unterstützen.

Selbstverständlich waren im Fall der Transitmethode riesige Gasplaneten aufgrund ihrer enormen Ausmaße und dem damit einhergehenden höheren Bedeckungspotenzial ebenfalls die ersten Exoplaneten, die auf Grundlage eines Planetentransits entdeckt werden konnten. Jupiter verdunkelt aufgrund seiner Größe beispielsweise ziemlich genau ein Prozent des Sonnenlichts für einen Alien-Beobachter – das ist für die Transitmethode bereits ein sehr hoher Wert (bei der Erde sind es etwa 0,01 Prozent). Zudem sind die meisten bisher gefundenen Exoplaneten sehr nah an ihren Stern gebunden, da die Entfernung des Planeten zum Mutterstern eine weitere wesentliche Rolle spielt. Denn je näher ein Planet an seinem Stern vorbeizieht (d. h. je enger seine Umlaufbahn ist), desto höher ist das Verdunklungspotenzial bzw. desto öfter kann eine Helligkeitsschwankung registriert werden.

Der im Jahr 1995 erste eindeutig bestätigte Exoplanet 51 Pegasi b ist ein sogenannter Heißer-Jupiter-Typ mit circa 150-facher Erdmasse und umrundet das gemeinsame Barzyzentrum in gerade einmal vier Tagen (Mayor und Queloz 1995). Das bedeutet, dass ein Jahr auf diesem Planeten lediglich vier Tage dauert und dass man somit periodisch zweimal in der Woche eine Abschwächung der Helligkeitskurve registrieren kann. Um falsche Zuordnungen im Vorhinein möglichst auszuschließen, müssen nach internationaler Vereinbarung mindestens drei Transits mit dem gleichen zeitlichen Abstand zueinander beobachtet werden, bevor ein Planet den Status „vorläufig bestätigt" erhalten kann. 51 Pegasi b könnte man mit der Transitmethode also theoretisch schon nach zwölf Tagen Beobachtungszeit nachweisen.

Die Krux: Diese sehr schnell zu findenden Exoplaneten sind für die Suche nach erdähnlichen Ökosystemen nicht relevant. Zum einen spricht die schiere Größe der Planeten, die den Fund erleichtern, in den meisten Fällen für Gasriesen ohne erkennbare Oberflächen oder irgendein astrobiologisches Potenzial. Und auch die Nähe zum Stern, die ebenfalls der Grund der schnellen Detektion ist, verhindert die dauerhafte Stabilität einer Atmosphäre, auch wenn sie theoretisch von einem starken Magnetfeld geschützt wird. Sie würde nach unseren Kenntnissen nach einigen Jahrzehnten vom Sternwind mit seinen hochenergetischen Partikeln weggefegt werden, auch wenn sich der Planet in der habitablen Zone eines Roten Zwerges befindet (Tilley et al. 2019).

Da Rote Zwerge vergleichsweise kleine und kühle Sterne sind, befindet sich ihre habitable Zone viel weiter innen als in unserem Planetensystem, aber die Strahlungsausbrüche sind bei diesen stellaren Zwergen meist genauso wuchtig und kommen zudem deutlich häufiger vor als bei unserer relativ ruhigen Sonne. Zum Vergleich: Einer der größten Eruptionen der Sonne im Jahr 1859 war immer noch zwei Magnituden schwächer als die hochenergetischen Ausbrüche aktiver Zwergsterne (Cliver und Dietrich 2013; Tilley et al. 2019). Zudem kann oftmals angenommen werden, dass die Exoplaneten bei Roten Zwergen synchronisiert (tidally locked) sind, also immer dieselbe Seite hin zum Stern zeigen, was aufgrund einer fehlenden Temperaturbalance einen atmosphärischen Kollaps begünstigt (Wordsworth 2015). Auch unser Mond ist „tidally locked", sodass er uns immer nur eine Seite präsentiert, was bedeutet, dass es auf einer Seite extrem kalt und dunkel ist, während die andere Seite enorm viel Strahlung abbekommt. Sie merken es also schon: Während bei dem Direct Imaging das Problem besteht, dass man hauptsächlich Planeten entdeckt, die extrem weit von ihrem Stern entfernt und somit völlig unterkühlt sind, muss man sich bei den anderen Methoden damit zufrieden geben, dass man hauptsächlich viel zu nahe am Stern gelegene und extrem heiße Exoplaneten aufspürt.

Wenn man als Astrobiologe aufgrund dieser Bedenken bei sonnenähnlichen Sternen weiter entfernte, also in angenehmeren Zonen gelegene Planeten und potenzielle Kandidaten mit erdähnlichen exoökologischen Bedingungen finden will, ergeben sich folglich automatisch längere Umlaufzeiten der betreffenden Körper. Hätte eine Alien-Forschungsgemeinschaft ebenfalls die Regel aufgestellt, einen planetaren Transit mindestens dreimal hintereinander beobachten zu müssen, müssten die Außerirdischen im Falle der Erde also drei Jahre kontinuierlich und ohne Pause das Sternspektrum der Sonne observieren, beim Jupiter sogar fast 36 Jahre.

Doch die Geduld der irdischen Forscher hat sich ausgezahlt. Allein das 2009 gestartete und 95 Zentimeter durchmessende Weltraumteleskop Kepler konnte in den letzten acht Jahren um die 2600 bestätigte Exoplaneten durch die Transitmethode erspähen. Insgesamt betrachtet legten die ersten Hochrechnungen der Kepler-Daten von 2013 den Schluss nahe, dass etwa ein Fünftel aller sonnenähnlichen Sterne in unserer Galaxie erdgroße Planeten besitzen, die sich in der habitablen Zone befinden – 5,7 Prozent aller Sterne besitzen denselben Daten zufolge darüber hinaus einen etwa erdgroßen Planeten in der habitablen Zone, der zusätzlich eine ähnliche Umlaufzeit wie die Erde aufweist (Petigura et al. 2013). Im Jahr 2011 entdeckte Kepler außerdem zum ersten Mal einen sogenannten zirkumbinären Planeten – einen Planetentypen, von dessen tatsächlicher Existenz viele Astrophysiker lange Zeit nicht sehr überzeugt waren. Auf diesem Exoplaneten Kepler-16b könnten Außerirdische wie in einigen Science-Fiction-Filmen täglich zwei Sonnenauf- und untergänge bewundern, da er zwei Sonnen umkreist, also Teil eines Doppelsternsystems ist (Doyle et al. 2011). Zwar sind alle bisher von Kepler aufgespürten zirkumbinären Planeten Gasriesen (Kepler-16b ist ungefähr so massereich wie der Saturn), aber Simulationen zeigen, dass eine stabile Umlaufbahn eines Gesteinsplaneten in der habitablen Zone eines Doppelsternsystems zumindest nicht völlig ausgeschlossen ist, auch wenn die gravitativen Einflüsse in einem Doppelsternsystem (oder gar Mehr-Stern-System) deutlich chaotischer sind. Doch damit nicht genug: Im Mai 2016 schienen die Exoplaneten dann sogar regelrecht vom Himmel zu fallen, als die NASA 1300 Neuentdeckungen von Kepler mit einem einzigen Schlag verkündete (NASA 2016).

Die meisten dieser Entdeckungen sind Ein-Planet-Systeme, also Sterne, die nur von einem planetaren Begleiter umgeben sind, während nur etwa hundert Mehr-Planeten-Systeme ausgemacht werden konnten. Diese asymmetrische Verteilung liegt aber mit Sicherheit nicht daran, dass die meisten Systeme nur einen Planeten besitzen, sondern dass die Transitmethode von Kepler schlicht besonders anfällig für die Entdeckung relativ großer Planeten ist, die sehr eng an den Mutterstern gebunden sind, während weiter entfernte und kleine Planeten unentdeckt bleiben. Und diese hohe Sensitivität für große Körper galt 2018 auch nicht mehr nur für Planeten, denn im Oktober 2018 wurde bekanntgegeben, dass mit der Transitmethode zum ersten Mal in der Geschichte ein Exomond entdeckt wurde, also ein Mond, der einen Exoplaneten umkreist (Teachey und Kipping 2018). Dieser ist ungefähr so groß wie Neptun, sprich: fast 60-mal so groß wie die Erde, und umkreist den riesigen Gasplaneten Kepler-1625b. Jedoch sieht es heute nicht mehr ganz so rosig um den ersten Exomond aus. Nach der Erstveröffentlichung wurde darauf gewartet, dass der winzige Helligkeitsverlust, wenn ein solcher Mond als Begleiter eines Exoplaneten ebenfalls das Sternenlicht blockiert, von einem weiteren Detektor unabhängig bestätigt wird. Man ist sich mit heutigem Stand (Mai 2019) nicht mehr ganz sicher, wie die Datenlage zu interpretieren ist und ob Messungenauigkeiten für die Helligkeitsveränderung verantwortlich gewesen sind (Heller et al. 2019), weshalb modernere Teleskope dieses System mit Sicherheit noch einmal unter die astronomische Lupe nehmen werden. Insgesamt können wir jedoch genauso wie bei Planeten davon ausgehen, dass Monde im Universum höchstwahrscheinlich sehr häufig vorkommen. Schließlich gibt es ja auch in unserem Sonnensystem mit etwa 200 bekannten Exemplaren deutlich mehr Monde als Planeten. Wir werden aber vermutlich noch einige Zeit benötigen, bis die Detektoren für die Entdeckung von kleinen Trabanten präzise genug arbeiten und die volle Bandbreite an astronomischen Gesteinswelten abdecken können.

Für den Star der Transitmethode Kepler ist die Zeit heute jedoch schon abgelaufen – das Weltraumteleskop wurde von der NASA im Herbst 2018 nach neun Jahren Betriebszeit zum letzten Mal mit einem Datensatz gespeist. Und zwar mit der Anweisung, sich selbst ein für alle Mal auszuschalten. Um Ihre Trauer in Grenzen zu halten: Kepler konnte nur etwa 0,25 Prozent des Himmelszelts erfassen, weshalb die bisherigen Entdeckungen lediglich die ersten Millimeter der Fahnenstange sind und völlig neue Nachfolgemissionen auf uns warten. Zudem werden die Daten von Kepler in den nächsten Jahren noch weiter analysiert – und zwar nicht mehr nur von Menschen, sondern auch von artifiziellen Intelligenzen. Tatsächlich konnte ein neuronales Computer-Netz von Google im Jahr 2017 in einem alten Kepler-Datensatz Hinweise für ein neues Planetensystem finden, in dem sich ganze acht Planeten tummeln (Shallue und Vanderburg 2017). Damit ist unser Sonnensystem unter allen bekannten Systemen nicht mehr das System mit den meisten Planeten, wie es zuvor der Fall war. In der Flut der Daten sind die Verdunkelung von Sternen durch diese acht Welten den menschlichen Augen entgangen – für intelligente Computer stellt dies hingegen gar kein Problem war, weshalb die Fähigkeiten künstlicher Intelligenzen wie bei vielen anderen Bereichen der Wissenschaften und Gesellschaft auch zu völlig neuen Potenzialen in der Astrobiologie führen werden. Kepler könnte in Zukunft somit auch über seinen Tod hinaus noch für so manche Aufregung sorgen.

Neben dem Direct Imaging, der Radialgeschwindigkeits- und Transitmethode gibt es einige weitere Verfahren zum Nachweis von Exoplaneten. Diese spielen in der Praxis jedoch noch eine untergeordnete Rolle, weshalb in diesem Buch nicht explizit auf sie eingegangen wird. Dazu gehören das sogenannte Microlensing oder die Timing-Methode. Bei Ersterem wird ein Effekt genutzt, der aus der Allgemeinen Relativitätstheorie Albert Einsteins hervorgeht: der sogenannte Gravitationslinseneffekt. Befindet sich hinter einem beobachteten Planetensystem eine weitere Lichtquelle (ein Stern oder eine Galaxie in weiter Entfernung, aber auf derselben Blickachse), kann die Masse eines sich davor befinden Objekts das hintergründige Licht linsenartig verzerren, da Massen und die Gravitation (vereinfacht gesagt) das Potenzialfeld beeinflussen und die Raumzeit krümmen, in der wiederum das Licht selbst voranschreitet. Auch die Masse von Exoplaneten kann ausreichen, um zusätzlich zum Mutterstern zu Verzerrungen von Hintergrundstrahlung oder zu dunklen Flecken in einem solchen verstärkten Linsenlicht zu führen. Für ein besseres Verständnis werden Sie – wie es jeder Astrophysik-Student ertragen muss – nicht darauf verzichten können, sich andere Grundlagenliteratur oder -medien bezüglich der Allgemeinen Relativität zu beschaffen; dieses Buch wird diese Thematik nicht näher behandeln und sich mit dem bisherigen astrophysikalischen Grundwissen nun auf die Astrobiologie fokussieren. Die Notwendigkeit von zusätzlicher Literatur gilt auch für die Timing-Methode, bei der die Emissionen eines Pulsars (kompakter Neutronenstern) bei geeigneten Blickachsen als perfekte Taktgeber genutzt werden können. Beide Methoden haben bisher nur 89 bzw. 33 Planeten enthüllen können – sie spielen bisher also eine noch geringere Rolle als die ohnehin kaum vertretene Planetenfotografie (Exoplanet Database 2019).

1.2   Supererde = Superleben?

Wir beschäftigen uns nun nicht mehr mit der bloßen astrophysikalischen Detektion von Exoplaneten, sondern mit ihrer darauffolgenden Charakterisierung und astrobiologischen Relevanz. Neben etlichen Gasriesen, die für Astrobiologen kein primäres Interesse darstellen, finden sich in den Kepler-Daten der NASA auch rund 700 sogenannte Supererden. Der super klingende Planetentyp wird ausschließlich aufgrund seiner Masse so bezeichnet: Eine Supererde muss nach geläufiger Definition mindestens so schwer wie die Erde, aber leichter als Uranus sein, also eine ein- bis vierzehnfache Erdmasse besitzen. Auch wenn der Begriff „Supererde" es auf den ersten Blick nahelegt, sagt er an sich nichts über das Vorhandensein von Leben aus, auch wenn er in den Medien bei einem Fund oftmals noch euphorischer präsentiert wird als die habitable Zone. Was bei diesem Planetentyp feststeht, ist lediglich, dass es mit hoher Wahrscheinlichkeit ein Gesteinskörper ist, der, wenn er eine etwas höhere Masse als die Erde hat, noch recht unspektakulär als „Terrestric Planet", bei Annäherung an die obere Grenzmasse imposant als „Mega-Earth" bezeichnet wird. Wird die Grenze nach oben überschritten, handelt es sich allen uns bekannten Referenzsystemen nach bereits um Gasplaneten. Bei Gasplaneten dominiert betreffend der Ausdehnung im Gegensatz zu Supererden eindeutig die Atmosphärenhülle, der Kernbereich ist, wenn überhaupt existent, im Vergleich zur Gesamtgröße des Planeten nicht dominierend. (Es ist nicht ausgeschlossen, dass Planeten mit einer Masse leicht unter dem Grenzwert von 14 Erdmassen gasartig sind – im Fall dieser besonders leichten Exemplare spricht man von Gaszwergen oder liebevoll von Mini-Neptunen).

Mini-Neptune und Supererden sind laut Modellen und Hochrechnungen aller bisher gefundenen Exoplaneten die häufigsten Planetentypen im benachbarten Universum. Massereiche Supererden finden sich nach derzeitigem Kenntnisstand bei über 40 Prozent aller Roten Zwerge, welche selbst fast 80 Prozent aller Sterne in der Milchstraße auszumachen scheinen (ESO 2012; Batalha 2014). Auch Barnards Pfeilstern, ebenfalls ein Roter Zwerg und nach dem Alpha-Centauri-System der zweitnächste Stern zur Sonne, beherbergt vermutlich eine Supererde (Ribas et al. 2018). Seien Sie sich aber bewusst, dass die Aussagekraft dieser Hochrechnungen limitiert ist, da Keplers Katalog nicht die volle Bandbreite von Planetentypen liefern kann, weil die benutzten Detektoren besonders sensibel für eng am Stern gelegene Planeten waren und diese somit bevorzugt aufspüren konnten.

Trotz ihrer Häufigkeit in den Weiten des Alls gibt es solche Super-Welten in unserem Sonnensystem nach heutigem Kenntnisstand jedoch ausgerechnet nicht. Wir haben hier nur die kleinen terrestrischen Planeten und die riesigen Gasplaneten und nichts dazwischen. „Nach heutigem Kenntnisstand" sollte hierbei aber besonders betont werden, denn es wurden in den letzten Jahren Publikationen veröffentlicht, die die Schlussfolgerung ziehen, dass es weit außen im Sonnensystem durchaus einen weiteren, bislang unbekannten Planeten, den sogenannten Planet X, geben könnte, welcher mit angenommenen zehn Erdmassen, sofern er denn existiert, vermutlich eine Supererde oder ein Gaszwerg wäre (Batygin und Brown 2016; Becker et al. 2018). Bisher konnten die beteiligten Teams bei der Suche nach Planet X über zwei Jahre hinweg „lediglich" 12 neue Jupitermonde (Sheppard 2018) und zwei neue und weit außen gelegenen Körper aufspüren, die aufgrund ihrer Größe und Entfernung die passenden Spitznamen „Goblin" (Kobold) und „Farout" erhielten und bei denen noch gerätselt wird, ob es sich um Zwergplaneten oder Asteroiden handelt. Die Umlaufbahn von diesen Objekten, die bisher die am weitesten entfernten Objekte im Sonnensystem mit einer bestätigten Umlaufbahn sind, unterstützen jedoch die Annahme, dass es einen weiteren massereichen Körper weit draußen im Sonnensystem geben könnte (Sheppard et al. 2018). Einige gehen sogar so weit, noch einen zusätzlichen großen Planeten am äußersten Rand unserer astronomischen Heimat finden zu wollen, der sodann Planet Nummer 10 wäre (Volk und Malhotra 2017).

Planeten mit immer höheren Zusatznummern, Kobolde und kreative namenvergebende Wissenschaftler hin oder her – für Sie ist es wichtig, daraus abgeleitet Folgendes zu verstehen: Irdische Eigenschaften und das Wissen um die uns bekannten ökologischen Bedingungen und Nischen der „Normal-Erde" lassen sich aufgrund des Fehlens eines bekannten „Super"-Referenzobjekts in unserem Sonnensystem also (noch?) nicht ohne Weiteres auf größere Gesteinsplaneten und Superwelten hochskalieren. Wir können also salopp gesagt nicht einfach zu einer Supererde im Sonnensystem fliegen und diese beobachten, sondern müssen uns auf die Analyse von kleinen Lichtpunkten in den Fernen des Alls beschränken. Deshalb sind wir zunächst darauf angewiesen, die Supererden fernab unseres Sonnensystems zu beobachten und als Referenzsysteme zu nutzen. Selbstverständlich sind Supererden im Vergleich zu riesigen Gaskörpern aber einer der interessantesten Körper für exoökologische Fragestellungen, vor allem dann, wenn sie sich in der habitablen Zone eines fernen Sterns befinden und somit als potenziell lebensfreundliche Planeten gelten, was für etwa die Hälfte der von Kepler gefundenen Supererden gilt.

Viele Supererden weisen vermutlich recht formlose und felsige Oberflächen auf, insbesondere dann, wenn sie nahe am Zentralgestirn gelegen sind und die gravitativen Einflüsse des Sterns und der Mantel des Planeten keine ausgiebige Plattentektonik ermöglichen, die den Vulkanismus und Kohlenstoffzyklus fördert, aber trotzdem nicht zwangsläufig nötig ist, um einen Planeten habitabel zu halten (Foley und Smye 2018). Einzelne Exemplare könnten aber durchaus auch völlige Wasser-Welten sein, bei denen etwa drei Viertel des Volumens aus flüssigem Wasser besteht, welches von einer Wasserstoff- und Heliumatmsophäre umgeben wäre. Und schließlich gibt es in den Weiten unserer Galaxie und darüber hinaus höchstwahrscheinlich auch solche Supererden, die uns bei einem Spaziergang durchaus vertraut vorkommen würden. Von erdähnlicher Topografie, über geschwungene Meeresküsten, bis hin zu einer Atmosphäre mit allerlei uns bekannten meteorologischen Erscheinungen wie tropischen Stürmen oder romantisch gefärbten Sonnenuntergängen. Auch das Innere einer Supererde könnte Geologen vertraut sein. Wie auf der Erde auch, könnte die hohe Masse einer Supererde vermutlich einen langanhaltenden flüssigen Kern bedingen, der als Dynamo wirken und ein Magnetfeld induzieren kann, das etwaige Lebensformen vor Strahlungsausbrüchen abschirmt. Auch eine Plattentektonik ist bei günstiger Position und Zusammensetzung nicht ausgeschlossen, die sodann für einen stetigen Austausch von Gasen sorgt und einem Planetentod à la Mars entgegenwirkt. Ob eine Plattentektonik jedoch immer vorteilhaft sein muss, darf meines Erachtens auch zu Recht angezweifelt werden – geologische Prozesse können nämlich auch reichlich Gase aus der Atmosphäre entfernen und für lange Zeit in den Untergrund befördern und somit insgesamt je nach Ausprägung und atmosphärischer Zusammensetzung eine ambivalente Rolle für die Entwicklung von Lebewesen spielen.

Doch selbst bei uns vertrauten Landschaften und günstigen „Innereien" wäre immer noch nicht gewährleistet, dass eine Supererde auch super Bedingungen für Leben bietet. Da eine erhöhte Planetenmasse auch immer eine stärkere Schwerkraft zur Folge hat, sind Dichte und Luftdruck in einer Supererden-Atmosphäre stets um ein Vielfaches höher als in unserer Gashülle. (Auf Meeresspiegelhöhe und 20 Grad Celsius lasten auf jedem Quadratmeter der irdischen Oberfläche bereits rund 10 Tonnen). Wenn es den bereits weiter oben erwähnten Planeten Gliese 581 d tatsächlich geben sollte (für den Personen aus aller Welt Grußworte verfasst haben und dessen Existenz wir im Abschn. 1.1.3, „Stellare Spektroskopie", infrage gestellt haben), so wäre dieser eine Supererde. Die Außerirdischen, die die verschickten Grußworte lesen, könnten nur dann einen romantischen

Sonnenuntergang mit ihrem Schatz genießen, wenn sie dabei nicht zerquetscht werden würden, also an einen deutlich höheren atmosphärische Druck angepasst wären (zirka 6-fache Masse der Erde). Oder das Liebespaar würde gemeinsam durch ihre rotgefärbte Atmosphäre fliegen, weil die große Masse einen effizienteren Auftrieb in einem luftähnlichen Medium ermöglicht.

Nun kann man durchaus argumentieren, dass es auf der Erde etliche einfache, aber auch einige höher entwickelte Lebensformen gibt, die enormen Druck (allein in der Tiefsee) aushalten können, die gemächlich schweben oder auch unheimlich schnell und geschickt fliegen können. Die große Masse birgt jedoch eine zusätzliche und fundamentale Schwierigkeit: Auch innerhalb der habitablen Zone bestimmt die Strahlungsleistung des Zentralgestirns nicht allein das Klima auf einem Exoplaneten, sondern zu großen Teilen auch die vorhandenen Treibhausgase in der Atmosphäre. So herrscht auf Gliese 581 c (ein früherer Kandidat für einen erdähnlichen Planeten) aufgrund der größeren Schwerkraft und der damit einhergehenden dichteren Atmosphäre ein extremer Treibhauseffekt, welcher mit seinem (bereits auf der Erde unbeliebten) Teufelskreislauf die Temperaturen auf der Oberfläche fortwährend ins Unerträgliche steigen lässt (430–730 Grad Celsius) (Selsis et al. 2007). Viele Forscher sprechen bei einer detektierten Supererde deshalb vorsichtshalber lieber von einer Supervenus, da auch auf unserer Nachbarin aufgrund ihrer enorm dichten Atmosphäre im Schnitt tödliche 460 Grad Celsius herrschen. Supererden könnten sich am Ende also als Welten herausstellen, die dem Leben noch feindlicher gesinnt sind als die heiße Venus.

Für eine präzisere Einstufung des astrobiologischen Potenzials reicht die Kategorisierung eines Planeten als Supererde also allein nicht aus. Es müssen bessere Indizien her, die abiotische Prozesse in einen atmosphärischen Kontext mit atmenden und gasaustauschenden Lebewesen stellen.

1.3   Ökologische Signaturen

Den meist ernüchternden physikalischen Fakten zum Trotz ist die Astrobiologie gezwungenermaßen eine Wissenschaft mit viel Optimismus. Während bis vor zwei Jahrzehnten noch weitgehend galt, dass sich Exobiologen mit etwas auseinandersetzen, das – sofern es überhaupt existiert – außerhalb jedweder wissenschaftlichen Reichweite ist, und strenge Biologen etliche formulierte exoökologische Nischen von besonders frohmütigen und kreativen Astrophysikern (teilweise völlig zu Recht) kritisierten, sind heute aufgrund der enormen Anzahl neu gefundener Planeten exoökologische Experimente wieder hoch im Kurs. Die neu entfachte Motivation ist auch bei den führenden Weltraumbehörden NASA (National Aeronautics and Space Administration, USA) und ESA (European Space Agency) spürbar.

Sogar die eigentlich lebensfeindliche Atmosphäre einer Supervenus wird von Astrobiologen mitunter optimistisch, aber durchaus plausibel ausgelegt. Die Umlaufbahn einer Supererde muss lediglich in äußeren Zonen des Planetensystems, also in kälteren Regionen, verlaufen. Die Atmosphäre wäre mit ihrem verstärkten Treibhauseffekt sodann ein schützender Mantel, der die Oberfläche fernab des wärmenden Muttersterns vor dem Erfrieren schützt und angenehme Temperaturen herrschen lässt, anstatt die Oberfläche zu zerdrücken und zu grillen. Hier können Sie sich also merken: Neben der Strahlung des Sterns und dem Radius der Umlaufbahn bestimmt auch die Masse eines Planeten selbst die habitable Zone. Das bedeutet also auch, dass zwei Körper in derselben Bahn um einen Stern verlaufen könnten, aufgrund einer passenden Planetenmasse aber nur einer von beiden in seiner eigenen habitablen Zone liegt, während der andere gegrillt oder tiefgefroren wird.

Wir unterscheiden in der Astrobiologie deshalb die „konservative habitable Zone" von der „optimistischen habitablen Zone". Letztere bezieht mögliche Treibhauseffekte von massereichen Gesteinsplaneten mit ein und ragt somit weiter nach außen, was in der ursprünglichen Bedeutung der habitablen Zone nicht inkludiert war. Die Take-Home-Message lautet hier also: Die innere Grenze der habitablen Zone ist dann erreicht, wenn ein völliger Atmosphärenverlust aufgrund der Strahlung und/oder ein extrem starker Treibhauseffekt nicht zu verhindern ist, die äußere Grenze hingegen, wenn die Oberfläche den Gefrierpunkt nicht mehr übersteigen kann, auch wenn zusätzliche Treibhausgase hinzugefügt werden würden.

Diese Definition kann man anhand des Mars verdeutlichen. Er kann aufgrund seiner relativ geringen Masse und wegen des Fehlens eines abschirmenden Magnetfelds dauerhaft keine stabile Atmosphäre an sich binden, und vorübergehend vorhandener Wasserdampf, welcher früher aufgrund von Ozeanen und deren Verdunstungskreislauf wahrscheinlich reichlich vorhanden war, entweicht auch heute noch mit anderen Gasen allmählich ins All (sogenannter atmospheric escape). Aufgrund seiner knapp außerhalb der konservativen habitablen Zone gelegenen Position ist es auf der Marsoberfläche eisig kalt – wäre er jedoch eine massereiche Supererde (beziehungsweise eine Supervenus) mit dichter Atmosphäre, würden wir ihn womöglich auch als angenehm temperierten und blauen Superplaneten in einer optimistischen habitablen Zone bezeichnen können, statt als rote Kältewüste. In Sachen Atmosphäre gilt im Sonnensystem also: Was die

Venus auf ihrem sonnennahen Orbit zu viel hat, fehlt dem Mars auf seiner entfernten Bahn. Tatsächlich kennen wir einen Planeten namens GJ 357 d, der rund 30 Lichtjahre von uns entfernt ist und in etwa so viel Energie von seinem Stern bekommt, wie der Mars von der Sonne – jedoch ist GJ 357 d eine große Supererde, was bedeuten könnte, dass hier ein hoher Atmosphärendruck und Treibhauseffekt fernab des Muttersterns genügend Wärme für lebende Organismen spendet, während der Mars mit seiner geringen Masse schon längst erfroren ist.

Hier zeigt sich auch besonders gut, weshalb der Begriff der habitablen Zone alleinig nicht zu euphorisch interpretiert und präsentiert werden sollte. Der Mond liegt dank seiner gravitativen Kopplung an die Erde im perfekten Abstand zur Sonne und ist offensichtlich trotzdem alles andere als lebensfreundlich. Das heißt: Ein astronomischer Körper muss schon mehr bieten können als lediglich eine gute Position im Umfeld eines Sterns, wie mit dem Konzept der habitablen Zone oft vereinfachend dargestellt wird. Oft wird bei der Lebensfeindlichkeit des Mondes angegeben, dass er schlicht und ergreifend zu klein sei – das ist er im astronomischen Maßstab zwar tatsächlich (die gesamte chinesische Mauer würde etwa zweimal um den Mond laufen). In Sachen Atmosphäre geht es aber immer nur um die Masse, denn auch kleine Himmelskörper können je nach innerer Dichte extrem schwer sein. (Spitzenreiter im gesamten Universum sind im Hinblick auf die Masse übrigens weder extrem große Planeten noch normale Sterne, sondern Neutronensterne, die etwa so breit wie München, aber doppelt so schwer wie die Sonne sind, und selbstverständlich Schwarze Löcher, die auf engstem Raum in ihrem Zentrum so dicht werden, dass die klassische Physik keine vernünftige Beschreibung mehr liefern kann). Aber wieder zu unserem gut beschreibbaren Mond: Er ist einfach zu leicht, um eine lebenserhaltende Gashülle dauerhaft zu halten.

Zwar kann spekuliert werden, ob der Mond zu Beginn seiner Entstehungszeit dazu fähig war, kleine flüssige Wasserreservoirs halten zu können (Schulze-Makuch und Crawford 2018) – doch die lichtzugewandte Seite unseres Trabanten erreicht heute bis zu 140 Grad Celsius, während auf der dunklen Seite bis zu eisige −160 Grad Celsius herrschen können (die Temperaturangaben beziehen sich auf das Material der Oberfläche, da ja keine Atmosphäre vorhanden ist). Auf der heutigen Erde liegt der Kälterekord immerhin bei im Jahr 2018 ermittelten stolzen −93 Grad Celsius in der Antarktis (Scambos et al. 2018). Doch durch die geschichtete Atmosphäre und die eingefangene solare Wärmestrahlung ergeben sich abgesehen von diesen Extremwerten durchschnittlich die angenehmen Temperaturen von 15 Grad Celsius. Ohne den Treibhauseffekt wäre es um die 30 Grad kälter und die Temperaturschwankungen wären ohne die ausgleichende Wirkung der Gashülle im Laufe der Jahreszeiten, aber auch zwischen Tag und Nacht, deutlich extremer.

Die warmhaltende Funktion einer Atmosphäre ist möglicherweise nicht nur für die heute lebenden Organismen einschließlich uns Menschen vorteilhaft. Geophysikalische Untersuchungen von alten Gesteinen zeigten nämlich bereits im letzten Jahrhundert, dass es auf der Urerde sehr heiß gewesen sein muss. Das widerspricht jedoch dem Modell der Sternphysik, nach dem die junge Sonne damals nur mit rund zwei Dritteln der heutigen Leistung strahlte, was eigentlich einer bitterkalten und weitgehend vereisten Erdoberfläche und einem noch kälterem Mars entsprechen würde. Dieses „Faint-young-Sun-paradox" (Paradox der jungen schwachen Sonne) ist bis heute ungelöst (Feulner 2012). Als eine mögliche Lösung wurden erhöhte Treibhausgaskonzentrationen in der Uratmosphäre vorgeschlagen (Sagan und Mullen 1972; Haqq-Misra et al. 2008), die eine effizientere Wärmespeicherung der Gashülle ermöglichten. Andere verneinen dies jedoch aufgrund gegenteiliger Ergebnisse aus mineralischen Proben, die keine erhöhten Treibhausgaskonzentrationen in der betreffenden Zeit nahelegen, und halten mögliche fehlende Albedo-Effekte für plausibler (Rosing et al. 2010) (als Albedo bezeichnet man das Phänomen, dass helle Flächen wie Eis oder Wolken Strahlung zurück ins Weltall reflektieren und die Umgebung somit abkühlen). Andere vermuten gar, dass die Sonne damals etwa fünf Prozent mehr Masse hatte und somit stärker strahlte, aber die Masse vor Milliarden von Jahren wieder verloren hat – eine kosmische Diät, wenn man so will (Minton und Malhotra 2007).

Das letzte Wort in dieser sogenannten Paläoklimatologie ist also noch nicht gesprochen: Sollten sich Indizien zugunsten der Treibhausgase in den nächsten Jahren erhärten, können wir für die Astrobiologie schlussfolgern, dass sie wohl maßgeblich an der Entwicklung des frühen irdischen Lebens beteiligt waren, auch wenn ihre Wirkungen aufgrund des Klimawandels heute weitgehend verteufelt werden. Auch anderswo im Weltall werden Treibhausgase sodann essentiell sein, um uns bekanntes Leben ermöglichen zu können.

1.3.1 Ökosysteme im Rampenlicht

Atmosphärische Eigenschaften wie das Klima und Treibhauseffekte werden im Earth-Similarity-Index (ESI) nicht miteinbezogen, weshalb im Zuge seiner Veröffentlichung separat auch der sogenannte Planetary Habitability Index (PHI) gefordert wurde, der neben den reinen physikalischen Daten (wie

Volumen, Masse und Geschwindigkeit) auch die strukturelle Beschaffenheit der Oberfläche und chemische Merkmale der Atmosphäre berücksichtigen soll (Schulze-Makuch et al. 2011). Und das ist auch dringend notwendig. Denn obwohl die Transitmethode das bisher mit Abstand ergiebigste Detektionsverfahren ist, so hat sie doch eine eklatante Schwäche: Sie liefert uns zunächst nur Hinweise auf die Größe der Verdunklung durch den Planeten und somit erstmal auch nur die grundlegenden ESI-Daten. Würden Aliens durch die Transitmethode auf unser System schauen, würden die Erde und die Venus deshalb auch ungefähr die gleichen Ergebnisse liefern, weil sie dieselbe Größenordnung aufweisen und das Licht der Sonne ähnlich stark verdunkeln. Für die außerirdischen Forscher wäre es damit kaum möglich zu entscheiden, welcher der beiden Planeten nun Leben birgt oder nicht. Und trotz der gleichen Ergebnisse im Detektor, gedeiht das Leben prächtig auf der einen Welt, während auf der anderen eine lebensfeindliche Hitze herrscht.

Diese Problematik zeigte Astrophysikern und Astrobiologen nach der Entdeckung von Tausenden von Exoplaneten den nächsten logischen Schritt der exoökologischen Forschung auf: die Suche nach Gaszusammensetzungen in Atmosphären von erdähnlichen Exoplaneten wie Supererden, die im Zuge der mikrobiellen Ökologie und biotischer Stoffkreisläufe auf das Vorhandensein von lebendigen Organismen hindeuten können. Wir reden hierbei immer von sogenannten sekundären Atmosphären, was bedeutet, dass die Gashülle hauptsächlich von der Geologie des Planeten und einer etwaigen Biosphäre beeinflusst wird – das Gegenteil ist eine primäre Atmosphäre, die direkt aus den Hinterlassenschaften der Sternentstehung entstanden ist und hauptsächlich Wasserstoff enthält, wie etwa bei Jupiter und Saturn. Doch wie lassen sich nun in einer sekundären Atmosphäre Signaturen ökologischer Prozesse, die von Astronomen oft als Biosignaturen oder Biomarker bezeichnet werden, nachweisen? Und wie sehen solche Lebensspuren überhaupt aus?

Die erste Fragestellung lässt sich noch relativ einfach beantworten: Die Detektion von Biosignaturen ist durch ein Verfahren möglich, welches sowohl die spektrale Klassifizierung von Sternen als auch die Transitmethode zur Grundlage hat und unter Astrophysikern mit dem Zungenbrecher „Transmissionsspektroskopie" betitelt wird. Wie diese Bezeichnung bereits andeutet, wird hier wieder der Vorbeizug eines Planeten vor seinem Mutterstern als auch die Spektroskopie genutzt. Im Fokus dieser Observierungen stehen Sterne, deren Strahlungsspektrum und die Verteilung der Absorptionslinien und somit ihre äußere chemische Zusammensetzung bereits wohlbekannt sind. In vielen Fällen erscheinen nämlich just in dem Moment, in dem ein Planet passiert, völlig neue Absorptionslinien oder das alte Spektralmuster verstärkt sich in einigen Bereichen merklich (vergleiche mit Abb. 1.3).

Diese Veränderungen im elektromagnetischen Spektrum ergeben sich, da bei einem Transit ein Teil des Sternenlichts auch die Atmosphäre eines Planeten durchstrahlt – falls diese denn vorhanden ist. Wenn Sie von der Seite auf einen Planeten schauen, der im Hintergrund beleuchtet wird, sehen Sie also, wie ein Teil des Lichts durch die Atmosphäre strahlt, während der feste Kern einen Schatten wirft. Der Stern wirkt also wie ein gigantischer Scheinwerfer, welcher die Atmosphäre von hinten durchleuchtet, wenn der Exoplanet in der Blickachse zwischen Strahler und Beobachter liegt. Wie bei den weiter oben beschriebenen Absorptionslinien im Sternspektrum wird auch hier, je nach molekularer Zusammensetzung und Dichte, der Planetenatmosphäre Strahlung in bestimmten Frequenzbereichen herausgefiltert. Die chemischen Elemente in der Atmosphäre absorbieren also Licht mit für sie typischen Wellenlängen und hinterlassen somit einen charakteristischen Fingerabdruck in unseren Detektoren. Das resultierende Fehlen dieser Wellenlängen verrät uns also indirekt die ganzheitliche Zusammensetzung der planetaren Gashülle. Verändert sich die Anzahl und Verteilung der Absorptionslinien hingegen überhaupt nicht, kann darauf geschlossen werden, dass der betreffende Exoplanet entweder keine nennenswerte Atmosphäre besitzt (wie der Merkur) oder dass seine Gashülle so dicht ist, dass kaum Licht passieren kann und alles absorbiert wird (zum Beispiel im Falle einer sehr schweren Supervenus). Soweit zur Theorie.

In der Praxis ist es heute noch äußerst schwierig, präzise Transmissionsspektren von weit entfernten Exoplaneten zu erhalten, besonders bei anvisierten Atmosphären um einen erdgroßen Körper. So konnten zwar neue erstaunliche Erkenntnisse gewonnen worden, etwa der Fund einer reinen Natrium-Atmosphäre um den Gasplaneten WASP-96b (Nikolov et al. 2018). Für astrobiologisch relevante Körper liegen heutzutage jedoch noch keine aussagekräftigen Daten vor, was sich in den nächsten fünf bis zehn Jahren angesichts neuer Teleskopengenerationen jedoch ändern dürfte. Dass diese Methode der Atmosphären-Durchleuchtung an sich jedoch ohne Probleme funktioniert und es nur noch um Präzision geht, wurde neben einigen vorherigen Untersuchungen auch im Mai 2018 wieder praktisch bewiesen: Zum ersten Mal konnte man Helium durch eine gezielte Transmissionsspektroskopie nachweisen, und zwar in der Atmosphäre des etwa 200 Lichtjahre entfernten Gasplaneten WASP-107b, der selbst erst ein Jahr vor dieser Untersuchung entdeckt wurde (Spake et al. 2018). Es ist also letztlich wieder der Stern und dessen Strahlung, die uns nicht nur die bloße Existenz und physikalischen Ausmaße der Begleiter, sondern auch deren atmosphärische

Charaktereigenschaften verraten und somit erste stichhaltige Hinweise für Leben liefern könnten.

Die zweite Frage ist jedoch schon etwas kniffliger: Wie sehen solche Biosignaturen auf Analyse- und Anzeigegeräten aus, und nach welchen Bestandteilen soll bei einer solchen „Durchleuchtung" überhaupt gesucht werden, um ökologische Prozesse auf einem weit entfernten Planeten nachweisen zu können? Hier kommen wieder die Ergebnisse der Raumsonde Galileo ins Spiel, welche die Erde vorübergehend ins Visier nahm, als sie das planetare Katapult des Swing-by-Effekts nutzte, um zum Jupiter zu gelangen (Kap. 1). Galileo ist zwar schon tot – die Sonde wurde im Jahr 2003 gezielt in den Jupiter gestürzt. Doch die hinterlassenen Daten sind ein wichtiges Vermächtnis für die astrobiologische Forschung: Nichts Geringeres als das Antlitz unserer Erde für außerirdische Beobachter. Und zwar mit der Diagnose: Leben!

Carl Sagen beschrieb die Ergebnisse von Galileo in seiner sowohl bei Astronomen als auch Biochemikern viel beachteten Publikation folgendermaßen:

„Bei ihrem 1990 durchgeführten Fly-by an der Erde fand die Raumsonde Galileo Indizien für reichlich gasförmigen Sauerstoff, einen auf der Oberfläche weit verteilten Farbstoff mit einer scharfen Absorptionskante im roten Bereich des sichtbaren Spektrums und atmosphärisches Methan in einem extremen thermodynamischen Ungleichgewicht; Zusammengenommen sind das starke Hinweise für Leben auf der Erde." (Sagan et al. 1993)

Etwas einfacher ausgedrückt: Die Spektrometer von Galileo beobachteten aus dem Weltraum zunächst, dass ein bestimmtes Methan-Sauerstoff-Verhältnis in der irdischen Atmosphäre herrscht. Das Ausschlaggebende ist, dass die gleichzeitige Existenz beider Gase unseren geochemischen Kenntnissen nach ohne das Vorhandensein von Leben eigentlich nicht existieren dürfte – erst recht nicht in den enormen Ausmaßen der Erde.

Sauerstoff ist ein äußerst reaktionsfreudiges Element, und Methan reagiert bei Kontakt mit genügend Sauerstoff zu Wasser und Kohlenstoffdioxid. Bei gleichzeitigem Vorhandensein müssten sich die beiden Ausgangsstoffe in einer durchmischten Atmosphäre also früher oder später gegenseitig „verbrauchen" – bei heutigen Konzentrationen auf der Erde sogar bereits nach etwa zehn Jahren (Sagan et al. 1993). Oder um es anders auszudrücken: Es müsste sich mit der Zeit ein atmosphärisches Gleichgewicht ergeben.

Der Sauerstoff- und Methangehalt sinkt Galileos Beobachtungen aus dem All zufolge in der irdischen Atmosphäre jedoch nicht wie (ohne Leben) erwartet ab – unsere Erde befindet sich vielmehr in einem stetigen atmosphärischen Ungleichgewicht. Wäre Galileo ein Forschungsraumschiff außerirdischer Chemiker, würden sie bei ihrer Erdobservierung folglich zu dem Schluss gelangen, dass Sauerstoff und Methan irgendwie und irgendwo auf dieser blau schimmernden Welt stetig nachproduziert werden müssen. Aber wo und wie?

Falls der Beobachter von einem Planeten stammt, auf dem vulkanische Aktivität vorhanden ist (oder auch von einem Mond, denn der stärkste aktive Vulkan unseres Sonnensystems „Loki Patera" befindet sich auf dem Jupitermond Io), könnte er zunächst einen geochemischen Prozess ohne die Beteiligung von Lebewesen als primäre Methanquelle vermuten. Diese globalen Mechanismen sind nämlich auch in Hinblick auf andere Gase der ausschlaggebende Punkt.

Einer der bedeutendsten irdischen Kreisläufe ist etwa der Karbonat-Silikat-Zyklus, der auch als „anorganischer Kohlenstoffzyklus" bezeichnet wird und für einen kontinuierlichen Austausch von Kohlenstoffdioxid auf der Erde sorgt. Dieser hat somit einen wesentlichen Einfluss auf die irdischen Temperaturen und beeinflusst mit Sicherheit auch die atmosphärischen Eigenschaften vieler Exoplaneten (Edson et al. 2012). Die Fundamente des Kreislaufs auf der Erde sind die dauerhaften Kohlenstoffspeicher wie Meere und andere Gewässer (Hydrosphäre), deren Untergründe in der Erdkruste und dem äußeren Erdmantel (Lithosphäre) und die Atmosphäre, in der sich Kohlenstoff hauptsächlich in Form von Kohlenstoffdioxid anreichert. Diese Ebenen finden sich auch ohne jegliche aktiven Organismen (die einem als Erstes in den Sinn kommen können, wenn es um die Erzeugung und Umwandlung von CO_2 geht) im stetigen Austausch miteinander. Das insbesondere durch vulkanische Aktivität in die Atmosphäre gelangende CO_2 reagiert dort unter anderem zu Produkten wie Siliziumoxid und Kalziumkarbonat, welche mit der Zeit allmählich als Sedimente im Meeresboden abgelagert werden, woraufhin sie durch dynamische plattentektonische Prozesse teils in gewaltigen Mengen in die näher am Erdmantel gelegenen Schichten befördert werden können. Im Inneren findet dann die sogenannte Metamorphose statt, bei der geschmolzenes Gestein mit reichlich in tieferen Zonen gebundenem Kohlenstoff angereichert wird, welcher dann unter vulkanischer Aktivität wieder als CO_2 in die Atmosphäre gepumpt wird. Neben den irdischen Böden, die insgesamt mindestens doppelt so viel Kohlenstoff beinhalten wie die gesamte Atmosphäre (Scharlemann et al. 2014; Köchy et al. 2015), spielen auch die Ozeane eine wesentliche Rolle bei diesen Stoffflüssen, bei der wie an Land die Biosphäre (lebendige Prozesse) eine vermittelnde Position zwischen den Stoffsystemen haben kann.

Simpler ausgedrückt kann man die gesamte Ausgleichs-Rückkopplung so beschreiben: Mit dem Anstieg der Temperatur und steigendem CO_2-Gehalt steigt auch die Rate der chemischen Auswaschung und Erosion, was zu einer Entnahme von CO_2 aus der Atmosphäre führt; und andererseits bedingen geringere Temperaturen und CO-Gehalte eine Verringerung der Erosion und Auswaschung, was erneut zu einer vermehrten Sättigung von CO_2 in der Atmosphäre führt, und so weiter und so fort (Kump et al. 2000).

Diese Stoffkreisläufe zwischen der Erdoberfläche, der Atmosphäre und der Hydrosphäre sind selbstverständlich eine grundlegende Voraussetzung für das Verständnis der irdischen Ökologie und werfen Frage auf wie: In welchem Umfang werden Stoffe wie Kohlenstoff und Methan gespeichert bzw. ausgestoßen? Wie werden die Stoffflüsse von anderen Prozessen gesteuert? Und vor allem: Welchen Einfluss hat der Mensch auf die natürlichen Stoffkreisläufe? Genau diese Fragen sind es auch, die die Astrobiologie behandeln muss, um einen natürlichen Umwelt-Kontext eines Planeten verstehen und interpretieren zu können. Eine vernachlässigte Berücksichtigung solch globaler Prozesse führt in der Astrobiologie sodann zwangsläufig zu stark vereinfachten und ungenauen Beschreibungen, wenn es beispielsweise um Exoplaneten-Atmosphären geht. Mitunter ergaben sich sogar auch ganz konkrete Unfälle: Das populäre astroökologische Projekt Biosphere 2, bei dem vier Frauen und vier Männer Anfang der 1990er-Jahre in einem von der Außenwelt völlig unabhängigen und sich selbst erhaltendem Ökosystem „eingesperrt" wurden und das etwa 200 Millionen US-Dollar kostete, scheiterte in erster Linie an fehlenden Kenntnissen der Stoffflüsse, insbesondere des Kohlenstoff- und Sauerstoffhaushalts. Und wir reden hier von etwa 16.000 Quadratmetern unter einer Glaskuppel und nicht von einem ganzen Planeten.

Was bedeuten solche Stoffkreisläufe für die Rolle des Methans in der Astrobiologie? Im Gegensatz zu dem oben geschilderten globalen Kohlenstoffzyklus sind der irdische „Schlammvulkanismus" (bei dem Schlamm und Methan aus vulkanartigen Erhebungen austreten) und andere geologische Aktivitäten nur marginal an der primären heutigen Methananreicherung in der Atmosphäre beteiligt. Welchen Schluss könnte ein außerirdischer Beobachter nun daraus ziehen? Woher kommt das detektierte Methan der Erde, dessen Menge nicht mit bekannten abiotischen Prozessen allein zu erklären ist?

Der erste irdische Satellit, der neben dem Kohlenstoffdioxid auch Methan äußerst präzise in der Erdatmosphäre nachweisen und die Anteile bis zum Jahr 2012 über längere Zeiträume hinweg beobachten konnte, war der von der ESA initiierte SCIAMACHY (Scanning Imaging Absorption SpectroMeter for Atmospheric Cartography). Diese Daten, aber auch die heute laufenden Projekte wie der japanische GOSAT (Greenhouse Gases Observing Satellite), das amerikanische OCO-2 (Orbiting Carbon Observatory 2), und das europäische TROPOMI (Tropospheric monitoring Instrument) bestätigen die vorherigen Devisen von Geochemikern und Ökologen: Zum größten Teil (69 Prozent (Conrad 2009)) stammt das Methan in der irdischen Atmosphäre heutzutage direkt aus dem mikrobiellen Abbau von Biomasse in sauerstoffarmen oder -freien Ökosystemen und ist somit eindeutig biotischer Natur. Diese sogenannte Methanogenese kann in Habitaten wie Meeressedimenten, Sümpfen oder Reisfeldern stattfinden, aber auch in innerkörperlichen Ökosystemen wie Mägen von Wiederkäuern. (Auch wir können, wie Sie selbst – oder viel eher Personen in Ihrer näheren Umgebung zu deren Leidwesen – mit Sicherheit wissen, je nach eingenommener Nahrungsmittel gewisse Volumina biotisch erzeugter „Methangase" ausstoßen). Wie die englische Bezeichnung der Methanproduktion (biomethanation) nahelegt, stehen erhöhte irdische Methankonzentrationen fast immer direkt mit Lebewesen in Verbindung – im Falle von Biomasse-Verbrennungen oder dem Verbrauch fossiler Energieträger, welche nichts anderes sind als die Abbauprodukte abgestorbener Lebewesen in vergangenen Epochen, auch indirekt mit ehemals biologischem Material. Die Verbrennung fossiler Energiestoffe ist mit dem Bergbau übrigens vermutlich für bis zu 25 Prozent der heutigen Methanfreisetzung beteiligt (Conrad 2009). Der Anteil von durch den Menschen verursachtem Methan in der Atmosphäre soll ab 2020 von dem MethaneSAT noch präziser bestimmt werden, hauptsächlich um Folgen für den Klimawandel abschätzen und potenzielle Gegenmaßnahmen evidenzbasiert vorbereiten zu können (Tollefson 2018).

Aufgrund der Notwendigkeit einer biologischen Quelle, um den irdischen Methanhaushalt erklären zu können, war die astronomische Gemeinde desto überraschter, als im Jahr 2004 bekanntgegeben wurde, dass die NASA und ESA unabhängig voneinander durch Observierungen aus dem Weltraum entdeckt haben, dass Methan in der extrem dünnen Atmosphäre des Mars nicht nur vorhanden ist, sondern dass die Konzentration im Zuge der Jahreszeiten sogar regelmäßig schwankt (Formisano et al. 2004). Dies wurde im Juni 2018 nochmals durch den Marsrover Curiosity bestätigt (Webster et al. 2018), dessen Funde wir noch eingehender behandeln werden. Der durch die Marslandschaften streifende Rover registrierte im Jahr 2015 direkt auf der Oberfläche sogar regelrechte, bis zu sechzig Tage andauernde Methanausbrüche, welche jedoch keine Saisonalität aufwiesen und spontan auftraten (Webster et al. 2015). Auch die ESA-Sonde Mars Express konnte im Frühjahr 2019 bestätigen, dass es dieses Methan-Phänomen auf dem

Mars gibt, und zwar genau in der Gegend, in der Curiosity lokalisiert ist (Giuranna et al. 2019) (dies war übrigens das erste Mal in der Geschichte, dass ein auf dem Mars vor Ort aufgenommener Datensatz unabhängig aus dem Weltall aus bestätigt wurde. Dies ist natürlich besonders erfreulich, da mit so einem Mehr-Augen-Prinzip weitgehend ausgeschlossen werden kann, dass der Rover die Ergebnisse durch einen Messfehler verursacht). Diese Funde suggerieren zusammengefasst, dass es zwei verschiedene Methan-Emissions-Prozesse auf dem Mars gibt, wobei einer für eine konstante und saisonale Anreicherung und der andere für kurzzeitige Ausbrüche verantwortlich ist.

Dabei war zu Beginn dieser Untersuchungen nicht nur die Generierung von Methan ein Rätsel, sondern auch dessen Verschwinden nach kurzer Zeit. Man weiß zwar, dass die Strahlung der Sonne (insbesondere im UV-Bereich) Methan degradieren kann. Diese sogenannte photolytische Zerstörung des Methans, was einer abiotischen Interpretation für das Fehlen entsprechen würde, wäre unseren Kenntnissen nach aber bei Weitem nicht schnell genug, um diesen Umstand zu erklären. Heute stehen deshalb die Winderosionen und entsprechende Reaktionen des Methans mit gelösten Partikeln des Marsbodens im Fokus (Mumma et al. 2009; Knak Jensen et al. 2014).

Obwohl man auch in irdischen Laboren versucht hat, diese Vorgänge des Mars nachzuvollziehen, weiß man bis heute allerdings nicht eindeutig, ob für die schwankenden Methankonzentrationen geochemische Bedingungen des Regoliths oder biologische Prozesse marsianischer Mikroorganismen unter der Oberfläche verantwortlich sind (als Regolith, altgr. „Steindecke", werden die obersten Deckschichten von Planetenoberflächen im Sonnensystem bezeichnet). Der italienische Planetologe und Chefwissenschaftler der Methanentdeckungen äußerte in seiner Publikation jedoch, dass die Methanquelle seines Erachtens mit einer nicht zu vernachlässigenden Wahrscheinlichkeit biologischer Natur ist. Er entdeckte mit seinem Team neben dem Methan zusätzlich konstante und hohe Mengen an Formaldehyd (CH_2O), die sich in der extrem dünnen Atmosphäre des Mars eigentlich nur durch die Oxidation von Methan bilden und zudem nur einige Stunden halten können. Ihm zufolge müssten mehrere Millionen Tonnen Methan stetig nachproduziert werden, um das beobachtete Phänomen plausibel zu erklären – dieses von ihm beschriebene Ausmaß scheint den heutigen geochemischen Kenntnissen nach tatsächlich nur durch heutige oder ehemalige mikrobielle Prozesse im Untergrund oder durch noch nicht bekannte geomarsianische Phänomene möglich zu sein.

Andere gehen hingegen nicht von einer biologischen Quelle aus, sondern machen die ultraviolette Strahlung der Sonne sowohl für das Verschwinden als auch die Saisonalität des Methangehalts verantwortlich. So sorgt die je nach Jahreszeit mehr oder weniger starke UV-Belastung für die Zerstörung von organischen Verbindungen an der Oberfläche, woraus unter anderem auch Methan entstehen kann. Genau diese Fragestellungen sind eine der Motivationen und Grundlagen des bisher ambitioniertesten Projekts für die Suche nach Signaturen von Leben auf dem Mars, die sogenannte Exo-Mars-Initiative der ESA und der russischen Raumfahrtbehörde Roskosmos. Darin inkludiert ist neben dem ExoMars-Rover (Kap. 3) der Trace Gas Orbiter (TGO), der aus dem marsianischen Orbit heraus unseren roten Nachbarn im Auge behält. Ein erklärtes Hauptziel der im Oktober 2016 in Betrieb gegangenen Sonde ist es, dem möglicherweise wissenschaftlich wie historisch bedeutsamen marsianischen Phänomen der Methanproduktion durch genauere Observierungen der Gashülle aus dem Orbit im Verlauf der nächsten vier Jahre im wahrsten Sinne des Wortes auf den Grund zu gehen (Vago et al. 2009; Korablev et al. 2015; Vandaele et al. 2015). Diese Mission wird sodann mit Sicherheit auch irdischen Geologen zugute kommen, denn bis heute sind Simulationen nicht einmal in der Lage, den Methanhaushalt der Erde auf allen Ebenen ordentlich zu erklären (Bradley 2016). Und tatsächlich sorgte der Trace Gas Orbiter dann im Jahr 2018 für neue Ergebnisse, die jedoch noch mehr Rätsel mit sich brachten. Denn die zuvor mehrmalig und unabhängig voneinander dokumentierten Methanmengen sind laut den ersten Ergebnissen nicht mehr vorhanden und einfach verschwunden (Vandaele 2018). Wieso sich das Gas sprichwörtlich in marsianischer Luft aufgelöst hat, ist also ein neuartiges Rätsel für die beteiligten Planetenforscher. Dabei müssen einem aber natürlich auch die Grenzen der Sonde bewusst sein: Denn um den ganzen Mars einmal global zu kartieren, benötigt TGO mehr als einen Monat, was für sehr kurzzeitige Methanzyklen zu gering sein dürfte. Bis zu seinem Tod im Jahr 2022 wird sich zeigen, ob der Trace Gas Orbiter die Rätsel lüften oder noch mehr marsianische Mysterien heraufbeschwören wird.

In unserer heutigen Umwelt tragen Prozesse wie die Erdgasförderung, aber auch die vermehrte Rinderzucht, häufigere Überschwemmungen von ausgeräumten Landschaften und aufgetaute Permafrostböden dazu bei, dass die Methanfreisetzung steigt. Auch Pflanzen können einigen Studien zufolge unter Umständen stark klimawirksames Methan ausstoßen, weshalb – aber auch aus anderen Gründen wie der Senkung des Albedo-Effekts oder der Vermehrung von klimawirksamem Wasserdampf durch Pflanzen – ein exzessives und blindes Aufforsten von Wäldern nicht von allen Ökologen empfohlen wird, zumindest nicht, um klimatische Probleme zu lösen (Nisbet et al. 2009; Covey et al. 2012; Pangala et al. 2017; Welch et al. 2019). Dies zeigt uns eindringlich, dass neben mikrobiellen Aktivitäten heute auch die menschliche Betriebsamkeit das Potenzial hat, in erster Linie den Kohlenstoffzyklus, aber auch den Methanhaushalt der Erde zu verändern bzw. zu verschieben. Ein intelligenter außerirdischer Beobachter könnte aufgrund fortgeschrittener Atmosphären-Analysen und vielleicht auch eigener Erfahrungen also unter Umständen nicht nur darauf schließen, dass sogenannte ökologische Interaktionen mit der Atmosphäre durch mikrobielles Leben vorangetrieben werden, sondern dass es auf der Erde eine komplexere Spezies gibt, die ihre lebensfreundliche Umwelt ineffizient bewirtschaftet. Sie kennen den mittlerweile verstorbenen Stephen Hawking vermutlich insbesondere wegen seiner bahnbrechenden kosmologischen Hypothesen, aber er warnte diesbezüglich des Öfteren tatsächlich ernsthaft davor, einen gezielten Kontakt mit außerirdischen Intelligenzen aufzunehmen, da diese möglicherweise an unseren verbliebenen Rohstoffen interessiert sein könnten, wenn sie ihre eigenen planetaren Ressourcen zuvor aufgebracht hätten und ihre Atmosphäre unwirtlich hinterlassen haben. Ob davon etwas zu halten ist, müssen Sie für sich selbst entscheiden – was aber wohl nicht bestritten werden kann, ist, dass wir mit solchen Aussagen unser eigenes Verhalten auf andere hypothetische Lebewesen im Universum projizieren. Der Abbau von Rohstoffen von Asteroiden ist tatsächlich schon ein ernsthaft erwägtes Konzept einiger menschlicher Raumfahrtbehörden und Nationen – das wäre der erste Schritt einer solchen exoökologischen Besetzung, vor der Hawking warnte (tatsächlich spielt das Großherzogtum Luxemburg hier momentan eine international wesentliche Rolle, da es den zukünftigen Asteroiden-Bergbau sowohl finanziell als auch rechtlich stark fördert). Im Sinne Hawkings bleibt uns also nur die Hoffnung, dass intelligente Aliens entweder genügend Rohstoffe in ihrer planetaren Nachbarschaft anzapfen können oder dass sie deutlich intelligenter sind als wir und ihre Umwelt gar nicht erst auszubeuten brauchen.

Zum Schluss dieses Unterkapitels möchte ich auf etwas hinweisen, das in dem Kontext der Transitmethode und Biosignaturen meistens einfach übersehen wird und das – je nach Auslegung – sehr positiv für besorgte Bürger oder aber auch negativ für neugierige Astronomen sein kann. Das Gute zuerst: Sie müssen sich alleine wegen geometrischen Gründen keine größeren Sorgen darüber machen, dass andere – zumindest menschenähnliche – Intelligenzen den Kurs zu uns einschlagen werden. Das liegt daran, dass Aliens atmosphärische Ökosignaturen und somit Hinweise auf planetare Ressourcen bei uns vermutlich gar nicht erst sehen können würden. Die Transmissionsspektroskopie kann nämlich nur gelingen, wenn der Mutterstern die Atmosphäre eines seiner Planeten in der Blickachse des Beobachters durchleuchtet. Astrophysiker von der irischen Queen's University präsentierten Anfang 2018 diesbezüglich folgende geometrischen Überlegungen: Allein aufgrund der Lage unserer Erde vor der Sonne liegen nur neun bekannte Exoplaneten in einer Region, die einen Einblick auf die Erde gemäß der Transitmethode ermöglicht. Und von diesen Planeten ist kein einziger ansatzweise habitabel bzw. erdähnlich (Wells et al. 2018). Ein zufällig irgendwo in der Galaxie gelegener Außerirdischer würde viel eher den für Leben eindeutig ungeeigneten Merkur entdecken können und das Sonnensystem folglich für ziemlich langweilig halten – und selbst für den Merkur liegt die mittlere Wahrscheinlichkeit einer geeigneten Sichtbarkeitszone bereits bei unter drei Prozent (Wells et al. 2018). Astronomen müssen sich also trotz Tausender von spannenden Funden eingestehen, dass sie – die ja ohnehin nur einen winzigen Teil des Atmosphärenzoos kennen – keine Suche nach Lust und Laune anstellen können. Auch unser stellarer Nachbarplanet Proxima Centauri b ist unglücklicherweise so gelegen, dass eine Transmissionsspektroskopie und eine Entschlüsselung seiner atmosphärischen Eigenschaften somit fürs Erste geometrisch ausgeschlossen ist.

Daraus können wir aber auch schließen, dass qualitativ ohnehin minderwertige Sensationsmeldungen in den üblichen Medien, wie „drei neue Erden bei weit entferntem Stern gefunden", immer nur der Anfang der Fahnenstange sind. Die meisten Planeten, seien sie habitabel oder nicht, betreten schlicht und ergreifend erst gar nicht die Bühne der Astronomen und verständlicherweise erst recht nicht die Bühne der großen Medien. Doch für diejenigen Planeten, die in unserer Sichtachse liegen, wünschte ich, dass Sie nach Lesen dieses Unterkapitels folgendes genauso bewundernswert finden wie ich: Dass ein einziger winziger Lichtpunkt im Himmel so viel Informationen über uns bisher völlig unbekannte Welten liefern kann. Die Exoplanetenforschung ist somit ein Paradebeispiel für eine wissenschaftliche Disziplin, die mit jeder neuen Entdeckung an Vielfalt gewinnt.

1.3.2 Katastrophaler Sauerstoff: von Pflanzen und enttäuschten Aliens

Neben dem Methan betrifft der andere Fund der Raumsonde Galileo das mit dem Eisen im Erdkern vermutlich häufigste Element der Erde: Sauerstoff. Die während dem Swing-by aktivierten Messgeräte von Galileo detektierten hierbei den gasförmigen Anteil des Sauerstoffs in der Atmosphäre (O_2), der genauso wie Methan nicht in diesem Ausmaß vorhanden sein dürfte, wenn es nicht ständig nachproduziert werden würde.

Bei der Frage nach Sauerstoffproduzenten kommen uns selbstverständlich sofort pflanzliche Organismen und ihre Fähigkeit der (oxygenen) Photosynthese in den Sinn. Sie stellen mit ihrer Biomasse schließlich auch den mit Abstand größten Anteil irdischen Lebens dar (von zirka 550 Gigatonnen, die alle bekannten Lebewesen zusammen wiegen, entfallen 450 Gigatonnen, also gut 80 Prozent, auf pflanzliche Lebensformen, seien es winzige Plankton-Gemeinschaften oder riesige Mammutbäume (Bar-On et al. 2018)). Die grundlegenden Eigenschaften sind in der Regeln dieselben, egal ob Pflanze oder Bakterium: Die Energie des Sonnenlichts wird genutzt, um Kohlenstoffdioxid und Wasser zu Kohlenhydraten zu verbinden, die eine elementare Rolle im Stoffwechsel aller uns bekannten Lebensformen einnehmen. Sie werden als weitere Energiequelle für den Stoffwechsel und Biomasseaufbau benutzt, wobei unter anderem Sauerstoff als Nebenprodukt entsteht. Menschen und alle anderen Tiere, aber auch Pilze und viele Mikroorganismen lassen im Zuge der Atmung den Sauerstoff hingegen mit den Kohlenhydraten reagieren, um Energie zu erhalten, wobei nun Kohlenstoffdioxid und Wasser entsteht. Die Photosynthese an sich muss aber übrigens nicht mit Sauerstoff in Verbindung stehen – viele Bakterienarten können eine sogenannte anoxygene Photosynthese durchführen, bei der durch Lichtenergie statt Sauerstoff hauptsächlich elementarer Schwefel (S) als Produkt in die Umwelt freigesetzt wird. Die Photosynthese gilt deshalb über Organismengruppen hinweg generell als aussichtsreiche Kandidatin für außerirdische Stoffwechsel, da die Energiequelle (Licht) universell vorhanden ist und die Substrate grundlegende Bestandteile vieler planetarer Körper sind (Kiang et al. 2007b). Wenn man so will, ist die Photosynthese also der direkteste und effizienteste Ausdruck von an einen Stern und dessen Strahlung angepassten Lebensformen.

In einer planetaren Atmosphäre kann sich Sauerstoff jedoch auch ohne Pflanzen und ihre oxygene Photosynthese, ja sogar völlig abiotisch, also ohne jegliche Beteiligung von irgendwelchen Lebewesen in enormen Mengen anreichern. Neben der geologischen Aktivität eines Planeten ist die UV-Strahlung des Muttersterns selbst als Ursache einer Sauerstoffakkumulation möglich. Atmosphärischer Wasserdampf, also Wasser in Gasform, wird in ausreichender Höhe über dem Erdboden von ultravioletter Strahlung in Sauerstoff und Wasserstoff aufgespalten. Je nach Masse des Planeten, die eine Atmosphäre gravitativ an sich bindet, und der Stärke der stellaren Partikelschauer, die Atmosphären von Planeten löst, entweicht der leichtere Wasserstoff mehr oder weniger kontinuierlich ins All (auch im Falle der Erde), während der zurückbleibende schwerere Sauerstoff in der Atmosphäre verbleibt und sie allmählich sättigt, sofern er auf irgendeine Art und

Weise nachproduziert wird und dabei unter anderem nicht mit Methan in Kontakt kommt. (Es entsteht also der Eindruck, dass immer mehr Sauerstoff generiert wird, und zwar völlig ohne die Notwendigkeit von Leben. Der zugrunde liegende atmosphärische Wasserdampf ist aufgrund seiner enormen Menge übrigens das mit Abstand bedeutendste Treibhausgas der Erde).

Unter weiterer Einwirkung von UV-Strahlung kann so zudem eine Ozonschicht entstehen – sie ist also nicht zwingend ein Zeichen für einen Sauerstoffzyklus, an dem atmendes Leben beteiligt ist. Dabei wird das in der oberen Atmosphäre befindliche O_2 durch die Absorption von UV-Licht in Sauerstoffatome gespalten (= Photolyse), woraufhin diese mit verbliebenen O_2-Molekülen zu O_3 (Ozon) reagieren. Diese Mechanismen sind aber zumindest in einer uns vertrauten Umwelt nicht dominierend – die Photolyse von Wasserdampf ist rund eine Million Mal schwächer in ihrer Wirkung als das Nachpumpen von O_2 durch photosynthesebetreibende Organismen (Harman et al. 2015). Auch eine Photolyse von CO_2 ist nicht grundsätzlich ausgeschlossen, bei der wie bei dem Wasserdampf ebenfalls Sauerstoff als Produkt entsteht (Seager et al. 2012).

Auch hier sind die spektralen Eigenschaften des Sterns also von elementarer Bedeutung, da seine UV-Leistung bestimmt, wie viel Ozon durch die Photolyse von Sauerstoff produziert werden kann und letztlich auch wie viel des zugrunde liegenden Sauerstoffs sich in der Atmosphäre halten kann. Merken Sie sich also: Völlig identische Ausgangs-Atmosphären von Planeten können nach einiger Zeit die unterschiedlichsten O_3- und O_2-Profile aufweisen, vor allem, wenn der Stern impulsive Solarstürme und sogenannte Flares erzeugt (Grenfell et al. 2007; Tabataba-Vakili et al. 2016). Ein interessantes Beispiel hierfür ist der Rote Zwerg AD Leonis, bei dem in Modellrechnungen versucht wurde zu erklären, wie eine hypothetisch vorhandene erdähnliche Sauerstoff-Atmosphäre auf die Flares (= Ausbrüche) des Sterns reagieren würde (Gebauer et al. 2018). Vor allem bei Fehlen eines Magnetfelds, so die ersten Ergebnisse, würden sauerstoff- und ozonreiche Atmosphären vermutlich innerhalb von wenigen Jahrzehnten oder gar Jahren völlig degradieren, wenn ein Zwergstern wie AD Leonis nicht nur einen Ausbruch innerhalb mehrer Jahrzehnte, sondern mehrere Flares im Wochentakt erzeugt (Tilley et al. 2019).

Die Ozonschicht der irdischen Stratosphäre (etwa 20 bis 30 Kilometer über der Erdoberfläche) schützt durch ihr erhöhtes Absorptionspotenzial bekanntlich die auf der Oberfläche oder in der obersten Schicht der Meere (euphotische Zone) lebenden Organismen. Kommt zu viel UV-Strahlung durch, sind selbstverständlich nicht nur wir Menschen betroffen, die bei einer gestörten oder fehlenden Ozonschicht beispielsweise mit einem höheren Hautkrebsrisiko rechnen müssen, sondern auch Tiere und Bäume, die unter erhöhter UV-Strahlung sogar unfruchtbar werden können (Benca et al. 2018), oder kleinere Organismen, bei denen aufgrund ihrer geringen Größe der gesamte genetische Apparat betroffen sein kann. Je nach biologischer Wirkung wird die ultraviolette Strahlung in drei Wellenlängenbereiche unterteilt. Die hochenergetische und physiologisch schädlichste UV-Strahlung „UV-C" wird von der Ozonschicht in der Regel glücklicherweise komplett absorbiert und kann die Stratosphäre somit nicht ohne Weiteres passieren. Der langwelligere UV-B-Anteil hingegen erreicht in gewissen Mengen die Oberfläche und ist einerseits zwar für die Anreicherung von Vitamin D im menschlichen Körper verantwortlich, kann aber auch für einige Krankheitsfälle verantwortlich sein. Auch eine degenerierende Auswirkung auf empfindliche Ökosysteme ist möglich – so wird heute beispielsweise vermutet, dass das Massenaussterben am Ende des Perms (vor zirka 250 Millionen Jahren) unter anderem auch in der erhöhten UV-B-Strahlung durch Störung der Ozonschicht nach Vulkanausbrüchen begründet liegt (Benca et al. 2018).

Von einer reinen Schwarzmalerei dieser Effekte sollte man als Wissenschaftler jedoch nicht ausschließlich gelenkt werden, denn mit anderer Strahlung kosmischen Ursprungs und radioaktiver Strahlung ist wohl auch die UV-Strahlung an der Evolution durch die Auslösung „spontaner" Mutationen im Erbgut beteiligt – sie gilt sogar als ein Mitspieler bei der Entstehung des Lebens (Kap. 3).

Was bedeutet das für die Transmissionsspektroskopie? Natürlich versuchen Astrobiologien Sauerstoff oder gar Ozon in Atmosphären von Exoplaneten aufzuspüren. Zieht die Erde vor der Sonne vorbei, erzeugen die chemischen Signaturen der Ozonschicht und des zugrunde liegenden Sauerstoffs, als auch die Biosignatur Methan deutliche charakteristische Muster im irdischen Transmissionsspektrum (Abb. 1.4). Ob der gasförmige Sauerstoff nun von lebenden Organismen gebildet wurde oder ob den Signalen nur rein abiotische Prozesse wie die Photolyse oder geologische Aktivitäten zugrunde liegen, ist durch die Aufstellung und Analyse des Transmissionsmusters alleine jedoch nicht direkt zu klären.

Für eine genauere Einschätzung bezüglich einer potenziellen lebendigen Sauerstoffquelle wäre bei der Observierung eines Exoplaneten neben atmosphärischen Gasen ein weiteres bedeutendes Merkmal nötig. Damit ist das vermutlich wichtigste, aus dem Weltraum sichtbare Indiz für ökologische Prozesse gemeint. Auf ihrem Weg zum Jupiter hat die Raumsonde Galileo diesen elementaren Hinweis für einen lebendigen Ursprung des Sauerstoffs auf der Erde bereits entdeckt. Carl Sagen schrieb:

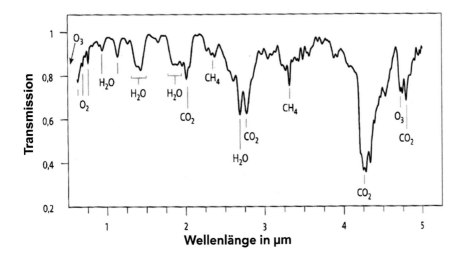

Abb. 1.4 Dieses simulierte Transmissionsspektrum der Erdatmosphäre zeigt bei Infrarotobservierung charakteristische Einbrüche für Ozon (O_3) und Sauerstoff (O_2), Methan (CH_4) und Wasser (H_2O). Die Raumsonde Galileo wies diese Ökosignaturen ebenfalls mit einem Infrarotspektrometer nach. Zudem entdeckte sie mit einem optischen Spektrometer (sichtbarer Bereich) deutliche Anzeichen für pflanzliche Organismen, deren Einfluss man durch die alleinige Betrachtung eines solchen Transmissionsspektrums nicht direkt herauslesen kann (© Florian Rodler; mit freundlicher Genehmigung)

[…] auf der Oberfläche weit verteilten Farbstoff mit einer scharfen Absorptionskante im roten Bereich des sichtbaren Spektrums […] (Sagan et al. 1993)

Diese zugegebenermaßen etwas eigensinnige physikalische Beschreibung deutet direkt auf Pflanzen hin. Vor allem auf ausgedehnte Waldökosysteme, die bekanntermaßen wichtige Akteure im irdischen Sauerstoffzyklus sind. Diesmal geht es jedoch nicht um irgendwelche Gase, die mit Organismen in Verbindung stehen, sondern konkret um die Farben von Pflanzen. Pflanzliche Bestandteile wie Blätter und Stängel sind bekanntlich in den meisten Fallen grün. Und genau diese Farben können von einer Sonde aufgefasst werden – man spricht bei diesen (Farb-)Observierungen aus dem Orbit eines Planeten auch von „remote sensing", was auf Deutsch in etwa „(Lebens-)Erfassung aus der Ferne" bedeutet. Im Gegensatz dazu stehen sogenannte In-situ-Detektionen. Hier werden die Biosignaturen direkt am Ort des Geschehens gemessen, etwa durch Rover (Thema des Kap. 3). Aber was hat ein aus der Ferne detektieres „Grün" nun zu bedeuten?

Die Grünfärbung irdischer Pflanzen ergibt sich aus den Chloroplasten im Pallisadengewebe, die für die Photosynthese zuständige Gewebeschicht unterhalb der äußersten Schicht eines Blattes. In ihnen sind die für die Strahlungsaufnahme zuständigen Chlorophylle eingelagert. Pflanzenbestandteile (wie Blätter) bestehen vor allem aus wassergefüllten Zellen, die von Luftkämmerchen umgeben sind. Das einfallende Licht wird aufgrund dieser Strukturen und der sich ergebenden Grenzflächen zwischen Luft und Wasser gestreut. Dies gilt nicht nur für Pflanzen, sondern auch für andere photosynthetisch aktive Organismen, wie zum Beispiel Algen und Flechten, die ebenfalls eine auffällige Grünfärbung erzeugen können. Die für die Energieausbeutung zuständigen Kompartimente (Chlorophyll a und b) absorbieren dann diejenigen Wellenlängen für die Biomassenproduktion, die benötigt werden, und remittieren den nicht benötigten Rest (fälschlicherweise wird hier oft von „Reflexion" gesprochen, aber Pflanzen sind nun mal keine Spiegel). Die exakten Wellenlängen, bei denen absorbiert und remittiert wird, kann von Pflanze zu Pflanze verschieden sein und vom Umwelt-Kontext abhängen, jedoch ist die Breite dieser Varianz gut überschaubar.

Pflanzen absorbieren für ihre Energiegewinnung dabei hauptsächlich Licht aus dem blauen und hellroten Frequenzbereich, während der grün-bläuliche Anteil des elektromagnetischen Spektrums (etwa 500 bis 600 Nanometer) von Pflanzen weitestgehend remittiert wird. Sprich: Pflanzen erscheinen für unsere Augen grün, weil sie das grüne Licht nicht absorbieren, sondern zurückwerfen. Dies macht sich sodann auch im irdischen Absorptionsspektrum bemerkbar, also in der Aufteilung der Strahlung in Wellenlängen, die von der Erdoberfläche absorbiert werden (die Erde absorbiert ganzheitlich betrachtet übrigens etwa 60 Prozent des einfallenden Sonnenlichts). Demzufolge erscheint im irdischen Absoprtionsspektrum eine typische sogenannte Grünlücke, weil Pflanzen kein oder wenig Grün absorbieren, während sich ein sprunghafter Anstieg im nahen Infrarot (680 bis 760 Nanometer) zeigt, bei dem das Chlorophyll der Pflanzen stark absorbiert. Letzteres ist in einem Absorptionsspektrum deutlich stärker ausgeprägt und wird als „Vegetation Red Edge (VRE)" bezeichnet (auf Deutsch in etwa: „Rote (Farb-)Kante durch Vegetation").

Solche Eigenschaften der Erdoberfläche bezeichnen wir im Gegensatz zu Gas-Biosignaturen wie Methan und Sauerstoff in der Atmosphäre als eine „Oberflächen-Biosignatur". Und wenn eine solche Oberflächensignatur auf einem fernen Planeten nachgewiesen ist, dann rückt die Diagnose „Leben" deutlich näher. Für die Suche nach außerirdischen pflanzlichen Ökosystemen könnte zudem relevant sein, dass irdische Pflanzen übrigens auch dunkles Rot remittieren – würde man einen Grün-Blocker über jede einzelne Pflanze installieren, könnten wir den Amazonas-Regenwald also genauso gut als dunkelrote, statt als grüne Lunge der Erde bezeichnen. Ein weit entfernter „Planet mit roter Pigmentierung" muss also zunächst nicht zwangsläufig als eine marsähnliche und staubige Kältewüste interpretiert werden. Für die Detektion einer solchen Oberflächensignatur muss eine extraterrestrische Landoberfläche jedoch stark bewachsen sein, etwa wie ein Regenwald, und auch die Atmosphäre müsste zu mindestens 20 Prozent einen wolkenfreien Einblick ermöglichen, wie entsprechende Referenz-Beobachtungen der Erde nahegelegt haben (Nair et al. 2011; Schwieterman et al. 2018).

Wie Sie bereits wissen, liegt das Intensitätsmaximum der solaren Strahlung im grünen Frequenzbereich. Warum absorbieren Pflanzen dann ausgerechnet das grüne Licht nicht, sondern remittieren es und lassen es ungenutzt? Wie so oft in den Naturwissenschaften, sind es die einfachen Fragen, die am schwierigsten zu beantworten sind: Warum sind Pflanzen eigentlich grün? Warum sind sie nicht einfach schwarz, was einer maximal möglichen Energieausbeute entsprechen würde?

Tatsächlich fehlt bis heute ein wissenschaftlicher Konsens – viele Studien benennen mehrere Faktoren und widersprechen anderen Untersuchungen. Fest steht für viele jedoch: Es muss wohl etwas mit der Evolutionsökologie von Pflanzen zu tun haben. Einigen Quellen zufolge schützt die Remission von grünem Licht vor einer zu hohen Energieaufnahme, denn für Pflanzen ist eine Überhitzung in den meisten Regionen der Erde ein wahrscheinlicherer letaler Faktor als eine Unterkühlung. Die Grün-Meidung also als ein Kompromiss zwischen Energieausbeute und Tod, der folglich ein maximales Wachstum ohne Verbrennungen ermöglicht. Oder aber es handelt sich um ein weiteres verwirklichtes Beispiel der sogenannten ökologischen Stöchiometrie: Es ist immer der limitierende Faktor, der nicht nur das Wachstum, sondern auch die Evolution von Organismen bestimmt (Minimumsgesetz). Es nützt demnach nichts, wenn die Pflanze deutlich mehr Energie aufnehmen könnte, dies aber nicht umgesetzt werden könnte, weil schlicht und ergreifend die benötigte Menge an biochemischen Stoffen und Nährstoffen im Boden nicht vorhanden ist oder in der Pflanze keinen Platz hat. Vielleicht kommt der Grünlücke aber auch keine besondere Bedeutung zu – das hellrote Spektrum könnte einfach bei der Verarbeitung in einem biochemischen Kreislauf besser geeignet sein, um Biomasse energieeffizienter aufzubauen (Marosvölgyi und Gorkom 2010). Persönlich bevorzuge ich jedoch die einfachste Erklärung, die in den meisten Studien aber tatsächlich völlig ignoriert wird: Die Atmosphäre – insbesondere das Ozon in der Stratosphäre – absorbiert grüne Wellenlängen zum Teil, sodass das Strahlungsmaximum, das die Erdoberfläche tatsächlich erreicht, im roten Bereich liegt (etwa 680 Nanometer), und nicht etwa im Grünen, was der Fall wäre, wenn man direkt vor der Sonne steht. Und genau das entspricht dem Bereich, in dem Chlorophyll absorbiert (Kiang et al. 2007a). Warum ausgerechnet grünes Licht aber fast komplett gemieden wird, während blaues Licht sehr wohl absorbiert wird, kann dieser Umstand auch nicht wirklich erklären.

Laut der etwas exotischeren Erklärung im Rahmen der sogenannten Purple-Earth-Hypothese wird die Fragestellung so gelöst, dass Chlorophyll als ein relativ neumodisches Instrument des irdischen Lebens angesehen wird. Frühere photosynthetisch aktive Organismen hätten stattdessen eher das Pigment Retinal als Lichtempfänger genutzt, was benetzte Oberflächen für unsere Augen im satten Lila erscheinen lässt (Sparks et al. 2007). Diese Retinal-Organismen absorbierten der Überlegung zufolge das von der Sonne am intensivsten abgestrahlte grüne Licht (500–600 nm), anstatt es zu remittieren, und nutzen somit exakt die komplementären Lichtwellen für ihren Energiehaushalt wie heutige Pflanzen. Das uns heute überall bekannte Chlorophyll-Leben besetzte demnach damals nur eine ungenutzte ökologischen Nische. Vor allem innerhalb von Biofilmen und Matten von Mikroorganismen ergaben sich laut dieser Überlegung übereinander gelagerte Mikroben-Schichten, wobei die unteren nur noch die Lichtwellen abgekriegt haben, die die oberen zuvor nicht schon konsumiert hatten, und sich somit eine unterschiedlich Entwicklung und eine Spezialisierung auf die Aufnahme von nicht-grünem Licht ergab (DasSarma und Schwieterman 2018). Wenngleich diese Hypothese unter Evolutionsbiologen zugegebenermaßen umstritten ist, sind auch heute mehrere Gruppen von Lebensformen bekannt, deren Energieverwertung auf Retinal basiert, sei es unter den Archaeen oder den Bakterien (Ernst et al. 2004). Unter ihnen befinden sich insbesondere die Halobakterien (die eigentlich nicht zu den Bakterien gehören, sondern Archaeen sind), welche oft besonders auffallen, weil sie – wie von der Purple-Earth-Hypothese vorgeschlagen – violette Verfärbungen von Oberflächen und ganzen Landschaften verursachen können. Diese Organismen stellen für Astrobiologen also gewissermaßen tatsächlich ein Fenster zu andersfarbigen Welten dar, und zwar Mitten auf der Erde. Für Exoplaneten gilt also, dass wir statt nach Red-Edges auch nach Green-Edges suchen sollten, denn genau diese produzieren die Lebensformen, die das grüne Licht am effizientesten absorbieren. Andere Mikroorganismen sind ebenfalls in der Lage, grünes Licht zu absorbieren und remittieren mitunter in anderen Spektralbereichen. Manchmal scherze ich bei der Frage: „Warum sind Pflanzen grün?" und bin immer wieder gespannt, ob manche Leute mir abkaufen, dass Pflanzen ursprünglich von einem Exoplaneten stammen und ihre Samen vor langer Zeit im Zuge der Panspermie (interstellarer Transport, siehe Kap. 2) die Erde erreichten, aber sie ihre Prägung an die andersartigen Spektralmuster des fernen Sterns nie verloren haben. Die meisten kaufen mir das zum Glück nicht ab.

Für eine potenzielle außerirdische Vegetation auf der Oberfläche eines Exoplaneten sind den vorherigen Überlegungen und Beobachtungen zufolge im Prinzip etliche verschiedenfarbige Absorptionsspektren als Ergebnis in unseren Detektoren vorstellbar. So würden pflanzliche Organismen auf einer fernen Welt, die an einen deutlich leistungsstärkeren Stern gebunden ist, vermutlich eher blaues Licht absorbieren und die Blätter und Stängel würden für unsere Augen insgesamt rötlich erscheinen. Wichtig ist in Hinblick auf Oberflächen-Biosignaturen also die Suche nach mehreren auffälligen Lücken in der Absorption, sprunghaften Anstiegen in der Reflexion und den charakteristischen dazwischenliegenden Intervallen. Besonders aussichtsreich erscheinen hierbei erdähnliche Exoplaneten in der habitablen Zone, die älter sind als die Erde und entweder sehr feucht sind, was üppiges Pflanzenwachstum bedeuten könnte („Jungle-Worlds"), oder aber äußerst trocken sind („Desert-Worlds"), da hier keine große Wolkenbildung zu erwarten wäre und man die Signaturen auf der Oberfläche selbst bei weniger Bewuchs sehr viel besser erkennen würde als auf einem von vielen Wolken überzogenen Planeten (O'Malley-James und Kaltenegger 2018). Sprich: entweder viel Biomasse, aber viel Störung und Verdeckung, oder wenig Biomasse, aber kaum Störung und Verdeckung.

Auch wenn observierte Farblücken und -kanten, wie sie von Galileo auf der Erde identifiziert wurden, starke Indizien für bereits aktive Ökosysteme auf Exoplaneten wären, so heißt das im Umkehrschluss aber nicht unbedingt, dass kein Leben existiert, wenn keine solchen Muster gefunden werden. Denn Wellenlängen im grünen Bereich des elektromagnetischen Spektrums werden hauptsächlich von im Boden verwurzelten Pflanzen auf der Oberfläche remittiert. Diese Bäume und andere Landpflanzen, die den meisten Menschen vermutlich als Erstes in den Sinn kommen, wenn der Begriff „Photosynthese" fällt, sind zwar wichtige Akteure im irdischen Sauerstoffzyklus, aber sie liegen im Sauerstoffproduktions-Ranking insgesamt betrachtet tatsächlich nicht immer auf den vordersten Plätzen.

Neben nahezu überall auf der Erdoberfläche vorhandenen Bodenkrusten (Gemeinschaften von allerlei Mikroorganismen, Pilzen, Moosen und Flechten in den obersten Millimetern des Bodens), sind es vor allem die Ozeane mit ihren unglaublichen Massen an Phytoplankton, die je nach angewendeten Parametern der verschiedenen Literaturquellen für fünfzig bis achtzig Prozent der gesamten primären Sauerstoffproduktion verantwortlich sind und oft sogar mehr Sauerstoff produzieren, als die Wassermassen überhaupt aufnehmen können (Falkowski 2012). Aufgrund ihrer marinen Lebensweise verursachen diese Organismen ohnehin keine grüne Pigmentierung der Landoberfläche, und auch die Farbe der Wasseroberfläche (auf welche die Spektroskope von Galileo ebenfalls ausgerichtet waren) wird in der Regel nicht maßgeblich von ihnen beeinflusst. Das bedeutet, dass ein Raumschiff diese vor Leben strotzenden Organismen mit welchen Farbklassifizierungen auch immer nicht so einfach detektieren könnte. Es gibt hier wie immer jedoch auch Ausnahmen, wie beispielsweise die in der euphotischen Zone beheimatete Kalkalge *Emiliania huxleyi,* die mit Quadrillionen von Artgenossen Tausende von Quadratkilometer große Algenteppiche auf der Meeresoberfläche bilden kann, die aus dem Satellitenorbit problemlos als sogenannte Algenblüten auf den Ozeanen erkennbar sind (Tyrrell und Merico 2004).

Solche Algenaktvitäten sind übrigens ein Paradebeispiel für den positiven Nutzen aus der Weltraumforschung für die irdische Ökologie: Der NASA-Satellit Aqua kartiert etwa alle zwei Wochen den gesamten Ozean aus dem All und kann aus der Verteilung des Phytoplanktons, das eine detektierbare Farbintensität für die Weltraumdetektoren hinterlässt und im Wasser die Nahrungsgrundlage für höher entwickelte Organismen bildet, die Artenvielfalt der gesamten Meeresregion ermitteln und somit auch naturschutzfachliche Daten für Areale bieten, die mit herkömmlichen Anwendungen der Biodiversitätsbestimmung nicht zugänglich sind (Jansen et al. 2018).

Die Hälfte des gesamten frei verfügbaren Sauerstoffs in den Gewässern wird nach heutigem Kenntnisstand sogar nur von einer einzigen Spezies, dem Cyanobakterium *Prochlorococcus marinus,* produziert, das demnach die höchste Individuenanzahl aller bekannten irdischen Lebewesen aufweist (etwa drei Quadrilliarden, Größenordnung 10^{27}) (Flombaum et al. 2013). Deren evolutionäre Vorfahren waren urtümliche Cyanobakterien, die vor rund 2,3 Milliarden Jahren die ersten massenhaft auftretenden Organismen waren, welche durch die oxygene Photosynthese Unmengen an Sauerstoff produzieren konnten. Das muss übrigens nicht heißen, dass es zuvor keine Organismen gegeben hat, die Sauerstoff produzierten – dann jedoch in für globale Prozesse vernachlässigbar kleinen Mengen (Ettwig et al. 2010; Lyons et al. 2014; Planavsky et al. 2014). Obwohl diese Wesen wie die heutigen Bakterien so klein waren, dass sie für unser Auge völlig unsichtbar sind, veränderten sie mit ihren ökologischen Sauerstoff-Interaktionen den gesamten

Verlauf der Evolution und die Geschichte der gesamten Erde. Sie eröffneten ein völlig neues Kapitel des Lebens: Die Große Sauerstoffkatastrophe (Great Oxidation Event).

Ab einem gewissen Zeitrahmen vor etwa 2,3 Milliarden Jahren wurde von den sich explosionsartig vermehrenden Cyanobakterien (sie teilen sich heutzutage je nach Art nach nur einigen Stunden) insgesamt so viel Sauerstoff produziert, dass es durch Verbindungen mit oxidationsfähigen Stoffen wie Eisen oder Schwefelwasserstoff nicht mehr ausreichend verbraucht werden konnte und sich somit zuerst in den Ozeanen, später aber auch in der Atmosphäre anreicherte (Hoehler et al. 2001; Lyons et al. 2014; Luo et al. 2016). Was die Entwicklung von späteren mehrzelligen Organismen erst ermöglichte und für uns und andere Lebensformen heute lebensnotwendig ist (weshalb das Ereignis auf Englisch meist etwas neutraler als Great Oxidation Event bezeichnet wird, statt als große Katastrophe), war damals jedoch das Todesurteil für einen Großteil der lebenden Organismen. Diese waren sogenannte anaerobe Lebensformen, was bedeutet, dass sie die Anwesenheit von Sauerstoff in ihrer Umgebung nicht vertragen konnten. Anaerobe Organismen bevölkerten die urtümliche Erde schon lange vor den Cyanobakterien und waren am Anfang des Proterozoikums (vor 2,5 Milliarden Jahren) in ihren ökologischen Nischen wohl etabliert. Es gab wohl eine Zwischenzeit, in der beide Lebensformen problemlos koexistieren konnten, bevor sich die Anzahl der anaeroben Lebensformen aufgrund der nicht mehr aufzuhaltenden Sauerstoffvergiftung der Umwelt schließlich drastisch reduzierte, sofern sie keine unabhängigen ökologischen Nischen fanden (z. B. sauerstofffreie Sedimente) oder neue evolutionäre Anpassungen an die nun toxische Umwelt voller Sauerstoff entwickelten.

Die Anpassung an Sauerstoff ist meines Erachtens übrigens gut geeignet, um Ihnen den unglaublichen evolutionären Einfallsreichtum in der mikrobiellen Ökologie aufzuzeigen: Während die Evolution einiger Mikroben den direkten Weg bestritt, die Biochemie in der Zelle mit der Zeit anzupassen, entwickelten sich anderswo zum Beispiel bessere Navigationssysteme, sodass von den Mikroorganismen nahezu überall versteckte anaerobe Mikro-Nischen gefunden werden konnten. Besonders interessant finde ich diejenigen Mikroben, die salopp gesagt keine Lust auf tiefgreifende biochemische Veränderungen hatten, sondern im Zuge der Evolution ihre Körperform so umgestalteten, dass Sauerstoff räumlich oder zeitlich getrennt von den empfindlichen Stellen und Prozessen in der Zelle verarbeitet wird (Fenchel und Finlay 1990; bImlay 2008). Und natürlich sind für Paläobiologen und auch Astrobiologien auch die Mikroben interessant, die einfach gestorben sind, weil die planetare Umwelt sich zu schnell änderte.

Die urtümlichen Sauerstoffproduzenten waren darüber hinaus auch an der Auslösung des größten denkbaren abiotischen Prozesses beteiligt: Der freie Sauerstoff reagierte mit dem atmosphärischen und äußerst klimawirksamen Methan massenhaft zu dem weniger starken Treibhausgas CO_2 und Wasser und bewirkte somit eine drastische Reduktion des Treibhauseffekts. Die Cyanobakterien waren demnach einer der Auslöser der huronischen Vereisung vor zirka 2,3 Milliarden Jahren, welche vermutlich wiederum dazu führte, dass die Erde vor etwa zwei Milliarden Jahren zum ersten Mal großflächig von Eis und Schnee überdeckt wurde und (den extremsten Hypothesen zufolge) aus dem All als weitgehend weiße Kugel erschien, was als „Snowball Earth" (Schneeball Erde) bezeichnet wird (Kopp et al. 2005). Solche geologischen Erkenntnisse und Vermutungen über längst vergangene Zeitalter zeigen uns eindrucks- und ehrfurchtsvoll, dass selbst die winzigsten Lebensformen durch ihre ökologischen Aktivitäten und Interaktionen von der kleinsten Skala aus wahrlich gewaltige globale Vorgänge in Gang setzen oder auch beenden können. Auch die Ausbreitung der Landpflanzen und komplexeren Tiere auf den Landoberflächen führte vor rund 500 bis 700 Millionen Jahren zu deutlichen chemischen Verschiebungen in der Erdatmosphäre, die vermutlich innerhalb kürzester geologischer Zeitspannen – 10.000 bis 100.000 Jahre – erneut zu einem Schneeball Erde führten (Reinhard et al. 2016; MacLennan et al. 2018).

Bei der Observierung von Exoplaneten könnten solche massiven Phänomene also ebenfalls erkennbar und spannend interpretierbar sein, wenn sich beispielsweise ein teilweise vereister Planet mit erdähnlicher Atmosphäre entgegen aller Erwartungen mitten in der habitablen Zone für flüssiges Wasser befinden würde. Eine solche vorübergehende großflächige Vereisung wäre ein extremes Beispiel für eine „dynamische" bzw. „zeitliche Biosignatur". Aber auch Veränderungen auf kleinen zeitlichen Skalen werden in der zukünftigen Astrobiologie wohl eine wichtigere Rolle spielen.

Im Gegensatz zur Detektion von „statischen" Biosignaturen, etwa die bisher beschriebene einmalige Beobachtung und Einschätzung des Methan-, Sauerstoff- oder CO_2-Gehalts in einer Exo-Atmosphäre, könnten vor allem auch schwankende und periodische Werte auf ökosystemare Prozesse hindeuten. Die regelmäßigen Sauerstoff- und Kohlenstoffdioxidzyklen im Zuge der jahreszeitlichen Schwankungen und dem damit einhergehenden Entfall bzw. Anstieg pflanzlicher Biomasse und der resultierenden Photosyntheseleistung, sind beispielsweise eindeutige zeitliche Ökosignaturen der Erde. So variieren die irdischen Kohlenstoffverhältnisse vor allem aufgrund der Photosynthese nicht nur von Jahr zu Jahr, sondern auch von Region zu Region und vor allem von Sommer zu Winter. Letztlich kann man den schwankenden CO_2-Gehalt der irdischen Atmosphäre wie einen Atemzug der ganzen Erde betrachten. Natürlich muss das nicht heißen, dass auch auf anderen Planeten ausgerechnet das Wachstum von Pflanzen, wie wir sie kennen, im Frühjahr zu weniger Kohlendioxid und mehr Sauerstoff in der Atmosphäre führt und vice versa im Winter. Aber auffällige periodische Veränderungen irgendwelcher miteinander in Beziehung stehender Gase oder pigmentierter Oberflächen könnten ein deutlich aussagekräftigeres Signal für ein zugrunde liegendes dynamisches System liefern, wie wir es von allerlei biologischen Systemen, die ökologisch mit irgendeiner abiotischen Umwelt interagieren, erwarten würden (Olson et al. 2018; Schwieterman et al. 2018). Diese Signaturen sind heutzutage bei Exoplaneten jedoch noch außer Reichweite, da einerseits bereits die Erde zeigt, dass die höchste Variabiltiät für Kohlenstoffdioxid und Methan bei schwer nachzuweisenden ein bis drei Prozent liegt, und andererseits auch rein abiotische Mechanismen (Temperaturwechsel, Planetenneigung) zu zeitlich periodischen Mustern in der Atmosphäre oder auf der Erdoberfläche führen können. Erinnern Sie sich aber daran, dass der Mars-Rover Curiosity schwankende Methan-Werte in Abhängigkeit der Jahreszeiten auf dem Mars registriert hat – jetzt verstehen Sie, wieso gerade dieser Fund als einer der wichtigsten Vor-Ort-Ergebnisse der bisherigen Marsexploration deklariert wurde.

Wie man aus den hochdynamischen Entwicklungen der Erde unschwer folgern, aber auch heute noch überall sehen kann, ist das Leben recht hartnäckig. Es überdauerte schließlich nicht nur mehrere Vereisungsphasen, sondern auch heftigste Asteroideneinschläge. So berichteten Forscher der University of Texas, um ein besonders imposantes Beispiel darzulegen, von einer sehr schnellen Wiederbesiedlung des Einschlagkraters, der vor 66 Millionen Jahren das Ende der Dinosaurier und vermutlich auch von 75 Prozent aller vorhandenen Lebewesen markierte. Nach bereits zwei bis drei Tagen bildete sich inmitten des Kraters ein neues und artenreiches Ökosystem, welches von dynamischen Wasserzuflüssen von außen gespeist wurde und heute in den starren Gesteinen verewigt ist (Lowery et al. 2018). Auch die weltweite Vergiftung durch Sauerstoff vor 2,5 Milliarden Jahren war aufgrund neuer Adaptationen letztlich alles andere als ein endgültiges Todesurteil, wenngleich erhöhte Sauerstoffkonzentrationen übrigens auch für unsere Lungen hochtoxisch sind.

Heute beherrschen neben den aeroben Organismen, welche nur in Gegenwart von genügend Sauerstoff gedeihen können (dazu gehören auch Sie), auch wieder etliche anaerobe Familien und Gattungen die verschiedensten Mikrohabitate der Erde. Sie können langfristig nur in

Lebensräumen überleben, die keinen Sauerstoff zur Verfügung stellen. Daneben gibt es aber auch mikroskopisch kleine Überlebenskünstler, welche in Gegenwart von Sauerstoff zwar optimal wachsen, aber wenn dieser fehlt, ihren gesamten Stoffwechsel ohne Weiteres auf Gärung oder anaerobe Atmung umstellen können (= fakultativ aerob). Oder solche, die überhaupt keinen Sauerstoff benötigen und verwenden, aber überall gut gedeihen, da sie Sauerstoff in ihrer Umwelt zu tolerieren gelernt haben (= aerotolerant). Angesichts der Hartnäckigkeit des Lebens und des Einfallsreichtums der biologischen Evolution kann man bei der Suche nach ökologischen Prozessen fernab der Erde also eine gesunde Portion des astrobiologischen Optimismus bewahren.

Selbst wenn unsere Messgeräte mit heutigen Instrumenten noch keine eindeutigen Ökosignaturen auf Exoplaneten nachweisen konnten (die aktive Suche hat ja auch erst vor 4 bis 5 Jahren begonnen), zeigt uns also ausgerechnet die Erde selbst, unter welchen regelrecht unirdischen Bedingungen Leben in der Urzeit vorhanden war und auch heute noch erfolgreich überdauert. Wer weiß, vielleicht richtete ein neugieriger außerirdischer Astronom vor zweieinhalb Milliarden Jahren seine Teleskope auf unsere schon damals lebendige Welt und seufzte vor Enttäuschung, da seine Messgeräte (noch) keinerlei Anzeichen für freien gasförmigen Sauerstoff, Methan oder andere Biosignaturen zeigten. Und der beobachtete blaue und aussichtsreiche Körper somit also nur ein unbelebter Felsenplanet wie viele andere auch zu sein schien. Aus einem ähnlichen Grund ging wohl auch ein leiser Seufzer durch viele astronomische Forschungseinrichtungen im März 2017. Dabei wurde etwas Wunderbares erreicht: Das MPG/ESO-2,2-Meter-Teleskop der Europäischen Südsternwarte (ESO) beobachtete von Chile aus zum ersten Mal in der Geschichte eine Atmosphäre um eine 39 Jahre Lichtjahre entfernte Supererde, die nur ein wenig größer als die Erde ist (etwa 1,4-facher Durchmesser und 1,6-fache Masse) (Southworth et al. 2017). Dieser Exoplanet mit dem Namen GJ 1132 b wird jedoch laut den ersten Analysen lediglich von einer Gashülle aus hauptsächlich Wasserstoff und Methan ummantelt – das scheint unseren Erfahrungen nach vorerst nicht für eine potenzielle Lebensstätte zu sprechen, vor allem nicht für eine erdähnliche Atmosphäre. Aber vergessen wir nicht: Vor den Cyanobakterien und der von ihnen verursachten Großen Sauerstoffkatastrophe wimmelten Unmengen an verborgenen Mikroorganismen in den weitgehend sauerstofffreien und aus heutiger Sicht außerirdisch bizarren Ozeanen und Sedimenten der Erde.

1.3.3 Prioritätensetzung: welche Welten zuerst?

Galileos Swing-by an der Erde im Jahr 1992 ist nun fast auf den Tag genauso lange her wie meine Geburt. Seitdem hat sich natürlich vieles geändert – neben meinen erst kürzlich eingetretenen ersten grauen Härchen wundere ich mich heute auch über die modernsten metallisch-grauen Geräte und Instrumente der weltraumbasierten Spektralanalyse. Diese wurden im September 2017 erneut für die Beobachtung der Erde eingesetzt, als die 2016 gestartete Raumsonde OSIRIS-REx ebenfalls einen Swing-by weit über unseren Köpfen durchführte und ihre Instrumente auf uns richtete. Das Ergebnis war wie erwartet: Die neuen und hochempfindlichen Geräte bestätigten die alten Messergebnisse von Galileo mit deutlich erhöhter Präzision und fanden dieselben Hinweise auf irdisches Leben, insbesondere das interessante Sauerstoff-Methan-Verhältnis in der Atmosphäre (Lauretta et al. 2018). Wozu also überhaupt eine neue Raumsonde für diese redundanten Ergebnisse und nicht lieber Investitionen in modernste Haarfärbe-Technologien?

Nun, die Analyse unserer Heimat war hier, wie bei Galileo auch, sekundärer Natur und eher eine amüsante und günstige Gelegenheit. Während Galileo letztlich die jovianischen Welten erreichen sollte und 2003 auch in den Jupiter selbst zu Tode gestürzt wurde, musste OSIRIS-REx ein Gravitationsmanöver vollziehen, um schneller zu ihrer Zieldestination zu gelangen, die sich deutlich von der Destination Galileos unterscheidet. OSIRIS-REx steuert nämlich den etwa 500 Meter durchmessenden und erdnahen Asteroiden Bennu an. Die Sonde wird nicht nur Fotos vom Asteroiden schießen und seine Oberfläche akribisch kartieren, sondern mit einem Roboterarm sogar Material des Körpers einsammeln und horten. Anstatt die Sonde in einem Gasplaneten ein für alle mal zu vernichten, darf OSIRIS-REx mitsamt ihrer Proben im Jahr 2023 sogar zur Erde zurückkehren, was als „sample return mission" bezeichnet wird („Proben-Rücknahme-Mission"). Neben dieser zuvor noch nie durchgeführten Art der Mission ist aber allein schon das Resultat des Swing-by an der Erde interessanter als gedacht. Es konnten ganz neue Zahlen geliefert werden, auch wenn der betreffende Effekt leider bereits wohlbekannt war: Seit 1992 sind der Methananteil und der Kohlenstoffdioxidgehalt in der irdischen Atmosphäre um 12 bis 14 Prozent angestiegen, was hauptsächlich auf menschliche Aktivitäten zurückzuführen ist (Lauretta et al. 2018). Wir haben hier also mit einer dynamischen/zeitlichen Biosignatur Leben in Form von Menschen auf einem Planeten identifiziert, wenn man so will.

Dass sich solche für die Astrobiologie relevanten Daten und Muster von zwei verschiedenen und voneinander unabhängigen Sonden derlei gut detektieren lassen und auch so präzise überlappen, sollte Sie jedoch nicht zu der Meinung verleiten, dass die Interpretation einer Biosignatur immer eindeutig ist. Im Fall von Exoplaneten ist derzeit nämlich genau das Gegenteil der Fall – die Interpretation ist bei keinem bekannten Körper (außer der Erde) eindeutig. Und sie wird es auch mit den neuesten Teleskopengenerationen nicht ohne Weiteres werden. Warum ist das so?

Schon die allgemeine Definition des Begriffes „Biosignatur" (Des Marais und Walter 1999; Walker et al. 2018) bzw. Ökosignatur lässt auf die Problematik schließen. Denn wir verstehen darunter ein Signal, dass von biologischen Organismen produziert werden – und jetzt kommt der Knackpunkt – kann. Zunächst einmal kann man einwenden, dass die irdische Biologie Signaturen bedingt, die auf anderen Planeten möglicherweise einfach nie auftauchen würden, weil die umgebende Umwelt eine andere ist, oder gar die Organismen selbst kryptisch sind, d. h. uns nicht bekannte Formen und Stoffwechsel aufweisen (das bezeichnen wir als cryptic biospheres, „kryptische Biosphären"). Damit muss man sich in erster Linie auch keine exotisch-bizarren Aliens vorstellen, sondern es reichen schon Mikroorganismen, die aufgrund leicht veränderter geologischer oder ökologischer Ausgangsbedingungen in ihrer Umwelt schlicht und ergreifend einen kleinen Unterschied in ihrer Biochemie aufweisen, der auf globalen Skalen jedoch zu alternativen Stoffabgaben in eine potenzielle Atmosphäre führt. Auch auf der Erde fanden Forscher in den letzten Jahrzehnten neben wohlbekannten Arten des Lebens (z. B. Photosynthese und Gärung betreibende Mikroben) ab und zu zuvor nicht dokumentierte und somit unbekannte Mikro-Stoffwechselwege, wie etwa die Entdeckung der anaeroben Methanoxidierung um die Jahrtausendwende (Boetius et al. 2000) oder die Aufnahme von Elektronen in Mineralien durch Eisenoxidierung bei manchen Bakterien (Bose et al. 2014). Lassen Sie sich von den genannten Fachbegriffen aber erstmal nicht zu sehr verwirren – das eigentliche Problem, auf das ich Sie an dieser Stelle aufmerksam machen möchte, ist nämlich unabhängig davon, ob die Biosignatur exotisch und fremdartig ist oder nicht.

Eine Biosignatur ist per se niemals ein direkter Indikator für Leben. Erst ein direkter Fund von außerirdischen Lebensformen – zum Beispiel unter einem Mikroskop – wäre ein absolut sicherer Nachweis, falls man eine Eigenkontamination ausschließen kann (das Problem von Eigenkontaminationen behandeln wir in Kap. 2). Eine Biosignatur ist somit immer nur ein Hinweis, der im Einklang mit uns bekannten Lebensformen und deren ökologischen Interaktionen mit der Umwelt stehen kann. Und genau hier setzt eine wichtige Aufgabe an, die auf Astrobiologen in näherer Zukunft zukommen wird: die Prioritätensetzung.

Die Beweiskraft einer Biosignatur ist desto höher, je weniger man in der Lage ist, dieselben Signaturen auf abiotische Weise zu erklären – oder um es in Carl Sagans Worten zu sagen: „Life is the hypothesis of last resort" (Sagan et al. 1993) (auf Deutsch sinngemäß: „Leben ist die zu bevorzugende Hypothese, wenn alle anderen Erklärungen scheitern"). Eine Biosignatur kann also von Leben erzeugt worden sein, sollte aber unter all der Menge der zukünftigen Daten nur dann zur weiteren Untersuchung priorisiert werden, wenn zugrunde gelegte Lebewesen die beste Erklärung im jeweiligen Umwelt-Kontext liefern und abiotische Phänomene, die solche Signaturen auch erschaffen können, völlig ausgeschlossen werden können. Wir kommen also zu der paradoxen Situation, dass man als Astrobiologe erst einmal nicht so sehr dem Lebendigen nacheifern sollte, sondern viel eher den Möglichkeiten von abiotischen Synthesewegen. Um Leben durch indirekte Methoden auf anderen Exoplaneten zu finden, müssen Astrobiologen zunächst das Nicht-Lebendige – den Kontext der planetaren Umwelt – begreifen lernen. Wir müssen erst einmal lernen und verstehen, wie ein toter Planet aussieht. Genau das ist auch, was ich mit „Astroökologie" bzw. „Exoökologie" meine. Und das gestaltet sich äußerst schwierig.

Abgesehen davon, dass in unserem Sonnensystem bekannte Referenzobjekte wie Supererden ohnehin fehlen, wissen wir nicht einmal, wie unsere Erde ausschauen würde, wenn sich das Leben auf ihr niemals entwickelt hätte. Es erscheint ironisch, aber für Astrobiologen sollte es meines Erachtens mehr Sinn machen, sich zunächst einmal zu fragen, wie eine tote und unbelebte Erde aussehen würde, anstatt über lebendige exotische Alien-Welten zu grübeln. Es gilt vielmehr zu verstehen, welchen chemischen Raum Lebewesen nutzen, oder noch besser, warum sie gewisse chemische Kombinationsmöglichkeiten nicht verwenden. Eine spannende Frage wäre also, in welchen Räumen der Erde kein Leben existiert und warum dies dort der Fall ist. Unsere abiotischen Modelle sind dabei wohlgemerkt immer anfällig. Wenn wir sagen, dass Lebensformen aufgrund der Datenlage die wahrscheinlichsten Quellen für gewisse Biosignaturen sind, könnte es auch lediglich daran liegen, dass wir die abiotischen Verhältnisse, die für den Datensatz tatsächlich verantwortlich sind, einfach noch nicht verstehen. Wir sind nun mal natürlicherweise im Rahmen eines irdischen Verständnisses gefangen, da wir nur die Erde als Lebensstätte kennen und sie – das kommt besonders erschwerend hinzu – selbst als Mitglieder des ökologischen Netzwerks bewohnen. Wir sind, wie es vielleicht Kosmologen ausdrücken würden, Teil der Innenperspektive unseres Bezugsystems und können über andere Bezugssysteme oder gar andere Dimensionen schwerlich nachdenken oder evidenzbasierte Untersuchungen anstellen. Natürlich steht uns jedoch die physikalische Annahme der Gültigkeit von Naturgesetzen über unsere Erde hinaus als Grundprinzip zur Verfügung, die für chemisch-physikalische Interpretation selbstverständlich nützlich sein kann. Das gilt nicht nur für Kosmologen und Astrobiologen, die von verschachtelten Dimensionen und fernen Welten träumen, sondern auch für Paläobiologen und -geologen, die ebenfalls alle möglichen abiotischen Reaktionen beachten müssen, bevor sie über indirekte Indizien für längst vergangene Lebewesen der Urerde berichten. Selbst die direkte Untersuchung von potenziellen alten Mikrofossilien der Erde geht oftmals mit Schwierigkeiten und Verwechslungen einher (Brasier et al. 2015), was für die indirekte Beobachtung von Biosignaturen auf weit entfernten Exoplaneten also erst recht nichts Gutes bedeutet. Ausgeklügelte Modelle und Simulationen könnten jedoch an Aussagekraft gewinnen, wenn das interdisziplinäre Potenzial der Astrobiologie ausgeschöpft wird – so wie Geophysiker in den letzten Jahrzehnten immer besser die Vergangenheit unseres Planeten rekonstruieren konnten, könnten Exoökologen in den nächsten Jahrzehnten auch ferne Welten mit denselben Grundlagen allmählich präziser klassifizieren.

Beginnen wir mit dem Groben. Schon das Konzept der habitablen Zone an sich ist nicht eindeutig und gezwungenermaßen von unserem irdischen Verständnis abhängig. So verstehen wir die Möglichkeit von flüssigem Wasser auf der Oberfläche eines Planeten unter dem Aspekt einer erdähnlichen Atmosphäre, die Stickstoff, Wasser und Kohlenstoffdioxid enthält und hauptsächlich von einem Kohlenstoffzyklus so reguliert wird, dass ein stabiler Zustand zwischen den tödlichen Extremen „Treibhausgas-Kreislauf" und „Schneeball Erde" dauerhaft eingehalten werden kann. Hiermit meine ich auch nicht unbedingt die heutige Gashülle der Erde, denn bereits in früheren Epochen florierte das wasserabhängige Leben auf der Erde, obwohl die Atmosphäre anders zusammengesetzt war, zum Beispiel mit deutlich weniger Sauerstoff und erhöhten Methanmengen im Archaikum (vor 4 bis 2,5 Milliarden Jahren) (Meadows et al. 2018). Das Luftgemisch, das Sie gerade einatmen, repräsentiert nur einen sehr kurzen Teil der lebendigen Erdgeschichte – tatsächlich ist unsere Atmosphäre zu 85 Prozent ihrer zeitlichen Existenz mit so wenig Sauerstoff ausgestattet gewesen, dass heutige Weltraumobservatorien es nicht aufspüren hätten können (Walker et al. 2018). Die „angenehme" Temperatur einer habitablen Zone ist hier also das Ergebnis von verschiedensten und zeitlich nicht fixierten Faktoren eines Umwelt-Kontexts, wie der planetaren Masse, der Konzentration von

Treibhausgasen, des Wolken- und Oberflächen-Albedo und selbstverständlich auch der Temperatur des Muttersterns selbst.

Für den stellaren Umweltkomplex kommt hinzu, dass sich mit der Temperatur eines Sterns nicht nur die Leuchtkraft, sondern auch seine spektralen Farbeigenschaften an sich ändern, was zu alternativen Umwelten und Absorptionsspektren führen kann, selbst wenn die Atmosphären ursprünglich völlig gleich beschaffen waren. So wird sich eine Atmosphäre unter einem stark im blauen und UV-Licht strahlendem Stern anders entwickeln als bei einem Infrarot-Stern. Auch das Alter eines Sterns und dessen System spielen damit einhergehend eine Rolle, da das Alter des Sterns die stellaren Eigenschaften maßgeblich beeinflusst und eine dauerhaft stabile Biosphäre mit aussichtsreichen Biosignaturen (vermutlich) langanhaltende stabile Zustände im Planetensystem benötigt.

Es ist nicht zwingend erforderlich, dass die Habitabilität immer nur Ergebnis von solchen theoretischen Berechnungen und Zusammenführungen aller bekannten Faktoren sein muss. Das Schimmern eines Wasserozeans im Licht des Sterns könnte zum Beispiel unter besonders glücklichen Umständen mit den leistungsstärksten Imaging-Methoden direkt observiert werden (Robinson et al. 2014). Das ändert meines Erachtens jedoch nichts daran, dass wir in den nächsten Jahrzehnten wohl vorerst in unserem Käfig des irdischen Verständnisses gefangen bleiben – und uns dies als Astrobiologen auch eingestehen müssen. Die Erdähnlichkeit, ausgedrückt in erdähnlicher Planetenmasse und -größe, gleicher Lage um einen am besten sonnenähnlichen Stern und ähnlicher geologischer und atmosphärischer Beschaffenheit eines Planeten, wird die Rangfolge der aussichtsreichsten Planeten für weitere Untersuchungen festsetzen. Dies zeigt sich auch in den aktuellsten Studien, bei denen erstmals versucht wird, einen umfangreichen Katalog aller möglichen Spektral- und Albedoeigenschaften von verschiedensten Körpern unseres Sonnensystems zu erstellen, um diese Daten anschließend mit anderen Exo-Körpern vergleichen zu können und somit eine vorläufige Prioritätenliste festzulegen. Bisher hat man dafür 19 Körper des Sonnensystems und ihre spektralen Muster als Referenzwelten katalogisiert, darunter alle acht Planeten, neun Monde (sowohl Eis- und Gesteinsmonde, als auch solche mit dichter Atmosphäre) und zwei Zwergplaneten (Ceres und Pluto) (Madden und Kaltenegger 2018).

Zusammenfassend können wir sagen, dass die stellaren Eigenschaften eines Planetensystems und die damit einhergehende Einschätzung der Habitabilität dem ersten Schritt bei der Suche nach Leben auf Exoplaneten entsprechen. Danach folgen die Beschreibung der planetaren Daten (Masse, Radius, Oberfläche, interne Beschaffenheit) und der chemischen

Beschaffenheit der Atmosphäre. Anschließend steht als vierter Schritt die Identifikation von Biosignaturen in den vorhandenen Datensätzen und – besonders wichtig – die Aussortierung von Verwechslungen an.

Dieser vierte Schritt bedeutet, dass auch die registrierten Biosignaturen selbst kategorisch und statistisch untereinander abgewägt werden müssen, um sich bei der Datenflut auf die aussichtsreichsten Beobachtungskampagnen fokussieren zu können (Walker et al. 2018). Heute existiert jedoch keine allgemein anerkannte Klassifizierung von planetaren Biosignaturen, wenngleich von vielen Autoren dieselbe grundlegende Unterscheidung getroffen wird wie in diesem Buch: Abgesehen von potenziellen Signalen extraterrestrischer Intelligenzen (sogenannte Technosignaturen) sind das atmosphärische Biosignaturen (z. B. Methan-Sauerstoff-Verhältnis), Oberflächensignaturen (z. B. Absorptionsspektren) und spezielle dynamische Signaturen, die sowohl die Atmosphäre als auch die Oberfläche betreffen können, wie auffällige periodische Schwankungen von Gaskonzentrationen oder sich mit der Zeit verändernde Flächenpigmentierungen (Meadows 2008; Schwieterman 2018).

Die Terminologie beschränkt sich darüber hinaus nicht zwingend auf ferne Biosignaturen von Exoplaneten, sondern auch die Spuren von Mikroorganismen in einem vor uns liegenden Stück Boden können als Biosignaturen bezeichnet werden (z. B. Anzeichen von Leben nach Rückkehr einer Regolith-Probe im Zuge einer Mars-Mission). Diese sogenannten In-situ-Biosignaturen werden in Kap. 3 ausführlicher behandelt, während wir an dieser Stelle noch bei den Lebensspuren auf Exoplaneten verweilen.

Selbstverständlich ist für eine schnellere Zuordnung aussichtsreicher Exoplaneten auch der umgekehrte Weg möglich, bei dem man nicht nach aussichtsreichen Biosignaturen Ausschau hält, sondern nach eindeutigen Anti-Biosignaturen. Das sind abiotische Muster und Eigenschaften, die die Abwesenheit von Lebensformen nahelegen – bei Exoplaneten etwa starke Flares des Muttersterns oder das komplette Fehlen von geologischer Aktivität. Auch spezielle Mischungsverhältnisse von Gasen können biologische Quellen sehr unwahrscheinlich erscheinen lassen. So ist etwa die gleichzeitige Präsenz von Kohlenstoffmonoxid und Kohlenstoffdioxid ein gutes Anzeichen für abiotische Sauerstoffquellen, wenn in derselben Atmosphäre kein Methan vorhanden ist, da Mikroorganismen auf der Erde unter diesen Umständen CO sofort verarbeiten und sich keine Anreicherung in der Atmosphäre ergeben würde, wenn Leben auf dem Planeten weit verbreitet wäre (Meadows et al. 2018; Catling et al. 2018).

Im Gegensatz dazu gewinnt eine „echte" Biosignatur an Relevanz und Aussagekraft, wenn Erklärungen für potenzielle abiotische Quellen ausscheiden und Leben die letztmögliche sinnvolle Hypothese darstellt. Der erste Aspekt, der die Prioritätensetzung hierbei grundlegend beeinflussen kann, ist die sogenannte Signal-to-Noise-Ratio (auf Deutsch etwa „Verhältnis zwischen Signalstärke und Hintergrundrauschen"). Denn manche Gase sind naturgemäß besser zur Detektion geeignet als andere. Zum Beispiel ist Ozon in einem Transmissionsspektrum deutlich einfacher zu erkennen als der zugrunde liegende Sauerstoff, da die Signatur für O_2 im Ausgabeinstrument stark mit der Signatur für Wasserdampf überlappt und eine separate Abbildung somit eine hohe spektrale Präzision benötigt. Auch Methan unterscheidet sich nur marginal von Wasserdampf-Signaturen, wenn die Auflösung des Detektors im langwelligen Bereich nicht hoch genug ist. Die erhöhte Präzision ist somit ein wichtiges Ziel aller anstehenden neuen Weltraumteleskope, um das Signal deutlich vom Hintergrundrauschen und anderen Variablen unterscheiden zu können.

Neben diesen technischen Einschränkungen besteht die hauptsächliche Gefahr jedoch in den oben bereits erwähnten „Verwechslungen". Diese bezeichnen wir als false positives („falsche Bestätigungen"). Damit sind irrtümliche Beschreibungen von biologischen Quellen auf einem Exoplaneten gemeint, obwohl in Wirklichkeit eine bekannte oder unbekannte abiotische Quelle die Ursache ist. Beispielsweise sind für hohe Sauerstoff-Akkumulationen neben photosynthesetreibenden Organismen nämlich auch verschiedene abiotische Szenarien denkbar, wie die Photolyse von CO_2 durch durchdringendes UV-Licht, wobei CO und O_2 entsteht, oder einem starken Atmosphärenverlust, bei dem mit der Zeit allmählich der leichtere Wasserstoff ins All verschwindet und somit der täuschende Eindruck entsteht, dass der Sauerstoff unabhängig auf der Oberfläche nachgepumpt wird (Harman et al. 2015; Meadows 2017). Der Atmosphärenverlust kann in diesem Zusammenhang wohl auch so stark werden, dass ganze Ozeane auf Planeten in der habitablen Zone extreme Mengen an Wasserdampf abgeben, der über die Photolyse des Wassers schließlich ebenfalls zu einer hohen und rein abiotischen Sauerstoffsättigung der Atmosphäre führt, was einst möglicherweise auch auf der Venus geschehen ist (De Bergh et al. 1991; Luger und Barnes 2015; Meadows et al. 2018).

Ob ein Planet eine sauerstoffreiche Atmosphäre entwickelt, hängt also nicht zwingend von einer Evolution der Photosynthese, sondern stattdessen vielmehr von der Dynamik von geologischen Sauerstoffquellen und Sauerstoffsenken ab. Auch die Existenz von Ozon kann unter diesen Umständen lebendige Quellen vortäuschen – vor allem bei Sternen, die viel UV-Strahlung aussenden und zu einer erhöhten Photolyse von Wasserdampf in hohen Atmosphärenschichten führen, was sodann auch zur abiotischen Synthese von Ozon führt.

Methan wird auf der Erde zwar hauptsächlich von Mikroorganismen in die Atmosphäre abgegeben, ist aufgrund einer Vielzahl von möglichen abiotischen Quellen (insbesondere Reaktionen von Gestein mit Wasser (Etiope und Shrerwoold Lollar 2013)) als alleinstehendes Signal aber ebenfalls kaum für tiefergehende Interpretationen zu gebrauchen. Erst die gleichzeitige Existenz von Methan und Sauerstoff oder auch Kohlenstoffdioxid sollte Astrobiologen aufhorchen lassen, da Sauerstoff mit Methan in einer nicht-lebendigen Umwelt sehr schnell reagieren sollte und hohe Kohlenstoffdioxidwerte die großflächige Bildung von Methan als stabilste Form des Kohlenstoffs verhindern sollten, wenn es keine biologischen Quellen oder zumindest Reaktionen von Gestein mit flüssigem Wasser gäbe. Auch Stickstoffverbindungen, die in Kap. 2 und 3 eingehender behandelt werden, können gut geeignete Biosignaturen darstellen, da auf der Erde nur wenige abiotische Mechanismen bekannt sind, die zum Beispiel das Lachgas (Distickstoffmonoxid, N_2O) erzeugen. Deshalb sehen einige Astrobiologen in der gleichzeitigen Detektion von molekularem Stickstoff und Sauerstoff eine deutlich gewichtigere Biosignatur als Methan und Sauerstoff, vor allem wenn flüssiges Wasser auf der Oberfläche vorhanden ist, welches Stickstoff in einer toten Welt mit der Zeit allmählich auswaschen sollte (Krissansen-Totton et al. 2016; Walker et al. 2018).

Im Gegensatz zu atmosphärischen Biosignaturen können uns deutliche Oberflächensignaturen eine lebendige Welt besser präsentieren, da abiotische Phänomene etwa für das Vortäuschen eines pflanzlichen Vegetation Red Edges auf der Erde nicht bekannt sind – vor allem nicht in dieser Masse und Flächenausdehnung. Auch großflächige Algenblüten auf extraterrestrischen Ozeanoberflächen wurden bereits als potenzielle Biosignatur in Erwägung gezogen, die sich in sonderbaren Lichtreflexionen auf Planeten zeigen könnten, vor allem, wenn diese größere Wassermassen und stärkere Gezeiten aufweisen als die Erde (Lingam und Loeb 2018). Abgesehen von eindeutigen Technosignaturen (Abschn. 1.3.2) kann daraus das stärkste heute denkbare hypothetische Indiz für einen belebten Exoplanet geschlussfolgert werden. Wenn die von pflanzlichen Organismen verursachte Rot-Kante im Absorptionsspektrun gleichzeitig mit einem erhöhtem Sauerstoffgehalt bei gleichzeitiger Existenz mit Methan oder Stickstoff in einer fremden Atmosphäre detektiert werden würde, wären uns bekannte abiotische Mechanismen so gut wie ausgeschlossen (Neveu et al. 2018; Schwieterman et al. 2018). Das wäre der heilige Gral der heutigen Exoplanetenforschung. Aber selbst das wäre, wie hoffentlich bereits am Anfang dieses Unterkapitels deutlich geworden ist, kein eindeutiger Nachweis, sondern naturgemäß immer nur ein starkes Indiz für eine belebte Welt. Die Entdeckung von Leben auf Exoplaneten fernab des Sonnensystems wird also in erster Linie immer eine „Wahrscheinlichkeitsargumentation" bleiben, weil ein direkter Nachweis von Leben mit einem Mikroskop vor Ort nicht möglich ist. Die Veröffentlichung der Erstentdeckung außerirdischen Lebens könnte also tatsächlich eher einer Abwägungsentscheidung entsprechen als einer einschlagenden Nachrichtenmeldung – vor allem dann, wenn in einem demokratischen Prozess nur ein wenig mehr als die Hälfte der Wissenschaftler die Ergebnisse als stichhaltig anerkennen sollten.

Die Erde selbst repräsentiert genau das gegenteilige Problem zu den oben thematisierten false positives. Unser Heimatplanet war nämlich schon vor Urzeiten eindeutig lebendig, konnte aber keine starken Biosignaturen für einen außerirdischen Beobachter aufweisen. Die Einstufung von Exoplaneten in Prioritätenklassen könnte deswegen zu einem sogenannten false negative („falsche Nicht-Bestätigung") führen. Hier vernachlässigen wir einen untersuchten Körper oder lassen ihn gar völlig unbeachtet, obwohl er die gewünschte Eigenschaft – lebendige Wesen – in Wirklichkeit aufweist. Wir würden fälschlicherweise von einer toten Welt sprechen, obwohl es verstecktes Leben gibt, dass sich nach außen einfach nicht zeigt.

Es gibt beispielsweise einige planetare Prozesse, die verhindern, dass sich Sauerstoff in einer Atmosphäre akkumuliert (sogenannte Sauerstoffsenken), obwohl Sauerstoff von Lebensformen ständig nachgepumpt wird. Es kann sich dann einfach nicht anreichern, sondern würde sofort abgebaut werden. In diesem Fall sprechen wir übrigens nicht mehr von „cryptic", sondern von „hidden biospheres" – denn mit kryptischen Lebewesen sind solche gemeint, die wir aufgrund einer komplett alternativen Biochemie und Biophysik nicht nachweisen können, während eine hidden (versteckte) Biosphäre auf uns vertrauten Mechanismen basiert, sich aber beispielsweise in den dunklen Tiefen eines weit entfernten Ozeans nicht zeigt. Die Suche mit Teleskopen nach Sauerstoffsignaturen hätte beispielsweise niemals die mikrobielle Ökologie der frühen Erde vor der Großen Sauerstoffkatastrophe (2,5 Milliarden Jahre vor heute) identifizieren können und somit auch keine Exoplaneten, die sich momentan in diesem oder einem vergleichbaren Stadium befinden (Reinhard et al. 2017). Wir würden einen heutigen Körper in der Ferne des Alls unter diesen Umständen zwar bestimmt als interessanten Kandidaten, aber vermutlich nicht an der Spitze einer Prioritätenliste einstufen.

False negatives könnten auch Welten entsprechen, deren Untergründe diverse Ökosysteme aufweisen, deren Biosignaturen in der Atmosphäre aber durch hohe UV-Strahlung oder Flares des Muttersterns selbst direkt zerstört werden, was für etliche biogene Gase der Erde der Fall ist – wir würden also fälschlicherweise von Antibiosignaturen sprechen, obwohl verborgenes Leben vorhanden wäre. Um es populär und im Sinne von Carl Sagan auszudrücken: „The absence of evidence is not an evidence of absence" („das Fehlen eines Nachweises ist kein Nachweis für das Fehlen [eines Prozesses]") (z. B. Sagan 1997). Aber auch die Möglichkeit, kryptische Ökosysteme zu entdecken, also solche, die uns völlig fremd und unbekannt sind, ist im Hinblick auf false negatives weitestgehend ausgeschlossen. Mit einer Prioritätenliste ist die Detektion von unbekannter Biologie auf unbekannten Welten also noch unwahrscheinlicher als ohnehin, da sie einfach aus der Rangliste fliegen würden. Die Datenflut und für die nächsten Jahre limitierte Beobachtungs- und Verarbeitungszeit lässt uns jedoch zunächst keine andere Wahl, fürchte ich.

Tatsächlich vergleiche ich die Suche nach Leben auf Exoplaneten bei Vorträgen aufgrund der oben genannten Argumentation immer wieder gerne mit der Kernfusionsforschung, bei der jede Generation davon ausgeht, dass die Technik bzw. der Fund in den nächsten 20 Jahren eintreten wird, am Ende aber dann doch nicht wirklich was geschieht. Was die Kernfusion angeht, glaube ich tatsächlich an einen baldigen Erfolg. Der Nachweis von Leben auf Exoplaneten entspricht für mich hingegen tatsächlich einer noch lange währenden „x+20-Jahre-Wissenschaft", da die Nicht-Ausschließbarkeit von false positives es unmöglich macht, völlige Gewissheit über so weit entfernte und nicht direkt zu untersuchende Welten zu haben. Auch statistische Verfahren sind größtenteils ungeeignet, da unsere grundlegende Unsicherheit in der Frage „wie oft entsteht Leben?" nicht größer sein könnte. Oder um es ganz einfach auszudrücken: Wäre die Exoplanetenforschung ein Krimi, dann sind wir gerade erst dabei, die ersten Spuren des Täters „Leben" einzuordnen.

Aber vergessen Sie bei meinen pessimistischen Aussagen nicht – es muss in der Astrobiologie nicht immer um weit entfernte Exoplaneten gehen. Im Gegenteil. Sollte es nämlich Lebensformen in unserem Sonnnesystem geben, müsste es in diesem Jahrhundert gefunden werden, da alle dafür benötigten Missionen, die in der Lage einer Vor-Ort-Untersuchung sind, bereits anstehen oder für die 2020er-Jahre angekündigt wurden. Bevor wir uns in Kap. 2 von weiten Exoplaneten also wieder in Richtung Sonnensystem bewegen, darf in einem astrobiologischem Buch aber natürlich nicht unerwähnt bleiben, dass es sehr wohl eine denkbare Möglichkeit gibt zu erfahren, dass Exoplaneten eindeutig belebt sind. Und zwar von mit uns kommunizierenden Spezies.

1.4   Technosignaturen

Bevor wir uns eingehender mit unseren Nachbarn im Sonnensystem und vor allem auch der irdischen Ökologie auseinandersetzen, widmet sich dieses Unterkapitel dem von Filmen und anderen Medien wohl ausgebeutetsten Themengebiet der Astrobiologie: Extraterrestrische Intelligenz. Ich werde versuchen, Ihnen ausschließlich die naturwissenschaftlichen Grundlagen dieser zugegebenermaßen exotischen Forschungsrichtung näherzubringen.

Sollten Aliens jemals ihren Kurs in Richtung Erde einschlagen, dann wahrscheinlich nicht, weil sie primäre („primitive") Ökosignaturen wie Sauerstoff- und Methanverhältnisse in unserer Atmosphäre gefunden haben. Denn wenn sie schon die Fähigkeit besäßen, interstellare Reisen durchzuführen, dann hätten sie wohl auch ein Verständnis für weit fortgeschrittene Technologien und würden andere Signale deutlich effizienter aufspüren, da diese eine universelle physikalische Beschaffenheit aufweisen. Die Rede ist von technologischen Signalen, die auch als „Technosignaturen" bezeichnet werden können und vor allem in Form elektromagnetischer Wellen beschaffen sind. Auf der Erde sind diese nämlich nichts anderes als sekundäre ökologische Hinterlassenschaften der Spezies Mensch. Technologische Fossilien, wenn man so will.

Natürlich bemerkte auch die Raumsonde Galileo bei ihrer Erdobservierung, dass es hier nicht nur chemisch-atmosphärische Anzeichen, sondern auch physikalische Technosignaturen lebendiger Wesen gibt:

„[…] scheint das Vorhandensein von schmalbandigen, gepulsten und amplitudenmodulierten Übertragungen mit Radiowellen eindeutig für Intelligenz zu sprechen." (Sagan et al. 1993)

Spätestens im 20. Jahrhundert begann Homo sapiens mit der „technologischen Markierung" des Planeten Erde. Seit 1895 senden wir Funkwellen aus, die sich sphärisch ins All ausbreiten – erst Morse- und Sprechfunk, dann Radio-Funkwellen und schließlich durch die massenhafte Verbreitung von Fernsehgeräten seit den fünfziger-Jahren des letzten Jahrhunderts auch Bilder. Dass Aliens unser Fernsehprogramm belauschen, müssen wir (bei manchen Sendern auch zu deren Glück) nicht befürchten, da das Rauschen wohl mit anderen kosmischen Quellen verwischt – man spricht hierbei ebenfalls wie bei den Biosignaturen von einer geringen Signal-to-Noise-Ratio. Das hinderte die Firma Doritos aber nicht daran, im Jahr 2008 sogar eine Werbung über ihre produzierten Tortilla-Chips von Norwegen aus in Richtung der Sterne des Großen Bären zu schicken.

Neben solchen elektromagnetischen Wellen aller Art markieren wir unseren Planeten aber auch massenhaft mit soliden Rückständen, insbesondere mit unzähligen Objekten im irdischen Satellitenorbit. Derzeit schwirren der ESA zufolge neben den rund 1400 aktiven Satelliten etwa 29.000 menschengemachte Objekte größer als zehn Zentimeter, 600.000 mit über einem Zentimeter und über 170 Millionen Bruchstücke kleiner als ein Zentimeter Größe als Weltraumschrott um unseren Planeten (ESA 2013). Dabei entfallen etwa 95 Prozent der Teile auf inaktive Bestandteile ursprünglicher Satelliten, die zum Beispiel nach Kollisionen in kleinste Bruchstücke auseinandergerissen wurden. Tatsächlich muss das US-Militär täglich um die 21 Warnungen aussprechen und Kurse korrigieren (Witze 2018), damit aktuelle Satelliten nicht mit diesen sogenannten „Debris" zusammenstoßen, wie es im Blockbuster „Gravity" mit gewaltigen Bildern inszeniert wurde. Der Spruch, dass einem der Himmel auf den Kopf falle, ist hier also nicht mehr so ungerechtfertigt. Allein das zeigt bereits, dass technologische Entwicklungen und deren Anwendungen auch im Weltraum großen Diskussionsstoff, sowohl im naturwissenschaftlichen als auch im gesellschaftlichen ökologischen Sinne, bieten. Dass man den irdischen Umweltschutz auch auf den Weltraum ausweiten muss, erscheint insofern immer dringender und wird auch international gefordert (Galli und Losch 2019). Es ist unsere Spezies, die mit technologischen Eingriffen nicht nur mit abiotischen Kreisläufen wie dem Kohlenstoffzyklus, sondern auch unmittelbar mit unserer chemisch-physikalischen Umwelt interagiert und sogar ihre elementaren Eigenschaften und Prozesse wie Strahlung, Genexpression oder Kernzerfall nutzt, manipuliert und aktiv steuert. Die Frage ist nun: Machen das andere (irdische oder außerirdische) Spezies auch, wenn sie im Laufe ihrer evolutiven Entwicklung die Gelegenheit dazu bekommen?

Neben unbewusst versendeten technologischen Signalen, also solchen, die nicht für eine Kontaktaufnahme mit Bewohnern anderer Welten gedacht waren, gab es schon im frühen 19. Jahrhundert Versuche, potenzielle außerirdische Zivilisationen absichtlich über unsere Existenz zu informieren. Der erste große und ernsthafte Kontaktversuch wird niemandem geringeren als dem Mathematiker Carl Friedrich Gauß nachgesagt. Leuten aus meiner Generation dürfte sein Gesicht gerade noch bekannt vorkommen, da es den violetten Zehn-Deutsche-Mark-Schein zierte, den man von der Oma zum Geburtstag bekommen hat. Er setzte im Jahr 1820 auf ein optisches Signal, das heute unter dem Begriff „Gauss's Pythagorean right triangle proposal" bekannt ist (Crowe 1986). Es sollten riesige linienartige Steckrübenpflanzungen auf der Erdoberfläche oder gigantische Konstruktionen sein, die drei riesige Quadrate so darstellen, dass sie einen perfekten rechten

Winkel formen und von den Nachbarkörpern mit Teleskopen aus sichtbar sind. Dies sollte bei den Mars- oder Mondbewohnern – von deren Existenz man zeitweise absolut überzeugt war – Verwunderung auslösen, sodass die Erdbewohner von ihnen aufgrund der Perfektion der Formen nur als intelligente Spezies eingestuft werden konnten.

Später fokussierte man sich freilich auf moderne technologische Methoden und mit dem fortschreitenden Wissen um die Lebensfeindlichkeit unserer planetaren Nachbarn auch auf deutlich weiter entfernte Sterne mit ihren Exoplaneten. Bekannt sind diesbezüglich die Pioneer-Plaketten an Bord der Raumsonden Pioneer 10 und 11, welche unter anderem den menschlichen Körper und die Position der Erde im Sonnensystem graphisch darstellen und sich mittlerweile auf dem Weg zum 67 Lichtjahre entfernten Stern Aldebaran im Sternbild des Stieres befinden. Oder auch die Arecibo-Botschaft von 1974, bei der mit speziell verfassten Radiowellen zum ersten Mal Aliens aus dem Bereich eines Kugelsternhaufens im Sternbild Herkules mit speziellen Funk-Codes gezeigt werden sollte, dass wir Menschen Mathematik, Chemie und Physik verstehen.

Am meisten Aufmerksamkeit erlangten aber völlig zu Recht die Voyager-Golden-Record-Platten. Das sind ins Weltall geschickte Datenträger der NASA, die Grußworte und Wünsche aus vielen Ländern und in verschiedenen Sprachen, außerdem Musik, Bilder von Menschen, Tieren, Pflanzen und Mikroorganismen, aber auch eine originelle Botschaft des ehemaligen UN-Generalsekretärs und sogar eine private Nachricht des ehemaligen US-Präsidenten Jimmy Carter beinhalten:

„This is a present from a small distant world, a token of our sounds, our science, our images, our music, our thoughts and our feelings. We are attempting to survive our time so we may live into yours".

(„Dies ist ein Geschenk von einer kleinen und weit entfernten Welt. Ein Symbol unserer Geräusche, unserer Wissenschaft, unserer Bilder, unserer Musik, unserer Gedanken und unserer Gefühle. Wir versuchen, unsere Zeit zu überleben, damit wir in eurer leben können.")

Diese poetische Botschaft befindet sich mit den anderen Daten an Bord der Raumsonde Voyager 1, welche heute das am weitesten entfernte menschengemachte Objekt im Universum ist. Sie reist seit August 2012 offiziell außerhalb der definierten Grenze unseres Sonnensystems durch den interstellaren Raum (NASA 2013). Gestartet ist die Voyager-Mission mit der Schwestersonde Voyager 2 schon im Jahr 1977, weshalb sie mit bisher 42 Jahren auch das mit Abstand am längsten andauernde Projekt der gesamten Raumfahrtgeschichte ist. Wie Galileo nutzten schon die Voyager-Sonden fast fünfzehn Jahre früher den „Katapult-Effekt" der Swing-by-Manöver. Voyager 1 konnte dadurch zeitweise auf Spitzenwerte von über 60.000 Kilometer pro Sekunde beschleunigt werden, was letztlich ausreichte, um die Fluchtgeschwindigkeit des Sonnensystems zu überwinden. Die Sonde mitsamt unseren Nachrichten an außerirdische Mitlebewesen befindet sich heute (Stand Februar 2019) über zwanzig Milliarden Kilometer von der Erde entfernt. Das entspricht dem 140-fachen der Erde-Sonne Entfernung, was bedeutet, dass ein Lichtstrahl von Voyager aus fast 20 Stunden braucht um uns zu erreichen, während das Licht der Sonne uns schon in 8 Minuten erreicht. Der sehr schnell laufende Entfernungszähler (mit derzeit etwa 60.000 Kilometern pro Stunde) ist auf der Missions-Homepage der NASA einsehbar (NASA 2018a). Und auch Videos mit den nun im interstellaren Raum fliegenden Bildern und Tonaufnahmen aus unseren Städten, Gebirgen und Wäldern – von sich windenden Würmern, über architektonische Glanzstücke, bis hin zu schreienden Babys während einer Geburt – sind im Internet schnell zu finden. Tatsächlich ließen diese eindringenden Bilder unserer Welt mit der Untermalung passender klassischer Musik schon manche Träne auf die Tastaturen von Kollegen fallen, was sie durchaus als Empfehlung verstehen dürfen.

Die etwa 800 Kilogramm schweren und teuren Sonden waren und sind selbstverständlich nicht hauptsächlich zur Kontaktaufnahme mit Aliens gedacht. Die mitgeführten Botschaften waren in Anbetracht der Erforschung der äußeren planetaren und subplanetaren Körper sowie der elektromagnetischen Eigenschaften des interplanetaren und (nun auch) interstellaren Raums eher eine kleine und träumerische Nebensache. Durch die Voyager-Sonden konnte zum Beispiel dreißig Jahre lang die stellare Aktivität unserer Sonne untersucht werden, was sich mit den beobachteten Sonnenflecken für die Interpretationen der Radialgeschwindigkeitsmethode anderer vergleichbarer Sterne als enorm wichtig erweisen sollte, da wir zuvor keine präzisen und langfristigen Daten über die Helligkeitsschwankungen der Sonne hatten. Aber auch die ersten Portraits der äußeren Planeten des Sonnensystems und ihren Monden haben wir Voyager und seinen Kameras zu verdanken. Ein ausschlaggebender Grund, warum man die Botschaften, wenn überhaupt, ausgerechnet mit dem Voyager-Programm aussenden wollte, war die 1965 festgestellte Tatsache, dass sich nur alle 175 Jahre eine planetare Konstellation im Sonnensystem ergibt, welche es einer Raumsonde erlaubt, besonders schnell durch den interplanetaren Raum zu sausen. Und genau 1977 war ein solches geeignetes Jahr für starke Swing-by-Effekte, welche die Reisezeit zum Pluto über das Gravitationsfeld des Jupiters um bis zu 85 Prozent verkürzen können (Flandro 1966).

Die Radioisotopbatterien von Voyager 1 werden im Jahr 2025 vermutlich ihren Dienst einstellen. Auch wenn wir dann keine Signale und Informationen der Sonde – etwa über die Bestandteile der beobachteten Teilchendichten außerhalb des Sonnensystems – mehr empfangen werden, wird Voyager 1 den Kurs ungehindert fortsetzen und die Zeugnisse unserer Existenz, unserer Träume und Machenschaften in den Weiten der Milchstraße zur Verfügung stellen. Und somit wohl auch die Menschheit – unser aller Leben – überdauern.

1.4.1 Radio Jupiter und Wow! – Rote Zwerge im Fokus

Einige Jahrzehnte vor den ersten großen Versuchen, eigene Signale absichtlich in das Ungewisse zu versenden und andere Wesen von unserer Präsenz zu informieren, gab es bereits detaillierte Beschreibungen, wie man aktiv nach Technosignaturen extraterrestrischer Intelligenzen in den Weiten des Alls suchen könnte. Hier hatte auch die damalige theoretische Biologie ihre Finger im Spiel: Durch die Verbreitung und zunehmende Akzeptanz der Evolutionstheorie in Amerika und Europa im späten 19. Jahrhundert vermehrten sich über die Jahrzehnte auch in der breiten Bevölkerung Spekulationen über mögliche Evolutionsprozesse, die auch auf anderen Himmelsköpern intelligente Wesen hätten hervorbringen können.

Im späten 19. Jahrhundert standen aufgrund der beschränkten Beobachtungsfähigkeit damals noch der Mond und die bekannten Nachbarplaneten unseres Sonnensystems im Fokus, wenn man über intelligente Nachbarzivilisationen und ihre möglichen Aktivitäten grübelte. Dieser Umstand gipfelte – sofern man der damaligen Presse Glauben schenken mag – im Jahr 1938 schließlich in verstopften Straßenzügen und vollen Luftschutzbunkern in einigen Großstädten wie New Jersey und New York, als besorgte Bürger ein Hörspiel über einen fiktiven Alien-Angriff aus Richtung des Mars in einer beliebten Radiosendung für eine reale Nachrichtenmeldung hielten. Vierzig Jahre zuvor wurde ein solcher Kontakt mit Marsmännchen aber auch vom Physiker und Erfinder Nikola Tesla in Erwägung gezogen. Heute wird er – obwohl er in deutschen Schulen leider kaum thematisiert wird – zu Recht als Vater des 21. Jahrhunderts bezeichnet, weil das Funktionieren nahezu aller elektronischen Geräte und die Funk-Technologie auf seinen Erfindergeist zurückgehen oder auf seiner Grundlagenforschung beruhen.

Vor dem folgenden Aufstieg der Radioastronomie irrte sich das Genie im Jahr 1899 jedoch: Er staunte über ungewöhnliche elektromagnetische Signale, die scheinbar aus Richtung des Mars kamen und für die er keine gewöhnliche Erklärung fand. Vor allem auch aufgrund falscher Überlieferungen nahmen schon zur damaligen Jahrhundertwende viele an, dass es intelligente Nachbarn insbesondere auf dem Mars gibt, weil dort angeblich Kanäle und sogar schwimmende Schiffe durch Teleskope gesichtet worden waren. Für solche Fehlinterpretationen war hauptsächlich der italienische Forscher Giovanni Schiaparelli verantwortlich, zu dessen Ehren man aber trotzdem den im Oktober 2016 verunglückten Mars-Lander der ESA nach ihm benannte. In damaligen Interviews behauptete Tesla nach seinen mysteriösen Beobachtungen von elektromagnetischen Wellen sogar selbst, dass er möglicherweise der erste Mensch sei, der Kontakt mit der Zivilisation auf dem Mars und somit mit außerirdischen Wesen hatte.

Erst mit den späteren rasanten Fortschritten im Bereich der Radioastronomie konnte schließlich gezeigt werden, dass diese elektromagnetischen Signale regelmäßig auftraten und Muster bildeten – und es heute auch noch tun. Mit Aliens hat das selbstverständlich nichts zu tun, denn die Strahlung stammt mit einer Stärke von bis zu zehn Gigawatt von den natürlichen Strahlungsfeldern des Jupiter und Saturn. Statt erstmals fernem Leben zu lauschen, hatte Tesla also als erster Mensch den Radiosender von Jupiter gehört, wenn man so will. Seit Juli 2016 befindet sich die NASA-Raumsonde Juno direkt in Jupiters Orbit und hört sich diese Radiosignale mit ihren besonders empfindlichen Antennen genauer an, als es sich Tesla vor 120 Jahren auch nur hätte erträumen können. (Übrigens: Juno ist das bisher schnellste jemals von Menschen geschaffene Objekt, da die Gravitation des Jupiters im Zuge des Swing-by-Effekts die Sonde temporär auf Spitzengeschwindigkeit von über 250.000 km/h (über 70 km/s) relativ zur Erdgeschwindigkeit beschleunigte).

Erst über 60 Jahre nach Teslas Behauptungen waren die Kenntnisse und technologischen Möglichkeiten schließlich so weit fortgeschritten, dass der US-Astronom Frank Drake alte Phantastereien endgültig beendete und mit neuartigen Methoden eine bis heute andauernde Bewegung einleiten konnte. Diese erstrecken sich nun auch auf die Vielzahl der fernen Exoplaneten und beschränken sich nicht etwa auf unsere direkten Nachbarn Mars und Venus. Dass in der Zwischenzeit nicht viel Neues passiert ist, liegt selbstverständlich daran, dass die astrophysikalische Forschung ganz im Gegensatz zur Teilchen- und Kernphysik in Europa und den USA selbstverständlich unter den Wirren der zwei Weltkriege litt. Als Autor der ersten modernen Botschaft an Außerirdische (Arecibo-Botschaft) und mit seiner (damals ebenfalls ergebnislosen) Suche nach Technosignaturen bei den Sternen Tau Ceti und Epsilon Eridani mit dem Radioteleskop des Green-Bank-Observatoriums (West Virginia) begründete Drake in den 1960er-Jahren die unvergleichbaren und auch für Laien offenen Forschungsprojekte SETI (Search for ExtraTerrestrial Intelligence) und METI (Messaging Extraterrestrial Intelligence).

Aus der gemeinsamen Arbeit von Astronomen und Privatpersonen, die sogar während des Kalten Krieges russische und US-Wissenschaftler durch in der Sowjetunion abgehaltene SETI-Konferenzen einander näherbrachte, sind bisher etliche Projekte realisiert worden, noch mehr wurden aber nur formuliert und meist aus finanziellen Gründen abgebrochen. Eines dieser gescheiterten Vorhaben hieß beispielsweise Zyklop, bei dem mit 1500 einzelnen, miteinander abgestimmten, über 90 Meter großen Parabolantennen nach „künstlichen" Radiosignalen gesucht werden sollte. Die verwirklichten und immer noch laufenden Projekte, wie SERENDIP (Search for Extraterrestrial Radio Emissions from Nearby Developed Intelligent Populations) und SEVENDIP (Search for Extraterrestrial Visible Emissions from Nearby Developed Intelligent Populations) von der University of California, konnten bisher jedoch leider (oder zum Glück?) noch kein eindeutiges Signal einer fernen intelligenten Zivilisation ausfindig machen.

Tatsächlich gab es jedoch ein Signal im Bereich der Radiowellenlängen, das vom Astrophysiker Jerry Ehman im Sommer 1977 mit einem Radioteleskop der Ohio State University aufgespürt wurde – das Teleskop trägt den passenden Namen „Big Ear". Ehman notierte aufgrund seiner Begeisterung mit rotem Stift „Wow!" auf dem Ausgabepapier des Detektors. Dieses deshalb auch als Wow! bezeichnete Signal ist bis heute jedoch ein nicht endgültig gelöstes Rätsel. Mit den heutigen astrophysikalischen Kenntnissen kann bei diesem Signal nicht hundertprozentig ausgeschlossen werden, dass es möglicherweise von kommunizierenden Aliens im Bereich des Sternbilds Schütze stammt – sogar theoretisch erwartete Kennzeichen eines Kommunikationsversuchs sehen einige in der Abfolge der Daten als gegeben an. Selbstverständlich ist der Umgang mit diesen Daten bei den meisten Astrophysikern und -biologen aber ein anderer: Nicht bekannte oder wenig erforschte kosmische Ereignisse und Wechselwirkungen stehen im Fokus der Forschung und nicht etwa Funkantennen von Aliens. So wird der Vorbeizug von Kometen und deren Wasserstoffausdünstungen heute als mögliche und plausible abiotische Interpretation des Signals angesehen (Paris und Davies 2015). Das mysteriöse Signal, nach dem selbstverständlich weiterhin intensiv gesucht wurde, ist seitdem ohnehin nie wieder aufgetaucht, was wohl für ein einmaliges oder selten auftretendes astronomisches Ereignis spricht.

Daneben gibt es heute Bestrebungen einzelner Forschergruppen, nach andersartigen Technosignaturen als Radiosignalen zu suchen – insbesondere nach der Wärmeproduktion von entwickelten Zivilisationen, aber auch nach registrierbaren künstlichen Satelliten um einen Planeten, wie z. B. Solarpaneelen, die ferne Zivilisationen effizient mit Energie versorgen. Der in dieser Hinsicht sehr „kreative" Physiker und Mathematiker Freeman Dyson beschrieb schon im Jahr 1960 seine sogenannte Dyson-Sphäre (Dyson 1960). Dabei handelt es sich um eine fiktive einzelne riesige Konstruktion, die einen gesamten Stern umhüllt, beziehungsweise ein riesiges Netz von Solarmodulen, die um ein fremdes Gestirn schwirren, um die zur Verfügung stehende stellare Energie optimal zu nutzen. Manch einer würde bei einem solchen Fund wohl von sich ökologisch vorbildlich verhaltenden Aliens sprechen. Durch eine solche künstliche Außenschicht oder zumindest eine große Anzahl vorhandener Module hätte ein solcher Stern ein rein aus unseren astrophysikalischen Kenntnissen nicht erwartetes Absorptionsspektrum und Helligkeitsverhalten, insbesondere bei fernen Infrarotsequenzen, und somit eine verbleibende Wärmestrahlung, die mit natürlichen Phänomenen nicht zu erklären wäre.

Bezüglich solcher Technosignaturen haben in den letzten Jahren zwei Untersuchungen die beteiligten Forschergemeinden besonders aufhorchen lassen. Von denen müssen wir eine jedoch zunächst genauer unter die Lupe nehmen. Im April 2017 wurde von Astrophysikern am H. E. S. S. (High Energy Stereoscopic System) in Namibia bekannt gegeben, dass eines der Teleskope, welches eigentlich zur Untersuchung kosmischer Strahlung eingesetzt wird, mysteriöse Signale aus Richtung des Sterns Trappist-1 eingefangen hat. Das Besondere: Diese Signale waren fast identisch zu uns bekannten SOS-Signalen! Die Wissenschaftler beendeten ihre Publikation mit den Sätzen: „[…] solch ein Muster ähnelt einem SOS-Morsezeichen. Da ein SOS-Signal kaum aus einem natürlichen Phänomen hervorgehen kann, müssen wir schlussfolgern, dass das Signal von einer extraterrestrischen Zivilisation stammt.". Bevor Sie sich nun fragen, ob Ihnen wichtige Nachrichtenmeldungen entgangen sind und Sie womöglich anfangen, das dazugehörige Paper zu suchen, sei Ihnen gesagt, dass das verwendete Teleskop der Studie einen äußerst brisanten Namen hatte: April & First Telescope. Auch ein Blick auf das Veröffentlichungsdatum zeigt den – nun ja – etwas physikalisch-nüchternen Humor der beteiligten Forscher, aber mit Sicherheit keine nach Hilfe suchenden Aliens. Zu honorieren bleibt hier also lediglich, dass die Arbeit auf den ersten Blick wie eine völlig konforme und auch aufwendige wissenschaftliche Facharbeit wirkt. Der in diesem Fake-Artikel genannte Stern Trappist-1 ist jedoch wirklich von besonderer astrobiologischer Relevanz, wie wir später erfahren werden.

Kommen wir von diesen Scherzbolden wieder zur – hoffentlich – authentischeren Forschung: Es ist tatsächlich ein Stern bekannt, der sich sehr ungewöhnlich verhält und äußerst kuriose Muster auf unseren Messgeräten hinterlässt. Er trägt den offiziellen Katalognamen KIC 8462852, wird aber zu Ehren der Entdeckerin von der Louisiana State University auch als „Tabbys Stern" bezeichnet. Ihre Gruppe entdeckte als Erste, dass der Sonderling im Gegensatz zu den anderen 500 untersuchten, von Kepler aufgespürten Sterne zuvor noch nie observierte, plötzliche und vermutlich nichtperiodische Helligkeitsverluste in den Messdaten hinterlässt (Boyajian et al. 2016).

Es sind durchaus „Baby"-Sterne (auf schlau: protostellare Objekte) bekannt, die sich noch am Anfang ihrer Entwicklung befinden und deshalb wie bei menschlichen Säuglingen ebenfalls impulsive Verhaltenseigenschaften zeigen können. Sie werden zudem von Unmengen an Staub in der protoplanetaren Scheibe umgeben, welche die scheinbare Leuchtkraft des Strahlers ebenfalls stark fluktuieren lassen oder das Leuchten durch starke Erhitzung gar erst bedingen kann, wenn die Masse im Zentrum selbst noch nicht für eine Kernfusion ausreicht. Im Januar 2018 ist diesbezüglich der französische Nanosatellit PicSat gestartet, der selbst als Baby-Sonde nicht mal vier Kilogramm wiegt – sein Hauptziel ist es, die junge Staubscheibe um den 69 Lichtjahre entfernten Stern Beta Pictoris zu untersuchen und somit möglicherweise erstmals die turbulenten Bedingungen einer solchen Stern- und Planetenentstehung live mitverfolgen zu können (Clery 2018). Heute wissen wir jedoch, dass Tabbys Stern mit hoher Sicherheit nicht zu diesem stellaren Nachwuchs gehört, sondern schon mindestens 150 Millionen Jahre alt ist. Warum verhält er sich dann so außergewöhnlich turbulent?

Zunächst galten deshalb Kometen- oder gar Planetenkollisionen und deren staubige Hinterlassenschaften in Tabbys Sternsystem als wahrscheinlicher Grund für die außergewöhnlichen Helligkeitsschwankungen. Das wurde mit einer Publikation im Januar 2016 jedoch kurzzeitig wieder infrage gestellt, welche neben spontanen Helligkeitseinbrüchen auch einen generellen und jahrzehntelangen Trend zur allmählichen Verdunklung des Sternspektrums aufzeigte (Schaefer 2016) (diese Veröffentlichung wurde im Verlauf folgender Monate von vielen Astronomen aber als fehlerhaft eingestuft). Auch die Kollision mit einem anderen Planeten oder gar Braunen Zwergen wurde in Erwägung gezogen, was einen plötzlichen Helligkeitsanstieg während der Kollision und eine darauffolgende langandauernde Phase der Verdunklung aufgrund der zurückgebliebenen Hinterlassenschaften zumindest theoretisch sehr gut erklären kann (Metzger et al. 2017). Das Weltraumteleskop Kepler konnte neben etlichen Exoplaneten seit 2011 auch weitere spontane Strahlungsreduzierungen bei Observierung des Sterns nachweisen – vor allem der stärkste Einbruch von 22 Prozent der Gesamthelligkeit und ein anschließender Wiederanstieg der Helligkeit gibt noch einige Rätsel auf und nährte zumindest in den Medien Spekulationen über großmaßstäbliche außerirdische Technologien. Tabbys Stern wird wegen dieser erstaunlichen Merkmale auch als „WTF-Star" bezeichnet. Die Entdecker meinten damit „Where's the flux?" (im Sinne von „woher kommen die Fluktuationen?"), fanden aber das Wortspiel mit der bekannten Abkürzung für „What the fuck" aus dem Netzjargon wohl genauso angemessen.

Im Rahmen von 2015 durchgeführten SETI-Untersuchungen, die nach den ersten aufgekommenen Rätseln konkret auf Tabbys Stern ausgerichtet wurden, konnten keine mysteriösen Radiosignale detektiert werden. Dyson-Sphären und andere technologische Großbauten werden spätestens seit Ende 2016 aber ohnehin nicht mehr ernsthaft in Erwägung gezogen. Forscher der University of Illinois, die sich nicht auf umgebende Staubscheiben konzentrierten, sondern eingehend das ominöse Innenleben des Sterns zu modellieren versuchten, berichteten von einem möglichen Zustand der selbstorganisierten Kritikalität. Damit ist gemeint, dass der kernfusionstreibende Stern sich aufgrund interner Konvektionen und Turbulenzen, die astro- und teilchenphysikalisch gut begründet werden können, in einer Zwischenzone zweier Zustände befindet und deshalb ein rauschendes und unruhiges Muster in den Detektoren hinterlässt (Sheikh et al. 2016). Die Entdeckerin des Sterns setzte mit ihrem Team Anfang 2018 schließlich selber einen vorläufigen Schlussstrich: Sie beobachteten, dass das Licht je nach Wellenlänge unterschiedlich stark absorbiert wird, was das bisher eindeutigste Indiz für eine turbulente und durchmischte Staubschicht ist, denn bei sich bewegenden artifiziellen Strukturen würden die Muster je nach Position und Material schwanken. Das Forscherteam geht heute also von einer chemisch einheitlichen Staubschicht aus, sei sie nun durch Kollisionen oder andere Prozesse verursacht. Geordnete und feste Strukturen, die sich rhythmisch bewegen, wie zum Beispiel großtechnologische Alien-Anlagen, sind somit weitgehend ausschließbar (Boyajian et al. 2018). Letztlich könnten es also wie so oft verschiedene abiotische Faktoren gleichzeitig sein, die Tabbys Stern so einzigartig erscheinen lassen. Diese Einzigartigkeit wurde im November 2018 aber auch wieder aufgehoben, da auch die Daten des Sterns VVV-WIT-07 seltsame Helligkeitseinbrüche aufzeigten (Saito et al. 2018). Wie bei Tabbys Stern können diese vermutlich ebenfalls abiotisch erklärt werden, was in den nächsten Jahren aber noch Beobachtungszeit in Anspruch nehmen wird.

Bei der Suche nach technologischen Signaturen fortgeschrittener Zivilisationen stehen heute neben auffälligen und kuriosen Sternen aber auch insbesondere „gewöhnliche" Rote Zwerge im Fokus der Überlegungen und Observierungen. Denn: Intelligenz braucht vermutlich Zeit. Zwar scheint aus irdischer Perspektive das Phänomen „Leben" ein Prozess zu sein, der sehr früh einsetzen kann. So verkündeten im August 2016 Forscher von der University of Wolongong in Australien die Entdeckung der (in der Fachwelt durchaus umstrittenen) ältesten bisher gefundenen Lebensspuren in grönländischen Gesteinen des frühen Archaikums (3,7 Milliarden Jahre alt) (Nutman et al. 2016) und Forscher aus Japan Ende 2017 gar potenziell 3,95 Milliarden Jahre alte Spuren von Lebensformen in Sedimentgesteinen aus Kanada (Tashiro et al. 2017). Die ersten irdischen Lebensformen bevölkerten einigen Observierungen zufolge aber wohl schon vor etwa vier Milliarden Jahren unseren damals alles andere als lebensfreundlichen Planeten (Bell et al. 2015; Schopf et al. 2018), obwohl das Sonnensystem selbst gerade mal rund 4,6 Milliarden Jahre alt ist. Zu einer Zeit also, die die meisten Geologen aufgrund der Unwirtlichkeit eigentlich als Zeitalter des Hades („Hadaikum") bezeichnen, wobei heute jedoch nicht eindeutig geklärt ist, ob die Erde wirklich Milliarden Jahre lang nach ihrer Entstehung ein heißer Glüh-Planet war oder doch schon nach einigen Millionen Jahren abkühlte, sodann Wasser beherbergte und auch feste Krusten aufwies (Mojzsis et al. 2001; Valley et al. 2014).

Auch wenn die Suche nach dem ersten Leben auf der Erde immer mit Unsicherheiten behaftet ist und auch nicht geklärt ist, ob sich das Leben auf der Bühne eines Planeten sofort nach ihrem Aufbau präsentiert, benötigt die Evolution höher entwickelter Organismen und vor allem technologischer Zivilisationen unseren Kenntnissen nach – wir können unsere Zivilisation ja nur als einzige Referenz betrachten – jedoch sehr lange Zeitspannen, in denen sich unter evolutionsökologischen Aspekten Intelligenz und Komplexität allmählich entwickeln können. Und hier kommen die Roten Zwerge ins Spiel. Da sie im Vergleich zu „normalen" Sternen wie der Sonne (sogenannte massereiche Hauptreihensterne) kühl sind, aber dennoch eine ausreichende Masse haben, die hoch genug ist, dass noch eine Wasserstofffusion im Kern stattfinden kann, ist ihre Lebenszeit sehr hoch, da diese ja letztlich dadurch bedingt ist, wie schnell ein Stern seine Ressourcen fusioniert, bis irgendwann keine mehr übrig sind. Rote Zwerge können deshalb aus rein thermodynamischen und hydrostatischen Gesichtspunkten ein Alter von mehreren zehn Milliarden bis hin zu Billionen von

Jahren erreichen, also deutlich älter werden als das Universum heute alt ist (nach heutigen Kenntnissen rund 13,8 Milliarden Jahre). Das wäre mehr als genug Zeit, damit auf einem günstig gelegenen Exoplaneten um einen Roten Zwerg komplexe Strukturen und Lebensformen evolvieren können, wenn die abiotischen Bedingungen einigermaßen akzeptabel für Leben sind. Unsere Sonne ist hingegen schon fast bei der Halbzeit angelangt, bis sie in etwa 5 bis 6 Milliarden Jahren ihre letzten Kapitel als Roter Riese und Weißer Zwerg einläutet. Die Forscher vom H. E. S. S. in Namibia wählten für ihren Aprilscherz auch gerade deshalb den Stern Trappist-1, weil dieser ein solcher Roter Zwerg ist und eine Entwicklung von funksendenden Zivilisationen somit hier aufgrund der Zeitskalen zumindest nicht völlig unmöglich scheint. Forscher der University of Birmingham konnten in diesem Zusammenhang im Jahr 2015 auch bereits nachweisen, dass Planeten nicht nur sehr häufige, sondern auch sehr alte Phänomene unseres Universums sind. So wird der 11,2 Milliarden Jahre alte Stern Kepler-444 von fünf Exoplaneten umrundet, die vermutlich allesamt steinige, aber sehr heiße Planeten sind und zur selben grauen Urzeit des Universums geformt wurden (Campante et al. 2015). Im Sternbild Skorpion befindet sich in einem Sternhaufen sogar der vermutlich 12,7 Milliarden Jahre alte Planet PSR B1620-26 b, der somit etwa 2,5-mal älter als die Erde ist und deshalb auch treffend als „Methusalem" bezeichnet wird, der laut Bibel immerhin ein Alter von 970 Jahren erreichte. Dieser uralte Gasplanet hat mit seinem Alter sogar seine zwei Muttersterne überlebt, deren Leichen in Form eines Neutronensterns und Weißen Zwergs (das sind Bezeichnungen für übrig gebliebene Körper nach einem Sternentod) er bis heute umrundet (Sigurdsson et al. 2003).

Jedoch gibt es neben der generellen Fragestellung, ob die irdische Evolution schlicht und ergreifend nur ein einmaliges und extrem unwahrscheinliches Ereignis sein könnte, ein großes Problem bei Roten Zwergen. Ein Stern, dessen planetare Begleiter Leben hervorbringen sollen, sollte unseren Kenntnissen nach keine zu impulsive Aktivität aufweisen. Es braucht langandauernde stellare Gleichgewichtszustände, unter denen sich Lebewesen mit der Zeit entwickeln können, ohne ständig von stellaren Winden und elektromagnetischen Ausbrüchen bombardiert zu werden – zumindest zeigen uns das alle uns bekannten Lebensformen der Erde, auch die hartnäckigsten von ihnen, die zur Zeit nun mal unsere einzigen Referenzbeispiele sind.

Da Rote Zwerge relativ kühl sind, befindet sich die habitable Zone für flüssiges Wasser deutlich näher am Aktivitätsfeld der Sterne. Die meisten bisher aufgespürten Roten Zwerge neigen aber gerade aufgrund ihrer kühleren Temperaturen und ihres geringen Alters sehr häufig zu lokalen Ausbrüchen und Fluktuationen auf ihrer Oberfläche, die sodann auch die angenehm temperierten Planeten in der habitablen Zone erreichen, sofern sie denn existieren. Rote Zwerge können übrigens in der Regel nur mit Infrarotdetektoren aufgespürt werden, weil sie hauptsächlich in diesem Wellenbereich strahlen, was insbesondere für uns bekannte Pflanzen ein Problem darstellen würde. Von der Erde aus gesehen sind sie allesamt zu leuchtschwach, um optisch beobachtbar zu sein. Das kann sich mit den gewaltigen Ausbrüchen (sogenannte Flares) aber auch ändern. Hier sorgen hauptsächlich magnetische Prozesse innerhalb des Sterns für die Beschleunigung von Elektronen, mitunter bis zu annähernd Lichtgeschwindigkeit, was zu heftigen Ausbrüchen über die Oberfläche hinaus führt, da die bewegten Teilchen mit dem ionisierten Gas der Sternatmosphäre interagieren. Daraus ergibt sich ab und an die Gelegenheit, einen Roten Zwergen für einige Minuten deutlich detektieren zu können, bis die Helligkeit schließlich wieder das Normalniveau erreicht. Wir sprechen in diesen impulsiven Fällen auch von UV-Ceti-Sternen, deren Schwankungen der UV-Intensität tausendmal höher sein können als bei der Sonne (Miles und Shkolnik 2017).

Da Rote Zwerge vermutlich jedoch etwa 75 Prozent aller Sterne in der Milchstraße ausmachen (Tarter et al. 2007) und von Teleskopen aufgrund der geringen Größe des Sterns besonders leicht im Zuge eines Transits beobachtet werden können, werden wir in den nächsten zwei Jahrzehnten, und das wird stets beteuert, mit Sicherheit auch noch einige positive Überraschungen bei Roten Zwergen entdecken. An dieser Stelle sei beispielsweise noch einmal die Supererde GJ 1132 b genannt, über die wir bereits erfahren haben, dass sie eine Gashülle besitzt, die 2017 zum ersten Mal beobachtet werden konnte (Abschn. 1.3.2). Auch dieser Exoplanet ist interessanterweise ein enger Begleiter eines Roten Zwergsterns – die eindeutig entdeckte Atmosphäre lässt nun viele Astrobiologen hoffen, dass ein stellares Bombardement eines Roten Zwergen im Gegensatz zur klassischen Lehrbuchmeinung also kein unbedingtes Ausschlusskriterium für außerirdische Ökosysteme sein muss (Southworth et al. 2017) oder andersherum, dass es auch stille Rote Zwerge gibt, die ihre Umgebung nicht mit tödlicher Strahlung belasten (man spricht in diesem Fall auch von „quiet dwarfs"). Ein in der Öffentlichkeit und sogar unter Fachkollegen noch relativ unbekannter Planet mit dem Namen LHS 1140b ist ebenfalls ein Begleiter eines Roten Zwergs und liegt als Supererde in dessen habitabler Zone für flüssiges Wasser (Dittmann et al. 2017). Hier spielt womöglich das Alter des Roten Zwergs eine wichtige Rolle, da angenommen wird, dass Rote Zwerge mit der Zeit (damit sind Jahrmilliarden gemeint) durchaus ruhiger werden können (Shkolnik und Barman

2014). Das Planetensystem von LHS1140b ist bereits etwa fünf Milliarden Jahre alt, weshalb die zukünftigen Teleskope diesen Planeten und seine potenzielle Atmosphäre mit Sicherheit weiterhin sorgfältig ins Visier nehmen werden.

Das Opfer des Aprilscherzes von H. E. S. S. – der Stern Trappist-1 – ist ebenfalls ein Roter Zwerg und sorgte diesbezüglich sogar für eine der größten astronomischen Sensationen der letzten Jahre. Im Februar 2017 verkündete die NASA den Fund von vier neuen Exoplaneten um Trappist-1 durch das Spitzer-Weltraumteleskop (Gillon et al. 2017). Mit der vorherigen Entdeckung von anderen drei Exoplaneten tummeln sich in diesem etwa 40 Lichtjahre entfernten Planetensystem also insgesamt sieben bekannte Planeten. Drei Begleiter von Trappist-1 liegen eindeutig in der habitablen Zone für flüssiges Wasser – Trappist-1 e erreicht sogar einen Wert von 0,87 auf dem Earth-Similarity-Index und liegt damit als Rekordhalter auf gleicher Höhe mit unserem nächstgelegenen Nachbarn Proxima Centauri b. Neben den gut erkennbaren Transits ist die hohe Anzahl von Planeten selbst eine Eigenschaft, die dieses Planetensystem so besonders für Astrobiologen macht. Denn durch die Beobachtung der gravitativen Abhängigkeiten der Körper untereinander lassen sich schon mit den Kepler'schen Gesetzen genaue Massen der Planeten herleiten. Der Vergleich der anfallenden Massen und Volumina der planetaren Begleiter von Trappist-1 legt insgesamt den Schluss nahe, dass es sich mit hoher Sicherheit um Gesteinsplaneten handelt, die laut ihrer mittleren Dichte zudem mitunter aus bis zu fünf Prozent gefrorenem oder flüssigem Wasser bestehen und womöglich von einer dünnen Gashülle umgeben sind (Grimm et al. 2018). Der Wert für das Wasser erscheint Ihnen womöglich zunächst wenig, wird doch immer davon berichtet, dass die Erde mit 70 Prozent Wasser bedeckt sei. Tatsächlich beträgt die Masse des gesamten Wassers auf der Erde aber lediglich etwa 0,02 Prozent – und somit ist unsere blaue Heimat vermutlich insgesamt deutlich trockener als Trappist-1 e, natürlich unter der Voraussetzungen, dass die bisherigen Annahmen über den Exoplaneten korrekt sind. Der Kern von Trappist-1 e besteht darüber hinaus höchstwahrscheinlich aus Eisen und bringt wie die Erde vermutlich etwas mehr als die Hälfte der Gesamtmasse auf die Waage, was ein gutes Indiz für eine schützende Magnetosphäre um den gesamten Planeten ist (Suissa und Kipping 2018).

Zum Schluss dieses Unterkapitels möchte ich Ihnen nach all diesen wunderbaren Meldungen diesbezüglich aber auch aufzeigen, wieso es in der Astrobiologie immer wieder ein spannendes Hin und Her zwischen Optimismus und physikalischen Tatsachen ist. Die Körper Trappist-1- e und Proxima Centauri b sind hierfür perfekt geeignet.

Zwar sind sowohl Proxima centauri b als auch Trappist-1 e mit 87 Prozent „Erdähnlichkeit" die Rekordhalter innerhalb des Eearth-Similarity-Index, aber die neuesten Untersuchungen legen nahe, dass zumindest Proxima Centauri b in regelmäßigen monatlichen Abständen mit Strahlung bombardiert wird. Der Mutterstern Proxima Centauri, ebenfalls ein Roter Zwerg, strahlte laut Ergebnissen des Observatoriums ALMA (Chile) im März 2017 innerhalb von zehn Sekunden 1000-mal stärker im Mikrowellenbereich als üblich und überstrahlt damit auch die Fähigkeiten unserer Sonne bei Weitem (MacGregor et al. 2018). Aber damit noch lange nicht genug: Ein anderes Team spricht von der Entdeckung 23 weiterer Eruptionen desselben Sterns – und eine davon war sogar so stark, dass Proxima Centauri kurzzeitig mit bloßem Auge gesehen werden konnte, was einem sogenannten Superflare („Superfeuer") entspricht. Sogar eine 50.000-fach stärkere Intensität als die Sonne ist nicht ausgeschlossen (Howard et al. 2018). (Erinnern Sie sich bitte daran: Normalerweise können Sie aufgrund der geringen Leuchtkraft keinen einzigen Roten Zwergen von der Erde aus mit bloßem Auge beobachten). Eine erdähnliche Atmosphäre für Proxima Centauri ist unter diesen Umständen nicht mehr vorstellbar, und selbst andere Spekulationen, etwa ein vor Strahlung schützender Wasserozean, verblassen angesichts solcher impulsiver Meldungen. Es gibt für diesen Umstand ein sehr treffendes Sprichwort, das einem im arabischem Raum in einem anderen Kontext häufig begegnet und aufzeigen soll, dass ein zu viel des Guten am Ende schlecht sein kann: „All sunshine makes a desert" – Sonnenstrahlung schön und gut, aber bitte nicht zu viel. Trotzdem geben einige Astrophysiker und -biologen den nächstgelegenen Exoplaneten nicht auf, und legen Modellrechnungen vor, nach denen zumindest die Entwicklung von primitivem Leben gerade in diesem Moment dort stattfinden könnte, da auch die Erde in ihrer Frühgeschichte deutlich turbulenteren Verhältnissen des Sterns ausgesetzt war und sich Leben dennoch durchsetzte (O'Malley-James und Kaltenegger 2017).

Darüber hinaus sollte auch beachtet werden, dass so nah am Stern gelegene Planeten oftmals synchron mit ihrem Mutterstern rotieren und somit immer dieselbe Seite zum Stern zeigt. Dieser gravitative Effekt ist auch der Grund, weshalb wir nur eine Seite des Mondes von der Erde aus sehen können (man spricht von tidally locked bodies, „rotiert gebundene Körper", die wir bereits an früherer Stelle dieses Kapitels erwähnt haben). Während die eine Seite dem Mutterstern also stets zugewandt und außergewöhnlich heiß ist, ist es auf der entgegengesetzten Seite immer dunkel und bitterkalt. Eine stabile Atmosphäre könnte diese lebensfeindlichen Differenzen theoretisch zwar ausgleichen und für Pufferzonen sorgen, in denen die gemittelte

Temperatur genau richtig für uns bekanntes Leben ist. Dies scheint bei Proxima Centauri b aufgrund des stellaren Bombardements aber nun ebenfalls ausgeschlossen. Earth-Similiarity-Index hin oder her – für Leben auf Proxima Centauri b schaut es dem aktuellen Stand nach schlecht aus.

Astronomen, denen Alpha Centauri am Herzen liegt (Proxima Centauri ist ein Teil des 3-Stern-Systems Alpha Centauri), hoffen in näherer Zukunft jedoch auch auf neue Planetenfunde bei den Nachbarsternen Alpha Centauri A und Alpha Centauri B. Diese weisen nämlich deutlich ruhigere Verhaltenseigenschaften auf. Alpha Centauri A ist äußerst sonnenähnlich, ja weist sogar schwächere Ausbrüche auf als unser vergleichsweise ruhiger Mutterstern (Ayres 2018). Normalerweise stellt die Suche nach einem erdähnlichen Planeten in einem System mit drei oder gar mehr Sternen ein großes Problem dar, da die Wechselwirkungen der Sterne untereinander dazu führt, dass die Absorptionslinien und Strahlungsmuster schlicht gesagt einfach alles mögliche machen – vom kurzzeitigen Verschwinden bis hin zum spontanen Springen. Doch es gibt einen anderen möglichen Weg, und dieser wird sich im Mai 2028 eröffnen, also ziemlich genau in neun Jahren. Dann wird Alpha Centauri A in unserer Blickachse direkt vor einem anderen und weit entfernten Stern liegen (Kervella et al. 2016). Während die Radialgeschwindigkeitsmethode und erst recht die Transitmethode aufgrund des Spektral-Chaos in diesem Mehrfach-Sternsystem vermutlich zum Scheitern verurteilt sind, könnte hier aufgrund der günstigen Positionierung die Gravitationslinsenmethode zum Zug kommen. Durch seine Masse wird Alpha Centauri A das Licht des dahinter befindlichen Sterns verzerren und verstärken, sodass ein Planet als dunkler Schatten in diesem Scheinwerferlicht in Erscheinung treten könnte (Abschn. 1.1.4).

Während uns in zehn Jahren also möglicherweise neue Planeten in unserer direkten stellaren Nachbarschaft erwarten, wurde der weit entfernte Exoplanet Trappist-1 e vorerst als einer der aussichtsreichsten Kandidaten deklariert, auch wenn er den selben ESI-Wert wie Proxima Centauri b aufweist. Meines Erachtens müssen wir als Astrobiologen dahingehend aber dennoch höchst skeptisch bleiben. Die aktuellsten numerischen Simulationen und erste photometrische Beobachtungen legen nämlich nahe, dass Trappist-1 ebenfalls impulsiv ist, was zumindest für potenzielle Atmosphären in diesem Zwerg-Planetensystem nichts Gutes verheißt, es sei denn, die Magnetfelder der Planeten wären außerordentlich stabil und stark (Roettenbacher und Kane 2017). Beachten Sie hierbei aber auch: Alle Planeten von Trappist-1 liegen in einer Umlaufbahn enger als unser innerster Planet Merkur um die Sonne, was die stellaren Stürme in diesem Miniatursystem deutlich intensiver ausfallen lässt. Deshalb ist Merkur übrigens auch für

Astrobiologen spannend, auch wenn er als innerster Planet des Sonnensystems absolut tot ist. Er besitzt neben der Erde als einziger terrestrischer Planet im Sonnensystem aber ein stärkeres und eigenständig erzeugtes Magnetfeld. Da Exoplaneten um einen Zwergstern in ebenso engen Bahnen (oder deutlich engeren Bahnen) ihren Stern umlaufen, könnte Merkur also einige Schlüsselfragen beantworten, wenn es um die Beziehung zwischen Magnetfeld und intensiver Bestrahlung geht. Bei der Raumsonde BepiColombo, die Mitte des nächsten Jahrzehnts Merkur erreichen wird, ist die Untersuchung des Magnetfelds unter anderem deswegen einer der Hauptpunkte auf der Agenda.

Zum Abschluss dieses Unterkapitels sei noch ein weiterer aussichtsreicher, aber unter Laien und auch einigen Kollegen noch weitgehend unbekannter Exoplanet genannt. Es handelt sich um Luyten b, der einem den bisherigen Kenntnissen nach erdähnlichsten Planeten aller Zeiten entspricht und sich in lediglich 12 Lichtjahren aufhält (nur Proxima Centauri b und Ross 128 b sind noch deutlich näher gelegen). Der etwa dreimal erdschwere Planet bekommt von seinem Stern ungefähr dieselbe Strahlungsintensität ab wie die Erde von der Sonne, was die Organisation METI (Messaging Extraterrestrial Intelligence) im Oktober 2017 dazu veranlasste, eine Nachricht an Luyten b inklusive musikalischen Eindrücken zu versenden. Bislang haben wir noch keine Antwort erhalten – was auch für hartgesonnene Alien-Enthusiasten nicht erstaunlich ist, da die Nachrichten aufgrund der Lichtlaufzeit dort erst in frühestens 12 Jahren eintreffen und dann auch noch zurückgesandt werden müssten.

1.4.2 Wo versteckt ihr euch alle?

Zu Beginn des SETI-Projekts, als man sich mysteriöse Signale wie die von Tabbys Stern oder Atmosphären in der Nähe von Roten Zwergen nur erträumen konnte, formulierte der Begründer Frank Drake 1961 seine sogenannte Drake-Gleichung. Sie soll zur Abschätzung der Mindestanzahl von intelligenten und technologisch aktiven Zivilisationen in der Milchstraße dienen und lautet wie folgt:

$$N = R_* \times f_p \times n_e \times f_l \times f_i \times f_c \times L \qquad \text{(Gl. 1.1)}$$

Selbstverständlich scheitert diese eigentlich einfach wirkende und nur aus Multiplikationen bestehende Formel an unserem begrenzten Wissen und sie ist auch heute nach über fünfzig Jahren entgegen mancher euphorischer Blog-Einträge oder Dokumentationen kaum oder überhaupt nicht als praktisch einsetzbare Richtlinie zu verwenden. Die Anzahl der intelligenten Zivilisationen (N) hängt hier zwar auch von relativ gut bekannten Faktoren wie der Sternentstehungsrate einer Galaxie (R_*), dem Anteil der Sterne mit Planeten (f_p) und dem Anteil erdähnlicher Planeten pro Planetensystem (n_e) ab. Doch spätestens beim Faktor „Anteil von Planeten, auf denen sich Leben entwickelt" (f_l), wird es mit heutigem Kenntnisstand völlig ungewiss. Von den anderen Faktoren „Anteil mit intelligentem Leben" (f_i) und „Anteil technologischer Zivilisationen" (f_c) ganz zu schweigen. Zumindest beim letzten Faktor „Überlebensdauer einer technologischen Zivilisation" (L) können wir vielleicht schon bald leider eine ungefähre Dauer angeben, falls wir es in den nächsten Jahrzehnten nicht schaffen, unsere eigenen Lebensgrundlagen auf der Erde zu erhalten und nachhaltig zu bewirtschaften. Je nach Annahmen dieser mit unseren Kenntnissen kaum oder gar nicht zu bestimmenden Werte spuckt die Formel Ergebnisse von 1 bis hin zu zig Millionen Zivilisationen aus. Eine Spanne von einer einsamen, nur durch die Menschheit bewohnten Milchstraße, bis hin zur nahezu überall bevölkerten Galaxie.

Das sogenannte Fermi-Paradoxon, das der italienische Kernphysiker Enrico Fermi schon fünf Jahre nach dem Zweiten Weltkrieg formulierte, legt diesbezüglich nahe, dass unsere Milchstraße nur von wenigen Zivilisationen bewohnt wird – noch wahrscheinlicher ist laut seiner Überlegung, dass wir zumindest in der Milchstraße die einzigen intelligenten Bewohner sind. Im Gegensatz zur sogenannten „Rare-Earth-Hypothese", die hauptsächlich aus der intrinsischen geologischen Sicht beschreibt, dass die Existenz einer zweiten Erde und menschenähnlicher Wesen von äußerst unwahrscheinlichen geophysikalischen und evolutionsbiologischen Konstellationen abhängt und deshalb äußerst fraglich ist, bezog sich Fermi nur auf simpelste Mathematik und Wahrscheinlichkeiten. Er fragte schlicht und ergreifend: „Where is everybody?" („Wo sind die alle?").

Die Kernaussage seines Paradoxon besteht darin, dass es unter der Annahme, dass es bereits mehrere intelligente Zivilisationen (oder auch nur eine einzige sehr intelligente Zivilisation) gibt oder in der Vergangenheit gab, sehr unwahrscheinlich ist, das wir sie noch immer nicht entdeckt oder vielmehr, dass sie uns noch nicht aufgespürt haben (Landis 1998). Da die Milchstraße einen Durchmesser von etwa 100.000 Lichtjahren hat, würde ein fortgeschrittenes Raumschiff mit etwaigem Fusionsantrieb rund zehn Millionen Jahre benötigen, um die gesamte Galaxis ohne Zwischenhalt einmal zu durchqueren. Selbst wenn sie mehrere Abstecher zu interessanten Planeten auf ihrer Reiseroute unternehmen würden, ist das in Anbetracht des Alters der Milchstraße (etwa zehn Milliarden Jahre) ein Wimpernschlag.

Aliens mit fortgeschrittenen technologischen Kenntnissen hätten uns daher schon mehrmals und längst besuchen können (oder deren Sonden und Roboter), wenn es welche von ihnen gibt oder in früheren Epochen gab.

Genau hier knüpft übrigens auch die in ihrer jetzigen Form meines Erachtens nicht ernst zu nehmende „Präastronautik" an, die als vermeintliche Wissenschaft nachweisen will, dass intelligente Außerirdische die Erde bereits in vorantiken Zeiten besucht haben und die kulturelle Evolution des Menschen maßgeblich beeinflussten. Selbst den Evolutionsschritt von primatenähnlichen Vorfahren zum modernen Menschen versuchen einige mit extraterrestrischen „Eingriffen" zu begründen. Dem hauptverantwortlichen Begründer der Präastronautik – dem Schweizer Erich von Däniken – zufolge, kennt deshalb jede irdische Zivilisation „himmlische" Götter (oder beschrieb sie im Altertum), eben weil Außerirdische buchstäblich „vom Himmel herabstiegen" und Kontakt mit den Menschen früherer Zeiten aufnahmen, für welche diese Himmelswesen unbegreiflich und ihre Erscheinungen göttlich waren.

Astronomen bemühen sich bei der Lösung des Fermi-Paradoxons selbstverständlich um besser nachprüfbare Argumente, denn die grundsätzliche Fragestellung der Präastronautik ist natürlich nicht vollkommen uninteressant. (Die Präastronautik an sich möchte ich hierbei gar nicht in ein schlechtes Licht rücken, die Fragen sind – wie hoffentlich immer in den Naturwissenschaften – in jedem Falle zumindest der Frage wert und mancherorts nicht nur amüsant, sondern auch spannend. Jedoch kann ich den entsprechenden Personen nur nahelegen, diese spannenden Fragen durch dogmatische Ideologien – im Sinne von: „Es kann nur so sein und nicht anders" – nicht lächerlich zu machen, sondern stattdessen das ursprüngliche Interesse und die offene Neugier in alle Richtungen beizubehalten, und zwar auch dann, wenn die Faktenlagen vorübergehend gegen einen spricht). Manchen Überlegungen zufolge könnte die kosmische Entfernungsleiter und ihre physikalischen Hindernisse, vor allem schädigende Strahlungsdosen, auch für fortgeschrittene Aliens unüberwindbare universelle Barrieren darstellen. Signale von extraterrestrischen Intelligenzen oder uns könnten vielleicht nur mangelhaft sichtbar oder wahrnehmbar sein – denken Sie hierbei an die Sichtbarkeitszone unserer Erde, die allein schon aus geometrischen Gründen nicht nur Transit-Nachweise von den meisten Exoplaneten unmöglich macht, sondern auch, dass wir potenzielle technologische Signale aus vielen Ecken des Universums registrieren oder uns jemand hört. Unsere Zivilisation könnte manchen Autoren zufolge womöglich sogar bekannt, aber für externe Forscher und Besetzer relativ uninteressant sein. So spekulieren einige darüber, dass Technosignaturen vermutlich gar nicht von „organismischen"

Außerirdischen kommen würden, sondern viel eher von deren Maschinen, die ihre Erschaffer überholt und ein eigenes Kapitel des Lebens aufgeschlagen haben (Shostak 2015). Manche spekulieren sogar, ob sich Aliens womöglich aufgrund der langen Reisezeit zu uns vorübergehend kryonisiert (also in einen Tiefschlaf versetzt) haben könnten, und wir deshalb keine aktiven Signale von ihnen empfangen. Aber ich möchte hier nicht wahllose Spekulationen aufzählen – das ist wie im Vorwort versprochen nicht der Sinn dieses Buches.

Eine amüsante astroökologische Interpretation sei bezüglich des Fermi-Paradoxons jedoch noch genannt: Wenn es in unserem Sonnensystem Leben geben sollte, könnte dieses insbesondere in den unterirdischen und verdeckten Ozeanen von Monden wie Europa oder Enceladus existieren (Kap. 3). Unterwasserwelten könnten also ganzheitlich betrachtet viel eher und häufiger die Entwicklung von Intelligenz zulassen, da sie (wie in unserem Sonnensystem) womöglich nicht nur häufiger vorkommen, sondern zudem von einigen lebensfeindlichen Faktoren (vor allem Strahlung) besser abgeschirmt sind. Eine Signalübertragung über Luft und Vakuum könnten diese Lebensformen aufgrund ihrer unter Eisschichten bedeckten und im Wasser befindlichen Lebensweise also nicht bewerkstelligen oder sie hätten es überhaupt gar nicht erst nötig (Stern 2017).

Oder aber, es ist ganz simpel: Wir sind schlicht und ergreifend völlig allein.

1.4.3 Teleskope der neuesten Generation

Insgesamt können wir feststellen, dass wir zum heutigen Zeitpunkt offensichtlich weder die Technik besitzen, außerirdisches Leben empirisch nachzuweisen, noch können wir mit unseren heutigen astrophysikalischen Beobachtungen und auch theoretischen Modellen eindeutig ausschließen, dass es fernes Leben – vor allem in Form primitiver Mikroorganismen – gibt. Deshalb kann die Frage danach, wenn überhaupt, nur durch weitere Forschung und neue Hightech-Programme beantwortet werden. Der Mensch selbst wird also mit der Suche nach außerirdischer Biologie noch viel mehr Technosignaturen hinterlassen. Während die Suche nach Leben in unserem Sonnensystem hauptsächlich mit direkten unbemannten Flügen, Orbitern und Landern bewerkstelligt werden soll, müssen wir uns bezüglich bewohnten Exoplaneten weiterhin auf die indirekten Methoden beschränken. Die erdgebundenen Teleskope der Zukunft werden demnach noch schwieriger überschaubare astronomische Ausmaße annehmen müssen, bevor sie eine maximale Effizienz aufweisen. Und auch die Detektoren von Weltraum-observatorien werden noch leistungsstärker und empfindlicher werden. Wie in einigen anderen Bereichen des Lebens gilt in Sachen Exoplanetenforschung durch Teleskope also: Size does matter! Vermutlich so lange, bis es einfach nicht mehr finanzierbar ist.

Weltweit betreiben die großen Nationen teilweise enorme ingenieur-technische und auch finanzielle Anstrengungen, um Vorreiterrollen und bei einem Fund letztlich auch historisches Prestige zu erlangen. Hier fällt einem selbstverständlich völlig zu Recht die über Allem stehende Weltraumbehörde NASA ein, die zwar mit altbekannten Konzepten (hauptsächlich der Transit-methode), aber dafür moderneren Instrumenten neue außerirdische Welten detektieren, bekannte Planeten präziser charakterisieren und mit empfind-licherer Sensorik nach ökologischen Signaturen suchen will. (Dabei sollte kein falsches Bild aufkommen – die NASA ist auch bezüglich der Umwelt-wissenschaften, bei der die Erde und ihre Ökologie im Mittelpunkt steht, absoluter Vorreiter, etwa durch genauste Satellitenobservierungen- und messungen der durch Menschen verursachten Treibhausgasemissionen oder Beobachtung von Tierwanderungen.) Nachdem bekannt wurde, dass das Weltraumteleskop Kepler nach ganzen neun Jahren Betriebszeit im Okto-ber 2018 seine Mission beenden wird, war es am 18. April 2018 schließlich schon so weit: Die neue Teleskopengeneration der NASA wurde mit dem erfolgreichen Start des Weltraumobservatoriums TESS (Transiting Exoplanet Survey Satellite) eingeläutet. Das Ziel von TESS für die nächsten zwei Jahre: Die Helligkeitsmessung von etwa zwei Millionen Sternen und die Identi-fizierung von mindestens 50 Gesteinsplaneten in der Größenordnung der Erde oder ein wenig größer durch die Transitmethode. Aktuell (Stand Mai 2019) konnte TESS zehn Planeten identifizieren und 300 potenzielle Kan-didaten ausfindig machen, wobei weitere Untersuchungen und Einstufungen noch ausstehen (NASA 2019a). Im April 2019 entdeckte TESS auch seine erste erdgroße Welt, die auf der Oberfläche jedoch 427° Celsius heiß ist und somit außer der Größe nichts mit der Erde gemein hat und auf den ersten Blick eher der Venus gleicht (NASA 2019b). Aber es ist zumindest ein erster Beweis dafür, dass TESS in der Lage ist, Planeten in Erdgröße nachzuweisen. TESS übertrumpft in Sachen Technik seinen Vorläufer Kep-ler zunächst deutlich, da es etwa 85 Prozent der Fläche des Himmelszelts untersuchen kann – bei Kepler waren es lediglich mickrige 0,25 Prozent. Dafür beschränkt sich die Tiefen-Reichweite von TESS jedoch lediglich auf 300 Lichtjahre, Kepler konnte etwa zehnmal so weit in die Vergangenheit blicken. Das liegt daran, das TESS seine deutlich größere Observierungs-fläche durch Eigendrehung bewerkstelligt, sodass alle 27 Tage eine neue und gezielt angepeilte Position eingenommen wird, während Kepler weitgehend starr in einer Blickrichtung nach Helligkeitsschwankungen suchen konnte. Es war also ein Kompromiss zwischen einer maximalen Flächenbedeckung und einem maximalen Tiefblick, beides gleichzeitig konnte nicht finanziert werden. Die Entscheidung fiel letztlich auf Ersteres, weil auch in 300 Lichtjahren mehr als reichlich interessante Sterne anzutreffen sind.

Vielleicht ist Ihnen im obigen Satz aber auch eine weitere Problematik aufgefallen: Da TESS nur knapp einen Monat in eine Richtung schauen kann und sich dann weiterdreht, werden Planeten wie die Erde in sonnenähnlichen Systemen nicht mit zuverlässiger Sicherheit aufzuspüren sein, da ihre Umlaufzeit ein ganzes Jahr Beobachtungszeit benötigt. Zusätzlich sollten bei der Transitmethode immer drei Vorbeizüge registriert werden, um potenzielle Falschmeldungen weitgehend auszuschließen, was im Falle der Erde also einer kontinuierlichen Beobachtung von drei Jahren entspricht. Warum hat man TESS dann überhaupt so konstruiert? Die Begründung entfällt neben dem astrophysikalischen Interesse an allerlei Planetentypen (und nicht nur an astrobiologisch bedeutenden Entdeckungen) auch wieder auf Rote Zwerge. Etwa 50.000 bis 200.000 von ihnen sollen von TESS untersucht werden. Da Rote Zwerge deutlich kleiner und leuchtschwächer sind, aber so weit wir Wissen von genauso großen Planeten umgeben sind wie anderswo auch, ist ein Transit hier also erstmal deutlich einfacher nachzuweisen (größerer Planet + kleinerer Stern = höherer Anteil der Verdeckung bei einem Vorbeizug). Und auch die Umlaufbahnen der Planeten sind deutlich enger an den kleinen und kühlen Sternen gelegen – im Falle vom Trappist-1-System reicht die Spanne von 1,5 bis zu 20 Tagen locker aus, um einen aussichtsreichen Exoplaneten zu detektieren (Gillon et al. 2017). Aufgrund der Hochrechnung bisheriger Ergebnisse rechnet die NASA damit, dass TESS in den nächsten Jahren insgesamt etwa zehn neue Exoplaneten finden dürfte, die wie beispielsweise Trappist-1 e eindeutig Gesteinsplaneten sind und in der habitablen Zone um einen Roten Zwergen liegen (Ricker et al. 2014).

Das ultimative Ziel für das nächste Jahrzehnt ist es schließlich, das leistungsstärkste Teleskop aller Zeiten mit den neu gewonnen Daten zu füttern: das James-Webb-Space-Telescope (JWT). Dieses Projekt der NASA, ESA und CSA (kanadische Weltraumbehörde) ist nicht nur die bisher größte Wissenschaftsmission für die Beteiligten, sondern auch die einzige Mission, die so viele astrophysikalische Daten unterschiedlichster Art liefern wird. Das Aufgabenspektrum des 6,5 Meter durchmessenden Spiegels reicht von Einblicken in die frühesten kosmischen Epochen des Universums, über die Entstehung und Strukturformation von Galaxien, bis hin zur genaueren

Charakterisierung von bereits bekannten und potenziell lebensfreundlichen Planeten. Es wird sich also auch auf die besten Planetenkandidaten fokussieren, die Kepler liefern konnte und TESS weiterhin liefern wird (Stevenson et al. 2016). So riesig diese Mission ist, so groß sind aber wohl auch die praktischen Probleme: War der Start noch vor einigen Jahren auf Oktober 2018 angesetzt, wurde er zeitweise auf 2019 verschoben. Heute wird nach weiteren Verzögerungen der Start für das Frühjahr 2021 angepeilt (NASA 2018b). Auch hier werden jedoch nur etwa ein Dutzend Funde von erdgroßen Planeten in einer habitablen Zone erwartet, nicht zuletzt weil das große Aufgabenspektrum natürlich eine Konkurrenz um Betriebszeit (etwa mit kosmologischen Beobachtungen) bedeutet. Tatsächlich liegt auch schon ein Konzept für einen Nachfolger von JWT auf dem Tisch, namentlich LUVOIR (Large Ultraviolet/Optical/Infrafred Surveyor) mit bis zu 18 Metern Spiegeldurchmessern und einem geplanten Start irgendwann in den 2030ern (Menesson et al. 2016; NASA 2018c). Dieses wäre sodann in der Lage, vierzigmal leistungsstärker zu sein als das heute äußerst erfolgreiche Hubble Space Telescope, welches schon 1990 gen Himmel geschickt wurde.

Nach einigen Budgetkürzungen bei der ESA, die dem Projekt Darwin (ein Schwarm von miteinander interagierender Weltraumobservatorien, die explizit nach Ökosignaturen suchen sollten) das Aus bescherten, können aber auch die Europäer wieder aufholen. Der Start von CHEOPS (Characterising Exoplanets Satellite) wurde von der multinationalen Raumfahrtorganisation schon für den Herbst 2019 bekanntgegeben. Die Mission soll sich auf die kontinuierliche Observierung und genaue Charakterisierung von Supererden konzentrieren. Während TESS also hauptsächlich eine reine Such-Mission ist, wird CHEOPS bereits bekannte und aussichtsreiche Planetensysteme genauer unter die Lupe nehmen. Einige Jahre später soll das ESA-Weltraumteleskop PLATO folgen (Planetary Transits and Oscillation of Stars), welcher ab dem Jahr 2026 bei 85.000 Sternen sechs Jahre lang deutlich kleinere Gesteinsplaneten wie die Erde und ihre uns noch unbekannten physikalischen und chemischen Eigenschaften ins Visier nehmen soll.

Moderne Weltraumsonden der ESA wie GAIA (Globales Astrometrisches Interferometer für die Astrophysik), das am 19. Dezember 2013 gestartet ist, setzen zudem wieder verstärkt auf die Astrometrische Methode (Wir erinnern uns: Hier wird im Gegensatz zur Radialgeschwindigkeitsmethode das tatsächliche Hin-und-her-Wackeln eines Sterns direkt vor einem fixen Sternhintergrund identifiziert.). Bei der exakten Durchmusterung der Milchstraße sollen dabei also völlig neue Planetenkandidaten in bisher überhaupt nicht beachteten Sternsystemen gefunden werden, auf die kein seitlicher, sondern nur ein Blick von oben oder unten möglich ist. Die an GAIA beteiligten Forscher erstaunten die astronomische Fachgemeinde im April 2018 mit der Veröffentlichung von Daten von mindestens 1,3 Milliarden Sternen, darunter insbesondere deren genaue Position, Bewegung und spektrale Eigenschaften – die Radialgeschwindigkeit konnte bei etwa sieben Millionen Sternen gemessen werden. Das ist die größte Sammlung an Sterndaten aller Zeiten und soll noch durch eine weitere geplante Veröffentlichung im Jahr 2020 übertroffen werden (ESA 2018a). Im März 2018 gab die ESA ebenfalls bekannt, dass nun auch ARIEL (Atmospheric Remote-Sensing Infrared Exoplanet Large Survey) für einen Start im Jahr 2028 angedacht ist. Es soll das erste Teleskop sein, das ausschließlich für die Analyse von Exo-Atmosphären konstruiert ist. Neben starken Indizien für biotische Prozesse soll ARIEL auch einen umfangreichen Katalog aller bekannten Atmosphären-Typen und deren Eigenschaften und Abhängigkeiten bereitstellen (ESA 2018b). Sie merken es schon – die Wunschliste in diesem Bereich ist derzeit so gewaltig, dass es mir hier schwerfällt, überhaupt erst alles sachgerecht aufzulisten. Sogar von auf dem Mond installierten Teleskopen war auf manchen Konferenzen, die ich besuchen konnte, hinter Tür und Angel die Rede.

Neben neuen Weltraumteleskopen wurde auch die Weiterentwicklung und Neuschaffung etlicher erdgebundener Observatorien bekanntgegeben. Darunter fällt neben dem Giant Magellan Telescope (24,5 Meter Spiegeldurchmesser, Chile) und dem Thirty Meter Telescope (30 Meter Spiegeldurchmesser, Hawaii) auch das Extremely Large Telescope (ELT) in Chile mit einem Spiegeldurchmesser von 39 Metern und dem Potenzial, etwa ein Dutzend Gesteinsplaneten in habitablen Zonen zu finden und zu analysieren (Crossfield 2016). Auch die Technische Universität München mit Kollegen aus Garching ist an diesem nach seiner Fertigstellung größten optischen Teleskop beteiligt. (Zum Vergleich: Im Jahr 1917 war das Hales-Teleskop in Kalifornien noch der oberste Renner – Spiegeldurchmesser: 2,5 Meter). Das bisher leistungsstärkste und größte Teleskop heißt übrigens ironischerweise ESPRESSO (Echelle Spectrograph for Rocky Exoplanet- and Stable Spectroscopic Observations) und wurde im Februar 2018 erstmals von der Europäischen Südsternwarte mit maximaler Effizienz in Betrieb genommen (ESO 2018b). Es ist jedoch alles andere als ein klassisches Teleskop, sondern vielmehr ein rein virtuelles Instrument, das aus der Zusammenführung der Daten aus den Lichtaufnahmen von vier Acht-Meter-Teleskopen des Very-Large-Telescope-Clusters (VLT) digital konstruiert wird und durch diese geschickte Kombination eine Leistung wie ein hypothetisches 16-Meter-Teleskop erreicht. Im Fokus von ESPRESSO steht die Enthüllung von Gesteinsplaneten in habitablen Zonen verschiedener Sterne durch die Radialgeschwindigkeitsmethode. Tatsächlich ist der Spektrograf präzise genug, um die Radialbewegung eines Sterns auf etwa zehn Zentimeter genau zu bestimmen – ein Wert, bei dem eine Entdeckung des gravitativen Einflusses eines erdschweren Körpers auf das Baryzentrum nicht mehr ausgeschlossen ist.

Das zukünftige James-Webb-Space-Telescope soll auch mit den Daten der erdgebundenen Observatorien gefüttert werden, allen voran des geplanten SPECULOOS-Observatoriums (Search for habitable planets eclipsing ultra-cool stars). Ebenfalls in Chile positioniert, soll es unter Federführung von einigen Universitäten und der ESO gezielt nach Planeten suchen, die sich in der habitablen Zone um ultrakühle Rote Zwerge befinden, die sogar für TESS zu leuchtschwach sind, um entdeckt zu werden. Da die Umlaufbahnen bei diesen ultrakühlen Sternen noch enger sind als bei gewöhnlichen Roten Zwergen, könnten uns erdgebundene Observatorien der Zukunft also noch mehr neue und exotischere Kandidaten liefern. Im Sommer 2016 überraschte diesbezüglich eine Nation die Forschergemeinde mit einem etwas verschwiegenem Projekt besonders: Die Regierung der Volksrepublik China verkündete die erfolgreiche Baubeendigung des weltweit größten und modernsten Radioteleskops FAST (Five-hundred-meter Aperture Spherical Radio Telescope). Wie der imposante Name bereits nahelegt, beträgt allein der Parabolspiegeldurchmesser des Teleskops (der jedoch nicht mit optischen Spiegeln verwechselt werden darf), unglaubliche 520 Meter und markiert mit der angewandten hochmodernen Analyse-Software also womöglich ebenfalls eine völlig neue Ära der Radiobeobachtung in diesem Jahrhundert.

Dieser sehr rasante Fortschritt der Chinesen könnte auch dazu geführt haben, dass einige Vertreter der US-Regierung seit 2018 wieder verstärkt in moderne Radiowellen-Observatorien investieren wollen – und zwar explizit in die Suche nach Signalen von intelligentem außerirdischem Leben. 1993 hat die NASA alle finanziellen Bestrebungen für das Aufspüren von Technosignaturen außerhalb des Sonnensystems eingestellt – dies könnte sich nun wieder ändern, wenn der US-Kongress den Planungen der jeweiligen Vertreter folgt (NASA 2018d).

1.4.4 StarChips: interstellare Vor-Ort-Untersuchung

Neben den vielzähligen und spektakulären Initiativen und astronomischen Aufrüstungen der jeweiligen Regierungsbehörden gibt es aber auch Bestrebungen von Privatpersonen, die mit Nasa und Co. Schritt halten.

Oder sie in ihren Visionen sogar deutlich übertrumpfen. Besonders die Breakthrough Initiatives sind hier zu nennen, die vom russischen Geschäftsmann und Milliardär Yuri Borisovich Milner gegründet wurden, der im Jahr 2012 als einer der fünfzig einflussreichsten Menschen der Erde ausgezeichnet wurde. Seine Initiative wird unter anderem von namhaften Physikern wie dem Kosmologen Stephen Hawking (verstorben im März 2018) und dem Facebook-Gründer Mark Zuckerberg unterstützt. Zum laufenden Programm der Initiative gehören Breakthrough-Listen (hier sollen Millionen von Sternen nach Radio- und Lasersignalen untersucht werden, darunter auch Tabbys Stern), Breakthrough Message (Konzeptionierung und Einrichtung modernerer und effizienterer Methoden der gezielten Kontaktaufnahme mit extraterrestrischen Zivilisationen) und – besonders hervorstechend – Breakthrough Starshot (Milner 2016; Lubin 2016).

Dieses letzte Projekt ist radikal und sucht in der gesamten Raumfahrtgeschichte, ja sogar in den Illusionen von Science-Fiction-Romanen und -Filmen seinesgleichen. Es ist ein sogenanntes Proof-of-Principle-Projekt, das in erster Linie eine Sache beweisen soll: Interstellare Raumfahrt ist möglich – und zwar in der Zeitspanne eines einzigen menschlichen Lebens.

Die Raumsonde Voyager 1 wird sich dem Sternsystem des Roten Zwergen Gliese 455 erst in etwa 40.000 Jahren nähern, was in Anbetracht kosmologischer Zeitskalen zwar ein Wimpernschlag, für unseren Verstand aber völlig unüberschaubar ist. Im Zentrum von Breakthrough Starshot steht jedoch keine 800 Kilogramm schwere Raumsonde, sondern ein StarChip (Anlehnung an „Starship"). Wie die Bezeichnung bereits andeutet, ist dieses Raumschiff schon rein optisch etwas Besonderes — es ist nämlich ein integrierter elektronischer Schaltkreis, also nichts weiter als ein Computerchip, wie er auch in Ihrem Smartphone steckt und somit in etwa so groß wie ihr Daumen ist. Ein Labor in Kalifornien erzeugt bereits Prototypen dieser kosmischen Chips mit einer Seitenlänge von 15 Millimetern und einem Gewicht von lediglich einem einzigen Gramm. Die Miniaturausstattung beinhaltet dennoch sowohl neueste Mikro-Kamerasysteme und integrierte Stromquellen als auch eine Navigations- und Kommunikationsausrüstung. Auch ein Spektrometer ist angedacht, um etwaige Atmosphären klassifizieren zu können, wenn dieser Chip in den Weiten des Alls unterwegs ist und Planeten ins Blickfeld geraten. Dieser Hightech-StarChip soll sodann im Erdorbit im Zentrum eines Fotosegels positioniert werden, also einer hauchdünnen Folie, die vom Strahlungsdruck eines Sterns in Bewegung gesetzt werden kann und danach mit enormer Geschwindigkeit durch Raum und Zeit segelt.

Diese Art von Druck kann von jeder Art von Licht bzw. Strahlung erzeugt werden, sei es das Licht der Taschenlampe in Ihrer Schublade oder die Strahlung der Sonne. Da bewegte Lichtteilchen einen Impuls aufweisen, üben sie einen Druck auf Gegenstände aus – analog zu einem Segel eines Schiffes, das vom Winddruck angetrieben wird. Dieser Lichtdruck ist bei Physikern und Ingenieuren übrigens nicht immer gewünscht. Bei Hochpräzisionsmessungen wie etwa bei der Suche nach Gravitationswellen werden Laser angewandt – diese selbst üben jedoch einen Druck auf die eingebauten Spiegel aus, die zur Detektion notwendig sind. Die daraus resultierenden winzigen Bewegungen müssen sodann aufwendig durch aktive Gegenbewegungen ausgelotet werden.

Das grundlegende Prinzip des Lichtdrucks für die Raumfahrt wurde im Jahr 2015 erfolgreich im Weltraum mit einem 32 Quadratmeter großen Lichtsegel im Zuge der LightSail-1-Mission demonstriert (Betts et al. 2017). Und bereits zuvor konnten auch die Japaner mit Erfolg ein Raumsegel mit ganzen 170 Quadratmetern beschleunigen, das IKAROS genannt wurde und im Gegensatz zu dem Namensgeber aus der griechischen Mythologie nicht aufgrund der wärmenden Sonnenstrahlen abgestürzt, sondern sogar erfolgreich an der Venus vorbeigeflogen ist (Tsuda et al. 2011). Das quadratische oder kreisrunde Fotosegel von Breakthrough Starshot wird nach heutiger Konzeption mit vier Metern nur etwa doppelt so hoch wie zwei Personen, aber nur einige Atomlagen dick sein. Es muss das einstrahlende Licht zu 99,999 Prozent reflektieren, um ohne Überhitzung angetrieben werden zu können; mögliche Materialien wie Graphen sind derzeit tatsächlich schon technisch realisierbar, aber die Kosten sprengen jeglichen Rahmen. Zusammen mit dem StarChip bilden die beiden Komponenten also zumindest konzeptionell letztlich das vom Gründer „Nanocraft" getaufte Raumfahrzeug.

Viele von diesen Nanocrafts sollen mit einer herkömmlichen chemisch betriebenen Rakete im Schwerefeld der Erde ausgesetzt werden und an diesem Standort gezielt von gebündelten und in Phase gebrachten Laserstrahlen getroffen werden, die von einer noch nicht festgelegten, aber sehr hohen Anzahl erdgebundener Strahler ausgesandt werden sollen. Ein einziger Laserstrahl mit heute verfügbarer Stärke würde das Fotosegel laut Milner lediglich auf die Geschwindigkeit einer krabbelnden Ameise beschleunigen können, weshalb von einer benötigten Gesamtleistung von 100 Gigawatt ausgegangen wird, was in etwa auch so viel ist, wie für den Start einer üblichen Rakete benötigt wird (Milner 2016).

Solche Laserstrahlen, die Fotosegel antreiben, wurden sogar schon als mögliches Zeichen einer extraterrestrischen Zivilisation angedacht. Tatsächlich gibt es in den Weiten des Universums sogenannte Fast Radio Bursts („Schnelle Radioblitze"), die man 2007 erstmals beschrieben hat und bis heute nicht geklärt ist, woher sie stammen. Die observierte Stärke dieser mysteriösen Radiobursts entspricht einiger weniger Autoren zufolge derjenigen, die man von Lasern zum Antrieb für Fotosegel erwarten würde (Lingam und Loeb 2017), was ich persönlich mit dem Verweis auf etliche denkbare astrophysikalische Interpretationen aber natürlich nicht als stichhaltig erachte und ohnehin den Gebrauch dieser „Wenn-wir-was-nicht-wissen-sind-Aliensschuld"-Argumentation ablehne, da auf waghalsige Spekulationen basierende noch waghalsigere Spekulationen keinesfalls der Anspruch der seriösen Astrobiologie sein sollte.

Was bald aber nicht mehr Spekulation sein soll: Innerhalb von zwei Minuten soll das Mini-Raumschiff durch den Druck der irdischen Laser auf zwanzig Prozent der Lichtgeschwindigkeit beschleunigt werden (Milner 2016; Lubin 2016). Das sind etwa 60.000 Kilometer pro Sekunde bzw. fast 220 Millionen Kilometer pro Stunde – dagegen erscheinen die Voyager-Raumsonden mit ihren 60.000 Kilometern pro Stunde regelrecht als Gehhilfen. Bei solchen Geschwindigkeiten spielen vorteilhafte Swing-by-Effekte keine Rolle mehr – den Mars würde ein StarChip schon nach 30 Minuten passieren, und eine Reise zu Pluto im äußersten Sonnensystem würde mit diesem Photonendruck-Antrieb lediglich drei Tage dauern. Zum Vergleich: Bei günstiger Lage der beiden Körper braucht eine gewöhnliche Mission zum Mars etwa sieben Monate, und die NASA-Raumsonde New Horizons, die im Juli 2015 das erste sehr gut erkennbare Foto des Zwergplaneten Pluto schoss, hat ganze neuneinhalb Jahre für die Reise benötigt – also fast 3500 Tage. Ein ausgesandtes StarChip würde also lediglich 0,09 Prozent der üblichen Reisedauer benötigen und somit auch die Voyager-Raumsonden mit all unseren Nachrichten und Bildern an Bord im interstellaren Raum nach vier Tagen überholt haben.

Mit 20 Prozent der Lichtgeschwindigkeit soll es dem Gründer und seinen Ingenieuren zufolge in Richtung des Nachbarsternsystems Alpha Centauri gehen – wie wir nun wissen, ist das ein Drei-Stern-System, zu dem auch Proxima Centauri gehört. Die Reise dauert bei dieser Distanz von etwa 4,4 Lichtjahren (9,5 Billionen Kilometer) dann trotz der gewaltigen Geschwindigkeit des Starchips aber doch ein bisschen länger, und zwar 21 Jahre, und auch die Rücksendung der Daten zur Erde benötigt mindestens zusätzliche vier Jahre. Zur Zeit der Missionsankündigung gab es in Alpha Centauri auch eine konkrete und aussichtsreiche Zieladresse, für die sich eine Fünftel-Jahrhundert-Reise durchaus gelohnt hätte, und zwar der uns vorher schon begegnete Exoplanet Proxima centauri b. Über diesen Planeten wissen Sie aber nun, dass die Aussichten für observierbare Ökosysteme den aktuellsten Erkenntnissen nach vermutlich doch nicht so rosig sind, was bei entsprechenden Planetenfunden den Fokus in Zukunft möglicherweise auf die Nachbarsterne Alpha Centauri A und B legen könnte. Nichtsdestotrotz könnte uns ein Nanocraft bei sofortigem Start noch in unserer Generation das erste vor Ort aufgenommene Portrait eines erdähnlichen Planeten in einem fremden Sternsystem liefern.

Ein baldiger Start ist aber freilich nicht möglich. Die technologischen Entwicklungen in den für Breakthrough Starshot wesentlichen Bereichen der Materialwissenschaft, Nanoelektronik und Photonik machten in den letzten Jahren zwar exponentielle Fortschritte, aber noch immer sind wichtige Herausforderungen nicht gemeistert. Die Hürden für einen StarChip sind im Gegensatz zu anderen nanotechnologischen Projekten buchstäblich astronomischen Ausmaßes.

Zunächst seien die Probleme bezüglich der antreibenden Laser selbst genannt. Nicht nur ist es schwer vorstellbar, wer allein die benötigte Anzahl der Strahler finanziell stemmen soll, noch scheint es bisher realisierbar, dass die störenden Einflüsse der Erdatmosphäre ohne Weiteres umgangen werden können. Es gibt zwar ausgeklügelte teleskopische Ausgleichsverfahren, die durch die Erzeugung eines künstlichen Licht-Fixpunkts und dessen Flackern im Himmel eine computergesteuerte Verformung des Spiegels bedingen, der den Laserstrahl bündeln könnte. Doch das müsste für jeden einzelnen Laser realisiert werden – mit heutigen Mitteln also schöne Zukunftsmusik. Doch selbst wenn das gemeistert ist, bleiben deutlich ernsthaftere und kosmisch bedingte Probleme.

Den jetzigen Plänen zufolge soll die Mutterrakete etwa ein bis drei Nanocrafts pro Tag in die Erdumlaufbahn ablassen, was einer zeitnahen Reise von Tausenden von Mikrochips entspricht. Der Grund für die geplante Massenherstellung ist aber natürlich sternenklar: Mit Sicherheit wird es viele Nanocrafts geben, die ihre Destination niemals erreichen werden, sondern schon beim Start aufgrund der extremen Beschleunigung zerschellen, die nicht im perfekten Winkel von den antreibenden Laserstrahlen getroffen werden und aufgrund des langen Zeitraums und der weiten Distanz letztlich in eine völlig andere Richtung driften. Bei wieder anderen werden die Instrumente aufgrund der extremen abiotischen Bedingungen während der interstellaren Reise das Zeitliche segnen, oder deren Signale werden nach erfolgreicher Ankunft auf dem Weg zurück zur Erde wegen der enormen Distanzen durch Effekte des interstellaren Mediums bis zur Unkenntlichkeit zerstreut.

Neben den extrem filigranen Segeln, die allein schon durch den antreibenden Laser einen enormen Strahlungsdruck aushalten müssen und nicht sofort in einzelne Fragmente und Fetzen zerrissen werden sollen, sind es aber vor allem die elektronischen Chips selbst, denen die abiotischen Verhältnisse direkt zu schaffen machen können. Ein einleuchtendes Problem sind Mikrometeoriten, die vermutlich massenhaft vorhanden sind, aber von denen aufgrund ihrer geringen Größen niemand eine genaue Verteilung im umgebenden Weltraum angeben und simulieren kann. Weltraumteleskope werden immer mal wieder von solchen Staubkörnern getroffen – in der Regel entstehen aber nur winzige Krater in den Spiegelflächen, die erst größeren Schaden anrichten und zu einem Missionsstopp führen können, wenn sie sich über mehrere Jahrzehnte auf der gesamten Spiegelfläche ansammeln. Auch für die Internationale Raumstation, die schon seit 1998 betrieben und ausgebaut wird, gehen Einschläge von Mikrometeoriten mit einer deutlichen Schwächung der Solarzellenleistung einher. Wir reden bei Breakthrough Starshot aber nicht von mehrere Tonnen schweren Weltraumteleskopen oder gar bemannten Raumstationen, sondern von Computerchips, die nicht viel schwerer sind als die Mikrometeoriten selbst – das Zerstörungspotenzial ist hier also bereits mit einem einzigen Treffer gegeben.

Selbst bei Ausbleiben eines Beschusses können die kosmischen Einflüsse direkt zum Verhängnis für den Chip werden – allen voran die kosmische Strahlung (nicht zu verwechseln mit der kosmischen Mikrowellenhintergrundstrahlung). Die kosmische Strahlung besteht hauptsächlich aus relativistischen, also extrem schnellen und energiereichen Protonen, die von unserer Sonne oder unserem galaktischen Zentrum, aber auch von kosmogenen Quellen, wie Zentren anderer Galaxien (Quasare) oder Supernovae, stammen können. Von ihnen (hauptsächlich Protonen) treffen pro Sekunde nach heutigem Kenntnisstand etwa 1000 Stück pro Quadratmeter die äußere Atmosphärenhülle unserer Erde. Diese hochenergetische Teilchenstrahlung aus den Weiten des Alls trifft in vielen Fällen auch nach der Filterung durch die schützende Erdatmosphäre in Form von sogenannten sekundären Teilchenschauern auf die Erdoberfläche – ein einschlagendes Teilchen reagiert also mit den Bestandteilen der Atmosphäre (insbesondere Stickstoff und Sauerstoff) und erzeugt dabei eine Kaskade von Protonen und anderen Teilchengeschossen (vor allem Elektronen, Myonen und Neutronen), von denen dann bis zu mehrere Milliarden entweder weiter gestreut und absorbiert oder auch mit nahezu Lichtgeschwindigkeit in Richtung Erdoberfläche schießen. Besonders stark fallen dabei die sogenannten Coronal Mass Ejections (CMEs, Koronale Massenauswürfe) unserer Sonne aus. Eine solche äußerst starke Sonneneruption im Jahr 1967 führte in den Wirren des Kalten Krieges sogar dazu, dass sich die U. S. Air Force kurzfristig für einen sowjetischen Angriff auf ihre Satelliten und Funkkommunikation vorbereitete (inklusive atomarer Gegenschlag), weil sie eine so hohe Teilchenenergie mit der Sonne als Verursacherin nicht erwartet haben. Die Autoren dieser historischen Analyse betitelten dieses Ereignis treffend als „Extreme space weather and extraordinary reactions" („Extremes Weltraumwetter und extraordinäre Reaktionen") (Knipp et al. 2016). Die Partikelstrahlung kann dabei chemische Verbindungen auseinanderbrechen lassen, sie aber auch neu verbinden und dringt bei entsprechendem Bodenmaterial auch meterweit in den Untergrund ein.

Die Teilchenschauer und Partikelgeschosse beeinflussen nachgewiesenermaßen auf ihrem Weg nicht nur die Erbgutanlagen getroffener Zellen und physiologische Abläufe ganzer Organismen (Atri und Melott 2011; Atri und Melott 2014), sondern eben auch den Betrieb elektronischer Geräte. Die Teilchen sind zum Glück umso seltener, je mehr Energie sie besitzen – bei sehr hohen Energien erwartet man nur etwa ein Teilchen pro Quadratkilometer und Jahr. Doch schlägt es dann ein, werden die resultierende Schauer gewaltig und überdecken die Fläche eines Quadratkilometers. Den Einschlag der energiereichsten Teilchen, die jemals registriert wurden, will man sich hierbei für die Erde, aber erst recht für einzelne Starchips, wahrlich nicht vorstellen. Deren Energie schockierte Astro- und Teilchenphysiker bei der ersten Entdeckung im Jahr 1991 sogar so sehr, dass nicht nur Modelle über kosmische Strahlung teilweise neu konzipiert werden mussten, sondern dass sie das Teilchen selbst gleich in voller Ehrfurcht „Oh-my-god-particle" (Oh-mein-Gott-Teilchen) tauften. Heute ist zwar bekannt, dass das Schwarze Loch Sagittarius A* im Zentrum unserer Milchstraße Teilchen extrem beschleunigen kann und dies somit durchaus ein Phänomen unserer heimischen Galaxie ist (Abramowski et al. 2016). Aber dieses Oh-my-God-Proton war fast Trilliarden Mal energiereicher als die bekannten Gamma-Photonen und war selbst mit 99,99999999999999999951 Prozent der Lichtgeschwindigkeit unterwegs. Das muss man sich schon einmal vor Augen führen, schließlich wissen wir, dass Licht im Vakuum in seiner Geschwindigkeit nicht übertroffen werden kann. Dennoch würde ein Lichtteilchen erst nach über 200.000 Jahren lediglich einen Vorsprung von einem einzigen Zentimeter aufweisen können, wenn man es gleichzeitig mit dem rasanten Teilchen auf eine Rennfahrt durch Raum und Zeit geschickt hätte. (Stellen wir uns für weiteres Staunen vor, wir könnten anstatt eines Space-Chips ein Oh-my-god-Teilchen mit integrierter Kamera zu unserem Nachbarstern Proxima Centauri schicken. Dann würde gemäß der speziellen Relativitätstheorie, die ich in diesem Buch zu Ihrer und meiner Freude nicht näher behandeln werde, die gesamte Reise für einen hypothetischen darauf installierten Chip aufgrund der Zeitdilatation nur eine halbe Millisekunde dauern, während wir von der Erde immer noch den Eindruck hätten, dass das High-Tech-Teilchen über vier Lichtjahre lang unterwegs ist. Astrophysik vom Feinsten.)

Während Gedanken über solch schnellen Teilchen äußerst amüsant und irgendwie auch bewundernswert anmuten, könnten Ihnen persönlich aber gerade die weniger starken Teilchenschauer manchmal gehörig auf die Nerven gehen. Und zwar dann, wenn Ihr alter Computer wieder ohne ersichtlichen Grund zu spinnen beginnt. Überprüfungen des Hard- und Software-Unternehmens IBM zeigten nämlich schon in den 1990er-Jahren, dass die in der Atmosphäre gestreuten Sekundärteilchen in einem Monat etwa einen Rechenfehler pro 256 Megabyte des RAM-Arbeitsspeichers verursachen, woraufhin die INTEL Corporation einen Strahlendetektor innerhalb der Mikroprozessoren als Patent anmeldete, der einen getroffenen Chip dazu veranlasst, die gestörten Operationen nach der Problemmeldung sofort zu wiederholen (Ziegler 1998). Die Zahl potenzieller Fehloperationen ist durch die zunehmende Miniaturisierung elektronischer Komponenten in den letzten zwei Jahrzehnten gestiegen, was zu einem großen Teil aber durch ausgeklügelte Architekturen und Sensoren ausgeglichen – aber natürlich nicht ausgeschlossen – werden kann. Dies ist nicht nur in der kommerziellen Luftfahrt von lebenswichtiger Bedeutung (Ghodbane et al. 2016), sondern selbstverständlich auch für die Besatzung der Internationalen Raumstation – und auch für Mikroorganismen und organische Materialien, die sich außerhalb der irdischen Atmosphäre befinden, wie Sie im nächsten Kapitel erfahren werden.

Für einen kleinen Computerchip, der sich nicht nur wie ein Militärflugzeug sehr weit oben in der irdischen Atmosphäre befindet, sondern eine 20-jährige Reise durch den interstellaren Raum durchführen wird, könnten die Einflüsse der hochenergetischen kosmischen Strahlung folglich absolut desaströs sein. Auch bei heutigen Satelliten kommt es pro Jahr zu durchschnittlich einem Dutzend Fehlfunktionen aufgrund von Sonneneruptionen und den ausgestoßenen Teilchen. Aufgrund der großen Geschwindigkeiten des Nanocrafts sind aber auch kleinste Staubteilchen, die selbst gar keine kinetische Energie aufweisen müssen, in der Lage, alles zu zerstören – das Nanocraft schlägt also hier viel eher in die Teilchen ein und nicht umgekehrt. Kein Astrophysiker kann Ihnen eine genaue Verteilung mikroskopischer Staubteilchen im interstellaren Raum modellieren, weshalb es wohl keinen anderen Weg geben dürfte, als die StarChips mit millimeterdicken Überzügen aus Abschirmungsmaterial wie Berylliumkupfer auszustatten. Das Segel soll bestenfalls modulartig bewegbar sein, sodass es sich nach der ersten Beschleunigungsphase selbstständig zusammenfalten kann, um die kosmische Angriffsfläche zu minimieren.

Aufgrund der enormen Geschwindigkeit hat ein StarChip nach seiner 20-jährigen Reise außerdem lediglich ein sehr enges Zeitfenster, um das Objekt des Interesses zu fotografieren. Die hohe Geschwindigkeit, die wir uns anfangs wünschen, könnte am Ende also das eigentliche Problem werden. Für einen angesteuerten Planeten in Alpha Centauri bleiben nur etwa ein bis zwei Stunden zum Knipsen, weshalb die beteiligten Mathematiker (beziehungsweise deren Computer) den Zeitpunkt des Auslösens entweder ohne jegliche Fehlertoleranz ganze 20 Jahre im Voraus berechnen oder extrem präzise Navigationssysteme entwickeln müssen, die die Kamera bei Erreichen vollautomatisch aktivieren und in Position bringen. Es geht hierbei auch nicht nur darum, dass ein StarChip zu wenig Zeit zum Knipsen hätte, sondern es muss auch bedacht werden, dass das normalerweise einfache Knipsen bei dieser Geschwindigkeit selbst zum Problem wird. Stellen Sie sich dazu einfach vor, Sie müssten das manchmal sogar im Stand schwierige Fokus-Verhalten einer Kamera exakt auf einen Körper ausrichten, während sie mit 60.000 Kilometer pro Sekunde an diesem Körper vorbeifliegen.

Aufgrund dieser Probleme veröffentlichten Forscher des Max-Planck-Instituts für Sonnensystemforschung in Göttingen im Februar 2017 eine Idee, die das ohnehin waghalsige Konzept noch einmal übertrifft: In Alpha Centauri soll die Nanosonde abgebremst und in eine günstige und dauerhaft stabile Umlaufbahn manövriert werden (Heller und Hippke 2017). Das Bremsmanöver ist dabei jedoch nicht als eine aktive Geschwindigkeitsdrosselung durch Triebwerke zu verstehen, die die Nanocrafts ja ohnehin nicht besitzen. In diesem Konzept sind es tatsächlich die physikalischen Effekte des Sternsystems – und zwar genau dieselben wie bei der Beschleunigungsphase am Anfang der kosmischen Reise. Der Effekt des Strahlungsdruckes, welcher die Raumsonden im üblichen Sinne eigentlich beschleuniget, soll hier konträr zu einer optimalen Geschwindigkeitsreduzierung beitragen. Der Photonendruck einer der Sterne soll also die ankommenden Segel treffen und somit als Gegendruck zur Flugrichtung zu einer Geschwindigkeitsreduzierung der nun wieder vollständig ausgeklappten Nanocrafts führen – das Druckvermögen von Licht, welches die Raumsonden ja erst auf ihr rasantes Tempo beschleunigte, beruhigt die Lage in diesem Konzept also auch wieder. Der Swing-by-Effekt, der uns ganz zu Anfang dieses Kapitels begegnete, kann bei einer gezielten Einflugschneise zusätzlich dafür sorgen, eine Raumsonde abzubremsen, anstatt wie üblich zu beschleunigen. Da Alpha Centauri ein Drei-Stern-System ist, gibt es etwa alle 80 Jahre eine Konstellation der beteiligten Körper, die ein effektives Abbremsen erlaubt. Ist dies gelungen, sollen sich schließlich die Fotosegel eigenständig entfalten, um den Photonendruck zu spüren. In der finalen Umlaufbahn um den Roten Zwergen Proxima Centauri soll ein Nanocraft also letztlich in der Lage sein, über längere Zeiträume Daten über den Stern und vorhandene Planeten zu sammeln und auf eine über vier Jahre dauernde Rückreise zur Erde zu schicken. Es wäre dann unser erster Satellit um einen Exoplaneten, wenngleich ein unvergleichbar kleiner.

Auch wenn der hauptverantwortliche Gründer von Breakthrough Starshot bei manchen Interviews den Eindruck erweckt, die anstehenden Probleme könnten von den beteiligten Wissenschaftlern und Ingenieuren bis zum Start allein mit genügend Geld gelöst werden, ist ihm vermutlich mehr als jedem anderen bewusst, wie schwierig eine Umsetzung sein wird. Trotzdem sollen bereits Ende dieses Jahrzehnts erste StarChips als Test bis zum Mond und zu unserer planetaren Nachbarschaft fliegen und dabei auch schon erste bildgebende Verfahren einsetzen (Milner 2016). Die ersten interstellaren Flüge mit Nanocrafts werden heute um das Jahr 2045 angepeilt.

Während Innovationen wie Kernfusionsantriebe, mit denen deutlich schwerere Sonden auf etwa zehn bis 30 Prozent der Lichtgeschwindigkeit durch das Einfangen von interstellarer Materie und einer induzierten Kernfusion des eingefangenen Wasserstoffs beschleunigt werden könnten, den Rednern des Breakthrough-Symposiums zufolge immer noch futuristische Visionen sind, beteuerte niemand Geringeres als Avi Loeb vor dem Publikum, dass alle für Breakthrough Starshot benötigten Materialien und Prozesse auf soliden physikalischen Fundamenten beruhen. In der eigentlichen Umsetzung dürfte die Mission seinen Ausführungen zufolge sogar letztlich nicht komplizierter sein als manche heute bereits vorhandene Systeme und Leistungen der Informatik und Quantenmechanik. Doch der innovative Weg dorthin ist auch ihm zufolge selbstverständlich sehr steinig – vor allem wenn es darum geht, die kleinen astronomischen Steinchen von den Star-Chips fernzuhalten.

Die ersten Phasen dieses Jahrtausendprojekts sind momentan aber bereits im vollen Gange und legen mit den nächsten Teleskopengenerationen und ein wenig Optimismus und gesunder Naivität durchaus nahe, dass es kein utopischer Wunsch mehr ist, dass die Untersuchung von fernen Welten in diesem Jahrhundert völlig neue Ausmaße erreichen wird und erste Anzeichen für exoökologische Prozesse – seien sie primitiv oder technologisch – detektiert werden können. Als Astrobiologie wünschte ich, dass das Potenzial von StarChips nicht zu sehr durch interstellare Visionen ausgeschöpft wird, sondern auch in unserer Heimat Anwendung findet. Breakthrough Starshot könnte meines Erachtens viel eher die Sonnensystemforschung revolutionieren, da innerhalb weniger Tage oder gar Stunden entfernteste, bekannte und unbekannte Winkel unseres Planetensystems gezielt angesteuert werden könnten. Sollte der Sprung zu interstellaren Missionen jedoch tatsächlich gelingen, können wir uns durchaus fragen, ob nicht wir selbst mit unseren im Universum verstreuten Robotern in gewissen Maßen den von uns erfundenen Aliens der Blockbuster-Filme und Science-Fiction-Romanen ähneln und somit letztlich vor allem eines machen: unsere eigenen Hoffnungen und Ängste in dieses Universum projizieren.

Im Gegensatz zu den letzten Jahrhunderten der Menschheitsgeschichte wird unsere Generation, oder die unserer Kinder, mit solchen und weiteren Konzepten also nicht nur mehr metaphorisch nach den Sternen greifen können.

Literatur

Abramowski A, Aharonian F, Ait Benkhali F et al (2016) Acceleration of petaelectronvolt protons in the Galactic Centre. Nature 531:476–479

Anglada-Escude G, Amado PJ, Barnes J et al (2016) A terrestrial planet candidate in a temperate orbit around Proxima Centauri. Nature 536:437–440

Anglada-Escude G, Tuomi M (2015) Comment on „Stellar activity masquerading as planets in the habitable zone of the M dwarf Gliese 581". Science 347:1080

Atri D, Melott AL (2011) Terrestrial effects of high-energy cosmic rays. Proceedings of the 32nd International Cosmic Ray Conference, ICRC 2011:415–417

Atri D, Melott AL (2014) Cosmic rays and terrestrial life: A brief review. Astropar Phys 53:186–190

Ayres TR (2018) Chandra X-ray time-Domain study of Alpha Centauri AB, procyon, and their environs. 232nd Meeting of the American Astronomical Society, id. 317.14

Bar-On YM, Phillips R, Milo R (2018) The biomass distribution on Earth. PNAS 115:6506–6511

Batalha NM (2014) Exploring exoplanet populations with NASA's Kepler Mission. PNAS 111:12647–12654

Batygin K, Brown ME (2016) Evidence for a distant giant planet in the solar system. Astron J 151:22

Becker JC, Khain T, Hamilton SJ et al (2018) Discovery and dynamical analysis of an extreme trans-Neptunian object with a high orbital inclination. Astron J 156:81

Bell EA, Boehnke P, Harrison TM, Mao WL (2015) Potentially biogenic carbon preserved in a 4.1. billion-year-old zircon. PNAS 112(47):14518–14521

Benca JP, Duijnstee IAP, Looy CV (2018) UV-B-induced forest sterility: implications of ozone shield failure in Earth's largest extinction. Sci Adv 4(2):e1700618

Betts B, Nye B, Vaughn J et al (2017) LightSail 1 mission results and public outreach strategies. Fourth International Symposium on Solar Sailing 2017, Kyoto, Japan

Boetius A, Ravenschlag K, Schuber CJ et al (2000) A marine microbial consortium apparently mediating anaerobic oxidation of methane. Nature 407:623–626

Bose A, Gardel EJ, Vidoudez C et al (2014) Electron uptake by iron-oxidizing phototrophic bacteria. Nat Commun 5:3391

Boyajian TS, LaCourse DM, Rappaport SA et al (2016) Planet Hunters IX. KIC 8462852 – where's the flux? Mon Not R Astron Soc 457(4):3988–4004

Boyajian TS, Alonso R, Ammerman A et al (2018) The first post-Kepler brightness Dips of KIC 8462852. Astrophys J Lett 853:L8

Bradley AS (2016) The sluggish speed of making abiotic methane. PNAS 113:13944–13946

Brasier MD, Antcliffe A, Saunders M, Wacey D (2015) Changing the picture of Earth's earliest fossils (3.5-1.9 Ga) with new approaches and new discoveries. PNAS 112:4859–4864

Campante TL, Barclay T, Swift JJ et al (2015) An ancient extrasolar system with five sub-Earth-size planets. Astrophys J 799:170

Cash W, Kasdin J, Seager S et al (2005) Direct studies of exo-planets with the New Worlds Observer. Proc. SPIE 5899, UV/Optical/IR Space Telescopes: Innovative Technologies and Concepts 2, 58990S

Catling DC, Krissansen-Totton J, Kiang NY et al (2018) Exoplanet biosignatures: a framework for their assessment. Astrobiology 18:709–738

Chauvin G, Lagrange A-M, Dumas C et al (2004) A giant planet candidate near a young brown dwarf. Astron Astrophs 425:L29–L32

Clery D (2018) Newborn exoplanet eyed for moons and rings. Science 359:258

Cliver EW, Dietrich WF (2013) The 1859 space weather event revisited: limits of extreme acitivity. J Space Weather Space Clim 3:A31

Conrad R (2009) The global methane cycle: recent advances in understanding the microbial processes involved. Environ Microbiol Rep 1(5):285–292

Covey KR, Wood SA, Warren R II et al (2012) Elevated methane concentrations in trees of an upland forest. Geophys Res Lett 39:L15705

Crossfield IJ (2016) Exoplanet atmospheres and giant ground-based telescopes. arXiv:1604.06458

Crowe MJ (1986) The extraterrestrial life debate, 1750–1900. Cambridge University Press, Cambridge

DasSarma S, Schwieterman EW (2018) Early evolution of purple retinal pigments on Earth and implications for exoplanet biosignatures. Int J Astrobiol. https://doi.org/10.1017/S1473550418000423

De Bergh C, Bezard B, Owen T et al (1991) Deuterium on venus: observations from earth. Sci 251:547–549

Des Marais DJ, Walter MR (1999) Astrobiology: exploring the origins, evolution, and distribution of life in the Universe. Annu Rev Ecol Syst 30:397–420

Diez Alonso E, Gonzalez Hernandez JI, Suarez Gomez SL et al (2018) Two planetary systems with transiting Earth-sized and super-Earth planets orbiting late-type dwarf stars. Monthly Not R Astron Soc: Lett 480:L1–L5

Dittmann JA, Irwin JM, Charbonneau D et al (2017) A temperate rocky super-Earth transiting a nearby cool star. Nature 544:333–336

Doyle LR, Carter JA, Fabrycky DC et al (2011) Kepler-16: a transiting circumbinary planet. Science 333:1602–1606

Dyson FJ (1960) Search for artificial stellar sources of infrared radiation. Science 131:1667–1668

Edson AR, Kasting JF, Pollard D et al (2012) The carbonate-silicate cycle and CO_2/climate feedbacks on tidally locked terrestrial planets. Astrobiology 12:562–571

Ernst OP, Lodowski DT, Elstner M et al (2004) Microbial and animal rhodopsins: structures, functions, and molecular mechanisms. Chem Rev 114:126–163

ESA (2013) How many space debris objects are currently in orbit? Presseveröffentlichung im Rahmen des Clean-Space-Konzepts. www.esa.int/Our_Activities/Space_Engineering_Technology/Clean_Space/How_many_space_debris_objecs_are_currently_in_orbit. Zugegriffen: 15. Febr. 2019

ESA (2018a) GAIA creates richest star map of our galaxy - and beyond. Pressemitteilung. https://www.esa.int/Our_Activities/Space_Science/Gaia/Gaia_creates_richest_star_map_of_our_Galaxy_and_beyond. Zugegriffen: 15. Febr. 2019

ESA (2018b) ESA's next science mission to focus on nature of Exoplanets. Pressemitteilung. https://www.esa.int/Our_Activities/Space_Science/ESA_s_next_science_mission_to_focus_on_nature_of_exoplanets. Zugegriffen: 15. Febr. 2019

ESO (2005) Confirmation of the first image of an extra-solar planet. The ESO Messenger 120:25

ESO (2012) Many billions of rocky planets in the habitable zones around red dwarfs in the milky way. Pressemitteilung der ESO. https://www.eso.org/public/news/eso1214/. Zugegriffen: 15. Febr. 2019

ESO (2018a) Stunning exoplanet time-lapse. Pressemitteilung der ESO. https://www.eso.org/public/usa/images/potw1846a/?lang. Zugegriffen: 15. Febr. 2019

ESO (2018b) ESO's VLT Working as 16-metre Telescope for First Time – ESPRESSO instrument achieves first light with all four Unit Telescopes. Presseveröffentlichung. https://www.eso.org/public/news/eso1806/. Zugegriffen: 15. Febr. 2019

Etiope G, Sherwoold Lollar BS (2013) Abiotic methane on earth. Rev Geophys 51:276–299

Ettwig KF, Butler MK, Le Paslier D et al (2010) Nitrite-driven anaerobic methane oxidation by oxygenic bacteria. Nature 464:543–548

Exoplanet Database (2019) Catalog of the extrasolar planets encyclopaedia. Francoise Roques Observatoire de Paris & Jean Schneider Observatoire de Paris. http://exoplanet.eu/catalog/. Zugegriffen: 10. Febr. 2019

Falkowski P (2012) Ocean science: the power of plankton. Nat 483:S17–S20

Fenchel T, Finlay BJ (1990) Oxygen toxicity, respiration and behavioural responses to oxygen in free-living anaerobic ciliates. Microbiology 136:1953–1959

Feulner G (2012) The faint young Sun problem. Rev Geophys 50:RG2006

Flandro G (1966) Fast reconnaissance missions to the outer solar system using energy derived from the gravitational field of Jupiter. Astronautica Acta 12(4):329–337

Flombaum P, Gallegos JL, Gordillo RA et al (2013) Present and future distribution of the marine Cyanobacteria Prochlorococcus and Synechococcus. PNAS 110(24):9824–9829

Foley BJ, Smye AJ (2018) Carbon cycling and habitability on Earth-sized stagnant lid planets. Astrobiology 18:873–896

Formisano V, Atreya S, Encrenaz T et al (2004) Detection of methane in the atmosphere of Mars. Science 306:1758–1761

Galli A, Losch A (2019) Beyond planetary protection: What is planetary sustainability and what are its implications for space research? Life Sciences in Space Research. In press, corrected proof. https://doi.org/10.1016/j.lssr.2019.02.005

Gebauer S, Grenfell JL, Lehmann R, Rauer H (2018) Evolution of Earth-like planetary atmospheres around M dwarf stars: assessing the atmospheres and biospheres with a coupled atmosphere biogeochemical model. Astrobiology 18:856–872

Ghodbane A, Saad M, Hobeika C et al (2016) Design of a tolerant flight control system in response to multiple actuator control signal faults induced by cosmic rays. IEEE Trans Aerosp Electron Syst 52:681–697

Gillon M, Triaud AHMJ, Demory B-O et al (2017) Seven temperate terrestrial planets around the nearby ultracool dwarf star Trappist-1. Nature 542:456–460

Ginski C, Benisty M, Van Holstein RG et al (2018) First direct detection of a polarized companion outside of a resolved circumbinary disk around CS Cha. Astron Astrophys 616:A79

Giuranna M, Viscardy S, Daerden F et al (2019) Independent confirmation of a methane spike on Mars and a source region east of Gale Crater. Nat Geosci 12:326–332

Glassman T, Lo AS, Arenberg J et al (2009) Starshade scaling relations. Proc. SPIE 7440, Techniques and Instrumentation for Detection of Exoplanets IV, 744013

Grenfell Jl, Stracke B, von Paris P et al (2007) The response of atmospheric chemistry on earthlike planets around F, G and K Stars to small variations in orbital distance. Planet Space Sci 55:661–671

Grimm SL, Demory B-O, Gillon M et al (2018) The nature of the TRAPPIST-1 exoplanets. Astron Astrophys 613:A68

Harman CE, Schwieterman EW, Schottelkotte JC et al (2015) Abiotic O2 levels on planets around F, G, K, and M stars: possible false positives for life? Astrophys J 812:137

Haqq-Misra JD, Domagal-Goldman D, Kasting PJ, Kasting JF (2009) A revised, Hazy methane greenhouse for the Archean Earth. Astrobiology 8:1127–1137

Heller R, Hippke M (2017) Deceleration of high-velocity interstellar photon sails into bound orbits at α Centauri. Astrophys J Lett 835(2):L32

Heller R, Rodenbeck K, Bruno G (2019) An alternative interpretation of the exomoon candidate signal in the combined Kepler and Hubble data of Kepler-1625. Astron Astrophys 624:A95

Hoehler TM, Bebout BM, Des Marais DJ (2001) The role of microbial mats in the production of reduced gases on the early Earth. Nature 412:324–327

Howard WS, Tilley MA, Corbett H et al (2018) The first naked-eye superflare detected from Proxima Centauri. Astrophys J 860:L30

Imlay JA (2008) Cellular defenses against superoxide and hydrogen peroxide. Annu Rev Biochem 77:755–776

Jansen J, Hill NA, Dunstan PK et al (2018) Abundance and richness of key Antarctic seafloor fauna correlates with modelled food availability. Nature Ecology & Evolution 2:71–80

Kane SR, Hill ML, Kasting JF et al (2016) A catalog of kepler habitable zone exoplanet candidates. Astrophys J 830:1

Keppler M, Benisty M, Müller A et al (2018) Discovery of a planetary-mass companion within the gap of the transition disk around PDS 70 *. Astron Astrophys 617:A44

Kervella P, Mignard F, Merand A, Thevenin F (2016) Close stellar conjuctions of α Centauri A and B until 2050 – An mK = 7.8 star may enter the Einstein ring of αCen A in 2028. Astron Astrophys 594:A107

Kiang NY, Siefert J, Govindjee, Blankenship RE (2007a) Spectral signatures of photosynthesis I. Review of earth organisms. Astrobiology 7:222–251

Kiang NY, Segura A, Tinetti G et al (2007b) Spectral signatures of photosynthesis. II. Coevolution with other stars and the atmosphere on extrasolar worlds. Astrobiology 7:252–274

Kirkpatrick JD, Schneider A, Fajardo-Acosta S et al (2014) The AllWISE motion survey and the quest for cold subdwarfs. Astrophys J 783:122

Knak Jensen SJ, Skibsted J, Jakobsen HJ et al (2014) A sink for methane on Mars? The answer is blowing in the wind. Icarus 236:24–27

Knipp DJ, Ramsay AC, Beard ED et al (2016) The May 1967 great storm and radio disruption event: extreme space weather and extraordinary responses. Space Weather 14:614–633

Köchy M, Hiederer R, Freibauer A (2015) Global distribution of soil organic carbon – Part 1: masses and frequency distributions of SOC stocks for the tropics, permafrost regions, wetlands, and the world. Soil 1:351–365

Kopp RE, Kirschvink JL, Hilburn IA, Nash CZ (2005) The Paleoproterozoic snowball Earth: a climate disaster triggered by the evolution of oxygenic photosynthesis. PNAS 102(32):11131–11136

Korablev OI, Montmessin F, Fedorova AA et al (2015) ACS experiment for atmospheric studies on „ExoMars-2016" orbiter. Sol Syst Res 49:529–537

Kosheleva O, Kreinovich V (2016) Why most bright stars are binary but most dim stars are single: a simple qualitative explanation. Departmental Technical Report (CS):12–2016. University of Texas at El Paso, Department of Computer Science

Krissansen-Totton J, Bergsman DS, Catling DC (2016) On detecting biospheres from chemical thermodynamic disequilibrium in planetary atmospheres. Astrobiology 16:39–67

Kump LR, Brantley SL, Arthur MA (2000) Chemical weathering, atmospheric CO_2, and climate. Annu Rev Earth Planet Sci 28:611–667

Lada CJ (2006) Stellar multiplicity and the IMF: Most stars are single. Astrophys J Lett 640:L63–L66

Landis GA (1998) The fermi paradox: an approach based on percolation theory. J Br Interplanetary Soc 51:163–166

Lauretta DS, Balram-Knutson SS, Bennett CA et al (2018) OSIRIS-REx encounters Earth: signatures of a habitable world. 49th Lunar and Planetary Science Conference 2018, LPI Contribution Number 2083

Lederberg J (1960) Exobiology: approaches to life beyond the Earth. Sci 132:393–400

Lingam M, Loeb A (2017) Fast radio bursts from extragalactic light sails. Astrophys J Lett 837(2):L23

Lingam M, Loeb A (2018) Implications of tides for life on exoplanets. Astrobiology 18:967–982

Lovis C, Snellen I, Mouillet D et al (2016) Atmospheric characterization of Proxima b by coupling the SPHERE high-contrast imager to the ESPRESSO spectrograph. Astron Astrophys 599:A16

Lowery CM, Bralower TJ, Owens JD (2018) Rapid recovery of life at ground zero of the end-Cretaceous mass extinction. Nature 558:288–291

Lubin P (2016) A roadmap to interstellar flight. NASA-internes Paper, University of California, Santa Barbara. https://www.nasa.gov/sites/default/files/atoms/files/roadmap_to_interstellar_flight_tagged.pdf. Zugegriffen: 15. Febr. 2019

Luger R, Barnes R (2015) Extreme water loss and abiotic O_2 buildup on planets throughout the habitable zones of M dwars. Astrobiology 15:119–143

Luhman KL (2014) Discovery of a ~250 K Brown dwarf at 2 pc from the Sun. Astrophys J Lett 786:L18

Luo G, Ono S, Beukes NJ et al (2016) Rapid oxygenation of Earth's atmosphere 2.33 billion years ago. Sci Adv 2(5):e1600134

Lyons TW, Reinhard CT, Planavsky NJ (2014) The rise of oxygen in Earth's early ocean and atmosphere. Nature 506:307–315

MacGregor MA, Weinberger AJ, Wilner DJ et al (2018) Detection of a millimeter flare from Proxima Centauri. Astrophys J Lett 855:L2

MacLennan S, Park Y, Swanson-Hysell N et al (2018) The arc of the snowball: U-Pb dates constrain the Islay anomaly and the initiation of the Strutian glaciation. Geology 46(6):539–542

Madden JH, Kaltenegger L (2018) A catalog of spectra, albedos, and colors of solar system bodies for exoplanet comparison. Astrobiology 18:1559–1573

Marosvölgyi MA, Van Gorkom HJ (2010) Cost and color of photosynthesis. Photosynth Res 103:105–109

Mayor M, Queloz D (1995) A Jupiter-mass companion to a solar-type star. Nature 378:355–359

Meadows VS (2008) Planetary environmental signatures for habitability and life. In: von Mason JW (Hrsg) Exoplanets. Springer, Heidelberg, S 259–284

Meadows VS (2017) Reflections on O2 as a biosignature in exoplanetary atmospheres. Astrobiology 17:1022–1052

Meadows VS, Reinhard CT, Arney GN et al (2018) Exoplanet biosignatures: understanding oxygen as a biosignature in the context of its environment. Astrobiology 18:630–662

Mennesson B, Gaudi S, Seager S et al (2016) The Habitable Exoplanet (HabEx) imaging mission: preliminary science drivers and technical requirements. In: von MacEwen HA, Fazio GG, Lystrup M et al (Hrsg) Proceedings SPIE 9904, space telescopes and instrumentation 2016: optical, infrared, and millimeter wave. International Society for Optics and Photonics, Edinburgh, 99040L

Metzger BD, Shen KJ, Stone N (2017) Secular dimming of KIC 8462852 following its consumption of a planet. Mon Not R Astron Soc 468:4399–4407

Miles B, Shkolnik E (2017) HAZMAT II. Ultraviolet variability of low-mass stars in the galex archive. XI. Astron J 154:67

Milner YBB (2016) Breakthrough Starshot. Vortrag des Gründers und Kooperationspartner im One World Trade Center, New York. http://livestream.com/breakthroughprize/starshot. Zugegriffen: 15. Febr. 2019

Minton D, Malhotra R (2007) Assessing the massive young Sun hypothesis to solve the warm young Earth puzzle. Astrophys J 660:1700

Mojzsis SJ, Harrison TM, Pidgeon RT (2001) Oxygen-isotope evidence from ancient zircons for liquid water at the Earth's surface 4,300 Myr ago. Nature 409:178–181

Mroz P, Udalski A, Skowron J et al (2017) No large population of unbound or wide-orbit Jupiter-mass planets. Nature 548:183–186

Mumma MJ, Villanueva GL, Novak RE et al (2009) Strong release of methane on Mars in northern summer 2003. Science 323:1041–1045

Nair US, Wu Y, Kala J et al (2011) The role of land use change on the development and evolution of the west coast trough, convective clouds, and precipitation in southwest Australia. J Geophys Res: Atmos 116:12

NASA (2013) NASA spacecraft embarks on historic journey into interstellar space. Presseveröffentlichung. https://www.nasa.gov/mission_pages/voyager/voyager20130912.html. Zugegriffen: 15. Febr. 2019.

NASA (2016) NASA's Kepler mission announces largest collection of planets ever discovered. Pressemitteilung der NASA. https://www.nasa.gov/press-release/nasas-kepler-mission-announces-largest-collection-of-planets-ever-discovered. Zugegriffen: 15. Febr. 2019

NASA (2018a) Voyager Mission Status. https://voyager.jpl.nasa.gov/mission/status/. Zugegriffen: 15. Febr. 2019

NASA (2018b) NASA's webb observatory requires more time for testing and evaluation; New Launch Window Under Review. Pressemitteilung. https://www.nasa.gov/press-release/nasa-s-webb-observatory-requires-more-time-for-testing-and-evaluation-new-launch. Zugegriffen: 15. Febr. 2019

NASA (2018c) LUVOIR – Large UV/Optical/IR Surveyor. Missions Home-Page Goddard Space Flight Center. https://asd.gsfc.nasa.gov/luvoir/. Zugegriffen: 15. Febr. 2019

NASA (2018d) NASA Is taking a new look at searching for life beyond Earth. Pressemitteilung. https://www.nasa.gov/feature/nasa-is-taking-a-new-look-at-searching-for-life-beyond-earth. Zugegriffen: 15. Febr. 2019

NASA (2019a) NASA's TESS Rounds Up its First Planets, Snares Far-flung Supernovae. NASA Pressemitteilung. https://exoplanets.nasa.gov/news/1542/nasas-tess-rounds-up-its-first-planets-snares-far-flung-supernovae/. Zugegriffen: 15. Febr. 2019

NASA (2019b) NASA's TESS discovers its first Earth-size planet. NASA Pressemitteilung. https://www.nasa.gov/feature/goddard/2019/nasa-s-tess-discovers-its-first-earth-size-planet. Zugegriffen: 10. Mai 2019

Neveu M, Hays LE, Voytek MA et al (2018) The ladder of life detection. Astrobiology 18:1375–1402

Nikolov N, Sing DK, Forntey JJ et al (2018) An absolute sodium abundance for a cloud-free 'hot Saturn' exoplanet. Nature 557:526–529

Nisbet RER, Fisher R, Nimmo RH et al (2009) Emission of methane from plants. Proc Royal Soc B Biol Sci 276:1347–1354

Nutman AP, Bennett VC, Friend CRL et al (2016) Rapid emergence of life shown by discovery of 3,700-million-year-old microbial structures. Nature 537:535–538

O'Malley-James JT, Kaltenegger L (2017) UV surface habitability of the TRAPPIST-1 system. Mon Not Royal Astron Soc: Lett 469:L26–L30

O'Malley-James JT, Kaltenegger L (2018) The vegetation red edge biosignature through time on Earth and exoplanets. Astrobiology 18:1123–1136

Olson SL, Schwieterman EW, Reinhard CT et al (2018) Atmospheric seasonality as an exoplanet biosignature. Astrophys J Lett 858:L14

Pangala SR, Enrich-Prast A, Basso LS et al (2017) Large emissions from floodplain trees close the Amazon methane budget. Nature 552:230–234 f.

Paris A, Davies E (2015) Hydrogen clouds from comets 266/P Christensen and P/2008 Y2 (Gibbs) are candidates for the source of the 1977 „WOW" signal. J Wash Acad Sci 101(4):25–32

Petigura EA, Howard AW, Marcy GW (2013) Prevelance of Earth-size planets orbiting Sun-like stars. PNAS 110(48):19273–19278

Planavsky NJ, Asael D, Hofmann A et al (2014) Evidence for oxygenic photosynthesis half a billion years before the Great Oxidation Event. Nat Geosci 7:283–286

Reinhard CT, Planavsky NJ, Olson SL et al (2016) Earth's oxygen cycle and the evolution of animal life. PNAS 113:8933–8938

Reinhard CT, Olson SL, Schwieterman EW, Lyons TW (2017) False negatives for remote life detection on ocean-bearing planets: Lessons from the early Earth. Astrobiology 17:287–297

Ribas I, Tuomi M, Reiners A et al (2018) A candidate super-Earth planet orbiting near the snow line of Barnard's star. Nature 563:365–368

Ricker GR, Winn JN, Vanderspek R et al (2014) Transiting exoplanet survey satellite. J Astron Telescopes, Instrum, Syst 1(1):014003

Robertson P, Mahadevan S, Endl M, Roy A (2014) Stellar activity masquerading as planets in the habitable zone of the M dwarf Gliese 581. Science 345:440–444

Robinson TD, Ennico K, Meadows VS et al (2014) Detecting oceans on extrasolar planets using the glint effect. Astrophys J 721:L67–L71

Roettenbacher RM, Kane SR (2017) The stellar activity of TRAPPIST-1 and consequences for the planetary atmospheres. Astrophys J 851:77

Rosing MT, Bird DK, Sleep NH, Bjerrum CJ (2010) No climate paradox under the faint early Sun. Nature 464:744–747

Sagan C, Mullen G (1972) Earth and Mars – evolution of atmospheres and surface temperatures. Science 177:52–56

Sagan C, Thompson WR, Carlson R et al (1993) A search for life on Earth from the Galileo spacecraft. Nature 365:715–721

Sagan C (1997) The demon-haunted world: science as a candle in the dark, 1. Aufl. Ballantine, New York, S 213

Saito RK, Minniti D, Ivanov VD et al (2018) VVV-WIT-07: another Boyajian's star or a Mamajek's object? Mon Not R Astron Soc 482:5000–5006

Scambos TA, Campbell GG, Pope A et al (2018) Ultralow surface temperatures in East Antarctica from satellite thermal infrared mapping: the coldest places on Earth. Geophys Res Lett 45:6124–6133

Schaefer BE (2016) KIC 8462852 faded at an average rate of 0.164+-0.013 magnitudes per century from 1890 to 1989. Astrophys J Lett 822:L34

Scharlemann JPW, Tanner EVJ, Hiederer R, Kapos V (2014) Global soil carbon: understanding and managing the largest terrestrial carbon pool. Carbon Manag 5:81–91

Schneider J, Dedieu C, Le Sidaner P et al (2011) Defining and cataloging exoplanets: the exoplanet.eu database. Astron Astrophys 532:A79

Schopf JW, Kitajima K, Spicuzza MJ et al (2018) SIMS analyses of the oldest known assemblage of microfossils document their taxon-correlated carbin isotope compositions. PNAS 115(1):53–58

Schulze-Makuch D, Mendez A, Fairen AG et al (2011) A two-tired approach to assessing the habitability of exoplanets. Astrobiology 11:1041–1052

Schulze-Makuch D, Crawford IA (2018) Was there an early habitability window for Earth's moon? Astrobiology 18:985–988

Schwieterman EW, Kiang NY, Parenteau MN et al (2018) Exoplanet biosignatures: a review on remotely detectable signs of life. Astrobiology 18:663–708

Seager S, Schrenk M, Bains W (2012) An astrophysical view of Earth-based metabolic biosignature gases. Astrobiology 12:61–82

Selsis F, Kasting JF, Levrard B et al (2007) Habitable planets around the star Gliese 581? Astron Astrophys 476:1373–1387

Shallue CJ, Vanderburg A (2017) Identifying exoplanets with deep learning: a five planet resonant chain around Kepler-80 and an eighth planet around Kepler-90. Astron J 155:94

Sheikh MA, Weaver RL, Dahmen KA (2016) Avalanche statistics identify intrinsic stellar processes near criticality in KIC 8462852. Phys Rev Lett 117:261101

Sheppard SS, Williams GV, Tholen DJ et al (2018) New Jupiter satellites and moon-moon collisions. Res Notes AAS 2:155

Shepard S, Trujillo C, Tholen D, Kaib N (2018) A new high perihelion inner oort cloud object. arXiv:1810.00013

Shkolnik EL, Barman TS (2014) HAZMAT. I. The evolution of far-UV and near-UV emission from early M stars. Astron J 148:64

Shostak S (2015) Searching for clever life. Astrobiology 15:949–950

Sigurdsson S, Richer HB, Hansen BM et al (2003) A young white dwarf companion to pulsar B1620-26: evidence for early planet formation. Science 301:193–196

Southworth J, Mancini L, Madhusudhan et al (2017) Detection of the atmosphere of the 1.6 M exoplanet GJ 1132 b. Astron J 153(4):191

Spake JJ, Sing DK, Evans TM et al (2018) Helium in the eroding atmosphere of an exoplanet. Nat 557:68–70

Sparks WB, DasSarma S, Reid IN (2007) Evolutionary competition between primitive photosynthetic systems: existence of an early purple Earth? AAS/AAPT Joint Meeting, American Astronomical Society Meeting 209, id.06.05.BAAS38:901

Stern SA (2017) An answer to fermi's paradox in the prevelance of ocean worlds? American Astronomical Society, DPS meeting 49, id.202.03

Stevenson KB, Lewis NK, Bean JL et al (2016) Transiting exoplanet studies and community targets for JWST's early release science program. Publ Astron Soc Pac 128:094401

Strigari LE, Barnabe M, Marshall PJ, Blandford RD (2012) Nomads of the galaxy. Mon Not R Astron Soc 423:1856–1865

Suissa G, Kipping D (2018) Trappist-1e Has a large iron core. Res Not AAS 2(2):31

Sumi T, Kamiya K, Bennett DP et al (2011) Unbound or distant planetary mass population detected by gravitational microlensing. Nature 473:349–352

Tabataba-Vakili F, Grenfell JL, Grießmeier J-M, Rauer H (2016) Atmospheric effects of stellar cosmic rays on Earth-like exoplanets orbiting M-dwarfs. Astron Astrophys 585:A96

Tarter JC, Backus PR, Mancinelli RL et al (2007) A reappraisal of the habitability of planets around M dwarf stars. Astrobiology 7:30–65

Tashiro T, Ishida A, Hori M et al (2017) Early trace of life from 3,95 Ga sedimentary rocks in Labrador, Canada. Nature 549:516–518

Teachey A, Kipping DM (2018) Evidence for a large exomoon orbiting Kepler-1625b. Sci Adv 4:eaav1784

Tilley MA, Segura A, Meadows V et al (2019) Modeling repeated M dwarf flaring at an Earth-like planet in the habitable zone: atmospheric effects for an unmagnetized planet. Astrobiology 19:64–86

Tollefson J (2018) US environmental group wins millions to develop methane-monitoring satellite. Nature 556:283

Tsuda Y, Mori O, Funase R et al (2011) Flight status of IKAROS deep space solar sail demonstrator. Acta Astronaut 69:833–840

Turnbull MC, Glassman T, Roberge A et al (2012) The search for habitable worlds. 1. The viability of a starshade mission. PASP 124:418

Tyrrell T, Merico A (2004) Emiliana hexleyi: bloom observations and the conditions that induce them. In: Thierstein HR, Young JR (Hrsg) Coccolithophores – from molecular processes to global impact. Springer, Heidelberg, S 75–97

Udry S, Bonfils X, Delfosse X (2007) The HARPS search for southern extra-solar planets XI. Super-Earths (5 and 8 M) in a 3-planet system. Astron Astrophys 469(3):L43–L47

Vago J, Gianfiglio G, Haldemann A et al (2009) ExoMars – ESA's Mission to search for signs of life. Planetary science decadal survey: Mars Panel Meeting, 10. September 2009, Arizona State University, Tempe (USA)

Valley JW, Cavosie AJ, Ushikubo T et al (2014) Hadean age for a post-magma-ocean zircon confirmed by atom-probe tomography. Nat Geosci 7:219–223

Vandaele AC, Neefs E, Drummond R et al (2015) Science objectives and performances of NOMAD, a spectrometer suite for the ExoMars TGO mission. Planet Space Sci 119:233–249

Vandaele AC (2018) Impact of the 2018 global dust storm on Mars atmosphere composition as observed by NOMAD on ExoMars Trace Gas Orbiter. Fall Meeting of the American Geophysical Union 2018. https://agu.confex.com/agu/fm18/meetingapp.cgi/Paper/350159

Volk K, Malhotra R (2017) The curiously warped mean plane of the Kuiper Belt. Astrophys J 154:62

Walker SI, Bains W, Cronin L et al (2018) Exoplanet biosignatures: future directions. Astrobiology 18:779–824

Webster CR, Mahaffy PR, Atreya SK et al (2015) Mars methane detection and variability at Gale crater. Science 347:415–417

Webster CR, Mahaffy PR, Atreya SK et al (2018) Background leves of methane in Mars' atmosphere show strong seasonal variations. Science 360:1093–1096

Welch B, Gauci V, Sayer EJ (2019) Tree stem bases are sources of CH4 and N2O in a tropical forest on upland soil during the dry to wet season transition. Glob Change Biol 25:361–372

Wells R, Poppenhaeger K, Watson CA, Heller R (2018) Transit visibility zones of the Solar system planets. Mon Not R Astron Soc 473:345–354

Witze A (2018) The quest to conquer the space junk problem. Nature 561:24–26

Wordsworth R (2015) Atmospheric heat redistribution and collapse on tidally locked rocky planets. Astrophys J 806(2):180 10.1088/0004-637X/806/2/180

Ziegler JF (1998) Terrestrial cosmic ray intensities. IBM J Res Dev 42:117–140

2

Extreme Organismen und Transspermie

Die Aufstellung von physikalischen und chemischen Grenzen für uns bekanntes Leben musste im Lauf der Jahrzehnte immer wieder revidiert werden, um neu entdeckte und immer seltsamere Organismen inkludieren zu können. Extremophile Organismen bewohnen die unwirtlichsten Orte der Erde, und einige könnten extraterrestrische Aufenthalte oder gar interplanetare Reisen erfolgreich überdauern. Welche Geheimnisse kann uns die irdische mikrobielle Ökologie noch liefern? Sind Sie selbst überhaupt ein Erdling?

Raumsonden können verschiedenste Körper unseres Sonnensystems ansteuern und auch mit Erfolg auf ihnen landen. Dabei steht vor allem ihre elektronische Grundausstattung vor gewaltigen Herausforderungen, etwa wegen starker Temperaturschwankungen, den Verhältnissen der Schwerelosigkeit oder hochenergetischer Strahlung unserer Sonne und anderer kosmischer Quellen. Dieses Kapitel thematisiert unter Betrachtung astrophysikalischer und bewegungsökologischer Gesichtspunkte, ob auch Lebewesen eine extraterrestrische Reise antreten und – vor allem – überdauern können, ohne dass dabei ihre genetische Grundausstattung und physiologische Funktionsfähigkeit zerstört wird. Dabei werden wir uns insbesondere auf die Möglichkeit der planetaren Übertragung von mikrobiellen Lebensformen konzentrieren.

Der Überlieferung nach war es der antike griechische Philosoph und Mathematiker Anaxagoras, der im vierten Jahrhundert v. Chr. nicht nur beschrieb, dass der Mond nicht selbst leuchtet, aber stattdessen von der Sonne bestrahlt wird, sondern auch erste dokumentierte Überlegungen darüber anstellte, ob Lebewesen durch das Weltall gereist sein könnten, bevor sie schließlich auf unserem Planeten eintrafen. Die von ihm angestoßene Fragestellung lautete

© Springer-Verlag GmbH Deutschland, ein Teil von Springer Nature 2019
A. Janjic, *Astrobiologie – die Suche nach außerirdischem Leben,*
https://doi.org/10.1007/978-3-662-59492-6_2

also schon damals tatsächlich: Ist das Leben wirklich irdischen Ursprungs? Er sprach – natürlich noch sehr mystisch – von Samen, die in reiner Form schon immer im Kosmos vorhanden waren und unzählige Welten des Universums mit allerlei Lebensformen bereichern können (O'Leary 2008).

Ob sich elementare Bestandteile von Organismen, oder sogar funktionstüchtige Lebewesen selbst, durch die Weiten des uns bekannten Universums bewegen und somit Planeten wie unsere Erde mit dem Phänomen Leben „infizieren" können, wird heute aber auch von mythenfernen Forschern unter dem Begriff „Panspermie" (panspermia) diskutiert. Dieser Gedanke wurde wissenschaftlich erstmals von dem schwedischen Chemiker und Physiker Svante Arrhenius im Jahre 1908 ausführlich konkretisiert (Arrhenius 1908). Von Kritikern wurde damals stets zu Recht betont, dass die Hypothese der „All-Saat" (in etwa die Bedeutung aus dem Griechischen) völlig spekulativ sei – Gegner solch spekulativer Ideen wendeten im letzten Jahrhundert mitunter herablassend ein, dass sie nicht nur nicht falsifizierbar sei, sondern das auch nie sein werde und deshalb für immer im Reich der Metaphysik hätte bleiben sollen.

Mit den heutigen technischen Möglichkeiten und ausgeklügelten Experimenten hat sich die generelle Ansicht seit der Jahrtausendwende unter Fachkollegen jedoch deutlich verschoben. Für die derzeitigen Befürworter panspermischer Ideen sind es vor allem extrem widerstandsfähige Lebensformen, sogenannte extremophile Organismen, die den Schluss nahelegen sollen, dass ein längerer Aufenthalt fernab der Erde prinzipiell überlebbar ist.

Heute arbeiten Raumfahrtingenieure und Astrophysiker deshalb immer häufiger mit Mikrobiologen und Ökologen an transdisziplinären Experimenten, die mitunter sogar außerhalb der Erde durchgeführt werden. Die Protagonisten dieser interplanetaren Laboratorien sind sowohl einige spezielle als auch viele gewöhnliche Mikroben und ein paar komplexere Lebewesen. Aber es sind vor allem auch „erdgebundene" Mikrobiologen, Mykologen, Botaniker und Tiefseeökologen, die extrem unwirtliche ökologische Nischen auf der Erde erforschen. Sozusagen die irdischen Extremisten als Referenz. Dieser Teil der astrobiologischen Forschung, darunter sowohl die natürliche irdische Ökologie als auch die menschengemachten interplanetaren Laborexperimente, wird in diesem Kapitel vorgestellt.

Vor den weiteren Ausführungen möchte ich Sie jedoch erst darauf hinweisen, dass ein wesentlicher Bestandteil der Panspermie-Hypothese unter pragmatischer Auslegung schon längst bewiesen ist. Ich meine hiermit die Ausbreitung und den Transfer von Leben zwischen benachbarten Himmelskörpern (Planeten und Monden) im selben Planetensystem. Dieser Prozess wird eigens als „Transspermie" (transpermia) bezeichnet. Es gibt in unserem Sonnensystem zweifelsfrei eine besonders extreme Spezies, die mit den aus der biologischen Evolution hervorgegangenen Gehirnen ihrer Individuen technologische Strategien ersonnen hat, um interplanetare Reisen zu überleben und sich fernab der Erde auszubreiten: Homo sapiens. Der linke Fuß des Trockennasenaffen Neil Armstrong zeigte vor fast fünfzig Jahren eindrucksvoll, dass ein Aufsetzen irdischen Lebens auf anderen Himmelskörpern im Sonnensystem möglich ist.

2.1 Extreme Umwelten und noch extremere Organismen

2.1.1 Mikrobielle Ökologie als Gefahr: Planetary Protection

Wenn man behauptet, dass transspermische Reisen von Lebewesen in Form des Menschen bereits angetreten wurden, werden einige erwidern, dass die ursprüngliche Idee der Panspermie nur auf einfache Organismen ohne technische Hilfsmittel wie Raumanzüge und Sauerstoffflaschen beschränkt war. Doch ein Transfer von Mikroorganismen und deren Bestandteilen hat höchstwahrscheinlich ebenfalls schon im letzten Jahrhundert stattgefunden – und zwar unbeabsichtigt.

Die sogenannte „Vorwärts-Kontamination" (forward contamination) bekräftigt, dass mit menschengemachten Raumsonden automatisch auch widerstandsfähige Mikroorganismen und insbesondere deren Rückstände in den Innenräumen oder sogar auf den Außenwänden der Sonden außerirdische Reisen antreten und dies auch schon in der Vergangenheit getan haben. Neben den Astronauten waren und sind demnach wohl auch stets allerlei Mikronauten an Bord. Die beteiligten Forscher sind über diese blinden Passagiere in der Regel jedoch alles andere als erfreut – schließlich sollen auf der Suche nach tatsächlich außerirdischen Mikroorganismen keine unnötigen und (falls publiziert) peinlichen Verwechslungen mit mitgebrachten irdischen Mikroben auftreten. Als Ökologe geht es einem natürlich auch nicht nur um die Schädigung des Rufes im Falle einer falschen Publikation, sondern tatsächlich auch um einen Nachhaltigkeitsgedanken in der Astrobiologie. Durch unbedachte Missionen, vor allem wenn diese direkt extraterrestrische Böden oder Gewässer untersuchen, könnten wir mit unserer Kontamination empfindlich in ein System eingreifen und dessen weitere Entwicklung prägen. Wie etwa bei isolierten Regenwaldgebieten oder Tiefseehabitaten, gehen wir mit der direkten Erforschung anderer Welten nicht nur das Risiko ein, Systeme zu verändern, die wir bereits kennen – sondern möglicherweise auch Dinge zu beeinflussen, die wir in ihrem ursprünglichen Zustand noch nie gesehen haben oder uns auch nie hätten vorstellen können.

Für die Sterilisation der Raumsonden ist bei der NASA deshalb das eigens eingerichtete Office of Planetary Protection („Amt für den Schutz von Planeten") zuständig. Die dort beschäftigten Mitarbeiter haben letztlich nur ein Ziel: Alle Mikroorganismen und deren Rückstände in den Raumsonden abtöten. Auch bei der ESA sind am Leibniz-Institut DSMZ (Deutsche Sammlung von Mikroorganismen und Zellkulturen in Braunschweig) einige Forscher für die Aufbewahrung von extrem widerstandsfähigen Organismen zuständig, die zuvor aus verschiedensten Raumfahrzeugen isoliert wurden.

Dass diese Arbeiten keine teure Spinnereien einzelner Raumfahrtorganisationen und deren Vorgesetzter ist, zeigt spätestens der von den Vereinten Nationen ins Leben gerufene und von 107 Staaten unterzeichnete Weltraumvertrag mit dem sperrigen Titel „Vertrag über die Grundsätze zur Regelung der Tätigkeiten von Staaten bei der Erforschung und Nutzung des Weltraums einschließlich des Mondes und anderer Himmelskörper". Im neunten Artikel dieses Weltraumrechts wird explizit vorgeschrieben, dass man gegen eine Kontamination extraterrestrischer Körper vorgehen muss. Auch einer der führenden Dach-Organisationen im Bereich der Weltraumforschung (COSPAR – Committee on Space Research) setzt und validiert strenge Standards, um die Gefahren der mikrobiellen Transspermie auf ein Minimum zu reduzieren. Neben der Vorwärts-Kontamination findet hier auch die sogenannte Rückwärts-Kontamination nachdrückliche Erwähnung. Darunter versteht man nicht, dass Menschen andere Himmelskörper mit irdischen Mikroben kontaminieren, sondern andersherum die Gefährdung der Erde durch zurückgebrachte außerirdische Bodenproben (z. B. völlig exotische Viren) oder gar der leichtsinnige Empfang von zerstörerischen Signalen hochintelligenter Außerirdischer, die wir nicht aufhalten könnten. (Tatsächlich gibt es informationstechnologische Studien, die nicht nur philosophisch, sondern rein mathematisch beweisen wollen, dass eine solche Dekontamination von elektromagnetischen Signalen unmöglich ist, also dass wir mit heutiger Technologie per se keinen Schutz vor über-intelligenten Schad-Nachrichten aufbauen könnten, falls sie tatsächlich eintreffen würden (Hippke und Learned 2018).

Anlass des Weltraumvertrags war inmitten der Wirren des Kalten Krieges selbstverständlich zunächst die Notwendigkeit von Regelungen der Ansprüche an Exo-Ressourcen oder auch der Ausschluss von Atombombentests im All. Im Gegensatz zu kriegerischen Auseinandersetzungen, lieferten zu dieser Zeit aber auch die damals bereits abgeschlossenen unbemannten Mondlandungen der amerikanischen Surveyor-Raumsonden (sowie die erfolgreichen Luna-Missionen der Sowjetunion) und die bevorstehende und heiß ersehnte Landung von Surveyor 3 auf unserem Trabanten im Jahr

1967 einen spannenden und rein wissenschaftlichen Hintergrund dieses internationalen Vertrages. Zwei Jahre nach der erfolgreich beendeten Mission Surveyor 3 landeten auf dem Mond bekanntlich mit Apollo 11 die ersten Menschen, die Luft- und Raumfahrttechniker Neil Armstrong und Buzz Aldrin. Vier Monate später setzten mit Apollo 12 auch Pete Conrad und Alan LaVern Bean auf dem Mond auf, und zwar etwa 200 Meter vom Surveyor-3-Modul entfernt. Ein Überrest dieses Moduls war zu diesem Zeitpunkt also schon zweieinhalb Jahre lang Bestandteil der Mondoberfläche und konnte nun erstmals vor Ort von auf dem Mond gelandeten Menschen besucht werden. Dabei demontierten die beiden Amerikaner unter anderem die Objektive der angeschlossenen Kamera und brachten sie unter den damals als steril angesehenen Sicherheitsvorkehrungen wieder zurück zur Erde.

Beteiligte Mikrobiologen entdeckten kurz nach der Rückkehr in einem NASA-Labor in Houston schließlich das Unglaubliche: Innerhalb der untersuchten Bestandteile befanden sich bis zu hundert ausgetrocknete Bakterien der Art *Streptococcus mitis* (Mitchell und Ellis 1971). Diese gehören zu der weltweit verbreiteten Gattung der Streptokokken, die in natürlichen Habitaten oftmals sogenannte Zellteilungsverbände bilden – das heißt, dass die Folgegenerationen einer Mutterzelle nach ihrer Teilung an ihr haften bleiben und so charakteristische kettenartige Strukturen bilden, weshalb die Spezies auch die altgriechische Vorsilbe streptos („Halskette") als Teil des Artnamens erhielt. Sie können, wie in diesem Fund der NASA-Mikrobiologen, aber auch voneinander gelöst vorliegen und alle lebensnotwendigen Funktionen unter Isolation von ihren Kettenmitgliedern ausführen.

Als ob der Befund, dass die Proben zwar vertrocknet und die Zellverbunde völlig getrennt waren, aber die einzelnen Zellen an sich überhaupt nicht zerstört schienen, nicht erstaunlich genug gewesen wäre, wurden sie nach der ersten Untersuchung in einen Inkubator gestellt, was nichts anderes ist als ein Brutschrank für Mikroben. Und siehe da: Die Bakterien begannen sich unter den artifiziellen, aber optimal eingestellten Bedingungen nach einiger Zeit zu winden und zu strecken. Sie generierten sogar völlig munter ihre Nachfolgegenerationen, als wäre nie etwas geschehen. Die winzigen Organismen hatten, so schien es zunächst, sowohl den Start als auch die Hin- und Zurückreise, aber vor allem den zweieinhalbjährigen Aufenthalt auf dem eigentlich lebensfeindlichen Mond erfolgreich überdauert.

Mit neueren Erkenntnissen über die mikrobielle Ökologie des menschlichen Körpers wurde von externen Überprüfern, aber auch aus den eigenen Reihen der NASA, über die Jahrzehnte jedoch immer öfter eine skeptische

Ansicht vertreten. Die beteiligten Forscher hätten diesen Einwänden nach das Objektiv nach dessen Rückkehr selbst kontaminiert. Dazu gibt es auch genug Grund der Annahme, denn *Streptococcus mitis* ist im Umfeld des Menschen weit verbreitet und gedeiht auch in Ihrem Mund- und Rachenbereich besonders gut. Heute überwiegt bei den mir bekannten Kollegen die Meinung, dass die damaligen Forscher einen kleinen, aber schmutzigen Fehler begangen haben, nachdem die Probe wieder zur Erde zurückgebracht worden war. Diese Kritik wird von einigen Beteiligten aber immer noch nachdrücklich zurückgewiesen, da sich die untersuchte Bakterienkultur trotz der optimalen Bedingungen im Brutschrank erst nach einer ungewöhnlich langen Zeitspanne regenerierte. Das spricht zugegebenermaßen tatsächlich nicht für eine frische Kontamination von „gesunden" Bakterien, da die Kontrollgruppen eigentlich nicht lange warteten und als winzige Opportunisten optimale abiotische Verhältnisse sofort auszunutzen wussten. Einer der Astronauten selbst war während der Mondreise jedoch erkältet – der Kontaminationsweg von Mund zu Kameragehäuse hätte also auch innerhalb des Mondlandemoduls von den Mikroben bestritten werden können, was bedeuten würde, dass die freigesetzten Organismen selbst nicht auf dem Mond waren, dafür aber Probleme hatten und nicht mehr ganz so fit waren, da sie eine zehntägige Rückreise unter Einfluss der Schwerelosigkeit in der Raumkapsel bestritten haben.

An dieser Stelle möchte ich Ihnen ein kleines Gedankenspiel näherbringen, das zeigt, wie kontrovers und ambivalent solche Interpretationen in der Astrobiologie sein können. Nehmen wir einfach und sinnvollerweise an, dass die kritische Meinung stimmt, also dass die gefundenen Bakterien nichts weiter als eine Kontamination in den Laboratorien nach der Rückkehr der Proben darstellen. Dennoch wollen wir als Panspermie-Befürworter, die wir jetzt einfach mal gedanklich sind, unsere Euphorie nicht verlieren. Wir drehen den Spieß einfach gedanklich um: Wenn wir annehmen, dass die Eigenkontamination der Forscher die richtige Interpretation ist, können wir als Astrobiologen gerade deswegen optimistisch bleiben und das Sterilisationsproblem aus dem entgegengesetzten Blickwinkel betrachten. Denn: Wenn es den beteiligten Astronauten oder Forschern unter (schon damals) strengen Hygienevorschriften tatsächlich gelungen ist, dass sie das vergleichsweise winzige Objektiv nach der Rückkehr auf die Erde unabsichtlich kontaminiert haben, dann ist wohl kaum davon auszugehen, dass eine riesige Raumsonde in einer noch riesigeren Konstruktionshalle vor ihrem Start zu unseren Nachbarwelten völlig steril sein kann.

Bis heute ist kein offizieller und endgültiger Beschluss über die Interpretation der Ergebnisse der „Mond-Bakterien" gefallen, wenngleich die Skepsis – wie es sich für die Naturwissenschaften meines Erachtens auch gehört – deutlich überwiegt. Wir können uns jedoch zweifelsfrei sicher sein, dass unsere Astronauten stets von tapferen Mikronauten begleitet werden, die auch außerhalb des menschlichen Körpers in Raumsonden überdauern und dort wachsen oder gar sich vermehren können.

Im Zuge zukünftiger Missionen, insbesondere zum Mars und den Monden Europa und Enceladus (Kap. 3), ist die Mitführung von organischen Komponenten und Mikroorganismen vor allem auf den Innenflächen der Sonde und der einzelnen Instrumente ein ernstzunehmendes Problem. Die Instrumente, die zum Nachweis von außerirdischen Mikroorganismen mitgeführt werden, könnten im schlimmsten Fall einfach nur das detektieren, was wir selber von der Erde mitgeschleppt haben. Das ist übrigens auch der Grund, wieso die Mars-Rover nicht mit Gummirädern durch die marsianische Landschaft rollen, da Gummi aus organischen Bestandteilen besteht, die wir dort mit Sicherheit nicht detektieren wollen. Bei bemannten Missionen kommt hinzu, dass selbstverständlich auch die Gesundheit der Astronauten in den Raumkapseln gewährleistet sein muss. So beinhaltet das „Mikrobiom" der ISS (Internationale Raumstation) neben allerlei Bakterien auch manche Pilze, die dort in der Schwerelosigkeit vor sich hin schweben oder an den Wänden und Instrumenten haften. Und einige von diesen in Raumkapseln gefundenen Mikroorganismen können sogar bereits unter normalen Bedingungen auf der Erde gesundheitsschädigend sein (Zhang et al. 2018). Selbst bei akribisch gereinigten Raumsonden muss man sich als (Mikro-)Biologe also zunächst einmal fragen: Ist eine komplette Sterilisierung einer Raumsonde überhaupt grundsätzlich möglich? Und wenn ja, wie?

Falls Sie ein Leser ohne Berührungspunkte zur mikrobiellen Ökologie sind, könnten Sie zunächst an gängige Desinfektionsmittel als Strategie denken. Diese sind für die Reinigung von Raumfahrzeugen jedoch völlig unbrauchbar, da sie per Definition nicht auf die Abtötung von allen Mikroorganismen und ihren Verbreitungseinheiten (Sporen) abzielen, sondern als Hygiene-Maßnahme lediglich die infektiösen Komponenten von Krankheitserregern beseitigen sollen (und auch das nicht 100-prozentig schaffen, vor allem nicht, wenn es um die Produkte geht, die Sie in der Fernseh-Werbung angepriesen bekommen). Raumfahrzeuge müssen deshalb der „Sterilisation" unterzogen werden, die im Gegensatz zur „Desinfektion" alle Mikroorganismen, deren Sporen und auch freiliegende biologische Komponenten (z. B. DNA, RNA) abtrennt, inaktiviert und zerstört. So lautet zumindest das Prinzip. Gleich vorneweg möchte ich Ihnen aber sagen: Eine vollständige Vernichtung funktioniert vermutlich so gut wie nie.

Auch in den modernsten Laboratorien und Krankenhäusern werden Sie das Problem auffinden können, dass während einem Sterilisationsverfahren einzelne Organismen oder Sporen überdauern können. Das gilt sogar für den Einsatz von sogenannten Autoklaven, in denen die Luft zunächst entfernt und die Materialien anschließend mit erneut eingeführtem Wasserdampf unter erhöhtem Druck und hoher Temperatur (in der Regel über 120 Grad Celsius) gereinigt werden. Hier wird davon ausgegangen, dass die Überlebenswahrscheinlichkeit bei etwa 10^{-6} liegt, dass also von einer Million Mikroben oder Sporen ein einziger Glückspilz überlebt (Bast 2014). Angemerkt sei hier jedoch, dass es auch einige Gattungen gibt, bei denen die Sporen besonders resistent sind oder sogar die Mikroorganismen selbst ein einstündiges Autoklavieren aushalten, weil sie schon natürlicherweise aus Ökosystemen kommen, die extrem heiß und hohem Druck ausgesetzt sind, wie zum Beispiel hydrothermale Schlote am Grund von Ozeanen (Stetter 2006; O'Sullivan et al. 2015). Natürlich ist hier aber eher nicht davon auszugehen, dass diese den Weg vom ozeanischen Untergrund in das Innere einer Raumkapsel finden.

Eine Überlebensrate von 1 zu einer Million mag für viele Laboratorien oder Krankenhäuser kein relevantes Problem darstellen – für die Suche nach außerirdischem mikrobiellen Leben scheint dies vielen Verantwortlichen der Planetary Protection aber nicht akzeptabel zu sein. Das mag zuletzt nicht daran liegen, dass allein schon ein Kubikzentimeter eines gewöhnlichen Küchen-Schwamms von mehr als 50 Milliarden Mikroorganismen besiedelt wird (Cardinale et al. 2017). Bei einer Überlebensrate von 10^{-6} bedeutet das, dass 50.000 Mikroben bzw. Sporen pro Kubikzentimeter überdauern würden, wenn man den Schwamm in einem Autoklaven behandeln würde und die Mikroben einigermaßen widerstandsfähig wären. Noch ein paar Informationen für Ihre Kochleidenschaft: In Küchenschwämmen befinden sich tatsächlich Bakterien der Gattung Acinetobacter, die auch innerhalb von Raumsonden und der ISS bereits oft entdeckt wurden. Sie bleiben dort trotz Reinigung mit Ethanol langfristig bestehen und nutzen die Reinigungssubstanzen mitunter sogar als Nährstoff für ihren Stoffwechsel, wenn man sie durch ständige Säuberung zu dieser ungewöhnlichen Überlebensstrategie nötigt (Mogul et al. 2018).

Solche Resistenzphänomene sind Ihnen vermutlich aus einem ganz anderem und mitunter sehr gefährlichem Kontext bekannt: dem Aufstieg von resistenten Keimen in Krankenhäusern. Durch ihre Fähigkeit, Antibiotika unschädlich zu machen oder gar in ihrem Stoffwechsel zu verwerten, sind multiresistente Erreger ein Paradebeispiel dafür, dass weniger manchmal mehr sein kann. Klinisch besonders relevant ist hierbei die Bakterienart *Staphylococcus aureus*, die in den 1960er-Jahren schon nach einem Jahr eine Resistenz gegen ein neu eingeführtes Antibiotikum aufweisen konnte (man spricht von MRSA, also methicillin-resistentes *Staphylococcus aureus*) (Turner et al. 2019). Im Prinzip passiert in Ihrem Körper nach dem Einsatz von Antibiotika genau das, was auch auf den Oberflächen von Raumfahrzeugen passiert, wenn man sie zu oft säubert: Von den Abertausenden schädlichen Mikroben werden die meisten vernichtet, einige Glückspilze überleben die Prozedur jedoch aufgrund von zufällig vorhandenen genetischen Prädispositionen für Resistenzmechanismen. Das Problem: Wenn Sie alle anderen Mikroben auslöschen, die diese Resistenzmenchanismen nicht besitzen, können sich die resistenten Keime nun optimal vermehren und ausbreiten, weil jegliche Konkurrenz nun fehlt. Sie können nun beispielsweise Nährstoffe verstärkt für sich nutzen, da Sie und Ihr Arzt schlicht und ergreifend alle anderen gefräßigen (und eventuell harmlosen) Keime aus dem Weg geschafft haben. Das mikrobielle Schlachtfeld wurde quasi weggefegt, damit sich aus Sicht der resistenten Keime eine neue und stärkere Armee neu positionieren kann.

Dieses Problem wird von Ökologen mitunter liebevoll als Hypothese der „Roten Königin" bezeichnet (red-queen-hypothesis). Die Idee beschreibt in dieser Form ein Wettrüsten zwischen zwei Organismen – zum Beispiel Mensch und Mikrobe –, wobei nie ein endgültiger Gewinner hervorgeht. So wie die Rote Königin der kleinen Alice (aus Alice im Wunderland) erklärt, dass man in diesem Märchenland „so schnell wie möglich rennen muss, um auf dem selben Fleck zu bleiben", so müssen sich die Mikroben ständig an unsere Abwehrstrategien anpassen und wir müssen im Gegenzug immer neue Gegenmaßnahmen einleiten – seien es nun neue Antibiotika oder neue Reinigungsmittel für Raumfahrzeuge. Und das nur, um am Ende festzustellen, dass wir wieder am selben Fleck stehen, also erneut neue und verbesserte Methoden brauchen, um schädliche Mikroorganismen loszuwerden. Um Ihnen in diesem Zusammenhang ein besonders verblüffendes Beispiel näherzubringen, sei das Bakterium *Tersicoccus pheonicis* genannt. Dieser Organismus ist den bisherigen Beobachtungen anscheinend so extrem, dass es ausschließlich in sterilisierten Materialen zu finden ist. Dieses Bakterium wurde in zwei Reinräumen für Weltraumfahrzeuge gefunden und sonst nirgendwo auf der Welt. Der Artname „phoenicis" wurde vergeben, weil dieses in der freien Natur bis zum heutigen Tag völlig unbekannte Lebewesen zum ersten Mal bei den Arbeiten für den NASA-Lander Phoenix entdeckt wurde (Vaishampayan et al. 2012). Für die Forschungsgemeinde war das so beeindruckend, dass *Tersicoccus pheonicis* neben sonstigen pflanzlichen und tierischen Kuriositäten aus Regenwäldern und Co. im Jahr 2014 zu den Top 10 der neu entdeckten Arten gekürt wurde (IISE 2014).

Angesichts einer solchen Verbissenheit und Hartnäckigkeit müssen im Zuge der Planetary Protection also deutlich härtere Maßnahmen vollstreckt werden, um den Mikroben – wenn überhaupt möglich – ein endgültiges Todesurteil zu sprechen. Und auch die Breite der Anwendung muss bedacht werden, da man nicht nur vor dem Start alles rein halten muss, sondern auch während der Arbeit auf dem extraterrestrischen Körper selbst, und selbstverständlich auch beim Wiedereintritt auf die Erde. Hierbei müssen nicht nur lebende Mikroben oder ihre Sporen vernichtet werden, sondern auch die wesentlichen molekularen Bestandteile der Organismen wie die RNA und DNA, denn nach genau solchen Molekülen werden die zukünftigen Rover (z. B. auf dem Mars) unter anderem suchen, um außerirdisches Leben nachzuweisen. Die RNA ist hierbei vermutlich nicht das schwierigste Problem, da sie instabil ist und bereits natürlicherweise relativ schnell von Wasser zerschlagen wird. Das gilt für die deutlich stabilere DNA und für viele Proteine von Lebewesen jedoch nicht. Kurz gesagt: Bei der Erkundung des Sonnensystems sollte alles Irdische am besten bis zur Anonymität geschreddert werden.

Eine Möglichkeit wäre natürlich der Einsatz von UV-Strahlung, die irdischem Leben bei starker Exposition schwer zu schaffen macht (vergleiche Kap. 1). Auch hier also eine Ambivalenz der astrobiologischen Forschung: Während einigen Astrobiologen die Wirkung von UV-Strahlung einen Schauer über den Rücken laufen lässt, weil sie komplexeres Leben auf der Oberfläche von ungeschützten Planeten schwer vorstellbar macht, so erfreuen sich also einige andere Astrobiologen, die für die Planetary Protection zuständig sind, über ihre extrem tödliche Wirkung. Doch es gibt auch andere Verfahren, die ein deutlich tödlicheres Potenzial haben.

Neben den üblichen stundenlangen Behandlungen mit trockener Hitze (dry heat procedures) werden in heutigen Diskussionen und Vorbereitungen insbesondere die sogenannte VHP- und CAP-Sterilisation in Erwägung gezogen. Bei Ersterem wird die biozide Wirkung von gasförmigem Wasserstoffperodix (vaporized hydrogen peroxide) verwendet, um Mikroorganismen und deren Sporen auf Materialien, aber auch in der Luft, abzutöten. VHP war neben dem Einsatz von trockener Hitze lange Zeit das einzige Verfahren, das vom NASA Planetary Protection Office als Sterilisationsprozess akzeptiert wurde (Chung et al. 2008). Hier ergibt sich mit heute gängigen Prozeduren jedoch dasselbe Problem wie bei trockener Hitze: Komponenten von Raumfahrzeugen (z. B. Oberflächenmaterialien, elektronische Bestandteile) können unter größeren Konzentrationen von Wasserstoffperoxid chemisch verändert werden und es kann zu unerwünschten Reaktionen kommen, während bei Anwendung von trockener Hitze selbstverständlich die erhöhten Temperaturen das Problem für die Materialien und Komponenten der Instrumente darstellen. Eine Lösung dieser Probleme könnte die Anwendung von kaltem Plasma sein (cold atmospheric plasma, CAP). Üblicherweise versteht man unter einem Plasma ein extrem heißes, ionisiertes und deshalb elektrisch leitfähiges Gas, so wie beispielsweise die Sonne oft vereinfacht als „Plasmaball" beschrieben wird. Jedoch kann ein Gas diese Fähigkeiten auch nur teilweise besitzen und so trotz niedrigeren Temperaturen elektrisch leitfähig bleiben. In der eigens bezeichneten „Plasmamedizin" nutzt man die biozide Wirkung von kaltem Plasma seit etwa zehn Jahren immer häufiger, da es auch noch unter 40 Grad Celsius stabil bleibt und zur Abtötung von Keimen gezielt auf Gewebe und Wunden von Patienten gelenkt werden kann, ohne diese zu verbrennen (Isbary et al. 2010). Für Raumfahrzeuge bietet diese Prozedur den besonderen Vorteil, dass nicht nur die Haut von Menschen, sondern auch sensible Materialien innerhalb von Raumfahrzeugen keinen großen Schaden nehmen und das Plasma auch in Mikro-Poren eindringen kann, die andere Verfahren nicht immer zuverlässig erreichen (Shimizu et al. 2014).

Das Hauptproblem, dass diese Methoden ebenfalls aufweisen, bleibt jedoch: Es kann nicht versichert werden, dass alle lebenden Zellen oder in einem Überdauerungszustand existierenden Sporen tatsächlich vernichtet werden. So zeigten erste Tests mit der CAP-Methode, dass immerhin ebenfalls eine Überlebenswahrscheinlichkeit von 10^{-6} besteht, wie auf der Konferenz der Europäischen Astrobiologischen Gesellschaft (EANA) im September 2018 von Kollegen berichtet wurde (Rettberg et al. 2018). Das Überleben von einzelnen Mikroben oder Sporen wird zusätzlich deutlich wahrscheinlicher, wenn sich diese in sogenannten mikrobiellen Filmen, also aufeinanderliegenden Schichten, angeordnet haben. Die oberen Schichten schützen somit nach dem Absterben die weiter unter gelegenen Mikroorganismen – auch auf der ISS gewährt diese „biologische Panzerung" einen effektiven Schutzschild, wie wir im Abschn. 2.2 erfahren werden.

Insgesamt bleibt uns also nichts Weiteres übrig, als einzugestehen, dass wir nicht alle Mikroorganismen und ihre Überdauerungszustände ein für alle Mal zuverlässig vernichten können – oder besser gesagt: Es ist kaum möglich, nachzuweisen, dass jede noch so kleine Spore ausgelöscht wurde. Wir müssen also mit der Warnung im Hinterkopf leben, dass die Überlebensrate zwar extrem gering sein mag – aber, dass es irgendwo und irgendwann eine (unbemannte oder bemannte) Raumfahrtmission geben wird, die nicht ganz so steril ablaufen wird, wie erhofft.

Auch auf der Erde tun sich mikrobielle Ökologen bei diesem Thema mitunter schwer. Die Bakterien und Archaeen, die man beschrieben hat, kennt man hauptsächlich deshalb, weil sie sich erfolgreich auf einem Nährmedium kultivieren lassen. Und diese Mikroorganismen, mit denen sich angenehm arbeiten lässt, machen vermutlich weniger als 1 Prozent aller Mikroben aus (Vartoukian et al. 2010; Stewart 2012). Die wilden Bakterienarten, die sich überhaupt nicht kultivieren lassen (bei 1 Prozent Kultivierungsrate also fast alle), bleiben demnach in ihrer Morphologie und Funktion weitgehend unbekannt – bestenfalls können phylogenetische Untersuchungen (etwa von Bodenmaterial) zumindest zeigen, dass es hier noch nicht kultivierbare Arten gibt. Diese Organismen werden also nur als DNA-Abschnitte in Datenbanken gespeichert – über ihrer Funktion in einem Ökosystem liegt der Schleier der Unkultivierbarkeit. Oft ist es deshalb auch nur möglich, in einer Probe vorhandene Familien und Gattungen von Mikroben zu nennen, aber nicht die exakten Artzugehörigkeiten. Mit dieser Auflösung kann man aber leider nicht zuverlässig vorhersagen, wie resistent einzelne Gruppierungen oder Einzelorganismen tatsächlich sind. Sogar in derselben Population von Mikroben kann es erhebliche Schwankungen zwischen der Resistenz einzelner Individuen kommen, genauso können Populationen derselben Art völlig unterschiedliche Ansprüche an ihre Umwelt stellen (auch Botaniker kennen diese Phänomene bei vielen Pflanzen). Für die Planetary Protection heißt das: Auf den Oberflächen von Raumfähren könnten schlicht und ergreifend Mikroben und Sporen vorhanden sein, die sich für einen Nachweis mit den heutigen Standardanwendungen der Raumfahrtbehörden sehr schwer oder überhaupt nicht kultivieren lassen und für uns somit im wahrsten Sinne des Wortes unsichtbar bleiben, was sie für das normale Auge als Einzelorganismen ja ohnehin schon sind. Auch phylogenetische Untersuchungen helfen hier nur bedingt weiter, da hier nur Stichproben gemacht werden können. Zeigen die Analysen in einem kleinen Ritz keine Anzeichen einer vorhandenen DNA oder RNA, muss das für die Furche fünf Zentimeter weiter rechts nämlich nichts bedeuten. Um sicher zu gehen, könnte man theoretisch jeden einzelnen Millimeter aller Oberflächen mit Mikroskopen optisch untersuchen – doch bis man hier einmal alles „gescannt" hat, vergeht vermutlich so viel Zeit, dass sich an der ersten Messstelle wieder neue Mikroben ansiedeln hätten können, wenn es irgendwo einen Austausch mit Luft gibt. Und um das Thema noch schwärzer zu malen: Vergessen Sie nicht, dass wir die vermutlich wichtigste Gefahr bisher völlig außer Acht gelassen haben. Es nützt selbstverständlich nichts, wenn eine Sonde oder ein Lander bis in die letzte Ritze und Furche sterilisiert wurde, aber anschließend beim Transport oder bei der Lagerung in einer Halle über die Luft erneut kontaminiert wird. Man spricht dann von einer

Rückkontamination (nicht zu verwechseln mit der oben erwähnten Rückwärts-Kontamination, bei der hypothetische außerirdische Mikroben nach einer Mission aus Versehen zurück zur Erde gebracht werden).

Für die Suche nach außerirdischem Leben bedeutet dies zusammengefasst, dass ein Fund von außerirdischem mikrobiellen Leben nur dann von der Forschergemeinde akzeptiert wird, wenn eine Kontamination mit irdischen Mikroben als extrem unwahrscheinlich angesehen werden kann. Das weist natürlich im Gegenzug die Problematik auf, dass so strenge Richtlinien einen echten Fund von außerirdischem Leben übersehen könnten, weil wir sie vorsichtshalber als Kontamination betrachten würden. Aber dies ist meines Erachtens allemal besser, als großspurig einen erstmaligen Fund von außerirdischem Leben zu veröffentlichen, welches in Wirklichkeit aber nichts weiter ist als eine irdische Verschmutzung.

Als Biologe muss ich im Hinblick auf die Planetary Protection also schlussfolgern, dass wir Mikroorganismen zwar nicht maßlos überschätzen sollten – sie haben durchaus ihre physiologischen Grenzen. Aber unterschätzen sollte man insbesondere ihre evolutionären Fähigkeiten – und das sehen Sie nach diesem Textabschnitt vielleicht nun auch so – erst recht nicht. Wie auch in irdischen Ökosystemen müssen wir hier die Evolution, und vor allem die Gegenevolution beachten. Wenn wir im Rahmen der Planetary Protection einen Krieg gegen unerwünschte Mikroben führen, könnte uns deshalb eine ostasiatische Kampfkunst-Weisheit einen einfachen Rat geben: Vor einen Kampf ist es immer besser, seinen Gegner zu überschätzen als ihn zu unterschätzen.

2.1.2 Fantastische Welten unter ewigem Eis

Die Übertragung von biologischem Material innerhalb des Sonnensystems hat im Zuge der Raumfahrt vermutlich schon mehrmals stattgefunden. Das mag ein Grund sein, weshalb einige Astrobiologen heute oft ohne größere Zurückhaltung über den Tellerrand hinausblicken und nicht nur ältere Fragestellungen konkretisieren, sondern auch neue und weitergreifende Überlegungen anstellen. Wie hoch ist wohl die Wahrscheinlichkeit, dass eine (mikrobielle) Lebensform (1) eine interplanetare Reise an Bord von Raumsonden überleben kann? Und (2) nach einer solchen unbeabsichtigten Distribution mehr oder weniger zufällig eine ökologische Nische auf anderen Himmelskörpern besetzt? Genau solche Fragen ergeben aus der Vereinheitlichung bewegungsökologischer und astronomischer Gesichtspunkte schließlich das Feld der Astro- bzw. Exoökologie.

Sollten die im letzten Unterkapitel behandelten Surveyor-3-Streptokokken nicht vom Mund eines Labormitarbeiters nach der Rückkehr des Objektivs zur Erde stammen, sondern tatsächlich auf unserem Trabanten gewesen sein, dann hätten diese „Mond-Bakterien" nicht in einem natürlichen Habitat des Mondes überdauert, sondern sich in einem merkwürdigen und menschengemachten Lebensraum eingenistet. Und zwar im Isolierschaum des Kameraobjektivs, in welchem die vertrockneten und wiederbelebten Zellen nachgewiesen wurden. Das Habitat „Isolierschaum" mutet schon recht bizarr an und ist wohl alles andere als dauerhaft wünschenswert für die mehr oder weniger diversen Lebensansprüche der kleinen Überlebenskünstler. Die abiotischen Bedingungen auf der Oberfläche oder im Untergrund von fremden Himmelskörpern – zumindest von denen, die wir kennen – sind jedoch noch deutlich lebensfeindlicher.

Stellen Sie sich hierfür einen außerirdischen, bizarren und extremen Lebensraum vor. Zum Beispiel eine unterirdische Unterwasserwelt, wie sie unter der Eiskruste von Eismonden wie Europa und Enceladus vermutet wird (Kap. 3). Stellen Sie sich weiterhin vor, dass diesen Lebensraum kein einziger energiespendender Sonnenstrahl erreicht. Die geschlossene Kruste über dem tiefen Ozean ist einen Kilometer mächtig und hüllt jede Lebensform und ihre Aktivitäten in absolute Dunkelheit. Doch trotz der Finsternis und den eisigen Wassertemperaturen, so stellen wir uns es jetzt einfach optimistischerweise vor, gibt es hier ein funktionierendes Ökosystem. Belebt von normalen und bizarren, von einfachen und komplexeren Organismen. Vielleicht in Form von ekligen Tentakeln, die aus dem Eis heraus ins Wasser ragen. Oder glitschige, pflanzenähnliche Körper, die nicht aus dem Boden, sondern kopfüber aus der bloßen Eisdecke wachsen. Eine perfekte Umgebung für einen düsteren Science-Fiction-Roman.

Sollten Sie nun in Versuchung geraten, ein Buch über fantastische Eiswelten veröffentlichen zu wollen, könnte Ihr Einfallsreichtum von Lesern jedoch schnell infrage gestellt werden. Das oben beschriebene Habitat, mitsamt den aus dem Eis ragenden und glitschigen Tentakeln fernab jeglichen Sonnenlichts, ist nämlich keine Schnapsidee von mir oder anderer Kollegen. Dieser Lebensraum existiert tatsächlich – und zwar auf unserem Heimatplaneten. Dieses komplexe und vor Leben strotzende Ökosystem befindet sich unter der Antarktis, genauer gesagt unter dem Riiser-Larsen und Ross-Schelfeis, welches von Zoologen wie Yuuki Watanabe von der Universität Tokio und den Tiefseeökologen um Brent Christner von der Louisiana State University im letzten Jahrzehnt eingehend untersucht wurde.

Beide Forschergruppen hatten ursprünglich – wie so oft in den Naturwissenschaften – ganz andere Fragestellungen im Sinn. Ihre Entdeckungen sind Paradebeispiele für den eigens eingeführten Begriff der „Serendipität", welches das Phänomen beschreibt, dass unbeabsichtigte und zufällige Entdeckungen manchmal zu größeren Umstrukturierungen und neuen Ansichten in der Naturwissenschaft führen können als akribisch gefertigte und bis ins letzte Detail durchgerechnete Forschungspläne. Der Japaner wollte im Jahr 2003 eigentlich das Jagd- und Fressverhalten von antarktischen Robben untersuchen. Klingt nun wirklich nicht sehr astronomisch. Doch die an den Tieren angebrachten Messinstrumente zeigten erstaunlicherweise, dass sie in Tiefen hinabtauchten, die für diese Spezies eher unüblich sind und den Kenntnissen nach – auch trotz den widrigen Bedingungen der Kältewüste – nicht notwendig waren, um ausreichend Nahrung zu finden. Was hatten die gut genährten, ja richtig fetten Robben dort unten also zu suchen? Wo unter dicken Eisschichten mit Sicherheit ein weniger üppiges Fisch-Buffet als in höhergelegenen Tauchplätzen für die Säuger aufgetischt war? Zunächst vermutete Watanabe besonders nahrhafte oder leckere Fische, welche, wieso auch immer, die unwirtlichen Habitate unter dem antarktischen Eispanzer besiedeln. Doch diese etwas gewagten Vorstellungen des Zoologen wurden nicht nur umgeworfen, sondern weit übertroffen. Um dem Treiben in den Tiefen genauer auf den Grund zu gehen, brachte er eine Unterwasserkamera samt Beleuchtungsapparat an einem Tier an und fing während des Tauchgangs auf seinem Bildschirm zum ersten Mal etwas ein, was so zuvor noch nicht dokumentiert wurde: ein Ökosystem voller Tentakel und anderer skurriler, sich windender Gebilde unter dem mächtigen Eispanzer. Eine Unterwasserwelt, die den aufwendig am Computer simulierten Landschaften in Science-Fiction-Filmen wie Europa Report (eine fiktive Reise zum Ozean auf dem Mond Europa) in Nichts nachsteht (Watanabe et al. 2006).

Die Crew um den Tiefseeökologen Brent Christner fluchte sogar lauthals vor Überraschung, als sie an Bord ihres Forschungsschiffes auf die Monitore blickten. Eigentlich wollten sie untersuchen, wie sich das 750 Meter dicke Eis und der flüssige Wasserkörper unter dem Panzer im Zuge eines Klimawandels verhalten wird – und zwar 850 Kilometer weit vom freien Ozean und seinen lebensspendenden obersten und von der Sonne durchleuchteten Schichten entfernt (das ist in etwa die Breite Frankreichs). Stattdessen entdeckte der ausgesandte Tauchroboter Deep-SCINI im Januar 2015 im Lichtkegel seiner Scheinwerfer quicklebendige Fische verschiedenster Morphologie, diverse farbige und filigrane Quallen und (bereits 2010 entdeckte) Seeanemonen, die nicht aus dem Meeresboden empor wuchsen, sondern im Eis der Gletscher-Unterseite verwurzelt waren und somit kopfüber aus der Eisdecke hingen (Peter et al. 2017). Einige Organismen in dieser absolut finsteren Welt konnten die beteiligten Forscher zunächst nicht einmal zuordnen. Aufgrund seiner rundlich-länglichen Form und teigartigen Erscheinung wurde eine vorbeischwebende Lebensform von den äußerst kreativen Wissenschaftlern deshalb kurzerhand „Frühlingsrolle" getauft (Abb. 2.1).

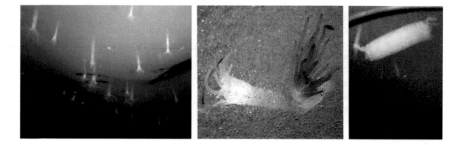

Abb. 2.1 Unter dem 740 Meter mächtigen Ross-Schelfeis befindet sich ein komplexes Ökosystem, in dem Seeanemonen *(Edwardsiella andrillae)* kopfüber ins Wasser hängen und auf der Unterseite des Gletschers verwurzelt sind (links). Der Tauchroboter DEEP-SCINI machte auch Aufnahmen von Organismen, die nicht zugeordnet werden konnten – eine Lebensform erhielt deshalb kurzerhand den Namen „Frühlingsrolle" (rechts). (© ANDRILL Science Management Office, University of Nebraska-Lincoln, mit freundlicher Genehmigung)

Tatsächlich ist dieses Ökosystem unter dem antarktischen Eis noch um einiges bizarrer und übersteigt sogar die Kreativität vieler Einfälle von Science-Fiction-Produzenten bei Weitem. Schwimmfähige Tiere wie Fische und Quallen suchen hier nämlich ihr Futter nicht hauptsächlich am Meeresgrund, sondern sie schnappen nach von oben herabrieselnden Nährstoffen. Da täglich etwa ein Millimeter des Eises an der Unterseite des Gletschers schmilzt, werden nahrhafte Stoffe aus dem Eis gelöst und in gewisser Konzentration freigesetzt. Dieser Effekt führt auch dazu, dass sich hier (im Ozean) eigene Flüsse entwickelten, die keinem Relief im Boden folgen, sondern über ihm hinwegschweben. Gefrorenes Wasser aus der Eisdecke schmilzt hierbei unter Einwirkung des salzigen Meerwassers und fließt aufgrund seiner geringeren Dichte separat an der Unterseite der Kruste oberhalb der tierischen Bewohner mit den typischen verzweigten Mustern von Flussverläufen entlang. Eine verkehrte Welt, wenn man so will, in der die Flüsse über einem hinwegströmen und das Essen von oben herabregnet.

Komplexe Lebensformen leben und gedeihen in diesem exotischen und absolut dunklem Lebensraum trotz diesen widrigen, bizarren und regelrecht außerirdischen Bedingungen aber offensichtlich überaus prächtig. Von ihnen warten sicherlich noch viele auf ihre Entdeckung, da der Tauchroboter mit seinen Scheinwerfern selbstverständlich nur vergleichsweise kleine Ausschnitte beleuchten konnte. Von einfachen Lebensformen brauchen wir erst gar nicht anfangen zu berichten – sie sind wie fast überall massenhaft vorhanden. Dasselbe Team hatte bereits 2013 den subglazialen See Lake Whillans und dessen Sedimente erforscht. Dieser liegt noch einmal weitere 100 Kilometer vom offenen Ozean Richtung Inland entfernt und bietet den

Ergebnissen zufolge dort speziellen Mikroben eine Heimat, die unter einem 800 Meter dicken Eispanzer ohne jegliches energiespendende Sonnenlicht Ammoniak und Methan zur Biosynthese ihres Körpers nutzen (Christner et al. 2014). „Einige Mikroben" ist hierbei jedoch etwas untertrieben – pro Milliliter fand man nämlich rund 130.000 mikrobielle Zellen, was für diese extreme Bedingungen einem höheren Wert entspricht als zuvor erwartet wurde. Dasselbe gilt für den unter dem antarktischen Eis gelegenen Lake Mercer, der mit 160 Quadratkilometern etwa doppelt so groß ist wie Manhattan und vermutlich etwa zehn bis 15 Meter tief ist.

Heute sind rund 400 solcher finsteren Seen unter riesigen Eispanzern bekannt und sie stellen die isoliertesten Ökosysteme der Erde dar. Weitere Untersuchungen dieser Welten werden insbesondere neue Fragen über Extrembedingungen und Grenzen von speziellen mikrobiellen Ökosysteme der Erde aufwerfen. So ist geplant, den Lake Mercer mit schlanken robotischen Unterwasserfahrzeugen zu erkunden und Teile des Sediments aufzusammeln – eine Methode, die in den nächsten Jahrzehnten auch für die Wasser-Monde Europa und Enceladus angedacht ist (mehr dazu in Kap. 3). Bei diesen irdischen Extrem-Ökosystemen können wir in den nächsten Jahren also spannende neuartige Funde für die Astrobiologie erwarten – und zwar völlig ohne die Notwendigkeit von einer Analyse oder gar einem Besuch von Lichtjahren entfernten Welten. So berichteten etwa Forscher der University of Alberta in Kanada im April 2018 von dem ersten Fund eines subglazialen Sees mit äußerst salzhaltigem Wasser in der kanadischen Arktis, wie es fast genauso auch auf Monden wie Europa und Enceladus erwartet wird (Rutishauser et al. 2018). Wir dürfen also gespannt sein, inwiefern die anstehenden Untersuchungen dieser bizarren Lebensräume zulassen werden, unser Wissen um die irdische Ökologie auf den astronomischen Maßstab zu erweitern.

2.1.3 Bewegungsökologie – auch für Astrobiologen relevant

Von oberirdischen Menschen, die Planetary Protection betreiben und Mikroorganismen abtöten, zu unterirdischen Wesen aus bizarren Eiswelten – wo liegt der astrobiologische Zusammenhang der letzten beiden Unterkapitel?

Für Rückschlüsse ökologischer Untersuchungen auf die Astrobiologie ist zunächst besonders relevant, dass die unter der Antarktis lebenden und sich prächtig vermehrenden Organismen (zumindest die, die eindeutig klassifiziert werden konnten) keine auf den ersten Blick ersichtlichen großen Unterschiede zu ihren in „normalen" Habitaten lebenden und gut dokumentierten Artgenossen aufweisen, obwohl sie in völlig andersartigen und extremen Ökosystemen leben. Die im Eis gefundenen Seeanemonen etwa gehören der bekannten Familie der Edwardsiidae an, deren Arten sich eigentlich in Sedimenten, Löchern oder Gesteinsritzen verankern, aber auch über den Meeresboden kriechen können. Die entnommenen Eier der kopfüberhängenden und im Eis eingebetteten Seeanemonen weisen zwar die Auffälligkeit auf, dass sie einen erhöhten Fettgehalt besitzen und deshalb zur Eisdecke hinaufschweben, anstatt wie üblich auf den Meeresboden zu sinken. Der ausgewachsene Organismus selbst scheint neben leicht veränderten Tentakeln und Nesseln den ersten Beobachtungen und Beschreibungen aber anatomisch nothing special zu sein. Frühere Untersuchungsergebnisse legen jedoch nahe, dass grundlegende Anpassungen im Genom wohl vorhanden sind und auch ein verändertes Mikrobiom (Gesamtheit der fremden Mikroben) im Verdauungstrakt dazu führen könnte, dass sich die Organismen alternativ zu ihren nahen Verwandten ernähren können (Daly et al. 2013; Murray et al. 2016).

Trotz ihrer unscheinbaren Präsenz ist sie die einzige Art der Familie, die dieses extreme Habitat bevölkert. Die Fähigkeit der Organismen, sich derart an einen unwirtlichen Lebensraum anzupassen, könnte also genauso gut so interpretiert werden, dass unsere Vorstellung von „unwirtlich" und „extrem" schlicht und ergreifend falsch ist und Habitate unter ewigem Eis (seien sie auf der Erde oder auf den Eismonden des Sonnensystems) genauso normal und lebensfreundlich sind wie ein in angenehm temperierten Zonen wachsender Wald oder der feuchte Waschlappen in Ihrer Küche mit seinen über 50 Milliarden Bakterien pro Kubikzentimeter (Cardinale et al. 2017). Dabei sind der Kreativität auch schon bei uns äußerst nah gelegenen Habitaten keine unüberwindbaren Grenzen gesetzt. So lebt etwa der Krankheitserreger *Helicobacter pylori,* der 1994 von der Weltgesundheitsorganisation als erstes bekanntes karzinogenes (krebsauslösendes) Bakterium klassifiziert wurde, im extrem sauren und eigentlich alles abtötenden Milieu unserer Mägen. Zuvor war man freilich felsenfest davon überzeugt, dass es aufgrund der widrigen Bedingungen innerhalb des Ökosystems Menscheninnerei keinerlei Magenflora geben kann. Heute weiß man jedoch, dass über fünfzig Prozent aller lebenden Menschen ein von diesem Mikroorganismus besiedeltes innerkörperliches Habitat in sich tragen (Amieva und Peek 2016).

Dass unsere Einschätzungen über Lebensraumeigenschaften und Habitatansprüche etwas unbedacht sein könnten, zeigt neben den exotischen Habitaten in unseren Innereien auch wieder eine Eiswelt, die jedoch gewaltiger ist als das oben beschriebene Schelfeis-Habitat. Gemeint ist hiermit insbesondere der gigantische Wostoksee. Er liegt ebenfalls unter der Antarktis und zwar unter einer vier Kilometer mächtigen und für Sonnenlicht völlig undurchlässigen Eisschicht. Unter dem Panzer kann flüssiges Wasser wegen des enormen Drucks sogar einige Grad unter dem Gefrierpunkt als sogenanntes unterkühltes Wasser vorhanden sein. Das Wasser dort ist also kälter als so manches Eis. Zudem ist der See, im Gegensatz zu den Schelfeis-Gebieten des Abschn. 2.1.2, von jeglichem offenen Gewässer abgeschirmt – und zwar seit vermutlich mehreren Zehntausend Jahren. Er scheint auch der älteste bekannte See dieser Art überhaupt zu sein und entspricht mit einer Gefolgschaft von bisher rund 70 anderen vermuteten subglazialen Seen einer ganz und gar irdischen Welt, die noch kein Mensch direkt gesehen oder gar selbst betreten hat. Und dennoch: Im absolut finsteren Wostoksee, der selbst rund über einen Kilometer tief zu sein scheint, besteht laut Analysen von DNA- und RNA-Proben ein äußerst artenreiches mikrobielles Ökosystem (Shtarkman et al. 2013). Identifiziert wurden die Erbanlagen von Tausenden verschiedenen Spezies, hauptsächlich Bakterien. Neben einigen Archaeen und Eukarya wie Pilzen (Zellen mit Zellkern) fanden sich aber auch bekannte parasitäre Mikroben, welche darauf schließen lassen könnten, dass Tiere wie Würmer oder auch Fische dort völlig isoliert in ihrer eigenen Welt erfolgreich gedeihen, auch wenn man bisher keine direkte DNA-Spuren oder andere Biosignaturen solcher Organismen nachweisen konnte. Hierbei möchte ich Ihnen jedoch nicht vorenthalten, dass auch bei dieser Untersuchung – wie so oft in dieser Teildisziplin der explorativen Biologie – die kritische Meinung vertreten wurde, dass die Proben kontaminiert gewesen sein könnten und nicht die tatsächliche Diversität unter dem Eispanzer widerspiegelten. Auch ganz und gar irdische Ökologen müssen sich also gelegentlich denselben Fragen und Herausforderungen stellen wie die gedanklich im All schwebenden Planetary-Protection-Beteiligten von NASA und Co und eine Vorwärts-Kontamination mitten auf der Erde verhindern.

An dieser Stelle ergibt sich nun auch die erweiterte astrobiologische Problemstellung, die die Planetary Protection direkt mit bizarren Eiswelten verbindet: Allein schon unter Beachtung der subantarktischen Schelfeis-Habitate erscheint es nun weitaus plausibler, dass ein durch Menschen eingeschleppter Mikroorganismus in außerirdischen Wasserressourcen prinzipiell in der Lage wäre, eine exoökologische Nische erfolgreich zu besetzen. Das ist insbesondere für diejenigen Planetary Protection Officers relevant, die sich für die Missionen zu den Eis- und Ozeanmonden Europa und Enceladus verantworten müssen. Darunter befindet sich die anstehende NASA-Mission „Europa Lander", welche die direkte Untersuchung des unterirdischen Ozeans auf dem Jupitermond durch (vielleicht nicht ganz so keimfreie) autonome Unterwasserfahrzeuge zum Ziel hat und nach heutigem Stand etwa Mitte der 2020er-Jahre starten soll (mehr zu den Eismonden in Kap. 3). Es herrscht also die Furcht, dass Astrobiologen außerirdische Gewässer bei tollpatschigen Missionsverlauf mit irdischen extremophilen Organismen kontaminieren könnten. Für die Missionen zu den Monden Enceladus und Europa wurde deshalb im Jahr 2016 eigens das Programm „Planetary Protection for the Outer Solar System" (PPOSS) ins Leben gerufen, welches auch von der Europäischen Union gefördert wird.

Die Spezies, die für eine solche interplanetare Kontamination in Frage kommen würden, müssten selbstverständlich verschiedenste Barrieren überwinden können: Sie müssen in den Inneren einer Raumsonde überleben können, indem sie eine hohe Strahlungsresistenz aufweisen und auch von längerer Trockenheit während des Transports unbeeindruckt bleiben. Schließlich sollten sie sich in den kalten und vermutlich salzreichen Gewässern von Eismonden vermehren können (oder um es fachlicher auszudrücken: sie sollten psychrophil und halophil sein). Man spricht im Falle eines solchen hypothetischen Organismus, der all diese Fähigkeiten aufweist, von einer „problematic species". Selbstverständlich sollten diese auch irgendwie mit den Raumsonden am Boden in Kontakt kommen können – es nützt schließlich nichts, wenn so eine problematische Art irgendwo in einem abgelegenen antarktischen Gebirgszug lebt, aber niemals mit den Reinräumen von Raumfahrtagenturen in Kontakt kommt. Um außerirdische Wasser-Habitate zu kontaminieren, müssten die Keimlinge des Lebens jedoch natürlich erst einmal dorthin gelangen, ohne während des kosmischen Transports an Bord der Instrumente zu verenden oder ihre genetische Information zur Zellteilung und zum Wachstum zu verlieren.

Die Ähnlichkeit der gefundenen Seeanemonen unter dem Schelfeis mit ihren normalen Verwandten, aber auch die in der Dunkelheit gefundenen Fische (weit verbreitete Antarktisfische, Nothenioidei) mit ihren Artgenossen im etwa 850 Kilometer entfernten offenen Ozean, zeigt, dass auch in diesen irdischen Fällen von einer „Lebens-Impfung" die Rede sein kann. Aus dem offenen Meer spalteten sich also ab und an einzelne Organismen oder Schwärme aus ihrer home range ab und traten aufgrund irgendwelcher Attraktoren (zum Beispiel Nahrung) oder Repressionen (Ausweichen von Konkurrenz) ihre Reise in die ewige Dunkelheit an. Und zwar so lange, bis die einzelnen Subpopulationen schließlich unter dem antarktischen Eis das Ökosystem bildeten, das Forschern nun genauso gefällt wie hungrigen und dicken Robben. Die schlussfolgernde exo- und bewegungsökologische Fragestellung bezüglich transspermischer Gesichtspunkte lautet folglich: Kann eine Wanderung (dispersal) von einfachen, aber extrem widerstandsfähigen Lebensformen auch durch die Dunkelheit des Alls erfolgreich beendet werden? Mit dem Reisemotto: Egal wohin, Hauptsache eine geeignete Unterkunft? Oder im ökologischen Sinne: eine freie Nische in einem geeigneten extraterrestrischen Patch? Und vor allem: Könnten Lebensformen diese Reise sogar eigenständig, also ohne technologische Hilfe des Menschen antreten oder in der Vergangenheit bereits angetreten haben?

Die letzte Frage wird von einigen Kritikern der Transspermie oft aufgeworfen. Sie akzeptieren, dass ein Raumschiff prinzipiell ein geeignetes Taxi für interplanetare Mikrobentrips sein könnte. Man spricht in diesem Fall von „gerichteter Panspermie" (directed panspermia), weil sie durch gezielte menschliche Aktivität bedingt ist. Der Astronaut Scott Kelly scherzte im Januar 2016 diesbezüglich über Twitter mit seiner Nachricht „Yes, there are other life forms in space!" und meinte hiermit eine prächtig orangefarben blühende Zinnie, welche mithilfe seines außerirdisch grünen Daumens zur ersten im Weltraum gezüchteten Blume wurde. Und auch die Astronauten auf der ISS essen bereits an Bord geerntetes Grünzeug, das also im All lebendig mit umherfliegt (darunter gab es sogar eigene Programme, die von der NASA zur Anfangszeit mit einer gesunden Portion Humor als „Veggie-Missionen" betitelt wurden). Tragen wir hingegen unabsichtlich niedere Organismen durch das Sonnensystem – wie zum Beispiel im Falle von Marsrover-Missionen –, ist auch der separate Begriff „versehentliche Panspermie" (accidental panspermia) gebräuchlich. Im Falle von Aliens, die durch ihre Aktivitäten einen solchen Transfer möglicherweise ebenfalls bereitstellen oder in der Vergangenheit ermöglicht haben, sprach der 2004 verstorbene österreichische Astrophysiker Thomas Gold bei seinen Vorträgen sogar von „lebendem kosmischem Müll".

Doch was ist, wenn keine Menschen mit ihren Raumsonden oder andere raumfahrtbetreibende Wesen an einem interplanetaren Transfer beteiligt sind? Weder beabsichtigt noch versehentlich? Wie könnte sich ein fremder Himmelskörper mit „Leben" infizieren, wenn keine Raumschiffe, seien sie nun aus menschlicher Hand gebaut oder nicht, als geeignete Übergangshabitate während der interplanetaren Reise zur Verfügung stehen? Eine wichtige Fragestellung der Astrobiologie lautet demnach: Gibt es eine „natural panspermia"?

2.2 EXPOSE – Transport von biologischem Material nach Einschlägen und Strahlungsausbrüchen

Folgendes haben wir bereits gelernt: Im Zuge der Planetary Protection gibt es Menschen bei der NASA und Co., die dafür verantwortlich sind, dass Raumsonden so steril wie nur möglich sind und eine unbeabsichtigte Vorwärts-Kontamination völlig verhindert oder auf ein zu vernachlässigendes Minimum reduziert wird. Das Wort „Planetary Protection Officer" ist also kein Begriff aus den Militärtruppen der Star-Wars-Saga, sondern eine tatsächliche Berufsbezeichnung bei der NASA. Diese, nun ja, lebensausrottende Tätigkeit kann jedoch erst recht nichts ausrichten, wenn die ohnehin widerstandsfähigen mikrobiellen Passagiere überhaupt keine akribisch gereinigten Raumsonden als kosmische Vehikel benötigen, sondern sich natürlicher Transportmittel bedienen können („natürlich" im Sinne von naturogen, also nicht durch den Menschen bedingt oder beeinflusst).

In einem eigentlich „irdischen" Vortrag über die Widerstandsfähigkeit und räumlich-zeitliche Verbreitung von Pflanzensamen fragte ich die etwa 30 Zuhörer (hauptsächlich Ökologen und Umweltingenieure) spaßeshalber, welches Ereignis einen Pflanzensamen (oder auch eine Mikrobe) am weitesten transportieren kann? Und mit „am weitesten" meinte ich hier keine Hunderte Kilometer weite Verbreitung durch Windturbulenzen oder Wasserflüsse, sondern den Transfer vom Erdboden in eine Position außerhalb des irdischen Gravitationsfeldes. Nach zehn Sekunden hob sich etwas zögernd eine Hand. Was denken Sie?

Die Frage des Mannes, ob ein Vulkanausbruch dafür infrage kommen könnte, musste ich mit Nein beantworten, da mir schlicht und ergreifend keine einzige Publikation diesbezüglich bekannt war und selbst der Ausbruch eines Supervulkans zwar nachweislich ausreicht, um Mikroben in die oberen Atmosphärenschichten zu transportieren (Griffin 2004; Wainwright et al. 2006), aber meines Erachtens dennoch zu wenig kinetische Energie bereitstellen dürfte, um bei schwereren Partikeln wie Pflanzensamen die gravitative Anziehung zu überwinden und sie mit Rauch und Krach in den interplanetaren Raum zu katapultieren. Für einen natürlichen Transfer zwischen Erdoberfläche und Weltraum muss also etwas deutlich gewaltigeres vonstatten gehen: Einschläge von Meteoriden oder gar Asteroiden, die nicht nur Staub und kleine Partikel, sondern auch größere Aggregate oder (bei einem genügend starken Impact) auch ganze Felsbrocken aus dem unmittelbaren Gravitationsfeld der Erde schleudern können.

Innerhalb des Bodens lebende Organismen – vor allem sogenannte endo-lithische Mikroorganismen – können also mitsamt ihres Mikrohabitats unter gewissen Umständen der Anziehung der Erde entweichen. Die Frage ist nun natürlich, ob sie dies auch überleben können. Zumindest das heraus-katapultierte Gestein kann sodann nach einiger Zeit in das Gravitations-feld eines anderen Körpers, zum Beispiel des Mars, gelangen (Horneck et al. 2008; Nicholson 2009; Wesson 2010). Dieser hypothetische Prozess wird eigens als „Lithopanspermie" bezeichnet (von griech. lithos: Stein), also der Lebensübertragung von Planet zu Planet durch herauskatapultierte Gesteine. Der Begriff der Lithopanspermie ist also Ausdruck dessen, dass Nachbarplaneten entgegen der intuitiven Meinung nicht zwingend bio-logisch isoliert sein müssen. Schon frühe Computersimulationen zeigten, dass ein solcher Gesteins-Transfer zwischen Erde und Mars, allein durch die gravitative Wechselwirkung bedingt, etwa elf Millionen Jahre dauert (Glad-mann 1997). Das ist ein flüchtiger Wimpernschlag in der viereinhalb Mil-liarden Jahre alten Geschichte unseres Sonnensystems, bei der das Kapitel des Lebens schon vor etwa vier Milliarden Jahren aufgeschlagen wurde. Beachten Sie aus dem Kap. 1 jedoch: Bei einem Planetensystem wie dem von Trap-pist-1 könnten diese Zeitangaben noch deutlich unterschritten werden, da die Planeten hier äußerst kompakt angeordnet sind – alle bekannten sieben Planeten in diesem System würden in die Umlaufbahn zwischen Sonne und Merkur passen, was einen transspermischen Austausch sehr viel wahrschein-licher erscheinen lässt.

Grundsätzlich ist nicht ausgeschlossen, dass die Lithopanspermie auch interstellar vonstatten geht – dass also Körper, die aus anderen Sternsystemen stammen, die Erde oder andere Planeten erreichen und diese bei einem Ein-schlag mit wichtigen Biomolekülen oder gar Mikroben beschenken. Wenn-gleich extrem spekulativ, gewann diese Idee wieder an Popularität, als im Oktober 2017 das Objekt 1I/'Oumuamua innerhalb des Sonnensystems entdeckt wurde. 'Oumuamua, was aus dem hawaiianischen als „der Bot-schafter" übersetzt werden kann, ist nämlich das erste beobachtete Objekt in der Menschheitsgeschichte, dass von einem anderem Sternsystem stammt und an unserer Erde mit einer Entfernung von 24 Millionen Kilometern vorbeizog, also etwa „nur" 60-mal so weit entfernt wie unser Mond (Meech et al. 2017). Mit bis zu 320.000 Kilometern pro Stunde ist der Körper wie-der auf dem Weg raus aus dem Sonnensystem, um weiter alleine durch die Weiten des Alls zu driften. Er ist zwar glücklicherweise nicht auf der Erde oder einem anderen Planeten unseres Sonnensystems eingeschlagen, aber wer weiß, wo der Körper noch vorbeischauen wird und ob er dort seine inneren Bestandteile zerstreuen wird.

Diese in der Geschichte einmalige Beobachtung war für viele so erstaunlich, dass sogar vorgeschlagen wurde, dass 'Oumuamua ein außerirdisches Raumschiff oder Sonnensegel sein könnte (Bialy und Loeb 2018). Doch solche Behauptungen aus wenig stichhaltigen Zusammenhängen aufzustellen, ist meines Erachtens keine evidenzbasierte Astrobiologie, sondern vielmehr ein amüsantes Hirngespinst und noch viel mehr ein in den Medien gut platziertes Marketinggeschäft. Während sich einige also über solche Alien-Spekulationen den Kopf zerschlugen, tüfteln die ersten Entdecker immer noch daran herauszufinden, ob es sich bei 'Oumuamua nun um einen interstellar umherwandernden Kometen oder Asteroiden handelt, wobei die neuesten Erkenntnisse eher für einen Kometen oder kometenähnlchen Körper sprechen (Micheli et al. 2018). (Falls nicht bekannt: Der grundsätzliche Unterschied zwischen Asteroiden und Kometen besteht darin, dass Kometen entweder eine Bahn aufweisen, die sich der Sonne in periodischen Abständen stärker annähert und sie deshalb bei der Erwärmung durch die Sonne staubige Hinterlassenschaften erzeugen, die sich als Kometenschweife bemerkbar machen können, oder dass sie keine solche Bahn aufweisen, aber einen Kometenschweif bilden könnten, falls sie sonstwie erwärmt werden. Gewöhnlichen Asteroiden fehlt diese Eigenschaft nach gängiger Definition, wobei nicht ausgeschlossen werden kann, dass auch sogenannte aktive Asteroiden unter gewissen Umständen ähnliche Muster erzeugen können. Die Klassifizierung ist in der Forschung oft nicht eindeutig möglich, so wie es auch bei 'Oumuamua eben noch der Fall ist). Neben 'Oumuamua gibt es heute auch neue Hinweise dafür, dass einige andere Asteroiden ursprünglich nicht aus dem Sonnensystem stammen. So schlussfolgerten Astrophysiker aus Nizza im Mai 2018, dass der Jupiter-Asteroid 2015 BZ509 ein interstellarer Eindringling ist, der es sich im Sonnensystem aber schon vor Milliarden von Jahren (aber dennoch bereits zur Zeiten einer belebten Erde) gemütlich gemacht hat (Namouni und Morais 2018).

Doch egal, ob es sich nun um Transspermie (innerhalb des Sonnensystems) oder um eine interstellare Panspermie handelt: Die eigentlich wichtige Frage ist natürlich: Kann ein solcher Transfer von Mikroorganismen überdauert werden? Vor allem angesichts solch immenser Zeitspannen von Millionen von Jahren? Bewegen sich die Steingeschosse nicht nur passiv nach einem Einschlag durch den interplanetaren Raum, sondern aktiv in Form von Asteroiden oder Kometen, sind natürlich auch deutlich geringere Zeitspannen vorstellbar – bis hin zu Jahren und Monaten. Hier kann bisher jedoch nur sicher davon ausgegangen werden, dass für das Leben notwendige Moleküle über Kometen und Asteroiden übertragen werden könnten, nicht jedoch ganze Lebensformen. In diesem Fall spricht man von

„Pseudopanspermie". Für eine tatsächliche Panspermie muss also ein bereits belebter Körper wie ein Planet oder Mond vorhanden sein, der aufgrund eines Einschlags Teile seiner Böden und Gesteine an den interplanetaren Raum abgibt. Ein seit Milliarden von Jahren toter Asteroid reicht alleine also nicht aus. Eine wesentliche Aufgabe der astrobiologischen Forschung ist es also herauszufinden, welche Mechanismen ein Überleben gewährleisten könnten oder ob zumindest eine Übertragung von toten Organismen möglich ist (für diese Idee gibt es auch tatsächlich einen Fachbegriff: die „Necropanspermia" (Wesson 2010).

Für die Frage nach der Überlebensfähigkeit der Mikroben bei einem solchen natürlichen Transfer sollten zunächst einige ökologische Grundlagen berücksichtigt werden. So sollte man sich zunächst vergegenwärtigen, dass der Boden neben dem Darm von Tieren und Menschen der am dichtesten besiedelte und vor allem diverseste Lebensraum der Erde ist. Selbst die Ozeane können die unglaubliche Anzahl an verschiedensten Lebewesen, die durchschnittlich allein in einem Gramm Boden leben (man spricht mit heutigem Kenntnisstand von bis zu 50.000 verschiedenen Arten (Roesch et al. 2007)) nicht erreichen. Während viele Leute Böden nur als naturgegebene Fußunterlage betrachten und ihre Kinder beim Spielen eindringlich vor Dreck und Exkrementen warnen, gestehen sich Ökologen zunehmend ein, dass die vielfältigsten Ökosysteme der Erde weder grün noch blau, sondern schwarz und braun sind (Dance 2008). Die Wertschätzung des Bodens zeigt sich bei einigen Autoren sogar dadurch, dass sie den Böden zugestehen, das Leben der Erde zu retten, falls ein Gesteinskörper wie ein Asteroid sämtliches Leben auf der Oberfläche auslöschen sollte. Denn von den heraufgeschleuderten Bodenfragmenten würden nach einiger Zeit wieder viele zurück auf die Erde fallen und den Planeten erneut mit dem dort noch befindlichen Leben infizieren, was eigens als „self-panspermia" bezeichnet wird (Wells et al. 2003).

Die Schätzungen, wie viele Organismen nach Einschlägen von Gesteinskörpern in den Orbit der Erde gelangt sind und in Zukunft gelangen könnten, sind selbstverständlich äußerst schwierig zu berechnen und weisen hohe Varianzen auf. So ist schon die Zahl der Meteoriten, die in der Vergangenheit eingeschlagen sind, und die resultierende Menge des herausgeschleuderten Materials schwierig zu bestimmen – erst recht bei der alleinigen Untersuchung der Erde. Die Oberfläche unseres Mondes ist aufgrund der Abwesenheit einer Atmosphäre und dem damit einhergehenden Fehlen von Erosionsprozessen jedoch wie ein historisches Buch zu lesen, welches uns die Bombardements der Vergangenheit aufzeigen und auch für die Aufklärung des heutigen Beschusses unseres Heimatplaneten herangezogen werden kann. So wurde vor einigen Jahren noch angenommen, dass die oberen zwei Zentimeter des Mondregoliths im Durchschnitt etwa alle zehn Millionen Jahr völlig durch Einschläge von Gesteinsbrocken umgepflügt werden. Astrophysiker um Emerson Speyerer von der Arizona State University wiesen im Oktober 2016 durch Auswertungen der Oberflächenaufnahmen des Lunar-Reconaissance-Orbiter (LRO) jedoch nach, dass der Mond allein schon heute einem viel stärkerem Beschuss ausgesetzt ist – die Umpflügrate beträgt den neuen Hochrechnungen zufolge nur noch rund 80.000 Jahre und dürfte in den vergangenen und deutlich turbulenteren Erdzeitaltern deutlich geringer gewesen sein (Speyerer et al. 2016). Die Hochrechnungen legen auch nahe, dass der Mond im Zuge von Meteorideneinschlägen nicht nur Staub aufwirbelt, sondern auch rund 200 Tonnen Wassereis pro Jahr an das All abgibt (Benna et al. 2019).

Geht es um Einschläge großer Asteroiden oder Kometen, fällt uns und auch jedem Schulkind natürlich immer zuerst der Einschlag eines etwa 10 bis 15 Kilometer großen Körpers ein, der mit dem Aussterben der großen Saurier in Verbindung steht. Aber es gibt auch aktuellere Beispiele auf der Erde: Im November 2018 wurde die Entdeckung eines neuen Einschlagkraters veröffentlicht, der unter dem Eispanzer Grönlands liegt. Hier spricht den ersten Einschätzungen zufolge einiges dafür, dass vor rund 13.000 Jahren, also schon zu Lebzeiten des Menschen, ein 1,5 Kilometer durchmessender Körper eingeschlagen ist – vermutlich ein Asteroid (Kjaer et al. 2018). Wann der nächste Einschlag folgt, wird sich erst noch zeigen müssen. Er kommt aber auf jeden Fall.

Neben der Hypothese, dass das Edaphon (Bezeichnung für die Gesamtheit der Lebensformen im Boden) mitsamt seinem Lebensraum aufgrund gewaltiger Einschläge von der Erdoberfläche gelöst werden kann und danach durch das Sonnensystem schwirrt, wurde in den letzten Jahrzehnten auch eine andere Idee diskutiert. Die Fragestellung lautet hier, ob allein der Strahlungsdruck der Sonne in der Vergangenheit massenhaft Mikroben aus der Atmosphäre und auch aus dem Gravitationsfeld der Erde gelöst haben könnte, vor allem im Zuge heftiger Sonneneruptionen. Dies wird im Gegensatz zur Lithopanspermie als „Radiopanspermie" bezeichnet (Nicholson 2009) und auch der Begründer der modernen Panspermie-Hypothese definierte diesen Prozess schon vor über hundert Jahren und meinte nicht etwa den Einschlag von extraterrestrischen Gesteinskörpern. Demnach sollte der Strahlungsdruck der Sonne ausreichen, um vor allem die Sporen von Mikroben in den interplanetaren Raum anzustupsen, die sich in hohen Atmosphärenschichten befinden und dem Sonnenwind dort oben exponierter ausgesetzt sind.

Der Druck von einer großen Sonneneruption reicht theoretisch mit Sicherheit aus, um Kleinstkörper wie Sporen bewegen zu können, doch wie etliche konkurrierende Überlegungen und auch die späteren EXPO-SE-Experimente (Abschn. 2.2.1) verdeutlichen, überleben selbst die widerstandsfähigsten Mikroorganismen und Sporen nicht über längere Zeitspannen, wenn sie nicht von einer schützenden Schicht vor der schädlichen UV-Strahlung der Sonne und den hochenergetischen Partikeln der kosmischen Strahlung abgeschirmt werden. Eine hohe Anzahl von Lebensformen oder biologischen Komponenten allein reicht im gnadenlos von Strahlung durchdrungenen Raum des Sonnensystems also nicht aus – vor allem dann nicht, wenn sich Oh-my-god-Teilchen quer durch den Raum schlagen sollten. Für längere Reisezeiten im interplanetaren Raum müsste ein gewöhnlicher Felsbrocken deshalb mindestens einen Durchmesser von einem Meter besitzen, um darin eingebettete extremophile Mikroorganismen oder deren Sporen vor destruktiven Strahlungseinflüssen zu schützen (Mileikowsky et al. 2000). Wie Sie sich vorstellen können, wird das von den Skeptikern der „Mond-Bakterien" gerne ausdrücklich betont, da hier nur ein zentimeterdickes Kameragehäuse und der Isolierschaum als Schutz auf unserem von Strahlung heimgesuchten Mond dienen hätte können, und nicht etwa ein einige Meter großer Felsen.

Bei einem Meteoriten- oder gar Asteroideneinschlag sind herausgeschleuderte Gesteinsbrocken über einem Meter Durchmesser alles andere als unrealistisch – der Wert dürfte bei größeren Einschlägen sogar sicherlich deutlich höher liegen. Bei der Radiopanspermie hingegen sind die Organismen der tödlichen Strahlung des Weltraums völlig exponiert. Deshalb steht die Lithopanspermie in der heutigen astrobiologischen Forschung viel stärker im Fokus als das Herauslösen von biogenen Komponenten durch stellare Strahlungswinde.

In diesem Unterkapitel möchte ich Ihnen abschließend nicht vorenthalten, dass es in diesem Bereich der Astrobiologie auf Fachkonferenzen ab und an durchaus auch zu Meinungsverschiedenheiten – ja sogar zu kleinen Streitereien – kommt. Der Grund für die Unstimmigkeit ergibt sich, wenn man das Konzept der Lithopanspermie direkt mit der Anwendung von Planetary Protection verbindet. Einige Forscher und Autoren bekräftigen nämlich, dass die Maßnahmen der Planetary Protection nicht nur extrem aufwendig, sondern angesichts der natürlichen Lithopanspermie schlicht unsinnig sind (Fairen und Schulze-Makuch 2013). Sie stellen also die durchaus berechtigte Frage auf, ob es Sinn machen kann, allerlei Mikroben auf und in Raumsonden gewollt abzutöten, wenn sie möglicherweise sowieso natürlich durch Meteoriden verbreitet werden. Also eine wenig sinnvolle planetare Quarantäne?

Wenn es darum geht, dass man Proben vom Mars oder anderen Körpern zur Erde zurückbringt, kann ich dem zustimmen, da natürliche Transportmittel wie Meteoriden die Erde ohnehin schon längst und ständig über die Rückwärts-Kontamination „verschmutzt" haben und auch weiterhin werden – auch wenn das natürlich nur für den Fall gilt, dass organische Bestandteile oder Mikroben einen solchen interplanetaren Transfer überhaupt überstehen können. Für die aktive Suche nach heutigem oder vergangenem Leben auf anderen Körpern des Sonnensystems, insbesondere des Mars, kann ich der Bestrebung „weniger Planetary Protection" jedoch nicht zustimmen. Wenn wir bei In-situ-Missionen (das sind Missionen, die vor Ort stattfinden, z. B. auf dem Mars) aufhören, die Sonden mit ihren Nachweisinstrumenten zu sterilisieren, werden wir zwangsläufig irdische biologische Komponenten in großer Konzentration mit an Bord haben, inklusive auf und in den Analysegeräten. Der evidenzbasierte Nachweis von außerirdischem Leben wäre so per se ausgeschlossen, weil man sich nie sicher sein könnte, ob die aufgespürten Biomoleküle wirklich außerirdisch, oder doch nur ganz und gar irdisch sind – es sei denn das Leben wäre in seiner Erscheinung auf unseren Nachbarn wie dem Mars so anders, dass es gar nicht von der jetzigen Erde als Verschmutzung hätte stammen können.

Meinungsverschiedenheiten und Planetary Protection hin oder her – die chinesische Raumfahrtbehörde hat mit ihrem hochmodernen Rover Chang'e-4 zum ersten Mal eine Landung auf der erdabgewandten Seite des Mondes erfolgreich durchgeführt. Und mit an Bord waren einfach mal drei Kilogramm Pflanzensamen und lebendige Eier von Seidenraupen. Eine Kamera hat ab dem Frühjahr 2019 festgehalten, ob sich in der gut abgeriegelten Kammer trotz der gravitativen Bedingungen auf dem Mond ein eigenes kleines Ökosystem bilden konnte – die europäischen und amerikanischen Planetary Protection Officers haben bei den Aufnehmen ihren Blick aber wohl vielmehr auf die Tüchtigkeit der Verriegelung gerichtet. Natürlich nicht, weil sie dachten, dass diese Organismen dort draußen einfach so überleben könnten, sondern um zu verhindern, dass biogene Rückstände verstreut werden. Übrigens: Alle Seidenraupen sind schnell gestorben und kein Pflanzensamen hat sich entwickelt. Ob auch die Mikroben verendet sind, die dort mit den Pflanzen und Tieren dann zwangsweise auch mit an Bord waren, ist noch nicht bekannt.

2.2.1 Extreme Gäste auf der ISS – wie extrem sind die Erdlinge?

Ob in einem Felsbrocken oder an Bord einer Raumsonde: ein interplanetarer Transfer birgt todbringende Risiken für Leben, auch für uns Menschen, trotz technischer Schutzschilde. Während der Reise sind es insbesondere die energiereiche elektromagnetische Strahlung der Sonne (vor allem im UV-Bereich) und die hochenergetische Partikelstrahlung des Kosmos, aber auch die auftretenden Temperaturen (starke Schwankungen und plötzliche Temperaturschocks) und die gravitativen Bedingungen im Vakuum. Bei der Lithopanspermie muss zudem beachtet werden, dass Mikroben oder deren Überdauerungszustände den Einschlag eines Meteoriden und die Beschleunigungen beim Herausschleudern genauso überleben müssen, wie den hitzigen Eintritt in eine extraterrestrische Atmosphäre (falls diese vorhanden ist) und auch den harten Aufschlag auf einen anderen Himmelskörper.

Nun kann man sich zu Recht fragen, wie man solche „Tests" in irdischen Laboren experimentell überhaupt authentisch durchführen soll und vor allem, was das für eigenartige Leute sind, die sich zum Beispiel damit bespaßen, kleine Mikroorganismen in Kapseln zu stecken und sie mit Tausenden von Stundenkilometern gegen Stahlwände zu schießen. Diese Personen fanden sich aber – und zwar auf dem ganzen Globus verteilt. So zeigten Forscher aus Brasilien im Sommer 2018 zum ersten Mal, dass sogar ein spezieller multizellulärer Organismus extreme Geschwindigkeiten wie nach einem Asteroideneinschlag ohne Weiteres übersteht. Dafür wählten sie das beliebte Labortier *Caenorhabditis elegans* – ein Fadenwurm, der selbst nach 400.000-facher Fallbeschleunigung keinerlei negativen Veränderungen im Verhalten, seiner Entwicklung und seinem Stoffwechsel aufwies (De Souza und Pereira 2018).

Für noch extremere Tests erwogen einige Forscher sogar, unseren Heimatplaneten und irdische Experimente hinter sich zu lassen – es geht ja schließlich um die Astrobiologie. Um konkretere Aussagen über das Überlebenspotenzial ausgewählter widerstandsfähiger Organismen und biologischer Strukturen unter den Bedingungen des Weltraums zu ermöglichen, wurden zwischen 2008 und 2016 auf der Internationalen Raumstation ISS (International Space Station) von der ESA deshalb die sogenannten EXPOSE-Experimente durchgeführt und etappenweise erfolgreich beendet.

Die biologischen Materialien des ersten Experiments EXPOSE-E bestanden unter anderem aus Aminosäuren, Sporen und Pflanzensamen. Und diese wurden 2008 mithilfe des Space-Shuttles Atlantis zum Außenposten der Menschheit befördert. Die Andockung am Modul Columbus – ein in Italien hergestelltes Raumlabor – ermöglichte sodann die ersten groß angelegten und präzise kontrollierbaren und nun tatsächlich „exo"-ökologischen Untersuchungen. Während bei dieser Mission insbesondere die Wirkung von UV-Strahlung des Weltraums auf biologische Komponenten getestet wurde, startete noch im selben Jahr das erweiterte Material des EXPOSE-R-Experiments, welches am russischen Modul andockte und einige ähnliche, aber auch viele andere Untersuchungen ermöglichte. Im Juli 2014 startete schließlich das letzte Experiment EXPOSE-R2. Mit an Bord waren diesmal unter anderem Bakterien, Pilze und mehrere Arthropoden-Arten (Arthropoden sind die übergeordnete Gruppe der Gliederfüßler, zu denen neben den Krebstieren auch die Insekten und Spinnentiere gehören) (Rabbow et al. 2017).

Auch die Japaner haben von 2015 bis 2018 Experimente auf der ISS vollzogen, die ebenfalls die transspermische Reise von Mikroben im Fokus hatten und unter dem Titel „Tanpopo"-Mission zusammengefasst wurden. Ganz abgesehen davon, dass die japanischen Kollegen deutlich kreativer in der Namensgebung waren (Tanpopo ist das japanische Wort für die Pusteblume, die ihre leichten Samen ebenfalls auf lange Strecken schicken kann), wagten sie auch erstmals, nicht nur mitgebrachte extremophile Organismen wie Deinococcus-Arten im Weltraum auszusetzen, sondern auch Staub und Mikrometeoriten mit Gel-Fallen passiv einzufangen. Damit könnten sie hypothetische Mikroben detektieren, die sich möglicherweise bereits 400 km über uns befinden und auf ihre erstmalige Entdeckung warten (Yamagishi et al. 2018).

Alle beendeten EXPOSE-Experimente und auch die ersten Tanpopo-Untersuchungen sind mitsamt Kurzbeschreibung der Ziele und Ergebnisse auf den folgenden Seiten aufgelistet. Bei einigen Experimenten (EXPOSE-R, EXPOSE-R2, und Tanpopo) sind zu diesem Zeitpunkt (Mai 2019) noch keine Daten veröffentlicht worden, wenngleich alle Experimente bereits beendet wurden und alle Proben wieder sicher auf der Erde gelandet sind.

Überblick EXPOSE-Experimente

EXPOSE-E:
1. PROCESS (Noblet et al. 2012):
   Ziel: Verhalten von organischen Molekülen und Aminosäuren unter simulierten Mars- und Weltraumbedingungen.
   Ergebnisse: Organisches Material unter 1,5-jähriger UV-Belastung wie auf der Marsoberfläche völlig degradiert. Kein stabiler Aufenthalt im freien interplanetaren Raum möglich, wenn nicht geschützt.

2. ADAPT (Wassmann et al. 2012):
Ziel: Überleben von Endosporen im interplanetaren Raum und unter UV-Belastung wie auf der Marsoberfläche.
Ergebnisse: Größter Schaden an bakteriellen Endosporen durch UV-Strahlung (interplanetar und Mars). Wenn effektiv vor Strahlung abgeschirmt, überleben im Erdorbit acht Prozent und auf dem Mars 100 Prozent der Sporen.

3. PROTECT (Vaishampayan et al. 2012):
Ziel: Resistenz von Endosporen gegenüber Weltraumbedingungen und ihre Fähigkeit der Erholung von den Schäden.
Ergebnisse: Nur durch UV-Strahlung große Schäden – bei einer Abschirmung keine komplette Degradierung. Deutlich mehr Stress im interplanetaren Raum als auf dem Mars. Intrazelluläre Resistenzmechanismen werden während des Aussatzes aktiviert und erhöht. Überlebensanteile, wenn vor Strahlung geschützt: interplanetar 10–40 Prozent, Marsoberfläche: 85–100 Prozent.

4. LiFE (Scalzi et al. 2012):
Ziel: Überleben von Flechten (Symbiose von Pilzen und Mikrooganismen) im interplanetaren Raum.
Ergebnisse: Zwei Flechten aus der Antarktis konnten nach 1,5 Jahren Aufenthalt im Weltraum wieder erfolgreich auf der Erde wachsen, wenn sie vor UV-Strahlung geschützt waren. Großteil der DNA blieb unter vor Strahlung geschützten Mars-Bedingungen intakt.

5. SEEDS (Tepfer et al. 2012):
Ziel: Überdauerung von Pflanzensamen im Weltraum.
Ergebnisse: Etwa 25 % der Samen konnten nach 1,5-jährigem Aufenthalt im Weltraum physiologisch intakte Pflanzen hervorbringen, wenn sie vor UV-Strahlung geschützt waren.

EXPOSE-R:
1. AMINO (Bertrand et al. 2015):
Ziel: Einfluss solarer UV-Strahlung auf Aminosäuren im Erdorbit.
Ergebnisse: Aminosäuren resistenter gegen Denaturierung, wenn in Meteoritenstaub eingelagert. Bei völlig exponiertem Aussatz erfolgt nahezu komplette Degradierung.

2. ORGANIC (Bryson et al. 2015):
Ziel: Entwicklung von organischen Verbindungen bei Aussatz im Weltraum.
Ergebnisse: Kompakte Kohlenwasserstoffe sind stabiler als freie Verbindungen. Am anfälligsten, wenn kein Kohlenstoff oder Wasserstoff in der Verbindung vorhanden ist.

3. ENDO (Bryce et al. 2015):
Ziel: Einfluss von Weltraumbedingungen auf endolithische Mikroorganismen (in Böden lebende Mikroorganismen).
Ergebnisse: Durch Einschläge gelöste Bodenaggregate sind geeignete Habitate für einige Mikroorganismen im Weltraum, hauptsächlich wegen dem dadurch bedingten UV-Schutz.

4. OSMO (Mancinelli 2015):
   Ziel: Überleben von osmophilen (Bevorzugung von geringen Wasseraktivi-täten) und salzresistenten Bakterien im Weltraum.
   Ergebnisse: Im Vakuum überleben 90 Prozent der Bakterien, wenn sie effektiv vor Strahlung geschützt sind. Unter exponierter solarer UV-Strahlung kein einziger überlebender Organismus.

5. SPORES (Panitz et al. 2015; Neuberger et al. 2015):
   Ziel: Überleben von Sporen im Weltraum, wenn sie in Meteoriten eingebettet sind.
   Ergebnisse: Erfolgreiches Überleben der Bakteriensporen, wenn im Inneren des Meteoriten eingelagert. Auf den obersten Schichten erfolgt Zerstörung der DNA durch UV-Strahlung; diese abgetötete Schicht kann jedoch als Schutzschicht der weiter unten geschichteten Organismen dienen. Von den ebenfalls untersuchten Pilzsporen überlebten 30 Prozent, wenn vor Strahlung geschützt. Wenn sie in zusammengesetzten Clustern ausgesetzt wurden, schützten die äußersten abgestorbenen Sporenschichten, wie bei den Bakterien, auch hier die darunter liegenden Sporenschichten.

6. PUR (Berces et al. 2015):
   Ziel: Wirkung verschiedener UV-Dosierungen im interplanetaren Raum auf den Bakteriophagen T7 (Virus, das Bakterien infiltriert) und seine RNA.
   Ergebnisse: Das gesamte UV-Spektrum verursacht Schäden der RNA. UV-Strahlung gewisser Wellenlängen kann diesen Effekt auf die RNA aber auch wieder umkehren.

7. IBMP (Novikova et al. 2015):
   Ziel: Einfluss interplanetarer Bedingungen auf Organismen im Ruhezustand ihres Lebenszyklus' (darunter, Bakterien- und Pilzsporen, Pflanzensamen, Eier niederer Krebstiere und Larven).
   Ergebnisse: Nach 1-jährigem Aufenthalt überlebten einige Bakterien- und Pilzsporen sowie Pflanzensamen, wenn vor UV-Strahlung abgeschirmt. Alle anderen Organismen jedoch nicht.

8. PHOTO (Rabbow et al. 2015):
   Ziel: Veränderungen des Erbguts von bakteriellen Sporen im Weltraum (vollkommen exponiert und in Meteoritenstaub eingedeckt).
   Ergebnisse: ausstehend.

9. SUBTIL (Rabbow et al. 2015):
   Ziel: Veränderungen des Erbguts durch Aussatz im Weltraum von zwei verschiedenen Bakterienarten.
   Ergebnisse: ausstehend.

EXPOSE-R2:
1. BIOMEX (de la Torre Noetzel et al. 2018; de Vera et al. 2019):
   Ziel: Resistenz von Biomolekülen wie Pigmenten und zellulären Bestandteilen unter weltraum- und marsähnlichen Bedingungen sowie Überleben von verschiedenen extremophilen Organismen (darunter Bakterien, Archaeen, Flechten, Moose und Pilze). Grundlage zur Bildung einer Biosignaturen-Datenbank (für Mars-Erkundung).
   Ergebnisse: Detektion von gut erkennbaren Pigmenten nach 15-monatigem Aussatz möglich, was für eine potenzielle Biosignatur auf dem Mars spricht, falls es dort solche Organsimen geben sollte. Extremophile Cyanobakterien

können auf simulierten Marsoberflächen-Bedingungen überleben, wenn effektiv vor Strahlung abgeschirmt. Archaeen halten die Marsoberflächen-Bedingungen 15 Monate aus, wenn sie in Mikronischen liegen. Extremophile Pilze können im Mars-Regolith überdauern, vor allem, wenn vor Strahlung geschützt. Moose sind in der Lage, geeignete Mikronischen auf dem Mars zu überdauern, wenn weitgehend vor UV-Strahlung geschützt. Die Flechten hatten hingegen fast keinerlei Überlebenspotenzial unter simulierten Bedingungen auf der Marsoberfläche. Weitere Ergebnisse werden noch folgen.

2. BOSS (Baque et al. 2013; Billi et al. 2017):
   Ziel: Resistenz von Mikroorganismen, die in geschichteten Kolonien wachsen (sogenannte Biofilme) unter Weltraum- und Mars-Bedingungen.
   Ergebnisse: Biofilme einer bestimmten Bakterienart sind resistenter gegen Zerstörung und DNA-Schäden als einzellige Organismen ohne Kolonienbildung. Weitere Ergebnisse stehen noch aus.

3. Biochip (Vigier et al. 2013):
   Ziel: Verhalten eines sogenannten Biochips, das zum Nachweis von Biosignaturen benutzt werden kann, unter Einfluss von Strahlung und stark schwankenden Temperaturen.
   Ergebnisse: ausstehend.

Tanpopo-Mission
1. Erstes Exposure-Panel-Experiment (Yamagishi et al. 2018):
   Ziel: Überleben von Bakterien (Deinococcus-Arten) bei Aussatz im Weltraum (sowohl geschützt durch hohe Anzahl an übereinander gelagerten Bakterienlagen als auch ungeschützt).
   Ergebnisse: Nach einem Jahr überlebten einige Bakterien, wenn die Bakterien-Schichten 500 Mikrometer oder dicker waren (unter 100 Mikrometer kein Überleben). Die abgestorbenen Zellen an der Oberfläche schützen bei 500 Mikrometer die unteren Zellen nach Tod effektiv vor UV-Strahlung.

Insgesamt betrachtet zeichnete sich im Rahmen der bisherigen Auswertungen aller EXPOSE-Experimente ab, dass die solare UV-Strahlung mitsamt der kosmischen Strahlung anderer Quellen das größte Problem für die Lebensformen und deren Sporen waren. Das gilt sowohl für den Erdorbit als auch unter simulierten Bedingungen auf der direkt exponierten Oberfläche des Mars, die nicht durch Bodenschichten bedeckt oder anderweitig geschützt war. Nichtsdestotrotz zeigen insbesondere die vorläufigen BIOMEX-Ergebnisse, dass ein Überleben von irdischen Organismen auf der Oberfläche des Mars prinzipiell nicht ausgeschlossen ist, vor allem dann nicht, wenn Schichten von Staub oder ganzen Bodenagglomeraten einen effektiven Schutz vor direkter UV-Strahlung bieten.

Ohne diesen Schutz sieht es jedoch in allen Fällen sehr viel schlechter aus. Bei der Interaktion von zellulären Bestandteilen mit energiereichen Photonen (Photoionisation) werden die Nukleinbasen der DNA oder RNA teilweise direkt beschädigt – und die Wahrscheinlichkeit dafür steigt auch auf der Erde mit ansteigender Höhe, weshalb nicht nur Astronauten, sondern auch Flugzeugpiloten regelmäßig Gesundheitschecks durchführen müssen, um präventive Maßnahmen effizienter gestalten und die Effekte der erhöhten Dosis der UV-Strahlung, aber auch der Höhenstrahlung besser einschätzen zu können (die Höhenstrahlung ist die historische Bezeichnung für die kosmische Strahlung). Für eine korrekte Interpretation ist jedoch wichtig, dass beide Strahlungen, obwohl sie beide absolut schädlich sein können, getrennt voneinander betrachtet werden müssen.

Die kosmische Strahlung (engl. cosmic rays) besteht aus extrem schnellen Partikeln – es handelt sich also um eine sogenannte harte Teilchenstrahlung, während die UV-Strahlung eine herkömmliche elektromagnetische Strahlung, ähnlich der des Lichts, darstellt. Sowohl die UV-Strahlung als auch die durch die kosmische Strahlung bedingten Teilchenschauer verursachen auf der Erdoberfläche die Ionisierung von DNA-Molekülen, was im besten Fall dazu führt, dass eine Zelle bei direktem Beschuss einen freiwilligen Selbstmord begeht (programmierter Zelltod, auch Apoptose genannt), oder im ungünstigen Fall, ähnlich wie bei radioaktiver Strahlung, genetisch mutiert und sich im Gewebe unkontrolliert zu teilen beginnt, was nichts anderes ist als Krebs. Das ist letztlich auch der Grund, wieso Sie am Strand nicht in der prallen Sonne und somit inmitten der von ihr emittierten UV-Strahlung sitzen sollten oder sich dabei zumindest mit Sonnenschutzcreme eincremen sollten.

Bei der kosmischen Partikelstrahlung verhält es sich hingegen anders: Die Teilchenschauer auf der Erde bestehen (zum Glück) nicht mehr aus den sehr energiereichen, von den kosmischen Quellen direkt stammenden Teilchen (wie Protonen), sondern aus energieärmeren und weniger schädlichen Sekundärteilchen. Diese bilden sich, wenn ein kosmisches Teilchen mit der Erdatmosphäre interagiert und einen Schauer unter sich verstreut, sofern das Magnetfeld der Erde oder der Van-Allen-Gürtel die Gefahr noch nicht abgeschirmt haben. Ionisierung bedeutet am Beispiel der kosmischen Strahlung also, dass der resultierende Teilchenschauer in Form einzelner Partikel auf Moleküle eines Körpers trifft und diese durch die Absorption von dabei ebenfalls entstehenden Photonen und dem dadurch bedingten Herausschleudern von Elektronen positiv auflädt.

Keine Sorge, das war nun schon alles, was ich in diesem Kontext zur Teilchenphysik zu sagen habe. Astrobiologisch relevant ist, dass diese Interaktionen die biochemischen Bedingungen im Erbgut schnell durcheinanderbringen oder freie Radikale erzeugen können, die besonders reaktionsfreudig sind und für einige Geschwüre bis hin zu Tumoren verantwortlich gemacht werden. Vielleicht haben Sie in Zukunft ja vor, die wunderschönen Polarlichter in der Arktis zu bestaunen, oder haben einen solchen Urlaub gar schon gemacht. Auch hier verursachen Protonen und Elektronen der harten Sonnenstrahlung die Leuchterscheinungen in der Atmosphäre – die

Schönheit dieser Polarlichter sollte sie beim nächsten Bestaunen also auch an die tödlichen Gefahren der Sonne oder eines anderen Sterns erinnern, die in unserem Fall vom irdischen Magnetfeld jedoch glücklicherweise gut abgeschirmt werden können. Besonders interessant war bei dem EXPOSE-Experiment SEEDS, dass die Wirkung der UV-Strahlung auf Pflanzensamen deutlich schädlicher war als die der viel energiereicheren Partikelstrahlung im Erdorbit – die kosmische Strahlung verursachte alleine lediglich eine verzögerte Keimung der Sämlinge (germination delay), aber das Überleben (germination survival) wurde insgesamt nicht negativ beeinträchtigt (Tepfer et al. 2012).

Dieses erstaunliche Ergebnis zeigt eindringlich, dass die kosmische Strahlung aus evolutionsbiologischer Sicht – ebenso wie die hier noch nicht behandelte radioaktive Strahlung – nicht nur schwarzgemalt werden sollte, wenngleich sie natürlich absolut desaströs wirken können. Denn beide sind nicht nur für Krankheiten in Geweben und Störungen in Computerchips verantwortlich, sondern auch grundlegend an der Neuordnung biologischer „Schaltkreise" beteiligt. Genetische Mutationen entstehen in Organismen natürlich zwar auch dadurch, dass bei der DNA-Replikation ohne jegliche Einwirkung von außen spontane Ablesefehler geschehen – die Fehlerquote ist aber bei gesunden Zellen ziemlich gering, man spricht von etwa einer Fehloperation auf eine Million Operationen (wäre dieses Buch mit seinen etwa 750.000 Zeichen eine DNA-Abfolge, gäbe es demnach also nur in jedem zweitem Buch einen einzigen kleinen Rechtschreibfehler. Gerne würde ich Ihnen das so verkaufen, aber meine Lektoren kennen zu ihrem Leidwesen die tatsächliche Quote). Abgesehen von diesen inneren „Unsauberkeiten" kommen für spontane Änderungen des Erbguts aber eben auch elektromagnetische und kosmische Strahlungsausbrüche neben vielen anderen Faktoren infrage. Dazu gehören mit Sicherheit auch einige vergangene Mutationen in irdischen Organismen, die es allen Lebewesen erst ermöglichen, neue genetische Adaptationen unter einem stetigen Selektionsdruck der Umwelt hervorzubringen und durch veränderte Genflüsse mit der Zeit zu evolieren. Sogar bei der Entstehung des Lebens könnten diese Strahlungen somit eine positive Rolle gespielt haben (mehr dazu in Kap. 3) (Scalo und Wheeler 2002; Airapetian et al. 2016). Diese Mutationen haben es in der Geschichte der Erde also vielen tierischen, pflanzlichen und mikrobiellen Populationen ermöglicht, schwere Umwälzungen zu überleben, längere Dürrezeiten zu überdauern, oder um es in den Worten Darwins zu sagen: „Die Umstände des Lebens" zu ertragen.

Die positiven Effekte von eigentlich negativ angesehener Strahlung können in der irdischen Biologie übrigens anscheinend sogar so weit gehen, dass einige Vögel in dem Gebiet direkt um Tschernobyl heute nicht nur größer sind als ihre Artgenossen, sondern der ständige Aussatz der Radioaktivität positiv wirkende genetische Anpassungen und ein äußerst stabiles Genom bei den exponierten Tieren mit sich brachte (Galvan et al. 2014), was Sie nun aber bitte nicht so verstehen sollten, dass es verrückte Biologen gibt, die solche Katastrophen begrüßen. Wichtig für die Astrobiologie ist also: Die kosmische Strahlung und ihre Wirkung auf Organismen stellt eine direkte Verbindung dar – zwischen den Weiten des Universums und dem uns auf der Erde überall umgebenden Leben in allerlei Form. Deshalb müssen wir sie auch bei allen Experimenten, die den Transport von Lebewesen im interplanetaren Raum erforschen, aber auch bei der Einschätzung der natürlichen Habitabilität auf der Oberfläche von Himmelskörpern im Sonnensystem beachten.

Eine weitere wichtige astrobiologische Erkenntnis aus den EXPOSE-Experimenten ist, dass die Widerstandsfähigkeit der erbguttragenden Sporen von Bakterien und Pilzen (diese werden wir in Abschn. 2.2.2 eingehend behandeln) gegen alle Einflüsse deutlich höher ist als die der ausgewachsenen Organismen. Pflanzensamen schnitten als das botanische Äquivalent zu einer halb-lebendigen Überdauerungsform ebenfalls besonders gut ab. Zuvor wurde eigentlich vermutet, dass ihr im Vergleich mit mikrobiellen Sporen deutlich höheres Volumen und ihre größere Oberfläche automatisch auch mehr Angriffsfläche für abiotische Einflüsse (vor allem kurzwellige Strahlung wie UV) bereitstellen sollte. Tatsächlich scheint es aber eher so zu sein, dass der Schutz des Erbguts durch die – im Vergleich zu den Außenhüllen von Sporen – deutlich mächtigere Samenschale in Verbundenheit mit schützenden chemischen Molekülen auf der Oberfläche überwiegt und pflanzliche Samen somit einer der aussichtsreichsten Vehikel für den interplanetaren Transfer von genetischem Material sind (die Autoren sprechen von „plant seeds as vectors of life" Tepfer und Leach 2006). Pilze und Flechten (Flechten sind eine Vergesellschaftung von Algen oder Cyanobakterien mit Pilzen) können im Vakuum zwar ebenfalls einige Zeit lang erfolgreich überdauern, aber die anderen Bedingungen im Weltraum wie Temperatur und Strahlung machen ihnen den bisherigen Experimenten zufolge schon nach einigen Stunden deutlich zu schaffen – oder zumindest deutlich mehr als den einzelligen Organismen wie Bakterien oder Archaeen. Bei einem Meteoriteneinschlag würden viele Flechten wohl auch regelrecht in alle Einzelteile zerfetzt werden, während sie auf der Erde einer der wichtigsten Primärbesiedler extremer und sehr kalter Habitate sind und allerlei Oberflächen überziehen können.

Äußerst viel mediale Aufmerksamkeit erlangten in letzter Zeit auch die mikroskopisch kleinen Bärtierchen (Tardigrada), die im Stamm der Tiere bisher die widerstandsfähigsten Extremisten zu sein scheinen und in allen denkbaren natürlichen Ökosystemen der Erde anzutreffen sind, seien es die Pfützen vor Ihrem Haus oder die Gletscher des Himalaya. Nicht nur wurden sie unter anderem aus Moosproben erfolgreich kultiviert, die 30 Jahre lang komplett eingefroren waren – Bärtierchen überlebten auch als eine von wenigen Gruppen die letzten fünf Massensterben und als bisher einzige Tiere auch einen 10-tägigen Aufenthalt im All mit Temperaturen nahe dem absoluten Nullpunkt (−273 Grad Celsius) und hoher Strahlenbelastung (Jönsson et al. 2008). Die Widerstandsfähigkeit dieser mikroskopisch winzigen Tierchen ist hauptsächlich damit zu begründen, dass Bärtierchen etwas ähnliches beherrschen wie viele Mikroorganismen: die Kryptobiose (griech: „verborgenes Leben"). Damit ist gemeint, dass fast der gesamte Stoffwechsel heruntergefahren wird und sich das Lebewesen in einer Art Scheintodesschlaf befindet. Vor allem die fast komplette Austrocknung des eigenen Körpers (sogenannte Anhydrobiose) ist dafür verantwortlich – doch hierauf kommen wir im nächsten Unterkapitel genauer zu sprechen, da auch bakterielle Sporen mit dieser Strategie gesegnet sind, um allerlei ungünstigen abiotischen Bedingungen strotzen zu können.

In den breiten Medien gab es zahlreiche Artikel, die diesen mikroskopisch kleinen Tierchen – die unter dem Mikroskop übrigens wie Hybride zwischen Bären und Staubsaugern aussehen – sogar fälschlicherweise zuschrieben, dass sie die einzigen Organismen wären, die viele Formen der Apokalypse überleben könnten. Hier wurden die Originalpublikationen jedoch sehr ungenau zitiert. Sie sind zwar vermutlich die extremsten Tiere, die anderes Getier mit Sicherheit überdauern dürften, wenn zum Beispiel ein Asteroid ein Loch in die Erde bohrt. Aber an die extremsten Lebensformen in der Welt der Bakterien und Archaeen kommen auch die Weltraumbärchen nicht heran.

2.2.2 Sporen und die mikrobielle Wiedergeburt – wieso kämpfen, wenn man schlafen kann?

Viele Bakterienarten haben im Laufe ihrer Evolution eine Strategie entwickelt, um ihren Stoffwechsel an extreme Umweltbedingungen anzupassen und vorteilhafte physiologische Adaptionen zu entwickeln. Ein einleuchtendes Beispiel ist die Resistenz gegen Hitze und Kälte, die Mikroorganismen in heißen Schloten oder der Antarktis aufweisen müssen, um zu überdauern. Verstehen sollten Sie hierbei jedoch: Es kann natürlich sein, dass eine harte Umweltbedingung einem Organismus direkt schadet – in vielen Fällen ist das aber nicht der Fall. Es ist bei vielen Mikroorganismen vielmehr so, dass eine Umweltbelastung (z. B. unangenehm hohe Temperatur oder sehr salzhaltige Umgebung) mit einer höheren Nährstoffaufnahme in den betreffenden Organismen einhergehen müsste, damit ein Organismus seine Funktion und Biomasse unter dieser Bedingung aufrecht erhalten kann. Zerstörerisch ist also nicht unbedingt die Umweltbedingung selbst, sondern die Notwendigkeit, mehr und mehr Nährstoffe für das Überleben unter dieser Umweltbedingung zu benötigen, was natürlich irgendwann an Grenzen stößt, wenn einfach nichts Brauchbares mehr in der direkten Umgebung vorhanden ist (also eine Art „Tod durch ausgeschöpfte Umgebung", wenn man so will). Weit verbreitet sind aber natürlich auch Mechanismen, bei der die Moleküle und das Erbgut einer Zelle beispielsweise durch extreme Hitze oder Strahlung direkt geschädigt werden. Dies kann Studien aus der Atacama-Wüste zufolge sogar so weit gehen, dass mikrobielle Gemeinschaften, die in den Böden der Wüste an absolute Trockenheit angepasst sind, ausgerechnet dann absterben, wenn es vereinzelt zu eigentlich lebensspendenden Regenschauern kommt (Azua-Bustos et al. 2018). Ein noch verblüffenderes Beispiel sind Bakterien der Art *Desulforudis audaxviator,* die drei Kilometer unter der Erdoberfläche im Minenwasser von Bergwerken leben und gedeihen und wie es bisher scheint, dort sogar völlig unter sich sind – die Autoren sprechen von einem „Ein-Spezies-Ökosystem" (Chivian et al. 2008), was aber natürlich auch damit erklärt werden kann, dass vorschnelle Interpretationen getroffen wurden und noch nicht jede Ritze gut genug untersucht wurde. Dort unten herrschen um die 60 Grad Celsius und das Minenwasser zeigt einen sehr basischen ph-Wert – doch diese Angaben sind nicht wirklich beeindruckend, zumal auf vielen heißen Flecken in Ozeanen und Gewässern Archaeen (neben Bakterien die zweite große Gruppe an Mikroorganismen) leben, die sogar nur dann wachsen können, wenn es heißer ist als 80 Grad Celsius, was als „hypertermophil" bezeichnet wird. Was die Mikroben in den tief unter der Erde gelegenen Ökosystemen stattdessen so besonders macht, ist, dass sie dort völlig abgelegen von der Sonnenenergie leben und die einzige vorhandene Energiequelle für die biochemischen Reaktionen ihres Körpers nutzen: radioaktive Strahlung.

Schon zuvor war zwar bekannt, dass der Zerfall von Teilchen (und eine damit einhergehende Radioaktivität) in einer Produktion von Wasserstoff münden kann, der sodann ein quasi unendliches Energiereservoir in solchen Ökosystemen darstellt (Lin et al. 2005). Aber dass ein Organismus ausschließlich von radioaktiver Strahlung lebt, übertrifft die skurrilen Vorstellungen vieler Science-Fiction-Autoren wieder einmal bei Weitem. Der

Astrophysiker Dimitra Atri spekuliert sogar, ob solche Ökosysteme theoretisch auch auf anderen Planeten und Monden oder sogar auf Gesteinsbrocken wie Asteroiden und Kometen Bestand haben könnten. Er konnte zuvor zeigen, dass ähnliche Reaktionen auch auf solchen kargen Himmelskörpern stattfinden können, wobei der primäre Energielieferant dort aber nicht mehr radioaktive Strahlung wäre, sondern die kosmische Strahlung, welche durch die resultierenden photochemischen Reaktionen auf diesen Himmelskörpern ausreichend verwertbare Substanzen für hypothetische Mikroorganismen erzeugen könnte (Atri 2015).

Ein anderer Lebenskünstler der Erde sucht ebenfalls seinesgleichen. Die besondere Eigenschaft dieses Organismus' ist sogar so eindrucksvoll, dass sie den wissenschaftlichen Namen der Spezies bestimmt: *Deinococcus radiodurans* (wobei radiodurans so viel bedeutet wie „langlebig unter Strahlung"). Dieses Bakterium verkörpert neben den Cyanobakterien der Gattung Chroococcidipsis die absolute Spitze der Widerstandsfähigkeit lebender Wesen, und sie sind, man kann es nicht anders sagen, extreme extremophile Organismen (oder wenn Sie schlau klingen wollen: polyextremophile Mikroorganismen). So ist es auch nicht verwunderlich, dass diese Bakterien enorm tolerante Generalisten sind. Dieser ökologische Begriff wird Arten zugeteilt, die auf der Erde ubiquitär auftreten, also eigentlich überall zu finden sind und alle möglichen natürlichen und menschengemachten Bedingungen tolerieren können, sei es die Kälte im antarktischen Eis oder die Strahlung im radioaktiven Kühlwasser von Kernkraftwerken. Das Gegenteil von Generalisten wären sodann Arten wie die zuvor erwähnte und Radioaktivität liebende Art *Desulforudis audaxiviator* – in diesem Fall spricht man dann von Spezialisten, da sie sich auf eine ganz enge ökologische Nische angepasst haben und in vielen Fällen auch von dieser abhängig sind.

Da *Deinococcus radiodurans* auch als Generalist kurzzeitige Dosierungen von bis zu 17.500 Gy (Gy = Gray, Maß für ionisierende Strahlung) aushalten kann (Daly und Minton 1997), sind diese Bakterien prinzipiell optimale Kandidaten zur Etablierung eines Sukzessionsstadiums durch initiale Besiedelung unbelebter Landschaften, womit andere Himmelskörper nicht prinzipiell auszuschließen sind. (Menschen sterben übrigens ohne Ausnahme ab 7 Gy, eine dauerhafte Bestrahlung von 5 Gy würde 50 Prozent der Weltbevölkerung innerhalb eines Monats töten (Johnson und Thaul 1997)). Zwar besitzt dieses Bakterium auch eine relativ stark vernetzte Zellwand, die es mit Sicherheit vor gewissen Strahlenmengen abzuschirmen vermag. Aber es ist vor allem die besonders faszinierende Fähigkeit dieser Lebensform, geschädigte DNA nahezu sofort zu reparieren. Diese Instandhaltung ist bei diesem Organismus sogar so effizient, dass komplette Doppelstrangbrüche der DNA kein Problem darstellen und auch die Morphologie ganzer Chromosomen mitsamt ihrer Funktionen aus völlig fragmentierten Bestandteilen rekonstruiert werden kann (Zahradka et al. 2006; Slade et al. 2009). Zudem scheint die toroidale Form (eine in sich geschlossene Ringstruktur, die letztlich aussieht wie ein mikroskopischer Donut) und die stark geordnete Strukturierung der DNA im Zellkern eine elementare Rolle für die besonderen Fähigkeiten dieser Spezies zu spielen. Die unvergleichbare Resistenz gegen UV- und auch Röntgenstrahlen machte diesen Organismus schon kurz nach seiner Entdeckung innerhalb von Fleischkonserven im Jahr 1956 nicht nur zu einer der interessantesten Forschungsobjekte in der Medizin, sondern auch im Militärsektor. Das zitierte Paper zur tolerierten Strahlendosis stammt tatsächlich vom „Committee on Battlefield Radiation Exposure Criteria" und auch heute ist die Resistenz von Sporen noch ein relevantes Thema in der militärischen Forschung, vor allem dann, wenn es um die sehr gefährliche Anwendung von Milzbrandsporen als potenzielle Biowaffen geht.

Doch auch die damals aufkeimende und friedliche Exobiologie wurde nach dem Fund dieser extrem resistenten Organismen beflügelt. Und bis heute steigt dieser Flug. So hat ein Forscherteam kürzlich mit Modellierungen untersucht, ob *Deinococcus radiodurans* auf einem Planeten überleben könnte, der von Superflares heimgesucht wird (wir erinnern uns aus Kap. 1: Superflares sind extrem starke elektromagnetische Eruptionen eines Sterns, besonders im stark DNA-schädlichen UV-Bereich). Dazu hat man sogar die Ausbrüche eines echten Sterns im Computer simuliert – und zwar den Körper Kepler-96, der seine Umgebung regelmäßig mit Strahlung bombardiert. Das Ergebnis: Bei den extremsten UV-Flares, die bei diesem Stern beobachtet wurden, könnte *D. radiodurans* auf der Oberfläche einer hypothetischen Erde in der habitablen Zone nur dann überleben, wenn entweder eine schützende Ozonschicht vorhanden ist oder sich das Bakterium in bis zu 200 Metern Tiefe eines Ozeans befindet (das entspricht auf der Erde der photischen Zone, in der Photosynthese aufgrund des noch durchdringenden Lichts möglich ist) (Estrela und Valio 2018). Interessanterweise weist dieser sehr aktive Stern ein Alter auf, welches mit dem Zeitraum der Sonnensystem-Historie überlappt, als die Erde bereits ihre ersten großen Ozeane beherbergte. Auch auf der Urerde, so schlussfolgern die Autoren, wäre eine Lebensform wie *D. radiodurans* in den oberen Schichten der Ozeane also potenziell lebensfähig gewesen.

Durch die Strahlungsresistenz ist *Deinococcus radiodurans* für die Astrobiologie auch im Hinblick auf die Transspermie besonders interessant. So konnte in brutalen Experimenten nachgewiesen werden, dass extreme

Geschwindigkeiten und sprunghafte Beschleunigungen, wie sie durch einen Meteorideneinschlag entstehen würden, für den Organismus keine tödlichen Faktoren darstellen. In Experimenten überlebten je nach Stichprobe 40 bis 100 Prozent aller Exemplare sogar unter der 2,5- bis 25-fach höheren Beschleunigung, als sie bei einem großen Einschlag vermutet wird (Mastrapa et al. 2001). Im simulierten Regolith des Mars machen die marsianischen Temperaturen und Luftfeuchtigkeitsschwankungen, geringere Schwerkraft und anoxische (sauerstofffreie) Gasumgebung dem ausgewachsenen Organismus auf Dauer jedoch deutlich mehr zu schaffen – dort wäre ein längerfristiger intensiver UV-Schutz durch endolithische Einlagerung zudem lebensnotwendig, auch wenn der Organismus kurzfristig extrem strahlungsresistent sein kann (de la Vega et al. 2007). Höchstwahrscheinlich kommen hierbei die lebenserhaltenden Funktionen der DNA-Reparaturenzyme durch die dauerhafte Belastung und die Kombination aller schädlichen Einflüsse in der marsianischen Umwelt allmählich zum Erliegen, auch wenn sie auf der irdischen Oberfläche, oder sogar auf völlig exponierten Staubpartikeln in der Luft, ohne Weiteres ihre Arbeit verrichten können. Nichtsdestotrotz ist *Deinococcus radiodurans* – und vor allem mögliche durch Menschen erzeugte und optimierte Mutanten – die mit Abstand aussichtsreichste Spezies, wenn es darum geht, einen Organismus in nicht mehr allzu weiter Zukunft kontrolliert unter echten Mars-Bedingungen vor Ort auszusetzen und dessen Überleben zu dokumentieren.

Ob Sie es nun glauben oder nicht: Es geht tatsächlich noch extremer. Bei diesen Extremisten handelt es sich jedoch nicht mehr um Organismen im klassischen Sinne. Im Gegensatz zu extremophilen Organismen, die ihre physiologischen Abläufe an unwirtliche abiotische Verhältnisse im Laufe evolutionärer Anpassungen adaptiert haben, können sich einige Bakterienarten gewissermaßen in einen trotzenden „Dauerschlaf" versetzen. Sie sind selbst nicht unbedingt extrem resistent gegen äußere Einflüsse, sondern sie produzieren einfach eine „Überdauerungskapsel" und zerstören ihren anfälligen Körper hierfür sogar selbstständig. Zu einem solchen Prozess befähigt sind beispielsweise die Bacillus-Gattungen (inklusive der Milzbranderreger) oder auch Arten der Clostridium-Gattung, die Tetanus verursachen können.

Dieser mikrobiologische Prozess heißt „Sporulation" und er ermöglicht es einem Bakterium, eine sogenannte „Endospore" als Überdauerungsform zu bilden. Diese zellartigen Gebilde sind neben multiresistenten Erregern vermutlich die meistgefürchtesten und -gehasstesten Erbgutträger in Operationssälen, weil sie für Infektionen unter sorgfältigsten Hygienevorschriften verantwortlich sein können und gegen jegliche Antibiotika, aber auch allerlei physikalische und chemische Einflüsse resistent sein können – sogar auch dann, wenn sie an der Außenseite der ISS angebracht werden, wie wir im Abschn. 2.2.1 erfahren haben. Gleichwohl sind sie gerade deswegen auch die beliebtesten Hoffnungsträger für Astrobiologen und Exoökologen. Während meine Mutter zur Zeit ihrer Tätigkeit als Infektionsbiologin in der Tierzucht also ironischerweise alles dafür tun musste, die Endosporenbildung von Bakterien zu neutralisieren, kann ich mir kaum etwas Wundervolleres als diese Art der Lebenserhaltung erträumen. Der „angegriffene Körper" ist bei diesen Tagträumen aber selbstverständlich kein tierischer oder menschlicher, sondern die Infektion erstreckt sich interplanetar auf Himmelskörper.

Von gewöhnlichen Zellen kann bei Endosporen aber keineswegs mehr die Rede sein. Schon unter einem Elektronenmikroskop zeigen diese Gebilde ihre von Bakterien erheblich differenzierte Struktur. Sie erscheinen im Gegensatz zu „normalen" vegetativen Zellen regelrecht als kompakte DNA-Festungen. Das Erbgut im Inneren von Endosporen ist hier nicht nur von den üblichen Zellmembranen und Zellwänden, sondern auch noch durch drei weitere Schichten geschützt. Zudem enthält die Spore nur etwa zehn Prozent des Wassergehalts einer normalen vegetativen Zelle – sie ist also völlig dehydriert. Was für eine lebende Zelle und auch unseren Körper lebensbedrohlich klingt (unser Körper besteht je nach Alter schließlich aus 50–80 Prozent Wasser), ist für eine „schlafende" Spore tatsächlich der elementare Grund für die unvergleichbare Resistenz.

Das Fehlen von Wasser fährt zwar den Stoffwechsel völlig herunter und versetzt die Spore in eine Art Stand-by-Modus des Lebens („Kryptobiose"). Aber genau dadurch wird insbesondere die Hitzeresistenz der „getrockneten" DNA-Kapsel deutlich erhöht, da kein Wasser mehr vorhanden ist, das ins Kochen geraten könnte. Somit wird auch eine problemlose Überdauerung von stundenlangem Kochen möglich. Auch der Hydrolyse (chemische Spaltung von Biomolekülen durch Wasser) und abbauenden enzymatischen Vorgängen wird so nur noch eine minimale Angriffsfläche geboten, da hierfür ausreichend Wasser als Grundlage der Prozesse nötig ist. Dies ist auch der Überlebenstrick der im Abschn. 2.2.1 erwähnten Bärtierchen, die sich im Weltraum in einen ähnlichen kryptobiotischen Zustand versetzen können und ihr Überleben nach dieser Überdauerungsphase damit sichern. Bei den bakteriellen Endosporen bilden sich während der Sporulation zusätzlich sogenannte SASPs (small acid soluble spore proteins). Diese Proteine heften sich direkt an die DNA an und erzeugen einen sehr kompakten chemischen Zustand des Erbguts (sogenannte „A-Form" der DNA), welche insbesondere gegen die mutagene Wirkung von UV-Strahlung deutlich resistenter ist

(EXPOSE-Experimente ADAPT, PROTECT, SPORES und IBMP), aber zusätzlich auch vor völliger Austrocknung, trockener Hitze und auch klirrender Kälte schützt.

Als Ökologe fragt man sich natürlich, warum für einige Bakterien auf der Erde die Herausbildung einer solchen Maßnahme in ihrer Evolution überhaupt vorteilhaft war. Was wir derzeit wissen, ist, dass die Bildung einer bakteriellen Endospore vom Zellkörper initiiert wird, wenn das betreffende Bakterium erheblichem Stress ausgesetzt ist und das Wachstum der einzelnen Zelle, oder auch der gesamten Kolonie, innehält oder zurückgeht. Stress bedeutet in diesem Fall, dass beispielsweise lebensnotwendige Nährstoffe wie Stickstoff oder Kohlenstoff im Habitat nicht mehr frei verfügbar oder auffindbar sind, sich die mikroklimatischen Bedingungen des eigenen Lebensraums sprunghaft verändert haben oder auch, dass ein aktiver oder passiver Wechsel in ein anderes, ungünstiges Habitat stattgefunden hat. Das müssen freilich nicht gleich die harten abiotischen Bedingungen des Weltraums sein, nur weil sich einige Forscher daran bespaßen, Mikroben ins All zu schießen. Auch in ganz natürlichen Habitaten der Erde führen nämlich starke Störungen und dauerhafter Stress zu Bildungen von bakteriellen Endosporen. Die reife Spore, die ihr Mutterbakterium zuvor platzen lässt und somit vollständig zerstört, weist selbst kein Wachstum auf und befindet sich im Zuge der Kryptobiose auch metabolisch im absoluten Ruhezustand. Sie ist nach ihrer Ausdifferenzierung also ein kompaktes und starres Gebilde, welches aber sehr wohl hochmobil ist, da eine ideale passive Verbreitung durch Wasser, Wind, Tierkot oder eben auch durch das Herausschleudern von Bodenaggregaten nach einem Meteorideneinschlag gegeben ist. Ein Bakterium leitet durch die Sporulation also die eigenständige Selbstzerstörung des Zellkörpers ein, damit dessen DNA in einer erheblich resistenteren Kapsel verbleiben kann. Es wirkt, um es populärer auszudrücken, tatsächlich so, als ob nicht der Organismus selbst, sondern nur das Erbgut „überleben will", egal um welchen Preis. Doch was nützt einem Bakterium diese Selbstopferung? Die Antwort finden wir wieder im Albtraum eines jeden Infektionsmediziners oder Operateurs – oder vielmehr des Patienten: die Keimung einer Endospore.

Sporen können lange im kryptobiotischen Ruhezustand verbleiben, aber sie können sich durch äußere Einwirkungen (z. B. erhöhte Temperaturen oder Wiederverfügbarkeit von spezifischen Nährstoffen) innerhalb von Stunden wieder in voll funktionsfähige und exponentiell vermehrende vegetative Zellen „zurückverwandeln". Der Ruhezustand einer Endospore kann Funden und Untersuchungen zufolge dabei mit Sicherheit mehrere Tausend Jahre unbeschadet erhalten bleiben (zum Beispiel in Sedimentkernen von Seen (Gest und Mandelstam 1987)). Es gibt auch Hinweise für das Überdauern von bakteriellen Endosporen über Jahrmillionen in Gedärmen von urzeitlichen Bienen, die zu ihren Lebzeiten vor rund 25 Millionen Jahren in Bernstein eingeschlossen wurden. Oder sogar für sporenbildende Bakterien, die zuvor über 250 Millionen Jahre innerhalb von Salzkristallen überdauert haben (Vreeland et al. 2000)! Sollten die Aussagen in diesem zugegebenermaßen umstrittenen und nun auch etwas älteren Paper tatsächlich stimmen, wäre eine transspermische Reise von etwa zehn Millionen Jahren vom Mars zur Erde zeitlich gesehen ein Klacks – zumindest wenn die Spore von einem festen Material wie Gestein auf der interplanetaren Reise umgeben wäre.

Eine Operationswunde, die nach dem Eingriff kein einziges lebendes Bakterium mehr aufweist (was ohnehin so gut wie unmöglich ist), kann sich unter unglücklichen Umständen also Wochen später noch infizieren und entzünden, wenn Endosporen die Wunde bevölkern und sich nach der Regeneration an den tollen Nährstoffverhältnissen im Körper des Patienten erfreuen. Wenn wir jedoch von diesem Albtraum eines Patienten im Krankenhauszimmer in die Traumwolke über dem Bett eines Astrobiologen wechseln, erscheinen die resistenten und krankheitserregenden Sporen nun als Hoffnungsschimmer. Statt in klaffenden oder geschlossenen Wunden eines menschlichen oder tierischen Körpers Entzündungen auszulösen, infizieren sie in diesem Traum offene Himmelskörper und deren Untergründe mit „verborgenem" Leben. Die Frage, die sich für die astrobiologische Forschung diesbezüglich stellt, ist demnach: Kann eine Endospore eine interplanetare Reise mit deutlich höherer Wahrscheinlichkeit als eine ausgewachsene und lebende Zelle überstehen und nach Ankunft auf einem fremden Himmelskörper entweder weiterhin als uneinnehmbare DNA-Festung verbleiben, oder sich sogar unter geeigneten extraterrestrischen abiotischen Bedingungen wieder zu einem funktions- und teilungsfähigem Bakterium zurück entwickeln?

Die EXPOSE-Experimente geben unterstützende Hinweise darauf, dass eine solche interplanetare DNA-Ausbreitung nicht auszuschließen ist. Sind die Endosporen vor freier Strahlung abgeschirmt, zum Beispiel eingebettet in Meteoriten und Gesteinspartikel (oder sogar in bloßen Sporen-Clustern – Experiment SPORES), ist ein Überdauern vieler Sporen anzunehmen. Auch die Beschleunigungskräfte während eines Meteorideneinschlags und den hitzigen Eintritt in eine Exo-Atmosphäre kann eine widerstandsfähige Endospore im Gegensatz zu vielen ausgewachsenen Mikroben überdauern (Fajardo-Cavazos et al. 2005; Horneck et al. 2008). Für Pflanzensamen, die zu einem gewissen Grad als die botanischen Äquivalente zu mikrobiellen DNA-Kapseln angesehen werden können, scheinen die Beschleunigungen beim Herausschleudern jedoch zu hoch zu sein, was ihre besonders guten EXPOSE-Resultate in deutlich trüberes Licht stellt, wenngleich einzelne abgetrennte organische Bestandteile des Samens die Bedingungen eines Einschlags jedoch vermutlich aushalten können (Jerling et al. 2008). Die Autoren des SEEDS-Experiments beschwichtigen dies in ihrer Publikation jedoch mit der Aussage, dass Pflanzensamen oftmals eine Vielzahl an Mikroorganismen unterhalb der schützenden Samenschale beherbergen und den Mitreisenden somit als schutzbietende Ausbreitungsvektoren dienen könnten, auch wenn der Embryo der Pflanze bei einem Einschlag und der darauffolgenden Reise durch Raum und Zeit des Sonnensystems selbst nicht überlebt (Tepfer und Leach 2006; Tepfer et al. 2012).

Ob die deutlich kompakteren Endosporen aufgrund günstiger Bedingungen auf einem anderen Himmelskörper wieder aufkeimen und die dadurch entstehenden Zellen sogar eine dauerhaft verfügbare ökologische Nische dort einnehmen können, ist nicht so einfach zu beantworten, da wir eine fremde extraterrestrische Landschaft nicht ohne Weiteres eins zu eins auf der Erde oder der ISS nachahmen können, sondern nur Nachahmungen im Labor erzeugen können. Doch die bisherigen Experimente zeigen zumindest innerhalb ihres experimentellen Rahmens, dass eine Keimung in nachgebildeten marsähnlichen Untergründen genauso möglich ist wie auf der Erde, nachdem die Sporen eine interplanetare Reise durchgemacht haben (siehe Ergebnisse bei ADAPT und PROTECT). Auch in den Untergrund-Ozeanen der Monde Europa oder Enceladus ist ein Gedeihen von Sporen vorstellbar, auch wenn ein Meteorit hier erst einmal bis zum Ozean unter der gewaltigen Eiskruste gelangen müsste (hierauf kommen wir in Kap. 3 zurück).

Die Möglichkeit der Keimung von Sporen in geeigneten exoökologischen Nischen erscheint unter Beachtung aller bisheriger Experimente also durchaus annehmbar. Selbst überzeugte Kritiker der Panspermie müssen nach dem heutigen Kenntnisstand eingestehen, dass eine Wiedergeburt von Endosporen außerhalb der Erde nicht völlig ausgeschlossen werden kann. Das wird selbstverständlich auch von Planetary Protection Officers betont, die bei Endosporen noch härtere Maßnahmen zur Abtötung ergreifen müssen als bei normalen Bakterien. Mehr weiß man, und das muss auch deutlich gesagt werden, zum heutigen Zeitpunkt jedoch nicht.

Die bisherigen EXPOSE-Ergebnisse werden in entsprechenden Blog-Einträgen im Netz meines Erachtens leider immer wieder viel zu euphorisch ausgelegt, was es für Laien schwierig machen kann, die Ergebnisse selbst zu interpretieren oder sachlich zu hinterfragen. Man kann aber sehr wohl viel kritisieren. So waren die EXPOSE-Materialien den Verhältnissen im Weltraum bis zu zwei Jahre ausgesetzt – ein interplanetarer Transfer an Bord von herausgeschleuderten Gesteinsbrocken dauert hingegen in der Regel mehrere Millionen Jahre, was vor allem die anfallende Gesamtwirkung von Strahlungseinflüssen um ein Vielfaches erhöht. Besonders ernüchternd finde ich die Tatsache, die in fast keinem EXPOSE-Paper eingehender konkretisiert wird, dass die ISS „nur" etwa 400 Kilometer über unseren Köpfen hinwegfliegt. Und das natürlich aus gutem Grund. Denn ab einer Höhe von 700 Kilometern beginnt die Zone des inneren Strahlungsgürtels der Erde (Van-Allen-Gürtel), der im Zuge des irdischen Magnetfelds die relativistischen und geladenen Partikel des Kosmos und der Sonne auffängt (im inneren Gürtel vorwiegend hochenergetische Protonen, in den äußeren Zonen vor allem Elektronen). Die menschliche Besatzung der ISS ist dadurch vor der direkten kosmischen Strahlung selbstverständlich weitgehend abgeschirmt – und so waren es auch die Bärtierchen, Mikroben und Sporen aller EXPOSE-Experimente. Das Magnetfeld der Erde ist der effektivste planetare Schutzschild, und Lebensformen, die unter dieser Schutzwirkung im Weltraum überdauern, könnten im tatsächlich „freien" Raum deutlich schneller oder auch sofort vernichtet werden. Wenn man bewegungsökologische Fragestellungen auf einen astronomischen Maßstab skaliert, dürfen diese Aspekte meines Erachtens nicht einfach unbeachtet bleiben. Vor allem dann nicht, wenn im Diskussionsteil eines wissenschaftlichen Papers gewagte Panspermie-Spekulationen von den Forschern vertreten werden.

Dass die Gefahr eines mikrobiellen Transfers zumindest im Zuge der menschlichen Raumfahrt jedoch sehr ernst genommen wird, zeigen neben den Planetary-Protection-Maßnahmen auch die beiden NASA-Raumsonden Cassini und Juno. Beide wurden, wie es 2003 schon Galileo erleben musste, 2017 in die Saturn-Atmosphäre beziehungsweise 2018 in die Gashülle des Jupiters gestürzt. Und zwar mit voller Absicht. Ein Hauptgrund für diesen Kamikazeflug ist die Regelung, jegliche Kontamination der untersuchten Monde dieser Planeten im Vorhinein zu vermeiden. Denn auf diese Monde würden die Raumsonde wahrscheinlich irgendwann herabsinken, wenn die Energie der antreibenden Instrumente nicht mehr ausreicht, um ihre Umlaufbahnen um die Monde stabil zu halten. Im Falle des Mars kann man sich jedoch sicher sein, dass sich aufgrund der bereits geglückten und für die nächsten Jahre geplanten Marsrover-Missionen irdische biogene Materailen bereits auf unserem roten Nachbarn befinden und weitere biologische „Verschmutzungen" hinzukommen werden – in welcher Form und Verfassung auch immer. Vor allem die Erde und der Mars sind somit aus biochemischer Sicht nicht zwangsläufig als isolierte Welten zu betrachten. Sondern als ein Zweiergespann voller spannender Möglichkeiten und eines planetaren Austauschs. Und das alles schon lange bevor der erste Mensch direkt auf unserem roten Nachbarplaneten landet.

2.3   Menschliches Leben auf dem Mars

Ob extremophile Organismen oder Sporen auf anderen Welten im Sonnensystem überleben können, ist selbstverständlich in erster Linie eine Frage, die der Neugier von Forschern, aber auch der von interessierten Laien geschuldet ist. Der Mars erfuhr in dieser Hinsicht bereits nach den angeblich beobachteten Schiffskanälen Ende des 19. Jahrhunderts viel Beachtung, aber auch wieder verstärkt im letzten Jahrzehnt, da die modernen NASA-Missionen zur Untersuchung des Mars allesamt geglückt sind und äußerst spannende Ergebnisse lieferten. Insbesondere sind hiermit die Marsrover Spirit, Opportunity und Curiosity gemeint, die im Grunde robotische Exo-Geochemiker sind und von denen einer von ihnen immer noch fleißig arbeitet und die Fans regelmäßig per Facebook und Co. über seine extraterrestrischen Erfahrungen informiert. Ab und zu schießen sie dort draußen sogar ein Selfie von sich selbst – und sind somit trotz bis zu 400 Millionen Kilometer Entfernung völlig up-to-date, wenn es um irdische Trends geht (Abb. 2.2).

Abb. 2.2   Am 15. Juni 2018 schoss Curiosity dieses Selbst-Portrait von sich. Das Bild zeigt neben dem etwa kleinwagen-großen Fahrzeug den landschaftlichen Kontext des Gale-Kraters, in dem sich der Rover seit 2012 bewegt. Bei genauem Hinsehen ist im Gestein links vom Rover ein kleines Bohrloch zu erkennen, das zur chemischen Materialanalyse gebohrt wurde. Die Kamera, die das Bild aufgenommen hat, ist an einem Metallarm befestigt – durch Einzelaufnahmen aus verschiedenen Perspektiven kann diese Stange jedoch herausretuschiert werden, sodass nur der Rover selbst vollständig auf dem Foto erscheint. (© NASA/JPL-Caltech/MSSS (Link: https://www.jpl. nasa.gov/spaceimages/details.php?id=PIA22486)

Neben interessierten Bürgern und träumenden Forschern gibt es aber auch reiche – extrem reiche – Menschen, deren Neugierde nicht nur durch etwaige Lebensformen auf dem Mars geweckt wird, sondern die ihre gesamten Unternehmen auf der Idee der Transspermie aufbauen und immense Gewinnmargen in den nächsten Jahrzehnten erwarten. Multimilliardäre wie Elon Musk (Gründer des privaten Raumfahrtunternehmens SpaceX) beteuern in ihren Reden sogar, dass die Existenz der menschlichen Spezies unter anderem davon abhängen wird, ob wir genug Wissen über extremophile Organismen und ihren interplanetaren Transfer von einer Welt in die andere besitzen werden. Und zwar spätestens dann, wenn die Erde aufgrund unserer Betriebsamkeit oder auch auf natürliche Art und Weise nicht mehr komfortabel sein wird oder irgendwann vielleicht auch einem für unsere Ansprüche völlig unbewohnbaren Gesteinsbrocken entspricht. Manche benennen die Besiedelung des Mars und anderer Körper im Sonnensystem aus dieser Situation heraus sogar als kulturellen Imperativ, da die Menschheit mit absoluter Sicherheit irgendwann aussterben wird, wenn sie sich ausschließlich auf die schon natürlicherweise anfällige Erde konzentriert (Pass et al. 2006). Realistisch gesehen werden es über die Grundlagenforschung hinaus in der näheren Zukunft aber vor allem – und Musk als einer der reichsten Menschen der Erde kann das wohl authentisch untermauern – wirtschaftliche Interessen sein, die Reisen auf andere Himmelskörper initiieren werden, sollten diese denn überhaupt stattfinden. Dazu gehören sowohl neue Ressourcen in Friedenszeiten als auch vorteilhafte militärische Außenposten. Redner beziehen sich dabei oftmals auf die durch den Goldrausch ausgelöste Kolonisierung Amerikas. Aber neben kriegswirtschaftlichen Interessen werden auch friedliche touristische Business-Konzepte – so hoffe ich doch – eine Rolle spielen, falls sich die Träume tatsächlich erfüllen sollten. Die grundlegenden Fragen sind also: Wie realistisch sind diese Konzepte unter kritischen astrobiologischen Argumenten? Und was können wir in diesem Jahrhundert dementsprechend erwarten?

2.3.1 Planetarische Ökosynthese

Das wirtschaftliche Interesse an zukünftigen bemannten interplanetaren Missionen bezieht sich in erster Linie auf den Mars, da er und unsere Erde nicht nur direkte Nachbarn sind (was sich vor allem in den Reisekosten positiv niederschlägt), sondern beide Körper durchaus geoökologische Gemeinsamkeiten besitzen und somit konkretere Kostenkalkulationen angestellt werden können. Angeführt werden könnten hier zum Beispiel der geologische Vergleich der trockenen Täler der Antarktis und der Marspole oder die ähnliche Achsenneigung beider Planeten und die dadurch bedingten Jahreszeiten (wenngleich die marsianische Achse innerhalb von einigen hundert bis tausend Jahren zwischen 10 und 60 Grad pendeln kann). Auch wenn einige geologische Eigenschaften des Mars aus der irdischen Perspektive nachvollziehbar sind, überwiegen die abiotischen Differenzen die Gemeinsamkeiten jedoch selbstverständlich deutlich – und das wissen selbstverständlich auch die extravaganten Geschäftsleute und Mars-Investoren. Für komplexeres Leben, allen voran für den Menschen und seine Aktivitäten, sind es zunächst insbesondere die planetaren Herausforderungen, die die Wasser- und Sauerstoffversorgung betreffen.

Eine menschliche Besatzung auf dem heutigen Mars würde ohne die Einleitung bestimmter Maßnahmen nach einigen Wochen oder Monaten unter Wassermangel leiden. Das liegt in erster Linie daran, dass der Transport von Wasser von der Erde zum Mars ökonomisch völlig ineffizient ist, vor allem in Hinblick auf die anfallenden Technik- und Treibstoffkosten. Diese würden die Geschäftsleute, so reich sie auch sein mögen, auf Dauer überfordern, auch wenn Ingenieure einen Transport von Trinkwasser mit Sicherheit technisch konstruieren könnten. Elon Musk selbst sieht künftige Marsmissionen deshalb verständlicherweise viel eher durch Finanzierungsprobleme gefährdet als durch technische und ökologische Herausforderungen (Musk 2017).

Ironischerweise sind die natürlichen und somit völlig kostenlosen Wasservorräte des Mars aber durchaus gewaltig. Vermutlich gibt es auf unserem planetaren Nachbarn ein Volumen von mindestens 1,6 Millionen Kubikkilometer Wasser, was ausreichen würde, um einen Hunderte Meter tiefen Ozean auf dem Mars zu füllen (Christensen 2007). Diese Wasservorräte sind auf dem Mars heute aber nur im gefrorenem Zustand vorrätig (nicht nur an den Polen, sondern vor allem auch in tieferen Schichten des Regoliths), wenngleich es früher mit Sicherheit Seen auf der Oberfläche, ja sogar Ozeane und einen Grundwasserspiegel gegeben haben dürfte (mehr dazu in Kap. 3) (Harigitai et al. 2018).

Tatsächlich sind flüssige und heute vorhandene Wasservorräte im Untergrund des Mars aber prinzipiell nicht auszuschließen. Erst im Juli 2018 wurde großspurig bekanntgegeben, dass es mit speziellen Radarmessungen im langwelligen Bereich zum ersten Mal handfeste Hinweise für einen etwa 20 Kilometer durchmessenden und flüssigen Wassersee unter der südpolaren Eiskappe des Mars geben könnte (Orosei et al. 2018). Dieser müsste sodann jedoch extrem salzig und mit sogenannten Perchloraten versetzt sein, damit das Wasser bei den eisigen Temperaturen nicht gefriert – in Kap. 3

wird uns dieser potenzielle See und seine vermutlich hohe Lebensfeindlichkeit noch eingehender beschäftigen. Nichtsdestotrotz ist dieser unterirdische See, sofern er noch unabhängig bestätigt werden sollte, mit seiner darüber befindenden Oberfläche ein äußerst aussichtsreiches Landegebiet für zukünftige menschliche Marsmissionen.

Die gefrorenen Ressourcen im Regolith des Mars sind jedoch nicht minder interessant, zumal sie eindeutig bestätigt wurden und ein riesiges Ausmaß aufweisen. Im November 2016 veröffentlichte die NASA nach der Auswertung von Daten des Mars-Orbiters Reconnaissance beispielsweise riesige Wassereis-Ressourcen in der Tiefebene Utopia Planitia (NASA 2016), welche bereits früher als einer der aussichtsreichsten Standorte für eine zukünftige bemannte Landung auf dem Mars galt. Genau hier landeten auch schon die berühmten Viking-Sonden in den 1970er-Jahren, um nach Hinweisen marsianischen Lebens zu suchen (ebenfalls ein Thema in Kap. 3). Besonders eindrucksvoll: Die zwischen 80 und 170 Meter dicke vereiste Schicht liegt an vielen Stellen nur zehn Meter unter der Oberfläche – an manchen Punkten muss man vermutlich sogar nur einen einzigen Meter bohren, um an das gefrorene Wasser zu gelangen. Das gesamte Volumen entspricht den jetzigen Hochrechnungen zufolge in etwa dem Lake Superior in Nordamerika, welcher die größte Fläche aller Süßwasserseen der Erde aufweist (das entspricht etwa einem Viertel der gesamten Fläche Deutschlands).

Das klingt auf den ersten Blick super, doch betrachtet man den physikalischen Umwelt-Kontext des Mars, ergibt sich ein schwierig zu umgehendes Problem. Sobald das Eis natürlicherweise oder artifiziell zur Oberfläche des Mars befördert werden würde, um es dort zu erwärmen und zu schöpfen, würde es sich aufgrund des kaum vorhandenen Druckes, der trockenen und sehr dünnen Marsatmosphäre und den herrschenden Temperaturen sofort als Gas verflüchtigen. Aus dem Eis würde also sofort Wasserdampf werden. Eine flüssige Aggregatphase wäre bei den marsianischen Bedingungen auf der Oberfläche also gar nicht vorhanden, was in diesem Fall als „Sublimation" bezeichnet wird. Salopp gesagt: Unter einem marsianischen Trinkhahn geneigt würden Sie mit Ihrem Mund also bestenfalls verflüchtigten Dampf aufsaugen können und das dürfte Ihren Durst mit Sicherheit nicht über mehrere Tage hinweg stillen. Sie können sich diesbezüglich ebenso folgendes merken: Wenn jemand fragt, welcher atmosphärische Druck auf dem Mars herrschen müsste, damit flüssiges Wasser auf der Oberfläche existiert, ist jede Antwort falsch. Flüssiges Wasser auf der Oberfläche kann bei den mittleren Marstemperaturen bei welchem Druck auch immer nicht vorhanden sein, sondern würde mit dem Phänomen der Sublimation sofort vom festen in den gasförmigen Zustand wechseln. Nötig wäre es also zunächst einmal, die

Temperatur der marsianischen Atmosphäre an sich zu erhöhen, um unseren roten Nachbarn zu einem eigenständigen und dauerhaften Spender von flüssigem Wasser transformieren zu können – was aber selbstverständlich nicht heißen soll, dass eine unterirdische technische Aufbereitung des Wassers unmöglich wäre.

Für uns ist die Marsatmosphäre selbstverständlich nicht nur aufgrund des extrem geringen Drucks (etwa 6 Millibar, also ungefähr so hoch wie in 35 Kilometern über dem Erdboden), sondern in erster Linie aufgrund des fehlenden Sauerstoffs völlig unwirtlich. Sie würden auf dem Mars ohne einen Raumanzug ein flüchtiges Gasgemisch aus 95 Prozent Kohlendioxid, etwa je zwei Prozent Stickstoff und Argon und geringste Spuren von Kohlenmonoxid und Sauerstoff einatmen (Mahaffy et al. 2013). Kurz gesagt: Sie wären sofort tot. Noch wichtiger ist jedoch, dass die Gashülle so dünn und der atmosphärische Druck so gering ist, dass ein Atemzug physiologisch gar nicht durchgeführt werden könnte – Ihr Blut würde trotz der eisigen Temperaturen aufgrund des sehr geringen Siedepunktes bereits anfangen zu kochen (aus dem gleichen Grund sollten Sie bei einem sehr hoch fliegenden Flugzeug lieber nicht die Türen öffnen). Dieser tödliche Umstand wird bei Astronauten mit sogenannten Druckanzügen kompensiert, die für einige Zeit einen lebensfreundlichen Druck innerhalb des Anzugs aufrechterhalten. Und selbst wenn der Luftdruck des Mars ungefähr passen sollte, würde eine bloße und schnelle Erhöhung des Sauerstoffs freilich nicht ausreichen. Denn auch zu viel Sauerstoff ist schädlich – er zerstört aufgrund seiner Reaktionsfreudigkeit tatsächlich direkt unsere Lungenbläschen. Auf der Erde ist unser eigentlicher Lebensretter deshalb der in dieser Hinsicht völlig unterschätzte atmosphärische Stickstoff, den wir mit jedem unserer Atemzüge am meisten konsumieren und der aufgrund seiner Inertgas-Eigenschaften kaum mit unserer Lunge reagiert. Stickstoff besetzt regelrecht die relevanten Stellen in der Lunge, damit nicht übermäßig viel des ebenfalls lebenswichtigen, aber physiologisch dennoch schädlichen Sauerstoffs eingeatmet und verarbeitet wird.

Doch wie könnte man nun aus einer extrem dünnen und lebensfeindlichen Marsatmosphäre eine erdähnliche, oder sogar eine imitierte irdische Gashülle mit hauptsächlich elementarem Stickstoff (rund 78 %) und Sauerstoff (etwa 21 Prozent) synthetisieren, um ein geeignetes Exo-Ökosystem für Menschen zu gestalten?

Um aus dem Mars ein anthropophiles Habitat zu entwerfen, gibt es zunächst einmal zwei grundsätzliche bioökologische Möglichkeiten. Entweder wir verändern uns selbst, wie es im Falle unseres Genoms schon natürlicherweise im Zuge von Umweltveränderungen und Anpassung seit jeher der Fall ist – und diese Selbstanpassung erscheint heute anders als vor einigen Jahrzehnten im Zuge der synthetischen Biologie, Gentechnologie, aber auch den aufkeimenden Cyborg-Wissenschaften für die nächsten Jahrhunderte deutlich effizienter, gezielter und im Zeitraffer vorstellbar. Oder aber wir verändern den Mars, insbesondere seine atmosphärischen Eigenschaften, zu unseren Gunsten. Diese zweite Option wird unter dem Begriff „Terraforming" zusammengefasst. Die Umsetzung einer solchen „Erdanpassung", sofern sie denn gewünscht und ethisch vertretbar ist, benötigt selbstverständlich menschliche Geldgeber, fleißige Techniker und Ingenieure, raffinierte Biologen und Ökologen, Physiker und auch außerirdisch kreative Architekten und Landschaftsplaner. Die Hauptrolle für menschliches Leben auf dem Mars nehmen jedoch mit Sicherheit keine Menschen, sondern wieder die kleinsten und unscheinbarsten Lebensformen ein. Ohne extremophile Mikroben als Protagonisten läuft auf der marsianischen Bühne des Lebens gar nichts.

Extreme Einzeller sind aufgrund ihrer besonderen Leistungen und für komplexere Organismen lebenswichtigen Fähigkeiten zwangsweise elementare Bestandteile aller heutigen Überlegungen bezüglich menschlichen Lebens auf dem Mars. Das in deutschen Medien am häufigsten anzutreffende Menschen-auf-dem-Mars-Projekt ist die private Stiftung Mars One (nicht zuletzt ist sie hier deshalb so populär, weil sie ihren Sitz unmittelbar bei unseren niederländischen Nachbarn hat). Wie aufgrund großer Werbepräsenz gemeinhin bekannt ist, soll das Projekt bereits um das Jahr 2030 die ersten Menschen auf den Mars befördern, die nach der hoffentlich weichen Landung eine dauerhaft bewohnbare Siedlung aufbauen sollen (Mars One 2012). Gleich vorneweg meine ehrliche Einschätzung der bisherigen Pläne: Wird so nicht passieren, da andere Personen und Institutionen deutlich weiter sind. Laut Veranstaltern jedoch soll die Landung und das Leben auf der Station nicht nur eine naturwissenschaftliche Sensation, sondern auch das größte TV-Ereignis aller Zeiten werden – und zwar in Form einer Reality-Show, deren Schwerpunkt jedoch nicht wie heute leider üblich schlecht inszenierte Liebe, Sex und Fremdgeherei, sondern authentische Wissenschaft und Technik sein soll (wobei es durchaus auch humanpsychologische Studien im Auftrag der NASA gibt, die eingehend untersuchen, wie sich der Entzug von Sex oder Selbstbefriedigung bei langandauernden Aufenthalten an Bord von Raumschiffen oder auch auf sehr engen und wenig Privatsphäre bietenden Kapseln auf dem Mars auf die Psyche auswirkt – man will schließlich keine deprimierten oder gar aggressiven Astronautinnen und Astronauten als erste Bewohner des Mars, auch wenn ein aufflammendes Verhalten womöglich die TV-Einschaltquote erhöhen würde).

Von dem Ökosystem, in dem das Leben der TV-Stars dann eingebettet sein wird, wird sich schon (nach heutiger Planung) 2021 ein noch nicht ausgewähltes Ehepaar ein erstes Bild aus der Vogelperspektive machen. Sie sollen im Zuge des privaten Mega-Projekts Inspiration Mars die ersten Menschen sein, die einen Vorbeiflug am Mars absolvieren, die Marslandschaft aus dem Orbit betrachten und wieder zur Erde zurückkehren (Tito et al. 2013). Die gesamte Reisedauer wird etwa 500 Tage innerhalb einer isolierten Weltraumkapsel betragen, was unter Umständen natürlich dafür sprechen könnte, dass es sich hier nicht ganz so gut ausschließen lässt, dass die ersten Marsumrunder ihrem Partner gegenüber durchaus genervt oder aggressiv gestimmt sein könnten. Im Gegensatz zu diesem Ehepaar gibt es übrigens kein garantiertes Rückfahrtticket für die todesmutigen Personen im Zuge der Mars-One-Mission. Und dann gibt es noch Projekte und Bestrebungen, welche im Gegensatz zu Mars One und Inspiration Mars keine Ziele einer privaten Stiftung, sondern eines bereits heute milliardenschweren Unternehmens sind, das Ihnen in den Medien vermutlich schon öfter begegnet ist: SpaceX.

Der Begründer und Hauptverantwortliche von SpaceX ist Elon Musk, der ebenfalls die bedeutende Elektrofahrzeugfirma Tesla-Motors gründete und das mittlerweile allgegenwärtige Finanztransaktionssystems PayPal initiierte. Er steckt außerdem hinter vielen weiteren futuristischen Konzepten – etwa dem Hyperloop-Projekt, bei dem kapselartige Züge in Vakuumröhren mit Schallgeschwindigkeit reisen sollen, oder einem durch kleine Satelliten erzeugtes globalen Internet namens „Starlink", sowie laut einer Bekanntgabe im Oktober 2016, neuartigen Solarzellen, die wie gewöhnliche Dachziegel aussehen und möglichst jedes Haus unseres Planeten schmücken sollen. Doch sein wohl ehrgeizigstes Ziel ist es, wie er in seinen Vorträgen immer völlig überzeugt beteuert, dass „Homo sapiens zu einer multiplanetaren Spezies wird" (Musk 2017).

Musk ist bei seinen Mars-Konkurrenten vermutlich nicht allzu beliebt, zumal zumindest seine Pläne und Versprechungen sogar die von führenden Organisationen wie NASA und ESA in den Schatten stellen, während die Beteiligten der anderen Projekte eher bei diesen Weltraumorganisationen um Hilfe bitten. Ja, er schoss im wahrsten Sinne des Wortes sogar wie eine seiner Space-Raketen an ihnen vorbei, als die riesige Space-X-Rakete Falcon Heavy am 6. Februrar 2018 zum ersten Mal im Zuge einer Art Machtdemonstration startete, von der anschließend sogar zwei Stufen der Rakete wieder erfolgreich auf der Erde landeten, um sie wiederverwenden zu können. Und tatsächlich kündigte er mit Bezug auf den Mars sogar an, dass dank seines Unternehmens bereits im Jahr 2050 40- bis 50-tausend Menschen auf unserem Nachbarplaneten leben werden können. Ich schüttele natürlich während dem Schreiben genauso mit dem Kopf wie Sie vermutlich gerade beim Lesen. Erst einmal könnte man sich fragen, wer eine solche waghalsige Reise überhaupt in Kauf nehmen würde. Ich weiß nicht, wie es um Sie steht, aber mir wäre allein schon die Hinreise viel zu riskant. Wenn man aber nur die über 200.000 Anmeldungen für die Mars-One-Tickets (und das sind alles One-Way-Tickets ohne Rückflugmöglichkeit) betrachtet, erscheinen die von Musk genannten Zahlen an Exo-Menschen sogar untertrieben – von Millionen potenzieller Marsbewohnern, wenn es die Technik noch in diesem Jahrhundert erlaubt, war in authentischen Fachvorträgen und Symposien tatsächlich schon ernsthaft die Rede. Ob Sie diesen Visionen etwas abgewinnen können, sei Ihnen überlassen.

SpaceX unterscheidet sich von anderen großspurig auftretenden Organisationen jedoch nicht nur durch öffentlichkeitswirksame Predigten und verfügbare Finanzmittel. Was man Elon Musk positiv anrechnen muss, ist, dass er in seinen exzellenten technischen Vorträgen auch immer alle möglichen ökologischen Schwierigkeiten nennt und sie tatsächlich auch eher groß statt klein redet. Er konkretisiert auch stets die möglichen Lösungen der genannten Probleme unter durchaus plausiblen technischen und ingenieur- und naturwissenschaftlichen Gesichtspunkten. Diese Aussagen sind für die nächsten zwei Jahrzehnte unter üblichen Verhältnissen selbstverständlich mal mehr oder weniger realistisch, doch betrachtet man den wissenschaftlichen Fortschritt der letzten zwanzig Jahre (und vor allem den Geldbeutel des zielstrebigen Gründers), rückt eine private Marslandung mit Menschen in diesem Jahrhundert meiner Ansicht nach tatsächlich in greifbare Reichweite. Doch es wird – so hoffe ich auch erstmal – wohl eher bei ein paar ausgewählten Wissenschaftlern bleiben, die dort Grundlagenforschung betreiben. Da er sein Projekt noch zu seinen Lebzeiten verwirklicht sehen will und nebenbei auch die Beteiligten von Mars One seine Unterstützung suchen, kann man jedoch mit nicht zu vernachlässigender Sicherheit davon ausgehen, dass unsere Generation oder die unserer Kinder gebannt vor Monitoren sitzen und die Missionen (aufgrund der Entfernung und den entsprechenden Lichtlaufzeiten nicht ganz) live mitverfolgen können. Musk will eigenen Aussagen zufolge sogar auf dem Mars sterben und meint damit vermutlich nicht den Tod während einer Bruchlandung.

Auch die in der Raumfahrt führenden Nationen kündigten bereits bemannte Marsmissionen an – Orion (USA), Aurora (Europa), aber auch Programme Russlands, Chinas und Indiens. Die voraussichtlichen Programme und Starttermine erscheinen im Gegensatz zu den ausgefeilten Plänen von SpaceX jedoch bei allen Nationen aufgrund anderer politischer

Prioritäten (das soll natürlich keine Kritik sein) noch nicht wirklich durchdacht und werden irgendwann zwischen 2030 und 2050 angestrebt. In diesem Zusammenhang finde ich folgendes besonders interessant und auch lobenswert: das Deutsche Luft- und Raumfahrtzentrum hat sich in den ersten Planungsphasen zunächst einmal gegen bemannte Missionen entschieden und sieht hier nicht den Fokus der nächsten Jahrzehnte. Die Deutschen wollen sich hauptsächlich auf die moderne robotergestützte Exploration des Sonnensystems, inklusive des Mars, fokussieren, was ich als Astrobiologe sehr begrüße. Schon aus dem offiziellen Logo der deutschen Explorer-Initiative ist ersichtlich, dass den Robotern und auch neuen Anwendungen durch Einbezug künstlicher Intelligenzen hier die entscheidende Rolle zugesprochen wird (Abb. 2.3).

Doch bleiben wir zunächst noch bei den waghalsigen Absichtserklärungen von Musk. Um eine planetare Ökosynthese zugunsten menschlichen Lebens zu ermöglichen, stehen bei SpaceX neben technischen Instrumenten die extremophilen Mikroben und auch widerstandsfähige Pflanzen an vorderster Front der Marskolonisation. Doch bevor diese transferierten Organismen mit ihrer Fähigkeit der Nährstofffixierung, Stoffumwandlung und oxygenen Photosynthese, gasförmigen Sauerstoff auf dem Mars produzieren können, müssen selbstverständlich erst einmal ihre absolut fundamentalen irdischen Lebensgrundlagen erfüllt sein (sofern sie genetisch und physiologisch nicht ausreichend veränderbar wären oder sogar keine eigentlichen naturogen-irdischen, sondern rein synthetische und eigens dafür produzierte Organismen beziehungsweise Biomaschinen wären). Es ist in dieser Hinsicht also ein sich selbst widersprechendes Hindernis, dass erst ein relativ ertragreicher Boden,

Abb. 2.3 Logo der Explorer-Initiative des Deutschen Luft- und Raumfahrtzentrums. (© DLR Raumfahrtmanagement)

eine lebensfähige Atmosphäre und flüssiges Wasser zunächst in lokalem Maßstab verfügbar sein müssen, um genau dieselben lebensnotwendigen Eigenschaften mithilfe der betreffenden Organismen dann später auf eine planetare Ebene hochskalieren zu können. Demzufolge ist es schwierig, mit lebenden Organismen einen Anfangspunkt zu setzen, von dem die weitere „lebendige" Entwicklung des Mars ausgehen soll. Für die Anfangsphase müssten also zunächst (bio-)technologische oder komplett abiotische Strategien gewählt werden.

Laut den Berechnungen des renommierten Raumfahrtingenieurs Robert Zubrin würde zum Beispiel ein Spiegel mit 240 Kilometer Durchmesser und dessen gebündeltes Sonnenlicht auf der Oberfläche ausreichen, um die Temperatur um den vereisten Marssüdpol kurzfristig um ganze zehn Grad Celsius zu erhöhen, und zwar ohne jegliche ökologische Aktivität von Lebewesen (Zubrin und McKay 1993). Wer einmal in Südnorwegen ist, kann zumindest eine Miniaturform eines solchen Konzepts betrachten – denn die in einem Tal gelegene Stadt Rjukan ist von riesigen Spiegeln auf den Bergen umgeben, die das Sonnenlicht so ablenken, dass zumindest der Hauptplatz der Stadt trotz der Schatten der Gebirge für längere Zeit besonnt und erwärmt wird. Auf die Pole des Mars gerichtet, würden noch viel riesigere Spiegel zunächst dafür sorgen, dass massiv Kohlendioxid aufgetaut und in die Atmosphäre befördert wird, deren erhöhter Treibhauseffekt anschließend auslösen könnte, dass Wasserdampf aus dem gefrorenen Regolith gelöst wird, welcher den Treibhauseffekt nochmals verstärkt. Was wir hier auf der Erde also momentan als sehr gefährlich ansehen, wäre auf dem Mars also erst einmal nötig, um irgendwas in Gang zu setzen: ein marsianischer Klimawandel. Übrigens: auch auf der Erde ist das relevanteste Treibhausgas aufgrund seiner enormen Menge in der Atmosphäre der Wasserdampf und nicht das CO_2. Neueren Berechnungen zufolge scheint diese Spiegel-Idee jedoch utopisch zu sein, weil es wohl schlicht und ergreifend nicht genügend CO_2 in den Eis- und Bodenschichten des Mars gibt, als dass eine globale Treibhauserwärmung möglich wäre – lediglich zwei Prozent des irdischen Atmosphärendrucks wären mit dieser Methode vermutlich maximal möglich, was immer noch viel zu gering für menschliche Atemaktivität ist (Jakosky und Edwards 2018).

Der Vorteil von riesigen Spiegel-Konstellationen, dass das oben erwähnte Anfangsparadoxon (Lebensbedingungen müssen erst vorhanden sein, um sie in größeren Skalen zu erzeugen und nicht andersherum) nicht mehr vorhanden wäre, spielt also vermutlich keine realistische Rolle. Die anderen Ideen, wie zum Beispiel die gezielte Lenkung von Meteoriten oder gar Asteroiden auf den Mars, sind hingegen alles andere als kurzfristig planbar oder gar durchführbar. Und selbst wenn der Mars oder strategisch sinnvolle Zonen seiner Oberfläche mit diesen „nicht-biologischen" Methoden auf ein Maß erwärmt werden könnten, wäre dies aber selbstverständlich nur der erste Schritt für das Leben von irdischen oder mehr oder weniger stark veränderten Pflanzen und Mikroben. Theoretisch ist vorstellbar, dass aufgrund der kohlenstoffdioxidreichen Atmosphäre, sofern sie nach den Maßnahmen dicht genug wäre, organisches Wachstum unter Umständen sogar schneller als in vielen irdischen Habitaten wäre. Das Regolith des Mars scheint Experimenten (mit Tomaten, Weizen und Kresse) zufolge als Wurzelraum für Pflanzen übrigens prinzipiell geeignet zu sein – tatsächlich enthält er alle nötigen Nährstoffe, jedoch oftmals in anderen als den benötigten Mengen (Wamelink et al. 2014). Damit zusammenhängend hat das Deutsche Luft- und Raumfahrtzentrum ein Projekt initiiert, dass passenderweise EDEN heißt (Evolution & Design of Environmentally closed Nutrition-sources, deutsch: Evolution und Entwurf von von der Umwelt abgeschlossenen Nährstoffquellen). Hier wird erprobt, welche Bodeneigenschaften zumindest in den zukünftigen Gewächshäusern des Mars vonnöten wären, um Pflanzen optimal gedeihen zu lassen, und ob man sich hierfür an den marsianischen Bodenvorkommen bedienen kann, um vor Ort neues Obst und Gemüse gedeihen zu lassen und schließlich konsumieren zu können. Unabhängig davon, ob in einem Gewächshaus oder im Freiland positioniert, spielt für das Pflanzenwachstum natürlich auch die deutlich geringere Schwerkraft auf dem Mars eine Rolle. Diese beeinflusst vermutlich nicht nur die Orientierung der Wurzeln und die Durchflussrate von Flüssigkeiten in Stängeln und Blättern, sondern auch den Gasaustausch mit der Atmosphäre. Was die Gravitation angeht, konnte auf der ISS aber bereits gezeigt werden, dass Pflanzen bei guter Beleuchtung und Luftversorgung sogar bei weitgehender Abwesenheit von jeglicher Schwerkraft gut gedeihen und dieselbe Photosyntheseeffizienz aufweisen wie auf der Erde (Monje et al. 2005).

Sauerstoff zum Atmen könnte darüber hinaus unter Umständen auch direkt aus Wasserreserven durch die sogenannte Wasserelektrolyse gewonnen werden. Dieses Verfahren wird eigentlich im ergiebigen Sektor der regenerativen Energien verwendet, wenn es darum geht, elementaren Wasserstoff zu gewinnen und als zukünftig bedeutenden Energiespeicher einzusetzen – sei es in Großanlagen oder als Wasserstoffantrieb für künftige Fahrzeuge. Bei dieser elektrischen Spaltung von Wasser entsteht neben elementarem Wasserstoff auch Sauerstoff (H_2O wird zu H und O). Eine präzise Abgabe von O_2 in eine Exo-Atmosphäre wäre mit diesem elektrochemischen Verfahren also prinzipiell vorstellbar, doch zumindest für Gewächshäuser ist es wohl kaum zu erwarten, dass diese technisch aufwendige Methode auf Dauer so effizient wäre wie der kostenlose Einsatz von lebendigen und bereits voll zusammengebauten „Maschinen" in Form von photosynthesetreibenden Pflanzen und Mikroben. Das Regolith des Mars scheint laut den Analysen der Viking-Sonden möglicherweise selbst ebenfalls eine potenzielle chemische Sauerstoffquelle zu sein, wenn es mit Wasser und Kohlendioxid reagiert (McKay et al. 1991). Dafür müsste aus den Gesteinen des Mars aber zunächst wohl ein eigenes Industriegelände gebaut und auch dauerhaft angetrieben werden.

Völlig ungeklärt ist jedoch, und das wird in populären und spektakulären Mars-Vorträgen vermutlich mit Bedacht nicht allzu ausführlich thematisiert, wie das Fehlen eines Magnetschutzschildes kompensiert werden soll, um eine habitable Marsoberfläche zu ermöglichen. Die einzigen terrestrischen Planeten in unserem Sonnensystem mit einem schützenden Magnetfeld sind die Erde und der Merkur. Im Fall der Erde erzeugt das flüssige Eisen im äußeren Erdkern dieses planetare Schutzschild, wenngleich aber dazu gesagt werden muss, dass auch auf der Erde das Magnetfeld vermutlich nicht immer stabil war und sich auch heute noch in seiner Ausrichtung ab und zu verändert (Livermore et al. 2017). Selbstverständlich kann man nicht ausschließen, dass insbesondere mikrobielles Leben in die Untergründe des Mars migriert sein könnte und dort ohne große Probleme der tödlichen Strahlung auf der Oberfläche entkommt. Nimmt man sich aber ein tatsächliches Terraforming zum Ziel, ist auch eine mehr oder weniger lebensfreundliche Oberfläche nötig. Und auch für eine Kolonisierung mit Menschen gilt natürlich, dass lebensfeindliche Strahlung aus dem All auf der Oberfläche des Mars omnipräsent ist und die Chemie und Struktur von organischem und biologischem Material beeinflusst – sei dieses nun menschlich oder nicht. Selbst künstliche Kuppeln und Gewächshäuser in den Wüsten des Mars müssten vor destruktiver Strahlung des Weltraums abgeschirmt werden, da kein natürlicher Schutz wie auf der Erde vorhanden ist.

Die größenwahnsinnige, aber zunächst konsequenteste Idee, ein globales marsianisches Magnetfeld auszubilden, um die Oberfläche vor der stellaren und kosmischen Strahlung zu schützen, übersteigt all unsere technischen Möglichkeiten. Wir müssten dafür nämlich in der Lage sein, den metallischen Marskern etwa mit der Explosion von Atomsprengköpfen zu verflüssigen („Liquidation"). Auf der Erde schaffen wir es aber heute nicht einmal, durch Bohrungen überhaupt irgendwie bis zu den äußersten Kernschichten vorzudringen (den Rekord hält die in Russland durchgeführte Kola-Bohrung mit 12.262 Metern Tiefe, was dem Anfang des unteren Erdmantels entspricht, aber immer noch Tausende Kilometer weit vom äußeren Erdkern entfernt ist). Für eine weiter entfernte Zukunft thematisierte die NASA im Rahmen des Planetary Science Vision 2050 Workshops Ende Februar 2017 jedoch bereits grob die potenzielle Möglichkeit, durch riesige, im Orbit stationierte artifizielle Magneten eine geschützte interplanetare Umgebung herzustellen (Green et al. 2017).

Beachtet man bezüglich des Terraformings die Magnetosphäre nicht, wären alle menschlichen Bemühungen um eine dichtere und lebensfähige Atmosphäre für dieses Jahrhundert also nur sehr temporärer Natur. Selbst wenn wir irgendwie in der Lage wären, eine stabile Gasschicht schnell aufzubauen, würde sie sich auf dem Mars vermutlich nicht mal ein Jahr lang halten können. Allein zwischen 2007 und 2008 registrierte die NASA-Sonde Mars Express nämlich 36 starke Sonnenwindereignisse, die bei einem fehlenden Schutzschild leichte atmosphärische Gase aus dem Gravitationseinfluss des Mars befördern würden (Edberg et al. 2009) – es ist also dasselbe Phänomen, das wir im Kap. 1 im Zuge der Exoplanetenforschung kennengelernt haben, wenn eine ferne Welt zu nah an ihrem Mutterstern gelegen ist. Einen solchen Verlust von Gasen eines Planeten an den Weltraum nennt man in der Planetologie „atmospheric escape", wobei nicht nur Sternwinde, sondern auch andere Mechanismen für einen Atmosphärenverlust infrage kommen. Wichtig ist lediglich, dass die Moleküle die sogenannte Escape-Geschwindigkeit erreichen müssen, was nichts anderes ist als diejenige Geschwindigkeit, die nötig ist, damit ein Objekt – seien es nun eine Rakete oder ein beschleunigtes Molekül – der Schwerkraft des planetaren Körpers entkommen kann. Mit elektromagnetischen Ausbrüchen eines Sterns kann eine hohe Beschleunigung der Moleküle induziert werden, sodass die Gase in den interplanetaren Raum abgegeben werden. Auch auf der Erde geschieht dies übrigens bei den leichtesten Gasen: Hier werden pro Jahr etwa 100 Millionen Kilogramm Wasserstoff und etwas Helium an den Weltraum abgegeben, vor allem, wenn diese in den äußersten Atmosphärenschichten gelegen sind (sogenannte „Exosphäre") (Shizgal und Arkos 1996). Dies hört sich zunächst nach viel an, ist aber im Vergleich zur Gesamtmenge der Gase in der irdischen Atmosphäre verschwindend gering. Die Erde ist einfach vergleichsweise massereich und hat vor allem einen ausreichenden magnetischen Schutzschild, sodass uns die Luft fürs Atmen auch bei Sonnenstürmen nicht davonkatapultiert wird.

Im Gegensatz zur Erde oder dem Merkur verlor der Mars Modellrechnungen zufolge bereits etwa eine halbe Milliarde Jahre nach seiner Entstehung seinen internen Dynamo-Effekt und somit auch ein stabiles Magnetfeld. Es ist jedoch nicht ausgeschlossen, dass bei einer weiteren Abkühlung des Marskerns neue interne Konvektionsquellen an Fahrt gewinnen könnten, die ihm laut Forschungen von Andrew Stewart der

Eidgenössischen Technischen Hochschule Zürich für einige Milliarden Jahre auf natürliche Art und Weise wieder ein globales magnetisches Schutzschild bescheren könnten (Stewart et al. 2007). Wann und ob dieser Prozess eintritt, ist selbstverständlich spekulativer Natur – deshalb kann man für das Setting der ersten Mars-Reality-TV-Show, sofern es sie überhaupt geben wird, meines Erachtens bestenfalls eine große künstliche Kuppel oder einen unterirdischen Bunker erwarten, der mit speziellen Baumaterialien genügend Schutz vor schädigender Strahlung bietet. Ab und an tauchen auf Fachkonferenzen auch Konzepte auf, die die Oberflächemorphologie des Mars selber nutzen wollen, um menschliche Siedler zu schützen. So gibt es an einigen Stellen sogenannte Lava Tubes, die nichts anderes sind als durch ehemaliges Lava entstandene Höhlensysteme, die einige Meter unter der Oberfläche gelegen sind und vom darüber liegendem Regolith geschützt werden (Leveille und Datta 2010). Bei diesem Konzept gilt also: zurück zum Zeitalter der (nun marsianischen) Höhlenmenschen.

Ist Ihnen im letzten Abschnitt eigentlich eine grundlegende und rätselhafte Fragestellung aufgefallen? Bei einem kleinen internen Mars-Symposium an unserer Universität (Technische Universität München) fragte mich eine junge Frau in der Podiumsdiskussion in diesem Zusammenhang eine, wie ich finde, sehr interessante und in Anbetracht des Mars-Hypes kaum thematisierte Frage: Wie kommt es, dass die Venus, die ebenfalls kein nennenswertes globales Magnetfeld besitzt und zudem deutlich näher an der Sonne positioniert ist, eine extrem dichte Atmosphäre halten kann, der Mars aber nicht? Während der innerste Planet Merkur eine so dünne Atmosphäre hat, dass die Teilchen quasi nicht miteinander agieren, herrscht auf der Venus schließlich ein so extrem hoher atmosphärischer Druck, dass man gar nicht bis zur Oberfläche hindurchsehen kann. Wieso versuchen wir also nicht viel eher, aus unserer heißen Nachbarin ein kühleres menschenfreundliches Exo-Habitat zu entwickeln? Könnten extremophile und photosynthetisch aktive Mikroorganismen nicht in die CO_2-reiche Atmosphäre (Anteil von 96,5 %) transferiert werden, die dort Sauerstoff akkumulieren und Kohlenstoffdioxid binden würden? Während wir beim Mars einen künstlichen Klimawandel hin zu höheren Temperaturen mit Absicht erreichen wollen würden, würden wir hier viel eher einen überhitzten Planeten abkühlen wollen, wie wir es ja momentan auch mit der zukünftigen Erde mit Ach und Krach planen, um unsere eigenen Lebensgrundlagen nicht noch stärker zu gefährden. Beachtet man den atmosphärischen Druck der Venus, sollte Wasserdampf in der Atmosphäre bei einer etwa 100 Grad Celsius geringeren Temperatur (ca. 350 Grad Celsius) tatsächlich flüssig werden und so könnte dieses besonders effektive Treibhausgas bei einer geplanten Abkühlung zu einem flüssigen Lebenselixier auf der Oberfläche werden. Auch gibt es immer mal wieder ein paar Studien, die nahelegen, dass die Venus in ihren ersten 750 Millionen Jahren ebenso wie der Mars einen Ozean bzw. riesige Vorräte flüssigen Wassers und eine stabile Atmosphäre beherbergte, was nicht nur eine menschliche Kolonisation, sondern auch eine Suche nach ehemaligem Leben interessant wirken lässt (Salvador et al. 2017). Sollte es diesen Wasserkreislauf auf der Venus tatsächlich gegeben haben, könnte er sogar etwa drei Milliarden Jahre lang existiert haben, während die Wasservorkommen auf dem Mars vermutlich schon nach „nur" 500 Millionen Jahren austrockneten. Heute liegt die Venus jedoch in der nach ihr benannten „Venuszone". Da die Sonne mit zunehmendem Alter intensiver strahlt, geriet die Venus also ab einen gewissen Zeitpunkt in den teuflischen Kreislauf, der aus den Ozeanen Wasserdampf entstehen ließ, der wiederum selbst als Treibhausgas die Temperaturen galoppierend nach oben trieb. Sogar heutiges Leben scheint manchen Astrobiologen zufolge auf der Venus nicht völlig ausgeschlossen zu sein, da in einer Höhe von etwa 50 Kilometern über der Oberfläche vergleichsweise angenehme Temperaturen von um die 60 Grad Celsius und ein normaler atmosphärischer Druck herrscht. Angedacht wurden beispielsweise schwebende Mikroorganismen, die in der Geschichte des Planeten allmählich in die Wolken der Venus migriert sind, als sie vor Milliarden von Jahren von einer habitablen Welt zu einer Temperaturhölle an der Oberfläche wurde (Limaye et al. 2018). Warum also gibt es keinen Hype um die Kolonialisierung der Venus?

Trotz dieser höchst interessanten Fragestellung sind Studien zu einer Erdanpassung der Venus im Vergleich zum Mars-Terraforming extrem unterbesetzt, obwohl die Venus sogar im Mittel deutlich näher an der Erde gelegen ist als der Mars und die Reisedauer dementsprechend rund zwei Drittel der Zeit in Anspruch nehmen würde. Tatsächlich ist meines Erachtens die Venus der versteckte Star der vergangenen und hoffentlich auch zukünftigen Raumfahrt – denn die erste interplanetare Raumsonde hatte nicht etwa den Mars, sondern die Venus als Ziel (Mariner 3 der USA, 1962) und auch die erste erfolgreiche Landung einer Raumsonde auf einem Planeten wurde auf ihr durchgeführt (Venera 7 der Sowjetunion, 1970). Sogar der erste Crash einer Raumsonde auf einem Planeten fand auf der Venus statt (Venera 3 der Sowjetunion, 1965). Einen ultimativen Grund, wieso sich Elon Musk und auch die Raumfahrtagenturen gegen eine Besiedlung und vor-Ort-Untersuchung der Venus entschieden haben könnten (oder sich zumindest nicht darum kümmern), ist mir zugegebenermaßen aus allen mir bekannten Vorträgen und nach der Literaturrecherche tatsächlich nicht bekannt. Vermutlich ist es einfach technisch sehr viel einfacher und günstiger, eine Boden-Station in einer zunächst kalten Umgebung zu installieren als in einer Temperaturhölle. Unsere Venus ist mit fast identischer Größe zwar durchaus unser Schwesterplanet. Aber mit absoluter Sicherheit ist sie keine Zwillingsschwester. Und tatsächlich, so muss ich weiterhin zugeben, ist mir keine Publikation bekannt, die eindeutig beantwortet, wieso die Venus eine so starke Atmosphäre ohne ein planetares Schutzschild halten kann. Das Nicht-Vorhandensein von leichteren Elementen wie Wasserstoff und Sauerstoff in der Gashülle von Venus (neben dem CO_2 sind dort noch sehr geringe Mengen von Stickstoff und Schwefeldioxid vorhanden) kann vermutlich auf die Effekte solarer Winde zurückgeführt werden – für die schwereren Elemente der Venus-Atmosphäre gilt dieser den Mars beherrschende Effekt aber offenbar nicht. Vermutlich liegen die Hauptgründe darin, dass die Venus mit ihrer im Vergleich zum Mars 7,5-mal höheren Masse Gase deutlich effizienter halten kann und dass von der Oberfläche ständig neue Gase nachgepumpt werden, da die Venus neueren Observierungen zufolge vermutlich immer noch vulkanisch aktiv ist (Smrekar et al. 2010; Shalygin et al. 2015). Sollten Sie jedoch die genaue Antwort kennen oder in Erfahrung bringen, zögern Sie bitte nicht, mich zu kontaktieren.

An dieser Stelle möchte ich Ihnen anhand des Magnetfelds noch einmal ein Beispiel dafür aufzeigen, dass ambivalente Ergebnisse immer möglich sind und die Faktenlage in der Astrobiologie deshalb oftmals schwierig zu interpretieren ist. Intuitiv wird das Magnetfeld eines Planeten als ein effektiver Schutzschild wahrgenommen, doch es könnte unter gewissen Umständen auch genau andersherum sein. So gab es in den 1990er-Jahren erste konkrete Hinweise dafür, dass nicht nur Wasserstoff, sondern tatsächlich auch Sauerstoff aus den oberen Schichten der irdischen Atmosphäre entweicht, und zwar weil gerade die Magnetfeldlinien der Erde perfekte „Bahnen" in den Weltraum bereitstellen, an denen die Gase entlangwandern und dort durch den Druck von vorhandenen elektrostatische Plasmawellen deutlich schneller ins All entweichen können (Vago et al. 1992; Andre und Yau 1997). Ein Magnetfeld also, das nun nicht mehr ausschließlich vor der tödlichen Strahlung des umgebenden Weltraums schützt, sondern das der Innenwelt die Türe in den interplanetaren Raum weit öffnet. Sie sehen also, dass auch die Erde noch gründlicher Grundlagenforschung bedarf – nicht nur in einem ökologischen und klimatischen Sinne, sondern mit der Frage um die Rolle von Magnetfeldern auch im geophysikalischen Kontext. Für Systeme wie Trappist-1, in dem die Planeten sehr nah beieinander liegen, muss natürlich auch bedacht werden, dass die inneren Planeten mit ihren Magnetfeldern eine gehörige Portion der Teilchenstrahlung des Sterns auf die hinteren Planeten lenken könnten, was sodann besonders unglücklich wäre, wenn diese nun verstärkt beschossenen Welten ausgerechnet in der habitablen Zone liegen würden.

2.3.2 Stickstoff – unser eigentlicher Lebensretter, auch auf dem Mars

Für realistische Einschätzungen der menschlichen Lebensfähigkeit auf dem Mars sind oft pessimistische und ambivalente Aspekte wichtig, um den übertriebenen Optimismus vieler Medien und Publikationen ausgleichen zu können. Und nun wird es über das Magnetfeld hinaus noch ein bisschen pessimistischer. Neben dem Magnetfeld gibt es insbesondere bezüglich des Atmens noch weitere und deutlich gewichtigere Probleme, die aber oftmals unterschätzt oder nebensächlich behandelt werden. Ein äußerst relevantes atmosphärisches Problem, bei dem die bisherigen Lösungen nie auf stabilem Fundament standen, ist der unsere Lunge schützende Stickstoff. Auf der Erde ist er zum Glück als Puffergas vorhanden – auf dem erdangepassten Mars oder der terraformierten Venus müsste er ebenfalls in beträchtlichen Mengen zur Abwehr von Sauerstoffvergiftungen vorhanden sein, wenn wir ohne Hilfsmittel in einer selbstgebauten Sauerstoffatmosphäre nicht sterben wollen. Auch andere Inertgase – also sehr reaktionsträge Gase – sind prinzipiell in der Lage, diese schützende Funktion in Atemgängen zu übernehmen. Hierzu zählt zum Beispiel Xenon, welches beim Einatmen (im Gegensatz zu Helium) für kurze Zeit jedem eine tiefe Morgan-Freeman-Stimme beschert und als Edelgas kaum mit unserer Lunge reagiert. Für eine normale Atmung oder für die uns bekannten Pflanzen und deren Biomasseaufbau wären andere Elemente als der Stickstoff jedoch nicht optimal oder gar nicht zu gebrauchen. Und hier kommen wir zu einem Teil der Astrobiologie, bei der das Verständnis der irdischen Ökologie die wichtigste Rolle spielt. Das ist also auch wieder ein wichtiger Aspekt dessen, was man mit dem Begriff „Astroökologie" bzw. „Exoökologie" meint.

Stickstoff ist neben seiner Funktion als Lungenschutz für das irdische Leben eines der wichtigsten Elemente überhaupt. Er ist nicht nur wesentlicher Bestandteil von Aminosäuren und Proteinen, sondern auch der DNA selbst. Für alle uns bekannten Lebewesen ist Stickstoff für den Erhalt des genetischen Materials und der Biomasse also absolut lebensnotwendig, weshalb sie – egal ob kleinste Mikroben in Kameraobjektiven auf dem Mond, Sie selbst in Ihrem Sessel oder kopfüberhängende Seeanemonen unter dem antarktischen Eis – ihn auf irgendeine Art und Weise aus ihrer Umwelt aufnehmen und verarbeiten müssen. Bioökologen sprechen hierbei von der „Stickstoff-Assimilation". In der irdischen Atmosphäre ist molekularer Stickstoff (N_2) mit 78,084 Prozent mit Abstand das am häufigsten vorkommende Element. Dabei befinden sich nahezu 99 Prozent des gesamten Stickstoffs der Biosphäre in der Gashülle. Aber merken Sie sich: Für Pflanzen und deren Aufbau von Biomasse ist diese molekulare Form des Stickstoffs nicht direkt aus der Luft zur Aufnahme geeignet (im Gegensatz zu CO_2). Und tatsächlich können nur sehr wenige Lebensformen überhaupt etwas mit der molekularen Variante des Stickstoffs in der Atmosphäre anfangen, obwohl der Stoff an sich einer der absoluten Fundamente des uns bekannten Lebens ist.

Der Grund für diese Nichtverfügbarkeit des atmosphärischen Stickstoffs ist seine starke Bindung zwischen den beiden Atomen. Nur wenige spezialisierte Mikroorganismen sind in der Lage, die vorhandene Dreifachbindung in reaktive und bioverfügbare Formen aufzuspalten, was als „biotische Stickstofffixierung" bezeichnet wird. Obwohl auch eine abiotische Stickstofffixierung durch Vulkanaktivität, Oxidation oder Blitzentladungen möglich ist, spielt diese im irdischen Stickstoffkreislauf allein der produzierten Menge nach eine deutlich untergeordnete Rolle. Man kann also ohne jegliche Übertreibung sagen, dass das gesamte heutige Leben auf der Erde letztlich neben dem hochgepriesenem Wasser und der lebensspendenden Sonne auch von denjenigen winzigen Mikroben abhängt, die im Laufe ihrer Evolution die Fähigkeit entwickelt haben, molekularen Stickstoff in für andere Prozesse verfügbare Formen umzuwandeln. Dazu gehören insbesondere mikrobische Bodenorganismen, wie die der Bakteriengattung Azotobacter, welche durch die Aufspaltung molekularen Stickstoffs letztlich Ammonium produzieren, aus dem anschließend mithilfe des Enzyms Nitrogenase alle anderen Stickstoffverbindungen synthetisiert werden können, um welche die Pflanzenwurzeln und andere Lebensformen konkurrieren.

Unter anaeroben Bedingungen im Boden kann Ammonium von gewissen Mikroorganismen (insbesondere von sogenannten nitrifizierenden Bakterien) weiter zu Nitrat oxidiert werden, welches einen besonders ergiebigen Nährstoff für Pflanzen darstellt. Aufgrund dessen haben sich Pflanzen schon sehr früh in ihrer Evolution an eine Zusammenarbeit mit diesen Stoffumwandlern angepasst. Neben eigenständig lebenden Mikroorganismen sind es vor allem auch Bakterien und Rhizobien (sogenannte Knöllchenbakterien), die unter der Erde mit den Wurzeln von Pflanzen eine Verbindung eingehen, die man in der Ökologie als „mutualistische Symbiose" bezeichnet. Der Begriff „Symbiose" beschreibt in der Bioökologie eine obligate oder fakultative Vergesellschaftung von Organismen unterschiedlicher

Spezies, die sich gegenseitig auf verschiedenste Art und Weise beeinflussen. In Ratgebern und Zeitschriften ist ab und an zu lesen, dass Ehepartner eine solche symbiontische Beziehung eingehen sollten – dieser Tipp wäre aber nur dann biologisch korrekt, wenn Ihr Lebenspartner einer anderen Spezies angehören würde, was Sie bei Streitigkeiten vielleicht manchmal vermuten könnten, aber hoffentlich nicht der Fall ist. Der erweiterte Begriff „Mutualismus" sagt zudem aus, dass im Gegensatz zu einer parasitischen Symbiose, bei der ein Partner den anderen ausnutzt, beide Partner von der Kooperation profitieren, sich also gegenseitig unterstützen. Die meisten Pflanzen scheiden dabei sogenannte Exsudate aus ihren Wurzeln aus, in denen sich schließlich die gefragten Mikroorganismen ansiedeln können. Sie helfen der von ihnen „infizierten" Pflanze, sie mit ausreichend Nährstoffen – insbesondere dem umgewandelten Stickstoff – zu versorgen. Im Gegenzug erhalten die angezapften Symbionten von der Wirtspflanze in erster Linie den benötigten Kohlenstoff zum Aufbau ihrer eigenen Biomasse (bis zu 20 % des fixierten Kohlenstoffs sind die Pflanzen dabei bereit für ihre kleinen Kollegen im Boden abzugeben). Für eine potenzielle Vegetation auf dem Mars würden hierbei insbesondere die irdischen Mykorrhiza-Pilze eine Rolle spielen. Sie beeinflussen durch ihre Anheftung an Wurzeln allein schon auf der Erde etwa 80 Prozent aller Landpflanzen in ihrem Wachstum in äußerst positivem Maße (Parniske 2008). Es gibt sogar Pflanzen, vor allem im Bereich der Orchideen, die ohne die Hilfe der Pilze überhaupt nicht gedeihen können. Die meisten irdischen Pflanzen können aber auch ohne die Pilze überleben, sodass es sich hierbei also nicht um eine obligate (zum Überleben verpflichtende) Symbiose handelt – dennoch wäre es natürlich günstig, bei ohnehin schwierigen Bedingungen auf dem Mars alle positiven Einflüsse von Pilzen zu nutzen, um Pflanzen besser gedeihen lassen zu können.

Die Pflanze profitiert bei dieser mutualistischen Symbiose hauptsächlich von zwei Dingen: Zum einen sind die Pilzhyphen (gewissermaßen die Sprösslinge eines Pilzes) um einiges feiner als die dünnsten Pflanzenwurzeln und können so wasser- und nährstoffgefüllte Poren im Boden anzapfen, in welche die Pflanze selbst nie eindringen könnte. Das mit Abstand Wichtigste ist jedoch die durch die angekettete und komplex vernetzte Hyphenstruktur extrem vergrößerte Wurzeloberfläche und die daraus resultierende stark erhöhte Rate der Nährstoffaufnahme. Die Pflanze bekommt simpel ausgedrückt mit dieser Partnerschaft also Nährstoffe, an die sie eigenständig nie herankommen könnte. Dabei sind auch mehrdimensionale Netzwerke beobachtet worden – so beeinflussen etwa nicht nur Mykorrhiza die Pflanzen positiv, sondern einige Bodenbakterien auch die Mykorrhiza selbst, die sodann ebenso wichtige Nährstoffe mit den noch kleineren Mitlebewesen austauschen (sogenannte Mycorrhization Helper Bacteria, MHBs (Garbaye 1994)). An dieser Stelle möchte ich Sie als ausgebildeter Ökologe jedoch davor warnen, die vielfältigen Formen von Symbiose als eine besondere „Kooperation", „Hilfsbereitschaft" oder gar als „Altruismus" zu interpretieren, wie es in populären Medien leider oftmals vereinfacht dargestellt wird. Es ist vielmehr so, dass sowohl die Pflanzen als auch die Mykorrhiza ihre Umgebung akribisch genau scannen und sich in ihrer Evolution der Weg forciert hat, diese günstigen Verbindungen zum eigenen Überleben zu nutzen – also viel mehr taktische Spionage und BigBrother als Gutmütigkeit und Nächstenliebe. So ist es auch nicht erstaunlich, dass Ökologen immer wieder besonders hinterlistige Pflanzen identifizieren, die sodann auch als „Schmarotzerpflanzen" bezeichnet werden. Diese werden von Mykorrhiza versorgt, ohne dass sie selbst eine ersichtliche Gegenleistung erbringen. Oder sie unterlassen die Versorgung des Pilzes je nach Stress und Umweltbedingung, sodass der Pilz bei problematischen Bedingungen das Nachsehen hat. Oder sie sind wie im Falle mancher Orchideen sogar so perfide, dass sie sich einen Mykorrhiza-Vorgarten bei den Wurzeln horten, um Nährstoffe zu erhalten, die der Pilz zuvor von einer anderen Pflanze in der Nähe aufgenommen hat – sie verpflichten populär ausgedrückt andere Lebewesen also dazu, ihren Raubbau an Kollegen möglichst unentdeckt betreiben zu können (Bidartondo et al. 2002). (Diese Ausbeutung eines symbiontischen Partners durch Interaktion eines dritten Akteurs nennt man in der Ökologie übrigens „Epiparasitismus").

Nichtsdestotrotz: Auch wenn symbiontische Pilze als auch Bakterien ihre eigenen Vorteile effizient ausschöpfen, aber auch parasitär von höheren Organismen ausgenutzt werden können, und zwar ohne Altruismus oder Böswilligkeit, sondern aufgrund evolutionär höchst effizienter Interaktionsnetzwerke, können wir Menschen diese Interaktionen für uns nutzen. Dieses natürliche Potenzial auszuschöpfen, gilt sodann vor allem in ansonsten trostlosen Umwelten wie dem Mars. Diese mehrdimensionalen ökologischen Netzwerke sollten bei einer Besiedelung des Mars also stets mitberücksichtigt werden, damit die benötigen Nährstoffe wie Nitrat unter den ohnehin schwierigen Bedingungen beispielsweise für effektives Pflanzenwachstum effizient und optimal abgezapft werden können. (Übrigens: Im Hollywood-Blockbuster „Der Marsianer" wird auf dieses Phänomen des symbiotischen Mutualismus im Gegensatz zu vielen anderen Filmen dieser Art zu meiner Freude zumindest kurz eingegangen.)

Für die Astrobiologie besonders interessant ist nun, dass symbiontische Bakterien und Pilze aus der irdischen Rhizosphäre (Teil des Bodens, der direkt von Pflanzenwurzeln beeinflusst wird) im nachgeahmten Mars-

Regolith mit geeigneter Atmosphäre dauerhaft überleben können. Auch die geringere Schwerkraft auf dem Mars scheint ersten Experimenten zufolge keine großen negativen Effekte auf das Wachstum oder physiologische Flüssigkeitsabläufe der Pflanzen oder ihrer kleinen Kooperationspartner zu haben (Kliman und Cooper 2000).

Im Jahr 2014, ein Jahr bevor der umjubelte Film „Der Marsianer" in den deutschen Kinos erschien, konnte der Marsrover Curiosity auf seinen von der Erde aus gesteuerten Streifzügen tatsächlich ebenfalls – diesmal aber eher mit viel Jubel der Fachwelt – nachweisen, dass im Regolith des Mars bereits reichlich Nitrat vorhanden ist. Dies deutete zunächst einmal darauf hin, dass der Mars früher größere Mengen atmosphärischen Stickstoffs besaß und mit den vermuteten verschwundenen Ozeanen und einem frühen Magnetfeld möglicherweise nicht nur lebensfreundlich gewesen sein könnte, sondern auch, dass es irgendwelche Prozesse der Nitratanreicherung im Boden gegeben haben muss, die auf der Erde insbesondere den Mikroorganismen zugeschrieben werden (Stern et al. 2015). Darauf aufbauend erwägen heute manche Forscher die prinzipielle und nicht völlig auszuschließende Möglichkeit, dass vergangene marsianische Mikroben ebenfalls auf diese Art und Weise aktiv waren und so nachweisbare Rückstände in fossilführendem Gestein des Mars (insbesondere in tieferen Sedimentschichten) hinterlassen haben könnten. Es wurde sogar schon zu Bedenken gegeben, ob schon längst „inaktiviertes" mikrobisches Leben auf dem Mars auf heute noch vorhanden sein könnte, welches im Zuge des Terraformings bei erneuter Erwärmung zu neuer Lebensaktivität führen könnte, ohne dass wir zuvor irdische Lebensformen transferieren müssen (zum Beispiel endosporenähnliche Gebilde im Regolith-Eis). Also der Mars als eine „world of sleepers". Doch bei auf unserem roten Nachbarn bereits vorhandenem oder „schlafendem" Leben und potenziellen marsianischen Wiedergeburten befinden wir uns – und das kann ich auch bei interessanten Nitrat-Funden auf dem Mars nicht oft genug betonen – immer noch im absolut spekulativen und momentan nicht nachweisbaren Bereich. Die Viking-Sonden, die bisher die einzigen Sonden waren, die ausschließlich das Ziel hatten, nach Leben auf dem Mars zu suchen, konnten in den 1970er-Jahren diesbezüglich nicht eindeutig zeigen, dass es Mikroben oder ähnliche Lebewesen auf dem Mars gibt – aber auch nicht ausschließen (die Viking-Mission wird in Kap. 3 eingehend behandelt).

Ungeachtet übermäßiger Spekulationen oder vieler Rückschläge sind sich Elon Musk und etliche andere Investoren und beteiligte Forscher aber sicher: Menschen werden in diesem Jahrhundert auf dem Mars leben können, egal ob in eigens kreierten isolierten Atmosphären-Habitaten (vielleicht vergleichbar mit tropischen Gewächshäusern in den Zoos großer Städte), in vor kosmischer Strahlung schützenden Bunkern in tieferen Schichten des Regoliths oder vielleicht auch mit Sauerstoffmasken bei kontrollierten Freigängen. Wenngleich ich persönlich eher ein Fan der robotergestützten Exploration bin, wie sie auch vom Deutschen Luft- und Raumfahrtzentrum angestrebt wird, halte ich es für durchaus realistisch, dass zumindest ein paar Personen auf dem Mars landen und auch leben werden. Oder um es in den Worten von Harrison Schmitt zu sagen, der als erster Wissenschaftler im Jahr 1972 mit Apollo 17 auf dem Mond gelandet ist und die Oberfläche geologisch untersuchte: „Es würde helfen, sich vorzustellen, dass die Eltern der ersten auf dem Mars geborenen Menschen höchstwahrscheinlich heute schon auf der Erde leben". Jedoch werden es meines Erachtens wenige Forscher sein und keine ganzen Städte, die umgesiedelt werden. Schuldig bleiben uns die Mars-Enthusiasten außerdem, welche Auswirkungen der Aufenthalt auf dem Mars auf den menschlichen Körper noch haben könnte – denn ein Wegfall oder eine deutliche Verringerung der Gravitationskraft wird mit Sicherheit auch viele physiologische Probleme nach sich ziehen, vom Verlust von Knochen- und Muskelmasse, über eine Abwärtsspirale des Immunsystems, bis hin zur Balance der Flüssigkeiten im Körper und speziellen Augenproblemen, die schon bei einigen heutigen Astronauten dokumentiert wurden.

Doch sind menschliche Forscher mitsamt ihrer Werkzeuge erst mal auf dem Mars gelandet, können die wirklich interessanten exoökologischen Fragen aufgrund der ständigen Anwesenheit deutlich effizienter als mit heutigen Robotermissionen angegangen werden. Auch müssen wir bei all der Bewunderung der Mars-Roboter zugeben, dass das, was wir vom Mars wissen, auf die bisherigen Möglichkeiten der robotischen Exploration beschränkt sind. Es ist also nicht auszuschließen, dass uns viele Informationen einfach verwehrt bleiben, weil die Untersuchung durch Roboter in gewisser Hinsicht voreingenommen ist, weil sie (mit ihrer jetzigen „Intelligenz") schlicht und ergreifend noch keinen Geologen mit Schaufel und Hammer ersetzen können.

Die Fragen bleiben aber dieselben: Gibt es tief im Inneren des Regoliths Spuren von vergangenem Leben auf dem Mars? Oder gar heute aktive Lebensformen? Wir und unsere Kinder dürfen also gespannt sein auf das Fernsehprogramm der nächsten Jahrzehnte, bei dem die Rolle der wahren Bioingenieure – winzige Bakterien, unterstützende Pilze und leistungsstarke Pflanzen – neben den menschlichen Ikonen hoffentlich nicht zu kurz kommen wird.

2.3.3 Kehren wir zum Ursprung zurück?

Wie die Untersuchung der Innenräume, aber auch der Außenwände von Raumsonden zeigen, sind wir womöglich nicht die ersten irdischen DNA- und RNA-Träger, die den Mars erreichen werden. Alleine die Marsrover Spirit, Opportunity und Curiosity brachten wohl schon kleinste irdische Verschmutzungen in Form von biologischem Erbgut und biogenen Molekülen wie Proteinen und Aminosäuren auf den Mars. Manche sprechen hier schon von etwa 20 Sporen pro Quadratmeter der Außenfläche der Rover (Benardinill et al. 2014; Voosen 2017). Und selbst wenn das nicht der Fall wäre: In Anbetracht der natürlichen Lithotransspermie ist die hochgerechnete Zahl der Meteoriten, die seit den urzeitlichen, aber bereits belebten Phasen der Erdgeschichte von unserem Planeten gelöst wurden und nach dem gravitativen Transfer den Mars erreichten, gewaltig. Auch die in den 1970er-Jahren zurückgebrachten Gesteinsproben der Apollo-14-Mission entpuppten in diesem Zusammenhang im Januar 2019 ein altes Geheimnis: Diese Mondgesteine stammen wohl von der Urerde, die im Zuge von Einschlägen Gesteine verlor und an den Mond abgegeben hat (Bellucci et al. 2019). Das ist also das erste Mal gewesen, dass auf einem anderen Himmelskörper ein irdischer Meteorit gefunden wurde. Davon ausgehend möchte ich zum Abschluss dieses Kapitels auf etwas hinweisen, was sich aus der Fragestellung der Transspermie ergibt und Ihnen zunächst überaus fantastisch anmuten mag.

Laut den Forschungen unter Leitung des 2005 verstorbenen Astrophysikers Curt Mileikowsky erreichten in der Vergangenheit nicht nur irdische Gesteine unseren Nachbarn im Sonnensystem, sondern vor allem weit über vier Milliarden Tonnen Marsgestein die Erde, ohne auf der gesamten Reise auf über hundert Grad Celsius erhitzt worden zu sein. Heute sind davon etwa 100 Meteorite auf der Erde bekannt, die vom Mars stammen. Dabei könnten Hochrechnungen zufolge insgesamt etwa 100 Billionen Mikroorganismen an Bord all dieser Gesteine gewesen sein, falls es denn im Regolith des Mars in der Vergangenheit in etwa so viele Mikroorganismen gegeben hätte, wie heute in irdischen Böden vorhanden sind. Von denen konnten auf Berechnungen basierende Schätzungen etwa 100 Millionen den interplanetaren Transfer innerhalb von genügend großen Aggregaten, bei denen die inneren Kerne unbeschadet blieben, überleben und die Erde schließlich als Reiseziel erreichen (Mileikowsky et al. 2000). Am medienwirksamsten bekannt geworden ist diesbezüglich der Marsmeteorit ALH84001, welcher in seinem Inneren einige von bakteriellen

Aktivitäten bekannte Zerfallsprodukte und sogar mögliche Zellstrukturen zeigt. Deren biologische Ursprünge werden nun 30 Jahre nach dem Fund zwar weitgehend angezweifelt – aber sie können auch noch nicht vollkommen ausgeschlossen werden (McKay et al. 1996). Was aber feststeht ist: Die Mehrzahl der Forscher geht heute aufgrund stichhaltiger Indizien davon aus, dass der Mars früher weitaus lebensfreundlicher war als heute – mitsamt einem Ozean oder zumindest mit großen Gewässern, einem schützendem Magnetfeld und einer deutlich dichteren Atmosphäre und erdähnlicherem Klima (Kap. 3). Was bedeutet das?

Unter diesen Rückschlüssen war unser planetarer Nachbar also womöglich ebenso eine habitable Oase – und falls sie das war, dann vielleicht sogar etwa 100 Millionen Jahre früher als die Erde, da sich der Magma-Ozean auf dem Mars fernab der Sonne wahrscheinlich deutlich früher verfestigte (Bouvier et al. 2018). Heute wissen wir zwar, dass der Mars das evolutive Wettrennen des Lebens gegen die Erde verloren hat, doch in astronomischer Vorzeit ist ein Austausch von Gesteinen zwischen den beiden Nachbarn im Sinne der Transspermie nicht ausgeschlossen. Wenn sich die menschenunabhängige Transspermie durch Meteoriteneinschläge und herausgeschleuderte Gesteinsbrocken noch plausibler erweisen sollte, als sie mit den Ergebnissen der EXPOSE-Experimente bereits ist, dann könnte das also bedeuten: Die Ursprünge allen irdischen Lebens, Sie und ich mit eingeschlossen, stammen vielleicht gar nicht von der Erde, sondern vom ehemals lebensfreundlichen Mars.

Besonders interessant für panspermische Gesichtspunkte: Die heftigste Epoche, während der die Erde gnadenlos mit Gesteinsgeschossen (von Meteoriten, über Asteroiden, bis hin zu ganzen Zwergplaneten) bombardiert wurde, wird heute treffend als „Late Heavy Bombardment" bezeichnet. Und dieser Beschuss fand den bisherigen Kenntnissen nach vor 4,1 bis zu 3,8 Milliarden Jahren statt – genau die Zeit, in der die Entstehung des ersten Lebens auf unserem Heimatplaneten vermutet wird. Diese zeitliche Überlappung erscheint vielen Forschern nicht zufällig. Die Idee der Panspermie genoss in diesem Kontext sodann sehr viel Beachtung. Kurz gesagt, gab es auf der urtümlichen Erde vielleicht gar keine guten ökologischen Nischen – erst Einschläge zerschlugen ihre Oberflächenkonformität so sehr, dass sich allerlei Bizarres ergeben konnte. Ich möchte Ihnen aber hier auch gleich mitteilen, dass das Late Heavy Bombardment im Gegensatz zur Lehrbuchmeinung heute wieder vermehrt in Kritik geraten ist. Das geht sogar so weit, dass einige dieses Bombardement völlig verneinen und von einer leichten Meteoriten-Brise über Hunderte von Millionen Jahren sprechen, anstatt von einem katastrophalen Höhepunkt (Morbidelli et al. 2018). Im

Gegensatz zur lebensstiftenden Rolle von lebensverbreitenden Gesteinen sprechen die Autoren hier also davon, dass das Leben der Erde sich gerade wegen des Fehlens des Late Heavy Bombardments ohne größere Umstrukturierungen entwickeln konnte. Sie merken es schon: Es sind wieder ambivalente Ergebnisse, die gegensätzlichen Interpretationsspielraum für Astrobiologen ermöglichen. Das ist übrigens auch einer der Gründe, wieso die Erforschung des Mondes heute wieder einen kleine Hochphase genießt. Die anstehenden robotischen Mond-Missionen werden hoffentlich klären können, ob die Morphologie der Mondoberfläche das Stattfinden eines Late Heavy Bombardments weiter bestärkt oder aber entkräftigt.

Wenn wir mit den Raumfahrtprogrammen der nächsten zwei Jahrzehnte oder spätestens bei der Landung von Menschen mikrobielle Lebensformen auf dem Mars finden sollten, die sich nicht als irdische Verschmutzungen durch die menschliche Raumfahrt herausstellen, sind wir – so unglaublich das klingen mag – möglicherweise tatsächlich Marsianer, die in diesem Jahrhundert zu ihren astrobiologischen Wurzeln zurückkehren werden. Oder aber das Leben entsteht unabhängig an verschiedensten Orten, ohne zwangsweise interplanetar übertragen werden zu müssen.

Mit diesen Fragestellungen des „Ursprungs des Lebens" sind wir schließlich bei der kleinsten Skala des Lebendigen angekommen – am Anfang der Geschichte des Lebens: die Abiogenese.

Literatur

Airapetian VS, Glocer A, Grono G et al (2016) Prebiotic chemistry and atmospheric warming of early Earth by an active young Sun. Nat Geosci 9:452–455

Amieva M, Peek RM (2016) Pathobiology of Helicobacter pylori-induced gastric cancer. Gastroenterology 150:64–78

Andre M, Yau A (1997) Theories and observations of ion energization and outflow in the high latitude magnetosphere. Space Sci Rev 80:27–48

Arrhenius S (1908) Worlds in the making – the evolution of the Universe. Harper, London

Atri D (2015) On the possibility of Galactic Cosmic Ray-induced radiolysis-powered life in subsurface environments in the Universe. J R Soc Interface 13. https://doi.org/10.1098/rsif.2016.0459

Azua-Bustos A, Fairen AG, Gonzalez-Silva C et al (2018) Unprecedented rains decimate surface microbial communities in the hyperarid core of the Atacama Desert. Scientific Reports 8, Art. 16706

Baque M, de Vera J-P, Rettberg P, Billi D (2013) The BOSS and BIOMEX space experiments on the EXPOSE-R2 mission: endurance of the desert cyanobacterium Chroococcidopsis under simulated space vauum, martian atmosphere, UVC radiation and temperature extremes. Acta Astronautica 91:180–186

Bast E (2014) Mikrobiologische Methoden – Eine Einführung in grundlegende Arbeitstechniken. Springer Spektrum, Heidelberg 3:5–14

Bellucci JJ, Nemchin AA, Grange M et al (2019) Terrestrial-like zircon in a clast from an Apollo 14 breccia. Earth Planet Sci Lett 510:173–185

Benardinill JN, la Duc MT, Beaudet RA, Koukol R (2014) Implementing planetary protection measures on the Mars science laboratory. Astrobiology 14:27–32

Benna M, Hurley DM, Stubbs TJ et al (2019) Lunar soil hydration constrained by exospheric water liberated by meteoroid impacts. Nat Geosci 12:333–338

Bérces A, Egyeki M, Fekete A et al (2015) The PUR Expe- riment on the EXPO-SE-R facility: biological dosimetry of solar extraterrestrial UV radiation. Int J Astrobio 14(1):47–53

Bertrand M, Chabin A, Colas C et al (2015) The AMINO experiment: Exposure of amino acids in the EXPOSE-R experiment on the International Space Station and in laboratory. Int J Astrobiol 14(1):89–97

Bialy S, Loeb A (2018) Could solar radiation pressure explain 'Oumuamua's peculiar acceleration? Astrophys J Lett 868:L1

Bidartondo MI, Redecker D, Hijri I et al (2002) Epiparasitic plants specialized on arbuscular mycrorrhizal fungi. Nature 419:389–392

Billi D, Verseux C, Rabbow E, Rettberg P (2017) Endurance of desert-cyanobacteria biofilms to space and simulated Mars conditions during the EXPOSE-R2 space missions. EANA meeting 2017

Bouvier LC, Costa MM, Connelly JN et al (2018) Evidence for extremely rapid magma ocean crystallization and crust formation on Mars. Nature 558:586–589

Bryce CC, Horneck G, Rabbow E et al (2015) Impact shocked rocks as protective habitats on an anoxic early Earth. Int J Astrobiol 14(1):115–122

Bryson KL, Salama F, Elsaesser A et al (2015) First results of the ORGANIC experiment on EXPOSE-R on the ISS. Int J Astrobiol 14(1):55–66

Cardinale M, Kaiser D, Lueders T et al (2017) Microbiome analysis and confocal microscopy of used kitchen sponges reveal massive colonization by Acinetobacter, Moraxella and Chryseobacterium species. Sci R 7:5791

Chivian D, Brodie EL, Alm EJ et al (2008) Environemntal genomics reveals a single-species ecosystem deep within Earth. Science 322:275–278

Christensen PR (2007) Water at the poles and in permafrost regions of Mars. GeoScienceWorld 3(2):151–155

Christner B, Priscu J, Achberger AM et al (2014) A microbial ecosystem beneath the West Antarctic ice sheet. Nature 512:310–313

Chung S, Kern R, Koukol R et al (2008) Vapor hydrogen peroxide as alternative to dry heat microbial reduction. Adv Space Res 42(6):1150–1160.

Daly MJ, Minton KW (1997) Recombination between a resident plasmid and the chromosome following irradiation of the radioresistant bacterium Deinococcus radiodurans. Gene 187:225–229

Daly M, Rack F, Zook R (2013) Edwardsiella andrillae, a new species of sea anemone from Antarctic ice. PloS ONE 8:e83476

Dance A (2008) Soil ecology: what lies beneath. Nature 455:724–725

De la Torre Noetzel R, Miller AZ, de la Rosa JM et al (2018) Cellular response of the lichen Circinaria gyrosa in Mars-like conditions. Front Microbiol 9:308

De la Vega P, Rettberg U, Reitz G (2007) Simulation of the environmental climate conditions on martian surface and its effect on Deinoccucus radiodurans. Adv Space Res 40:1672–1677

De Souza TAJ, Pereira TC (2018) Caenorhabditis elegans tolerates hyperaccelerations up to 400,000 x g. Astrobiology 18:825–833

De Vera J-P, Alawi M, Backhaus T et al (2019) Limits of life and the habitability of Mars: the ESA space experiment BIOMEX on the ISS. Astrobiol 19:145–157

Edberg NJT, Auster U, Barabash S et al (2009) Rosetta and Mars express observations of the influecne of high solar wind pressure on the Martian plasma environment. Annaley Geophysicale – J Eur Geosci Union 27:4533–4545

Estrela R, Valio A (2018) Superflare ultraviolet impact on Kepler-96 system: a glimpse of habitability when the ozon layer first formed on Earth. Astrobiol 18:1414–1424

Fairen AG, Schulze-Makuch D (2013) The overprotection of Mars. Nature Geoscience 6:510–511

Fajardo-Cavazos P, Link L, Melosh HJ et al (2005) Bacillus subtilis spores on artificial meteorites survive hypervelocity atmospheric entry: implications for Lithopanspermia. Astrobiol 5:726–736

Galvan I, Bonisoli-Alquati A, Jenkinson S et al (2014) Chronic exposure to low-dose radiation at Chernobyl favours adaptation to oxidative stress in birds. Funct Ecol 28:1387–1403

Garbaye J (1994) Tansley Review No. 76 Helper bacteria: a new dimension to the mycorrhizal symbiosis. New Phytol 128:197–210

Gest H, Mandelstam J (1987) Longevity of microorganisms in natural environments. Microbiol Sci 4:69–71

Gladmann B (1997) Destination: Earth. Martian meteorite delivery. Icarus 130:228–246

Green JL, Hollingworth J, Brain D et al (2017) A future Mars environment for science and exploration. Planetary Science Vision 2050 workshop. http://www.hou.usra.edu/meetings/V2050/pdf/8250.pdf. Zugegriffen: 10. Mai. 2019

Griffin DW (2004) Terrestrial microorganisms at an altitude of 20,000 m in Earth's atmosphere. Aerobiologia 20:135–140

Harigitai HI, Gulick VC, Glines NH (2018) Paleolakes of northeast Hellas: precipitation, groundwater-fed, and fluvial lakes in the Navua-Hadriacus-Ausonia Region, Mars. Astrobiol 18:1435–1459

Hippke M, Learned JG (2018) Interstellar Communication. IX. Message Decontamination is impossible. arXiv:1802.02180

Horneck G, Stöffler D, Ott S et al (2008) Microbial rock inhabitants survive hyper-velocity impacts on Mars-like host planets: first phase of lithopanspermie experi-mentally tested. Astrobiology 8:17–44

Isbary G, Morfill G, Schmidt H et al (2010) A first prospective randomized con-trolled trial to decrease bacterial load using cold atmospheric argon plasma on chronic wounds in patients. Br J Dermatol 163:78–82

IISE – International Institute for Species Exploration (2014) Clean room micro-bes: Alien invaders? Top 10 new species of 2014. Pressemitteilung. https://web.archive.org/web/20140524003729/http://www.esf.edu/top10/08.htm. Zugegriffen: 15. Febr. 2019

Jakosky BM, Edwards CS (2018) Inventory of CO_2 available for terraforming Mars. Nat Astron 2:634–639

Jerling A, Burchell MJ, Tepfer D (2008) Survival of seeds in hypervelocity impacts. Int J Astrobiol 7(3–4):217–222

Jönsson KI, Rabbow E, Schill RO et al (2008) Tardigrades survive exposure to space in low Earth orbit. Curr Biol 8:R729–R731

Johnson JC, Thaul S (1997) An evaluation of radiation exposure guidance for mili-tary operations: interim report. National Acad Press, Washington, D.C.

Kjaer KH, Larsen NK, Binder T et al (2018) A large impact crater beneath Hia-watha Glacier in northwest Greenland. Sci Adv 4:eaar8173

Kliman DM, Cooper JB (2000) Martian soil plant growth experiment: The effects of adding nitrogen, bacteria, and fungi to enhance plant growth. Conference paper in lunar and planetary science and exploration, S 31. http://www.lpi.usra.edu/meetings/lpsc2000/pdf/1871.pdf. Zugegriffen: 10. Mai 2019

Leveille RJ, Datta S (2010) Lava tubes and basaltic caves as astrobiological targets on Earth and Mars: a review. Planet Space Sci 58:592–598

Limaye SS, Mogul R, Smith DJ et al (2018) Venus' spectral singatures and the potenzial for life in the clouds. Astrobiol 18:1181–1198

Lin L-H, Hall J, Lippmann-Pipke J et al (2005) Radiolytic H2 in continental crust: nuclear power for deep subsurface microbial communities. Geochemistry, geo-physics, geosystems 6. https://doi.org/10.1029/2004gc000907

Livermore PW, Hollerbach R, Finlay CC (2017) An accelerating high-latitude jet in Earth's core. Nat Geosci 10:62–68

Mahaffy PR, Webster CR, Atreya SK et al (2013) Abundance and isotopic com-position of gases in the martian atmosphere from the curiosity rover. Science 341:263–266

Mancinelli RL (2015) The affect of the space environment on the survival of Halo-rubrum chaoviator and Synechococcus (Nägeli): data from the space experiment OSMO on EXPO- SE-R. Int J Astrobiol 14(1):123–128

Mars One (2012) Mars One's human mission to Mars – 2012 introduction film, missionsbeschreibendes Video des offiziellen Mars One YouTube-Channels. Auf der Homepage der Seite ist eine übersichtliche Chronik aller geplanten Ereig-nisse einsehbar. http://www.mars-one.com/mission/roadmap. Zugegriffen: 9. Dez. 2016

Mastrapa RME, Glanzberg H, Head JN et al (2001) Survival of bacteria exposed to extreme acceleration: implications for panspermia. Earth Planet Sci Lett 189(1–2):1–8

McKay CP, Toon OB, Kasting JF (1991) Making Mars habitable. Nature 352:489–496

McKay DS, Gibson EK Jr, Thomas-Keprta KL et al (1996) Search for past life on Mars: possible relic biogenic acti- vity in martian meteorite ALH84001. Science 273(5277):924–930

Meech KJ, Weryk R, Micheli M et al (2017) A brief visit from a red and extremely elongated interstellar asteroid. 552:378–381

Micheli M, Farnocchia D, Meech KJ et al (2018) Non-gravitational acceleration in the trajectory of 1l/2017 U1 (,Oumuamua). Nature 559:223–226

Mileykowsky C, Cucinotta FA, Wilson JW et al (2000) Natural transfer of viable microbes in space: 1. From Mars to Earth and Earth to Mars. Icarus 145:391–427

Mitchell FJ, Ellis WL (1971) Surveyor III: bacterium isolated from lunar-retrieved TV camera. Proceedings of the lunar science conference – the MIT Press 2:2721–2733

Mogul R, Barding GA, Lalla S et al (2018) Metabolism and biodegradation of spacecraft cleaning reagents by strains of spacecraft-associated Acinetobacter. Astrobiol 18:1517–1527

Monje O, Stutte G, Chapman D (2005) Microgravity does not alter plant stand gas exchange of wheat at moderate light levels and saturating CO_2 concentration. Planta 222:336–345

Morbidelli A, Nesvorny D, Laurenz V et al (2018) The timeline of the lunar bombardment. Revisited Icarus 305:262–276

Murray AE, Rack R, Zook R et al (2016) Microbiome composition and diversity of the ice-dwelling sea Anemone, Edwardsiella andrillae. Integr Comp Biol 56:icw095

Musk E (2017) Making humans a multi-planetary species. New Space 5(2):46–61

Namouni F, Morais MHM (2018) An interstellar origin for Jupiter's retrograde co-orbital asteroid. MNRAS 477:L117–L121

NASA (2016) Mars ice deposits holds as much water as Lake Superior. Presseveröffentlichung. https://www.jpl.nasa.gov/news/news.php?feature=6680. Zugegriffen: 10. Mai. 2019

NASA (2017) Mars Rover curiosity examines possible mud cracks. Presseveröffentlichung der NASA. https://www.nasa.gov/feature/jpl/mars-rover-curiosity-examines-possible-mud-cracks. Zugegriffen: 15. Febr. 2019

Neuberger K, Lux-Endrich A, Panitz C et al (2015) Survival of spores of Trichoderma longibrachiatum in space: data from the space experiment SPORES on EXPOSE-R. Int J Astrobiol 14(1):129–135

Nicholson WL (2009) Ancient micronauts: interplanetary transport of microbes by cosmic impacs. Trends Microbiol 17:243–250

Noblet A, Stalport F, Yong Guan Y et al (2012) The PROCESS experiment: amino and carboxylic acids under Mars-like surface UV radiation conditions in low-earth-orbit. Astrobiol 12(5):436–444

Novikova N, Deshevaya E, Levinskikh M et al (2015) Study of the effects of the outer space environment on dormant forms of microorganisms, fungi and plants in the „EXPO-SE-R" experiment. Int J Astrobiol 14(1):137–142

O'Leary M (2008) Anaxagoras and the origin of panspermia theory. iUniverse, New York

O'Sullivan LA, Roussel EG, Weightman AJ et al (2015) Survival of Desulfotomaculum spores from estuarine sediments after serial autoclaving and high-temperature exposure. ISME J 9:922–933

Orosei R, Lauro SE, Pettinelli E et al (2018) Radar evidence of subglacial liquid water on Mars. Science. https://doi.org/10.1126/science.aar7268

Panitz C, Horneck G, Rabbow E et al (2015) The SPORES experiment of the EXPOSE-R mission: bacillus subtilis spores in artificial meteorites. Int J Astrobiol 14(1):105–114

Parniske M (2008) Arbuscular mycorrhiza: the mother of plant root endosymbioses. Nat Rev Microbiol 6:763–775

Pass J, Dudley-Rowley M, Gangale T (2006) The cultural imperative to colonize space: an astrobiological perspective. Space 2006 (San Jose, Californa, American Institute of Aeronautics and Astronautics)

Peter K, Christner B, Achberger A (2017) A sub-ice marine ecosystem beneath the Ross Ice Shelf, Antarctica. XIIth SCAR biology symposium, conferene presentation, Leuven

Rabbow E, Rettberg P, Barczyk S et al (2015) The astrobiological mission EXPO-SE-R on board of the International Space Station. Int J Astrobiol 14:3–16

Rabbow E, Rettberg P, Parpart A et al (2017) EXPOSE-R2: the astrobiological ESA mission on board of the International Space Station. Front Microbiol 8:1533

Rettberg P, Müller M, Shimizu T et al (2018) The application of Cold Atmospheric Plasma (CAP) for the sterilization of spacecraft components. EANA 2018 conference, Berlin

Roesch LF, Fulthorpe RR, Riva A et al (2007) Pyrosequencing enumerates and contrasts soil microbial diversity. ISME J 1:283–290

Rutishauser A, Blankenship DD, Shar M et al (2018) Discovery of a hypersaline subglacial lake complex beneath Devon Ice Cap, Canadian Arctic. Sci Adv 4:eaar4353

Salvador A, Massol H, Daville A et al (2017) The relative influence of H_2O and CO_2 on the primitive surface conditions and evolution of rocky planets. JGR Planet 122:1458–1486

Scalzi G, Selbmann L, Zucconi L et al (2012) LIFE experi- ment: Isolation of cryptoendolithic organisms from antarc- tic colonized sandstone exposed to space and simulated Mars conditions on the International Space Station. Orig Life Evol Bios 42(2):253–262

Scalo J, Wheeler JC (2002) Astrophysical and astrobiological implications of gamma-ray burst properties. Astrophys J 566:723–737

Shalygin EV, Markiewicz WJ, Basilevsky AT, Titov DV, Ignatiev NI, Head JW (2015) Active volcanism on Venus in the Ganiki Chasma rift zone. Geophys Res Lett 42:4762–4769

Shimizu S, Barczyk S, Rettberg P et al (2014) Cold atmospheric plasma – a new technology for spacecraft component decontamination. Planet Space Sci 90:60–71

Shizgal BD, Arkos GG (1996) Nonthermal escape of the atmospheres of Venus, Earth, and Mars. Rev Geophys 34:483–505

Shtarkman YM, Kocer ZA, Edgar R et al (2013) Subglacial Lake Vostok (Antarctica) accretion ice contains a diverse set of sequences from aquatic, marine and sediment-inhabiting bacteria and eukarya. PLoS 8:e67221

Slade D, Lidnner AB, Paul G, Radman M (2009) Recombination and replication in DNA repair of heavily irradiated Deinococcus radiodurans. Cell 136:1044–1055

Smrekar SE, Stofan ER, Mueller N, Treiman A, Elkins-Tanton L, Helbert J, Piccioni G, Drossart P (2010) Recent hotspot volcanism on Venus from VIRTIS emissivity data. Science 328:605–608

Speyerer EJ, Povilaitis RZ, Robinson MS et al (2016) Quantifying crater production and regolith overturn on the Moon with temporal imaging. Nature 538:215–218

Stern JC, Sutter B, Freissinet C et al (2015) Evidence for indi- genous nitrogen in sedimentary and aeolian deposits from the curiosity rover investigations at Gale Crater Mars. Proc Natl Acad Sci USA 112(14):4245–4250

Stetter KO (2006) Hyperthermophiles in the history of life. Philos Trans B Biol Sci 361:1837–1843

Stewart AJ, Schmidt MW, Van Westrenen W et al (2007) Mars: a new core-crystallization regime. Science 316(5829):1323–1325

Stewart EJ (2012) Growing unculturable bacteria. J Bacteriol 194:4151–4160

Tepfer D, Leach S (2006) Plant seeds as model vectors for the transfer of life through space. Astrophys Space Sci 306:69–75

Tepfer D, Zalar A, Leach S (2012) Survival of plant seeds, their UV screens, and nptII DNA for 18 months outside the International Space Stations. Astrobiology 12(5):517–528

Tito D, MacCallum T, Clark J et al (2013) Inspiration Mars – a mission for America. Vortrag des Gründers Dennis Tito und anderen Verantwortlichen im National Press Club, Washington, D.C., USA. https://www.youtube.com/watch?v=aLfvFp3eFj8. Zugegriffen: 15. Febr. 2019 (Zu diesem Zeitpunkt war der Start noch im Jahr 2018 geplant)

Turner NA, Sharma-Kuinkel BK, Maskarinec SA et al (2019) Methicillin-resistant Staphylococcus aureus: an overview of basic and clinical research. Nat Rev Microbiol. https://doi.org/10.1038/s41579-018-0147-4

Vago JL, Kintner PM, Chesney SW et al (1992) Transverse ion acceleration by localized lower hybrid waves in the topside auroral ionosphere. J Geophys Res 97:16935

Vaishampayan PA, Rabbow E, Horneck G et al (2012) Survi- val of Bacillus pumilus spores for a prolonged of time in real space conditions. Astrobiology 12(5):487–497

Vartoukian, SR, Palmer, RM & Wade, WG (2010) Strategies for culture of 'unculturable' bacteria. FEMS Microbiol Lett 309. https://doi.org/10.1111/j.1574-6968.20https://doi.org/10.02000.x

Vigier F, Postollec AL, Coussot G et al (2013) Preparation of the Biochip experiment on the EXPOSE-R2 mission outside the International Space Station. Adv Space Res 52:2168–2179

Voosen P (2017) Fear of microbial taint curbs Mars explorers. Science 357: 535–536

Vreeland RH, Rosenzweig WD, Powers DW (2000) Isolation of a 250 million-year-old halotolerant bacterium from a primary salt crystal. Nature 407:897–900

Wainwright M, Wickramasinghe NC, Narlikar JV, Rajaratnam P (2006) Microorganisms cultured from stratospheric air samples obtained at 41 km. FEMS Microbiol Lett 218:161–165

Wamelink GWW, Frissel JY, Krijnen WHJ et al (2014) Can plants grow on Mars and the Moon: a growth experiment on Mars and Moon soil simulants. PLoS One. https://doi.org/10.1371/journal.pone.0103138

Wassmann M, Moeller R, Rabbow E et al (2012) Survival of spores of the UV-resistant Bacillus subtilis strain MW01 after exposure to low-earth orbit and simulated martian conditions: data from the space experiment ADAPT on EXPOSE-E. Astrobiology 12(5):498–507

Watanabe Y, Bornemann H, Liebsch N et al (2006) Seal-mounted cameras detect invertebrate fauna on the underside of an Antarctic ice shelf. Mar Ecol Prog Ser 309:297–300

Wells LE, Armstrong JC, Gonzalez G (2003) Reseeding of early Earth by impacts of returning ejecta during the late heavy bombardment. Icarus 162:38–46

Wesson PS (2010) Panspermia, past and present: astrophysical and biophyscial conditions for the dissemination of life in space. Space Sci Rev 156:239–252

Yamagishi A, Kawaguchi Y, Hashimoto H et al (2018) Environmental data and survival of Deinococcus aetherius from the exposure facility of the Japan experimental module of the International Space Station obtained by the Tanpopo mission. Astrobiology 18:1369–1374

Zahradka K, Slade D, Bailone A et al (2006) Reassembly of shattered chromosomes in Deinococcus radiodurans. Nature 443:569–573

Zhang Y, Xin C-X, Zhang L-T et al (2018) Detection of fungi from low-biomass spacecraft assembly clean room aerosols. Astrobiology 18:1585–1593

Zubrin, R. & McKay, C. (1993) Technological requirements for terraforming Mars. 29th joint propulsion conference and exhibit. https://arc.aiaa.org/doi/pdf/10.2514/6.1993-2005. Zugegriffen: 15. Febr. 2019

3

Ursprung und Evolution des Lebendigen

Viele Wege führen zum Leben – Reaktion für Reaktion werden die abiotischen Grundlagen der allerersten ökologischen Interaktion und ihrer evolutionären Entfaltung entschlüsselt. Doch wie sieht dieses Leben aus und ist es überhaupt möglich, Leben widerspruchsfrei zu definieren? Das kleinstmögliche Leben birgt das Potenzial, alles, was wir über unsere Erde und ferne Welten zu wissen glauben, größtmöglich zu verändern.

Man nehme eine Handvoll feuchter Weizenkörner, schütte sie in ein dichtes Gefäß und verstopfe die Öffnung komplett mit einem schmutzigen Lumpen. Nach etwa drei Wochen macht sich ein Gestank bemerkbar, welcher darauf hindeutet, dass der Moder des Lumpens in die Schalen des Getreides eingedrungen ist. Und den Weizen somit in ganz und gar lebendige Mäuse verwandelt hat. In völlig ausgewachsene Weibchen und Männchen.

Dieses zauberhaft anmutende Experiment mitsamt den wunderlichen Beobachtungen beschrieb Johann Baptista van Helmont, ein bedeutender Universalgelehrter der frühen Neuzeit (Pasteur 1864). Was uns über 300 Jahre später als völlige Absurdität erscheint, war im 17. Jahrhundert tatsächlich nichts weiter als die Sehnsucht der Forscher, eine sehr viel ältere und noch bis heute weitgehend ungelöste Frage zu beantworten: Wie entsteht Leben?

Nicht nur frühere Gelehrte und bildungsnahe Betuchte gingen bis zum 19. Jahrhundert davon aus, dass aus unbelebter Materie mehr oder weniger spontan Lebewesen entstehen können – auch gewöhnliche Bauern verfluchten diesen Prozess, da sich die Körper von Ratten allein aus der Verbindung von feuchtem Stroh und Schmutz zu formen schienen und die

© Springer-Verlag GmbH Deutschland, ein Teil von Springer Nature 2019
A. Janjic, *Astrobiologie – die Suche nach außerirdischem Leben*,
https://doi.org/10.1007/978-3-662-59492-6_3

bäuerlichen Scheunen deshalb fortlaufend von Plagen dieser Nager heimgesucht wurden. Schon im antiken Griechenland wurde dieses Konzept der „spontanen Zeugung" diskutiert und quasi als natürliches Gesetz akzeptiert – neben der sexuellen und vegetativen Fortpflanzung also die dritte Art der Lebensschöpfung. Sogar die wahrheitsbeanspruchende Kirche des Mittelalters zweifelte die Grundaussage dieser antiken Lehren nicht an. Schließlich wurde der biblischen Überlieferung nach Adam selbst aus Lehm und Ackererde geformt, bevor ihm dann aber Gott den entscheidenden menschlichen Lebensatem einhauchte.

Erst die fortschreitende Mikroskopiertechnik des späten 18. und frühen 19. Jahrhunderts und ihre revolutionären Einblicke in die Welt des kleinsten Lebens ermöglichte völlig neuartige experimentelle Überprüfungen, welche die Grenzen bisheriger philosophischer und religiöser Anschauungen zu sprengen vermochten. Den wegen der technischen Innovationen neu entflammten Konflikt zwischen alten Befürwortern der Spontanzeugung und den immer häufiger auftretenden Skeptikern legte schließlich der französische Chemiker Louis Pasteur endgültig bei – und zwar zugunsten der Kritiker. Sein sogenanntes „Schwanenhalskolben-Experiment" war so aufgebaut, dass ein von der Außenwelt isolierter Kolben mit einem anderen verglichen wurde, der Kontakt zur Luft hatte. Damit konnte er zweifelsfrei zeigen, dass es in einem sterilen Nährmedium innerhalb eines Kolbens nur dann von Leben wimmeln kann, wenn Mikroorganismen zuvor von außen durch die Luft eingedrungen sind und sich anschließend dort vermehrt haben, und nicht etwa wenn sich spontan im isolierten Kolben Lebewesen bildeten (Pasteur 1864). Also nichts da mit irgendeiner Spontanzeugung. Es ist genauso wie bei den verhassten Ratten der vorher erwähnten Bauern, die selbstverständlich bereits lebendig in die Scheunen eingedrungen waren, sich im Schutz der Strohballen anschließend explosionsartig vermehrten und den betroffenen Landwirten somit wiederkehrende hygienische und auch finanzielle Probleme bereiteten.

Daraufhin formulierte Pasteur im Jahr 1864 seine gegensätzliche und weitreichende Doktrin „Omne vivum e vivo" („Alles Leben entsteht aus Lebendem"). Etwas Ähnliches wurde schon zehn Jahre zuvor vom deutschen Pathologen Rudolf Virchow als „Omnis cellula e cellula" („jede Zelle entsteht aus einer Zelle") vorformuliert. Und in der heutigen Biologie wird dieser Umstand allgemein unter dem Begriff der „Biogenese" zusammengefasst. Eine Lebensform kann demnach nur dann entstehen, wenn ein vorheriges Lebewesen einen Prozess der Genese initiiert – sei es eine bakterielle Mutterzelle, die sich je nach Art innerhalb von Minuten zu teilen beginnen kann, oder unsere Mütter, in deren Bauch wir etwa neun Monate lang herangewachsen sind. Eine „Abiogenese" – also die Entstehung von Leben aus chemisch-physikalischem Nicht-Leben – wurde hingegen noch nie, auch nicht ansatzweise, beobachtet.

Geistliche nutzten diese nachdrücklichen Ergebnisse damals schnell zu ihren Gunsten und deuteten sie zeitweilig als finalen Beweis, dass das gesamte Leben letztlich nur aufgrund göttlichen Willens existiere, da es ja selbst manchen kirchenfernen Wissenschaftlern zufolge nicht „von selbst" aus unbelebter Materie hervorgegangen sein konnte. Diese Resultate bedeuteten für aufgeklärte Forscher des vorletzten Jahrhunderts also eine ernstzunehmende gedankliche Sackgasse: Entweder stimmte ihre damalige Überzeugung nicht, dass vor dem Leben erst einmal unser Planet oder prinzipiell eine Welt ohne Lebewesen vorhanden war (also Leben schon immer da gewesen sein muss), oder es musste zweifelsfrei angenommen werden, dass neben der menschlichen Vernunft auch der Wille eines göttlichen Wesens unabdingbar ist, um die Entwicklung von Leben erklären zu können. Einzelne hartgesonnene Kritiker wiesen die Experimente und Interpretationen von Pasteur (oder auch die im selben Jahrhundert ähnlich durchgeführten und ebenso weitreichenden mikrobiologischen Untersuchungen von John Tyndall) hingegen ab und hielten einfach strikt an der Möglichkeit einer spontanen abiotischen „Urzeugung" fest.

In diesem Kapitel möchte ich Ihnen nach diesem kurzen historischem Exkurs aufzeigen, welche geo- und biochemischen Indizien es heute durchaus in großer Anzahl gibt und deshalb auch derzeitige Astrobiologen dazu verführen, die abiotische Zeugung von Leben ernsthaft zu verfolgen und Schritt für Schritt – Reaktion für Reaktion – zu erforschen. Dieses Kapitel soll Ihnen die Erforschung der biochemischen Anfänge desjenigen Pfades erläutern, der letztlich zu der Entwicklung meiner Hand, die gerade dieses Buch schreibt, und Ihrer Hand, die dieses Buch halten wird, führte.

„Leben entsteht aus Lebendem" – auch heute widerspricht der Grundsatz von Pasteur insbesondere dem favorisierten physikalischen Modell der modernen Kosmologie. Wenn Leben nur aus Leben hervorgehen kann, dann müsste es folglich nicht nur zu Beginn der Erde, sondern ja sogar zu Beginn des Universums vorhanden gewesen sein. Dem geltenden Urknall-Ansatz nach gab es ganz zu Beginn von Raum und Zeit jedoch nicht einmal die Elemente des Periodensystems. Irgendwo und irgendwann muss es also einen Prozess der Lebensentstehung gegeben haben. Wie und wo können wir mit evidenzbasierter Wissenschaft die Ursprünge des Lebendigen mit heutigen Kenntnissen also überhaupt einordnen? Aus welchen Interaktionen abiotischer Prozesse entstand die erste irdische lebende Einheit, die dann die biogene Entwicklung des Ökosystems Erde einleitete?

Und welche Entfaltungsmuster des Lebens können wir davon ausgehend anderswo und anderswann im uns bekannten Universum erwarten?

3.1 Was soll Leben sein?

Bevor über die Ursprünge des Lebens und dessen Evolution geschrieben wird, sollte man zunächst selbstverständlich sicher sein, was man eigentlich meint. Was ist denn lebendig? Und was mit Sicherheit nicht?

Diese Frage erscheint Ihnen möglicherweise recht trivial. Wir sind Leben schließlich gewohnt. Es umgibt uns überall und findet auch in unserem Inneren statt. Sie selbst sind offensichtlich (und hoffentlich) auch lebendig, während Sie dieses Buch in der Hand halten. Dennoch – so werden wir gleich sehen – ist es ausgerechnet in der Biologie, die ja allein der Definition zufolge die „Wissenschaft des Lebens" ist, ein äußerst schwieriges Unterfangen, eine eindeutige, allgemein gültige und nicht weiter hinterfragbare Definition des Lebendigen zu formulieren. Wir besitzen zwar ohne Frage ein intuitives Verständnis darüber, was Leben ist und bedeutet. Aber wenn man aufgefordert wird, diese Gefühle in konkrete Worte zu fassen, werden die Antworten meist holpriger.

Aufgrund dieser Schwierigkeiten beschloss ich ganz zu Anfang dieses Buchprojekts, die lebendigsten Wesen um Rat zu bitten. Da ich neben meiner wissenschaftlichen Arbeit als Kinderbetreuer arbeite, befragte ich spielende Kinder im Alter von sechs bis zehn Jahren nebenbei und unbekümmert über die Eigenschaften des Lebens. Was unterscheidet den Vogel im Garten vom Kuscheltier im Bett?

Ein Mädchen führte unter Ausstoßung von Flugzeuggeräuschen einen Plüscheisbären durch die Luft und sagte, dass sich das Kuscheltier ohne ihre Hilfe nicht bewegen – und erst recht nicht fliegen – kann. Andere spielten fürsorglich mit Puppen und redeten mit ihnen, aber – so versicherten sie mir – sie wüssten, dass die Puppen selbst nicht wirklich mit ihnen reden können, da sie nicht leben. Ein anderes Mädchen war etwas plumper und warf beim Basteln die Klebstifte vom Tisch. „Ihnen tut das nicht weh, sie schreien nicht." Allein hiermit waren zumindest in den Grundzügen bereits zwei elementare Merkmale von lebenden Wesen gefunden, die ich vorerst in Anlehnung an die Beschreibungen der Kinder „Bewegung" (im Sinne einer Reaktion) und „Wahrnehmung" nennen werde.

Zwar würde eine Ameise oder eine Pflanze nicht mit Ihnen reden, wenn Sie ihnen pinke Puppenklamotten überziehen, und genauso wenig würden sie schreien, wenn man sie vom Tisch stößt. Aber beide Organismen können ohne Zweifel auf irgendeine Art und Weise wahrnehmen, dass sich ihre eigene Position im Raum und somit ihre abiotische Umgebung während eines Absturzes ändert oder dass sie in einem anderen Material eingebettet sind als unter üblichen Voraussetzungen. Im Fall der Ameise ist das auch für Kinder noch recht anschaulich – sie hat Augen. Zwar funktionieren die Facettenaugen von Insekten völlig anders als unsere Linsenaugen, aber eine Ameise könnte den Fall vom Tisch und die veränderte Umgebung durchaus optisch registrieren. Würde sie auf den am Boden liegenden Kleber fallen, würde sie das aber vor allem „riechen", denn die olfaktorische Wahrnehmung der Umwelt durch geruchswirksame Stoffe ist nicht nur bei unseren geliebten Hunden und ihren Schnüffelnasen, sondern auch bei vielen Insekten (bei denen die entsprechenden Riechzellen oft auf den Fühlern positioniert sind) in der Regel extrem ausgeprägt. Der Klebstoff scheint hingegen offensichtlich nicht wahrzunehmen, wenn eine festgeklebte Ameise um ihr Leben strampelt.

Deutlich weniger intuitiv in der Anschaulichkeit sind Pflanzen. Für die Kinder war es auch deutlich einfacher zu formulieren, wie sich ihr Kuscheltier von einem flatternden Vogel unterscheidet als von einem fest verwurzeltem Baum, in dessen Geäst der frei bewegliche Vogel sitzt. Manch antiker Philosoph ordnete aufgrund ihrer Erscheinung Pflanzen in ihrer Lebendigkeit sogar näher an Gesteinen als an Tieren an. Völlig unverständlich, wie leidenschaftliche Botaniker wissen, da Pflanzen in einigen Fällen noch unglaublichere Lebensleistungen vollbringen können als so manches Getier.

Bei oberflächlicher Betrachtung bewegt sich ein Baum selbstständig nun mal genauso wenig wie der Stoffeisbär – außer einer passiven Bewegung durch Wind und Wetter also überhaupt nicht. Diese Aussage stimmt bei näherer Untersuchung so jedoch schon mal nicht: Pflanzen können sich durchaus aktiv in ihrer Umwelt bewegen und machen das auch stetig. Es sind zwar selten ortsfreie Bewegungen, wie durch tierische Glieder oder bakterielle Geißeln möglich, sondern sogenannte Nastien oder Tropismen. Am bekanntesten ist diesbezüglich wohl die phototrope (lichtabhängige) Ausrichtung von farbenprächtigen Blüten am Stand der Sonne. Die Bewegung von Pflanzen können Sie also live an Ihrem Fensterbrett mitverfolgen, auch wenn Sie dafür in der Regel ein bisschen Geduld mitnehmen müssen. Aber nicht nur farbige Blüten, sondern auch eintönige Wurzeln im Boden orientieren sich in ihrer Wachstumsrichtung an chemischen Signalen von Nährstoff- und Wasserquellen. Einige Pflanzenarten betreiben im Untergrund sogar aggressive, biochemische Kriegsführung, bei der Vertreiben und Umzingeln, aber auch Umwickeln und Zerdrücken von fremden Wurzeln zu den bewegten Kampfstrategien gehören können. Gerade weil Pflanzen an einen Standort gebunden sind, kamen während ihrer Evolution also sehr clevere Verhaltenseigenschaften und alternative Konzepte der Bewegung zur Entfaltung – denn einfach vor einer akuten Gefahr zu flüchten, indem man sich wie ein mobiles Tier verzieht, kann ja schließlich jeder. Sich selbst klonende Geneten (vegetativ vermehrende, also sich selbst klonende Mutterpflanzen wie die Erdbeere) können sogar wurzelähnliche Ausläufer oder Sprösslinge bilden, die unterhalb der Erdoberfläche nach bestimmten Stellen suchen und sich wachsend dorthin bewegen, um dem Rameten (eine einzelne Pflanze dieses Klon-Kollektivs) bessere Standortbedingungen zu garantieren und sich Nährstoffe untereinander auszutauschen (Penalosa 1983). Einige sprechen hier sogar schon vom „Wood Wide Web".

Wem kriegstreibende und sich selbst klonende Pflanzen noch nicht kreativ genug sind, der sollte sich vor Augen führen, dass Pflanzen gewissermaßen auch „sehen" können. Sie besitzen ihre optischen Einheiten grob gesagt am gesamten Körper und können damit Helligkeitsunterschiede – ja in manchen Fällen sogar den Schatten eines vorbeilaufenden Tieres oder Menschen – erkennen und entsprechend darauf reagieren (Baluska und Mancuso 2016). Dies bewerkstelligen auch Sehpigmente in mikroskopisch kleinen Zellen oder sogar der ganze Körper eines Cyanobakteriums, welches einfallendes Licht wie ein einzelnes Linsenauge auf die gegenüberliegende Seite in der Membran fokussiert, was die Zelle zur Bewegung in die entgegengesetzte Richtung dieses Lichtbündels animiert (das bedeutet gewissermaßen kontraintuitiv, dass die Zelle vor dem Lichtpunkt in der eigenen Membran so schnell wie möglich flüchten möchte – also eigentlich photophob reagiert – und gerade deshalb der Lichtquelle selbst näher kommt) (Schuergers et al. 2016). Und auch gewöhnliche Pflanzen produzieren ebendiese Proteine, die in der Entwicklung dieser Sehpigmente in mikrobiellen Zellen verantwortlich sind (Baluska und Mancuso 2016).

Eine grundlegende Eigenschaft lebendiger Systeme ist in Anbetracht dieser, aber auch aller anderen möglichen Beispiele, die Fähigkeit der eigenständigen sensorischen Wahrnehmung. Die Fähigkeit der Sensorik ist letztlich nichts anderes als die Kombination der von den Kindern genannten Eigenschaften „Wahrnehmung" und „Reaktion".

Sie können gerne versuchen, nach lebendigen Fällen zu suchen, bei denen diese Ausführungen nicht gelten. Das Problem ist nämlich vielmehr im gegenteiligen Vorgehen zu finden: Sie könnten am Ende feststellen, dass es nicht-lebendige Prozesse gibt, die die oben genannten Eigenschaften des Lebens sehr wohl aufweisen. Oben habe ich beispielsweise salopp behauptet, dass der Klebstoff nicht „wahrnehmen" kann, wenn sich etwas (zum Beispiel eine festgeklebte Ameise) in ihm bewegt. Tatsächlich gibt es aber Leim, der erst dann richtig fest wird und seine Opfer stark an sich heftet, wenn chemisch-physikalisch registriert wird, dass sich das eingefangene Objekt schnell bewegt, was sodann einen eigenen chemisch-mechanischen Prozess des Stoffes einleitet. Von Computern, die ja letztlich das Paradebeispiel einer funktionierenden Sensorik sind, brauchen wir in diesem Kontext also gar nicht erst anfangen zu reden. Sensorik allein kann also nicht die magische Zutat sein, die Lebewesen lebendig macht. Sie sehen schon an diesem zugegebenermaßen recht einfachen Beispiel, dass die saloppen Begriffe „Wahrnehmung" und „Reaktion" schwierig einheitlich und allumfassend zu gebrauchen sind, womit ich die Aussagen der Kinder aber nicht weniger wichtig erscheinen lassen möchte.

Ein weiteres Merkmal, das oft als lebenseigen eingestuft wird und das direkt von den vorherigen Argumenten abhängt, ist die Fähigkeit der Kommunikation. Würde eines der Kinder von einem hohen Tisch gestoßen werden (was hoffentlich für kein Experiment über das Leben durchgeführt wird), wären im Gegensatz zu einer Ameise oder Pflanze sehr wohl Schreie zu hören. Das schrille Geräusch würde indes die Sensorik anderer Kinder aktivieren und ihnen mitteilen, dass irgendetwas in der Umwelt geschehen ist, was nicht ignoriert werden sollte. Dieses Aussenden von Lauten ist im Tierreich überall anzutreffen und bei Weitem nicht nur in Gefahrensituationen. Lebewesen, die aktiv keine Schallwellen zur Kommunikation aussenden, können jedoch auch von ihrer Situation berichten. So bilden beispielsweise die äußerst stummen Bakterien massenhaft Kanülen (sogenannte tunneling nano tubes, TNTs) zu anderen Artgenossen und informieren diese durch direkten Stoffaustausch über diese mikroskopischen kanalartigen Verbindungen somit unter anderem über die Mikrostandorte der Senderzelle (Pande und Kost 2017). Aus dem Kapitel zu der Problematik der Planetary Protection erinnern Sie sich vielleicht noch daran, dass die Kontamination oft schwierig festzustellen ist, weil sich grob geschätzt nur etwa ein Prozent der bekannten Bakterien überhaupt kultivieren lassen. Genau hierin könnte der Grund dafür liegen, da viele Bakterienarten möglicherweise darauf angewiesen sind, in einem mikrobiellen Netzwerk mit anderen spezifischen Arten Nährstoffe auszutauschen und bei der Kultivierung schlicht absterben, weil die Kommunikationspartner fehlen. Auch Ihre Körperzellen scheinen übrigens zu einer solchen nanotube-Kommunikation in der Lage zu sein, inklusive dem Transport von Proteinen und kurzen RNA-Stücken, was bei weiterer Erforschung insbesondere für die Human- und Tiermedizin von Bedeutung werden könnte, da auch Krebszellen diese zellulären Netzwerke aufspannen und somit miteinander chemischen Informationsaustausch betreiben (Rustom et al. 2004; Lou et al. 2012). Sogar Viren, die in der Regel nicht als Lebewesen klassifiziert werden (das wird uns noch eingehend beschäftigen), gelten seit Dezember 2016 nachweislich als „Wesen", die sich über molekulare Signale untereinander darüber verständigen, wann und auf welche Art und Weise eine Opferzelle zu schädigen ist – der Doktorand Zohar Erez vom isrealeischen Weizmann-Institut dokumentierte mit seinen Kollegen dieses vor allem in der Medizin weitreichende Kommunikationsphänomen im Jahr 2017 zum ersten Mal (Erez et al. 2017).

Organismen kommunizieren darüber hinaus nicht nur intraspezifisch oder interspezifisch (also innerartlich mit Artgenossen oder mit Lebewesen anderer Spezies), sondern vor allem auch mit sich selbst. Oder besser gesagt: mit ihrem Innenleben. Der Mensch ist hierfür ein ebenso gutes Beispiel wie jeder andere beliebig komplexerer Organismus – Sie selbst sind im Grunde genommen auch ein eigenes und einzigartiges Ökosystem und bieten körperfremden Zellen ein mehr oder weniger dauerhaftes Habitat. Im menschlichen Körper befinden sich tatsächlich mehr bakterielle Zellen als eigene Körperzellen, doch die Differenz ist wohl nicht so enorm wie in vielen anderen populärwissenschaftlichen Büchern oftmals dargestellt wird (Sender et al. 2016). Deshalb ist der Begriff des „Individuums" aus biologischer Sicht auch nicht immer wirklich befriedigend – man spricht (vor allem im englischsprachigem Raum) in Anbetracht eines interagierenden Systems vieler miteinander kommunizierender Einzellebewesen eher von Holobionts beziehungsweise Supraorganismus. Ein Überleben ohne ein inneres Mikrobiom (das ist neben dem mitochondrialen Genom die Gesamtheit des fremden genetischen Materials in unserem Körper) ist nicht möglich, da die Mikroben in vielen Fällen in einer obligatorischen Vergesellschaftung und Symbiose mit dem Wirt leben. Dazu gehört beispielsweise die mikrobielle Nahrungsverwertung in Ihrem Magen-Darm-System, ohne die Sie keine einzige Pizza genießen könnten, oder auch die Mykorrhiza-Pilze im Feinwurzelsystem Ihrer Orchidee am Fensterbrett, ohne die sie nicht wachsen könnte, auch wenn Sie sie noch so perfekt gießen würden.

Innerhalb unseres Körpers isolieren sich die Mikroorganismen freilich nicht nur in den entlegenen Furchen des Darms, sondern bilden integrierte Netzwerke mit allen anderen möglichen Akteuren, egal ob andere Bakterien, Bakteriophagen (also Viren, die Bakterien als Wirt zur Replikation nutzen und dazu ihren Stoffwechsel infiltrieren), größere Parasiten und auch Ihren eigenen Körperzellen. Diese mehrdimensionalen Netzwerke sind bei jedem Menschen andersartig konstruiert, und von ihrer Komplexität und Diversität hängt allein schon im Zuge der Nahrungsverwertung auch maßgeblich unsere Gesundheit ab (Cho und Blaser 2012). Generell können Sie sich hierbei merken: Je vielfältiger ein miteinander kommunizierendes System oder Netzwerk, desto resilienter ist es auch gegen äußere Einflüsse. Dabei ist egal, ob es sich um weite Landschaften und invasive Pflanzen handelt oder um eklige Gedärme und mikrobielle Eindringlinge – oder von mir aus auch um rein formale Serversysteme und infiltrierende Computerviren. Die Stabilität vielfältiger Netzwerke liegt sodann hauptsächlich darin begründet, dass äußere Störungen (z. B. Krankheitserreger) zwar einen Teil des Systems lahmlegen können, aber letztlich aufgrund der Diversität des Netzwerks selbst nicht alles zerstört werden kann.

Ein besonderes Augenmerk der mikrobiologischen Forschung richtet sich in diesem Zusammenhang auf ein noch nicht lange bekanntes Phänomen, das als Quorum sensing bezeichnet wird. Diese Art der mikrobiellen Kommunikation ist eine allgegenwärtige und dichteabhängige Reaktion von vergesellschafteten Bakterien. Durch die Ausscheidung von sogenannten Autoinduktoren kann eine einzelne Zelle „erkennen", wie viele andere gleichartige Zellen sich in der direkten Umgebung befinden und ob es sich mit dieser Populationsdichte lohnt, gewisse Gene und physiologische Abläufe überhaupt erst zu aktivieren. So können manche in einzelner Form völlig harmlosen Bakterien erst dann Krankheiten im Gewebe verursachen, wenn eine gewisse Zelldichte vorhanden ist und sich für die gesamte Population ein energetischer oder biochemischer Vorteil durch die Schwächung des Wirts ergibt. Neben der Ernährungswissenschaft und Medizin wird vor allem in der landwirtschaftlichen Ökologie und Pflanzenzucht untersucht, inwieweit komplexe Organismen das Quorum sensing selbst mit Abgabe von Hemmstoffen steuern und manipulieren, um bei einem Befall nicht krank zu werden oder im Vorhinein Präventionen gegen jegliche zelldichteabhängige Kommunikation von parasitischen Einzellern einzuleiten. Bei der Bildung von Biofilmen spielt das Quorum sensing ebenfalls eine elementare Rolle, weshalb bei der noch anstehenden Auswertung der EXPOSE-R2-Experimente gespannt darauf gewartet wird, ob sich die im Weltraum ausgesetzten Biofilme (extremophile Cyanobakterien der Gattung Chroococcidiopsis) gerade wegen der möglichen Kommunikation innerhalb der Zellgemeinschaft als deutlich resistenter gegen äußere Einflüsse wie Strahlung oder ungünstige Temperaturen erweisen. Sowas erwarten wir mit großer Sicherheit. Denn genau das ist etwa auch bei Krebszellen der Fall. Sind diese isoliert, sind sie einer Chemotherapie oder Bestrahlung völlig unterlegen – aber wenn sie sich vernetzen, werden sie mit ihrem deutlich erhöhtem Kommunikations- und Ausbreitungspotenzial dem Menschen zum Verhängnis. Erste Ergebnisse scheinen dies auch für die Resistenz von mikrobiellen Netzwerken im Weltraum zu bestätigen (siehe Experiment

BOSS (Biofilm Organisms Surfing Space) im Abschn. 2.2.1). Auch in den aktuellsten Studien unter im Labor simulierten Mars-Bedingungen waren Biofilme stets resistenter gegen die tödlichen Umwelteinflüsse, konnten dem Tod aber spätestens nach einigen Tagen auch nicht mehr entrinnen (Stevens et al. 2019).

Ein wichtiges Merkmal lebender Organismen ist, wobei man in diesem Zusammenhang noch viele anderer Beispiele nennen könnte, also nicht nur die sensorische Wahrnehmung und Wechselwirkung mit der abiotischen Umwelt, sondern vor allem auch die Interaktion mit anderen Lebewesen – sei es mit fremden oder artangehörigen Holobionten in dem umgebenden Ökosystem, mit benachbarten Zellen in einem Biofilm oder gar mit anderen Akteuren innerhalb des eigenen Körpers. Leben tritt demnach niemals isoliert auf, sondern ist stets in ein komplexes ökologisches Netzwerk eingebettet. Doch wie auch bei den vorherigen Beispielen ist diese biologische Interpretation in Anblick abiotischer Prozesse wieder nicht eindeutig. Kommen wir erneut zu dem Kleber und der Ameise zurück: Ein Kleber wäre zwar vermutlich nicht in der Lage, einen räumlich getrennten anderen Kleber über die strampelnde Ameise durch irgendwelche chemisch-physikalischen Mechanismen zu informieren. Ein Computer, den Sie vermutlich ebenfalls als nicht-lebendig einstufen, kann solche Aufgaben hingegen sehr wohl durchführen. Er beherrscht Informationsübertragung – und mittlerweile in immer mehr Fällen sogar effizienter und schneller als ihre menschlichen Erbauer selbst. Auch hier haben wir mit der Kommunikation also zwar ein wichtiges Merkmal des Lebens entdeckt, jedoch wird es in diesem Fall ebenfalls nicht alleinig von lebenden Wesen beansprucht (es sei denn, Sie erkennen Computersysteme und andere chemisch-physikalische Mechanismen als lebendig an).

Nun wenden wir uns der Definition zu, die von den meisten Biologen und vermutlich auch Laien am bereitwilligsten akzeptiert wird. Im Hinblick auf Computer wurde es diesbezüglich besonders amüsant, als zwei achtjährige Zwillinge auf meine Frage hin fast schon bedauerten, dass ihre Spielekonsole weder essen noch atmen kann, abgesehen von dem Verzehr des Akkus und der Abführung von Wärme. Diese Definition wird in dicken Lehrbüchern der Mikrobiologie – welche von kreativen Kindern leider nicht mitgeschrieben werden – meist als die grundlegendste Eigenschaft des Lebens genannt: der eigenständige Metabolismus, also die Aufnahme von Energie und deren Verwertung in einem biochemischen Stoffwechsel. Das ist auch der am häufigsten genannte Grund, wieso Viren klassischerweise nicht den Lebewesen zugeordnet werden – sie betreiben als umherschwirrende Partikel (dann „Virionen" genannt) keinen eigenen Stoffwechsel und sind für eine erfolgreiche Replikation demzufolge immer auf einen Wirtsorganismus angewiesen. Dieser Ausschluss wird jedoch nicht von jedem als endgültige Interpretation akzeptiert. Man könnte beispielsweise argumentieren (und das machen einige Virologen mit Nachdruck), dass eine infizierte Zelle (z. B. ein Bakterium) nach dem Befall schon rein genetisch gar kein eigentliches Bakterium mehr ist, sondern eine neue Art von Zelle darstellt, die sogenannte „Viruszelle" (Virocell-Concept (Forterre 2011)). In dieser Zelle entwickeln sich dann die neuen Virionen gerade deshalb, weil ein zuvor eingedrungenes Virus den Metabolismus als effizienter Dirigent steuert und eine Replikation neuer Viren-Generationen zulässt. Neben solchen theoretischen Überlegungen bezüglich der Begrifflichkeiten müssen Biologen diesbezüglich eingestehen, dass Viren ganz praktisch gesehen grundlegende Fähigkeiten von Organismen beherrschen – insbesondere die Replikation und evolutive Entwicklung. Und zwar mitunter besser als jeder Organismus selbst.

Das selbstständige Replikationsvermögen wird im Zuge des Metabolismus in biologischen Lehrbüchern stets auch als weiteres elementares Merkmal von Lebewesen genannt, was jedoch auch ohne Hinblick auf Viren infrage gestellt werden kann. So replizieren sich ausdifferenzierte Zellen wie zum Beispiel rote Blutkörperchen und Nervenzellen genauso wenig wie die Gesamtheit von Zellen in Form eines katholischen Priesters. Sie alle strotzen jedoch vor Leben, sei es unter dem Mikroskop oder hinter einem Altar. Irgendeine Form der Replikation ist selbstverständlich für den langfristigen Erhalt einer Spezies notwendig, sie ist demnach aber keine unabwendbare Eigenschaft eines bereits lebenden Systems. Deshalb sprechen einige lieber von „Selbsterhaltung" statt von Replikation, also die Funktionserhaltung des Individuums als ein grundlegendes Merkmal des Lebens und nicht die zwingende Weitergabe von Erbinformation an nächste Generationen. Persönlich würde ich der Replikation dennoch die grundsätzlichere Rolle zusprechen und argumentieren, dass in generationenübergreifenden und somit dauerhaft lebenden Systemen die biologische Information nicht verloren geht, sondern sich an einem Zeitstrahl orientiert (Replikation) und sich dabei zudem stetig erweitert beziehungsweise verändert (Evolution).

Die Übertragung von angeborenen und auch einigen erworbenen Informationen an zukünftige Generationen oder bereits lebende Mitlebewesen erfolgt bei Lebewesen, wie wir sie kennen, durch die codierte Vermittlung von DNA (deoxyribonucleic acid) und RNA (ribonucleic acid). Die kulturelle Übertragung von Wissen ist bei obiger Definition der Replikation jedoch im Prinzip genauso eingeschlossen wie sich selbst regulierende und replizierende artifizielle Intelligenzen in Form von raffinierten

Computersystemen. Wenn man akzeptieren würde, dass Replikation automatisch ein Merkmal des Lebens ist, so wären auch Viren konsequenterweise vor Leben strotzende Nanowesen. Diese zugegebenermaßen weite Auffassung wird heute aber in den meisten Fällen nicht in Lehrbüchern und Forschungsarbeiten vertreten oder eingehender diskutiert.

In den 1970er-Jahren tauchten neben solchen biochemischen Definitionen auch erstmals verlockende Beschreibungen auf, die das Phänomen des Lebens aus physikalischer (genauer: thermodynamischer) Sicht zu erklären versuchten. Und an dieser Stelle wird es meines Erachtens richtig interessant für Astrobiologen, wenngleich es oft schwierig ist, die zugrundeliegenden Gedanken zu formulieren. In den nächsten Zeilen versuche ich dennoch, Ihnen die Grundkenntnisse bildlich näher zu bringen, da in späteren Unterkapiteln zumindest ein Verständnis von Entropie vonnöten sein wird. Erinnern Sie sich zunächst bitte an Ihre Schulzeit zurück – speziell an die vermutlich nicht allzu beliebten Physikstunden, die das Thema „Thermodynamik und Entropie" behandelten. Vielleicht können Sie sich daran erinnern, dass Ihr Lehrer oder Dozent etwas ähnliches sagte wie: „Entropie ist gleich Unordnung und Entropie kann nur zunehmen". Das ist schon mal eine irreführende Aussage, weil sie schlicht zu vereinfacht ist, aber leider doch immer wieder zu hören ist. Entropie bedeutet vielmehr, dass ein geschlossenes System hin zu einem Zustand strebt, in dem die Bestimmung einzelner Merkmale zunehmend schwieriger wird, weil sie sich mit Verlauf der Zeit immer schwieriger unterscheiden lassen. Ein beliebter bildlicher Vergleiche ist zum Beispiel eine heiße Kaffeetasse, die immer hin zu einem Gleichgewichts-Zustand tendiert, sodass sich die Raumtemperatur und die Temperatur des Kaffees nicht mehr unterscheiden. Der Kaffee kühlt also auf die Raumtemperatur ab, anstatt spontan immer heißer und heißer zu werden, während der Raum von selbst im Ausgleich kühler und kühler wird. Die Natur scheint also darin bestrebt zu sein, ein thermisches Gleichgewicht in geschlossenen Systemen herzustellen – beim Beispiel der Kaffeetasse also in einem Zustand, in dem sich die Temperaturen nicht mehr unterscheiden lassen. Dasselbe gilt beispielsweise für einen Zuckerwürfel, den Sie in einen Kaffee geben. Die geordnete Struktur des Würfels wird sich mit der Zeit auflösen und die Position der einzelnen Atome werden zunehmend unbestimmt mit der Flüssigkeit vermengt. Man kann auch sagen, dass das jeweilige System abrufbare Information verliert. Wollen Sie nun Ihre Kaffeetasse erneut erhitzen oder einen geordneten Zuckerwürfel in ihm entstehen lassen, brauchen Sie dafür Energie von außen – sie müssen das geschlossene System also zu einem offenen System werden lassen, das sich in einem Energieaustausch befindet. Sprich: Um Information und Struktur in Ihrer

Kaffeetasse entstehen zu lassen, muss von außen Energie bereitgestellt werden. Aber was hat das mit der Definition von Leben zu tun?

Mit dem bildlichen Vergleich möchte ich Ihnen aufzeigen, dass der Prozess des Lebens zunächst in einem offenem System stattfinden muss und zudem fern des thermischen Gleichgewichts operiert. Nur dann ist es vorstellbar, dass aus einer unbelebten Umwelt über die Zeit hinweg Strukturen mit immer höherer Komplexität entstehen, die wir heute als Leben bezeichnen. Vielleicht haben Sie in der Schule auch das typische Experiment durchgeführt, bei dem Benard-Zellen entstehen. Bei diesem Experiment befindet sich eine dünne Wasserschicht zwischen zwei Metallplatten. Wenn Sie die Wasserschicht einfach in Ruhe lassen und von Störungen isolieren, geschieht nichts. Es herrscht – bildlich gesprochen – ein thermodynamisches Gleichgewicht. Die Wassermoleküle sind kaum oder überhaupt nicht voneinander unterscheidbar und verteilen sich gleichmäßig. Stellen Sie sich jetzt vor, dass Sie die untere Metallplatte erhitzen. Nach einiger Zeit passiert – ohne weiteres Zutun – etwas. Sie bemerken, dass sich in der ruhigen Wasserschicht plötzlich wie von Geisterhand kreisrunde Strömungen bilden, die sich selbst organisieren und voneinander abgrenzen. Das sind die sogenannten Benard-Zellen. Natürlich ist es ein sehr einfaches Beispiel für Strukturentstehung – aber es zeigt, dass auch die Entstehung von Leben und dessen Strukturen im Grunde nur dann gelingen dürfte, wenn das thermodynamische Ungleichgewicht gebrochen wird (z. B. durch Hitze, Strahlung, chemische Energie,...). Die Grundaussage wäre hier also: Leben scheint eine von vielen Strukturen zu sein, die sich in einem offenen System unter thermischen Ungleichgewicht selbst organisiert und je nach Energie-Input entwickelt. Auch wenn der folgende bildliche Vergleich stark vereinfacht ist, stelle ich mir diesbezüglich gerne ein ruhig fließendes Gewässer vor. Auf der Oberfläche sind keine Turbulenzen oder Wirbel zu erkennen – die Entropie fließt einfach dahin. Nun kommt es zu irgendeiner Beeinflussung von außen, zum Beispiel einem Brückenpfeiler, der den Weg teilweise versperrt. Es entstehen plötzlich Strukturen, die je nach Störung immer komplexer werden können, dabei aber trotzdem nicht verhindern, dass der Fluss trotzdem weiter fließt. Das Leben wäre in diesem bildlichen Vergleich also ein Strudel, der geht und vergeht und seinen Strukturaufbau eine gewisse Zeit lang aus dem „Konsum" der fließenden Entropie gewinnt. Lebewesen werden hierbei aufgrund der Neigung, ihren Stoffwechsel und Körper vor dem Zerfall zu schützen und in unterschiedliche Aufgabenbereiche (Organe) zu „ordnen", als „Gegenspieler der allgegenwärtigen Entropie" definiert. Denn nach dem (vermeintlichem) Konzept der Entropie tendieren geordnete Zustände immer hin zu mehr Unordnung und Zerfall, während Lebewesen es anscheinend schaffen, eine starke interne Ordnung aufzubauen und für lange Zeit aufrecht zu erhalten. Ich und auch viele andere Physiker und Biologen halten diese Beschreibungen jedoch nicht nur für stark vereinfacht, sondern auch für fehleranfällig, da der gemeinhin akzeptierte Zusammenhang „Entropie ist gleich Unordnung" zwar eine gute Annäherung an das äußerst schwierige Thema ist, aber mit der fundamentalen thermodynamischen oder informationswissenschaftlichen Bedeutung (stochastische Kombinationsmöglichkeiten von mikroskopischen Zuständen eines makroskopischen Gesamtzustands) in der Komplexitätsforschung letztlich nicht viel gemein hat oder zumindest nicht so stark vereinfacht angewendet werden kann. So entweichen bei genauerer Betrachtung biologische Zellen keineswegs der Entropie, sondern erhöhen sie sogar mit der Produktion und Abführung von Wärme. Man kann also sagen, dass Lebewesen zwar Energie verwenden müssen, um die Zunahme von Entropie im Körper zu verhindern und den Erhalt von Information in ihrem Körper lokal zu ermöglichen, aber sie müssen gerade deshalb Wärme, Rauschen oder eine andersartige Abgabe von Information abgeben, um dieses Defizit wieder aufzulösen. Der Prozess des Lebens wäre demnach streng genommen kein Gegenspieler der Entropie, sondern vielmehr ein Garant dafür, dass eine einmal entstandene geordnete Struktur auf keinen Fall der Entropie entweicht, sondern schön wieder ihre Information mit der Zeit abgibt. Beachten Sie hierbei folgenden interessanten Umstand: Dies alles hat immer zur Grundlage, dass wir von offenen Systemen sprechen, die sich im thermischen Ungleichgewicht befinden. Dieses Ungleichgewicht ist einer der absoluten Grundlagen für die Strukturbildung, egal ob es um Leben geht oder nicht. Merken Sie sich: Aus biologischer Sicht ist absolutes Gleichgewicht gleichbedeutend mit Tod, weil alle Reaktionen, die passieren konnten, in einem Gleichgewicht bereits geschehen sind. Ein atmosphärischer Gleichgewichtszustand entspricht etwa einer Atmosphäre, in der keine Lebewesen gedeihen können, weil beispielsweise die Temperatur oder die Zusammensetzung der Gase ununterscheidbar ist und es somit schlicht und ergreifend keine Gradienten gibt, an denen etwas stattfinden und sich entwickeln kann. Das finde ich in sofern amüsant, als dass in der breiten Gesellschaft immer wieder Floskeln wie das „Gleichgewicht der Natur" und „Gleichgewicht des Lebens" gesprochen werden, während Leben tatsächlich nur dann gedeihen kann, wenn sich das System fern des thermischen Gleichgewichts befindet. Als Astrobiologie muss man also verstehen, dass ein heraufbeschwörtes „Gleichgewicht der Natur" kein wissenschaftlich fundierter Begriff ist, sondern heutzutage für das verwendet wird, was wir als ein selbstorganisiertes dynamisches System bezeichnen würden

(Wälder, Klima, Zellen, …). Wenn man nun darauf aufbauend argumentiert, dass Zellen die Entropie zumindest nur sehr lokal in ihrem Inneren verringern, so kann auch das für Biologen als alleiniges Merkmal des Lebens nicht zufriedenstellend sein. Denn stark organisierte Computersysteme verringern die Entropie ebenfalls lokal (damit ist gemeint, dass sie eine starke Ordnung über längere Zeit aufrechterhalten), um sie dann wieder in Form von abgeführter Wärme außerhalb zu erhöhen. Auch eine Wolke ist letztlich nichts anderes als eine mehr oder weniger geordnete Struktur in einem offenen System, die entsteht, weil durch Sonnenstrahlung genug Energie für die Initiierung des Prozesses zur Verfügung gestellt wird, die zu einem späteren Zeitpunkt aber wieder abgegeben wird. Die von Erwin Schrödinger in den 1970er-Jahren aufgestellte Aussage, dass das Leben dadurch definiert sei, dass eine interne Ordnung auf Kosten der Entropie erhöht wird und dass dies durch Abgabe von Wärme oder anderer Abgabeformen wieder kompensiert wird, macht den Computer in ihrem Haus und auch alle anderen elektronischen Geräte zu völlig lebendigen Wesen. Was soll ein Astrobiologie mit solchen Beschreibungen also anfangen?

Sie merken es schon – ich möchte Ihnen bei der Definition des Lebens folgendes Problem als wichtigste Schwierigkeit nahelegen: Die vorgeschlagenen Merkmale des Lebens sind entweder so eng gefasst, dass eindeutige Lebewesen sie nicht zeigen (keine Replikation von Nervenzellen oder Blutzellen), während andere Beschreibungen hingegen so allumfassend sind, dass man immer irgendwo einen nicht-lebenden Mechanismus finden kann, der eben diese Grundzüge aufweist. Auch die Definition des Metabolismus lässt viel Spielraum übrig und kann beispielsweise auf Phänomene wie lang selbsterhaltende Feuerflammen angewandt werden. Anderswo wird hingegen das Fehlen eines Metabolismus einfach ignoriert – so werden Spermien ohne Weiteres als Zellen akzeptiert, obwohl sie erst in Verbundenheit mit einer Eizelle ihre RNA funktionstüchtig machen und deshalb eigentlich auch als große virenähnliche Kompartimente angesehen werden könnten, die nichts anderes machen als Eizellen zu infiltrieren. Und ein maschineller Gegenstand, der die ganze Zeit nichts anderes tun, als sich selber im Zuge einer Replikation wiederherzustellen, wird wohl auch niemanden überzeugen. Die NASA hat sich dennoch auf eine betriebsinterne Kategorisierung dessen, was für Astrobiologen Leben sein soll, geeinigt: „A self-sustaining chemical system capable of Darwinian Evolution" (ein selbsterhaltendes chemisches System, dass zur darwinschen Evolution befähigt ist). Irgendwo muss man einfach mit einem gemeinsamen Konzept arbeiten, um brauchbare Ergebnisse produzieren zu können.

Dass eine endgültige Kategorisierung zwischen Leben und Nicht-Leben schwierig oder gar unmöglich ist, da der Übergang womöglich fließend und graduell ist, zeigt auch ein weiterer interessanter Umstand, dem wir in jeder unserer Zellen begegnen und den ich Ihnen zum Schluss dieses Unterkapitels aufzeigen möchte. Es geht hierbei um die sogenannten Mitochondrien, die sich in unseren Körperzellen befinden und oft etwas salopp als Kraftwerke der Zelle bezeichnet werden. Der Knackpunkt: Diese Mitochondrien stammen ursprünglich von frei lebenden Bakterien ab, die sich irgendwann in anderen frei lebenden Zellen einnisteten. Weltweit bekannt machte diese mikrobiologische Hypothese in den 1960er-Jahren die US-amerikanische Biologin Lynn Margulis, die übrigens mit dem Astrophysiker Carl Sagan verheiratet war (er schickte Galileo auf die Suche nach Leben auf die Erde, Kap. 1).

Laut dieser „Endosymbiontenhypothese" entstanden Eukaryoten, also Zellen mit Zellkern und anderen Organellen (aus denen wir Menschen, Tiere und Pflanzen bestehen), dadurch, dass vor über 1,5 Milliarden Jahren einige Prokaryoten, also Zellen ohne solche innere Einlagerungen, begannen, andere Prokaryoten in sich einzuverleiben. Diese eingefangenen Mikroben wurden den Nachfolgegenerationen weitergegeben und büßten über die Zeit immer mehr Eigenheiten ihrer Lebensweise ein, behielten aber noch ihre grundlegende genetische Information und Funktion. Die heutigen Mitochondrien haben tatsächlich genau ein solches separates Genom, welches denen von einfachen Bakterien stark ähnelt – genauso verhält es sich mit den photosynthetisch aktiven Chloroplasten in pflanzlichen Zellen. Mitochondrien und Chloroplasten sind demnach effiziente Relikte urtümlicher Bakterien, die vor Urzeiten von anderen Zellen verschlungen wurden. Der Haken ist nun: Kein Biologe würde heute argumentieren, dass Mitochondrien oder Chloroplasten eigenständige Lebewesen sind. Es gibt aber durchaus auch heute Bakterienarten, die sich aktiv in anderen Zellen einnisten und im Inneren dieser infiltrierten Zellen leben – das sind sogenannte intrazelluläre Bakterien. Diese werden von Biologen einstimmig als eigenständige Lebewesen akzeptiert – ja, es gibt nicht einmal Diskussionen darüber. Da die Organellen von Eukaryoten laut der Endosymbionthenhypothese letztlich sehr rudimentär ausgeprägte ursprüngliche Bakterien sind, die ebenfalls nichts anderes machen, als ihre Arbeit innerhalb einer fremden Zelle zu verrichten, wieso sind diese Mitochondrien dann plötzlich nicht mehr lebendig, heute vorhandene intrazelluläre Bakterien aber schon? Wer zieht die Trennlinie zwischen „Das ist gerade noch Leben" und „Das ist jetzt keines mehr"? Und wann und wo befindet sich denn die Grenze ganz konkret? Nachdem eine Zelle sich nach Tausenden von Jahren eingenistet hat?

Oder nach Millionen? Oder setzt die Trennung bei einer ganz bestimmten Anzahl von aktiven Genen ein? Vielleicht 500 Gene? Oder auch nur 50?

Mit dem Versuch, eine solche strikt definierte Grenzlinie zu ziehen, stapft man als Theoretiker sehr schnell in ein wissenschaftliches Fettnäpfchen – denn es wäre eine A-priori-Argumentation, also eine axiomatische (in sich selbst begründete) Begründung, die man als empirischer Wissenschaftler eigentlich tunlichst vermeiden sollte, um keine Zirkelschlüsse und ontologischen Probleme heraufzubeschwören (als Physiker kennt man solche Probleme beim sogenannten fine tuning von Parametern). Zieht man aufgrund dieser Schwierigkeiten eine klare Trennung hingegen nicht, muss man – und das ist nun genauso problematisch – entweder darauf beharren, dass Mitochondrien und Chloroplasten sehr wohl lebendige Wesen sind, oder aber zugeben, dass der Verlauf von Nicht-Leben zu Leben kontinuierlicher Natur ist und somit wissenschaftlich nicht mit diskreten Begrifflichkeiten beschrieben werden kann. Es kommt vermutlich erschwerend hinzu, dass unser Gehirn sehr kategorisch und diskret denkt. Schauen Sie sich zum Beispiel den Farbverlauf eines Regenbogens an. Wir sehen eindeutig, dass es irgendwo Rot, Orange, Grün, Gelb, Blau gibt. Doch wo ist denn jetzt genau die Grenze zwischen Rot und Orange? Oder zwischen Blau und Lila? Die Farben fließen ineinander über, aber dennoch können wir anscheinend nicht anders, als Kategorien zu bilden und diskret zu denken. Sollte Leben tatsächlich ein fließender und kontinuierlicher Prozess sein, können wir ihn deshalb vielleicht gerade aufgrund der Funktionsweise unseres Gehirns nicht widerspruchsfrei definieren. Wie in anderen Wissenschaftsdisziplinen auch, ergeben sich einfach zwangsläufig Informationsverluste, wenn wir statische Regeln benutzen, um ein dynamisches System zu definieren. Man kann dieses Problem vielleicht am besten mit der frühen Erforschung des Wassers beschreiben: damals konnte das Wesen des Wassers nämlich erstmal nur über seine äußerlichen Eigenschaften formuliert werden, also zum Beispiel, dass es nass ist und fließen kann. Erst viel später war man in der Lage, in sich selbst konsistente Theorien zu formulieren, die nun nicht mehr auf die äußerlichen Eigenschaften beschränkt waren, sondern das innere Wesen des Wassers als Molekülverbund H_2O definierten. Bei dem Phänomen „Leben", so scheint es mir, befinden wir uns ebenfalls noch in einer Zeit der Beschreibung der äußerlichen Eigenschaften, die möglicherweise noch von einer Zeit der „inneren Definition" abgelöst werden muss, um ein tieferes Verständnis zu erlangen. Oft erscheint es mir einfach so, dass der Begriff des Lebens so fundamental ist, dass es schwierig ist, konkrete Aussagen zu treffen, ohne den Begriff selbst vorwegzunehmen.

Bei einem Vortrag in Leipzig wurde ich diesbezüglich aus dem Publikum heraus gefragt, ob denn nicht einfach das lebendig sei, was auch in der Lage ist, zu sterben. Das erinnerte mich sodann sofort an Aussagen wie „Alles ist Leben" oder auch ganz entgegengesetzt: „Leben ist eine begriffliche Illusion und existiert per se nicht". Als Astrobiologe überlasse ich diese Schnittstelle zur spekulativen Philosophie mitsamt dem Kopfzerbrechen lieber anderen – vor allem, wenn es sich um in sich selbst bestätigende Zirkelschlüsse handelt. Ich frage Sie als Leser stattdessen: Ist es nun möglich, wichtig, nötig, Leben zu kategorisieren? Oder müssen wir uns eingestehen, dass es alles Denkbare sein kann, solange es die Thermodynamik in irgendeiner Art und Weise erlaubt? Das sei Ihnen als Leser überlassen.

Tatsächlich wurde ich bei einem Vortrag in Bonn aber einmal etwas unvorbereitet zur Antwort gebeten, wie ich persönlich denn nun Leben definieren würde, wenn ich müsste. Und vielleicht erheben Sie als Leser auch Anspruch darauf, dass ich am Ende dieses Unterkapitels zu einer Stellungnahme verpflichtet bin – Sie haben ja schließlich Geld für diesen Text ausgegeben. Auf der Zugreise nach dem Vortrag habe ich viel über diese Frage und vor allem über meine etwas steife Antwort nachgedacht und erachte heute einen Erklärungsansatz als besonders vielversprechend, der in astrobiologischen Arbeiten aber kaum thematisiert wird. Das Stichwort lautet: Emergenz. Dieser vor allem in der Informatik gebräuchliche Begriff beschreibt, dass ein komplexes zusammengesetztes System Eigenschaften aufweist, welche die einzelnen Systemelemente selber jedoch nicht zeigen. Stellen Sie sich beispielsweise einen riesigen Vogelschwarm vor, der am Himmel vorüberzieht. Vielleicht haben Sie ja auch schon mal selber einen bewundert. Ist Ihnen dabei aufgefallen, dass dieser Schwarm wellenartige Bewegungen vollbringen kann – dass es manchmal gar so ausschaut, als ob der Schwarm selbst ein einzelner Organismus ist, der pulsiert und fließt? Auch bei Fischschwärmen, Biofilmen oder gar bei molekularen Suppen lässt sich dies beobachten. Betrachten wir jedoch ausschließlich einen einzelnen Vogel oder einen einzelnen Fisch, die ja die einzelnen Systemelemente des Schwarms sind, merken wir von dieser Eigenschaft überhaupt nichts mehr. Diese Eigenschaften sind also emergent – sie treten erst ab einer gewissen Komplexität interagierender Elemente und Prozesse ein. Dasselbe gilt für Wasser, das wir als nass empfinden und fließen sehen. Ein einzelnes H_2O-Molekül ist aber weder nass, noch fließt es irgendwo entlang. Erst ab einer gewissen Komplexität eines Systems entstehen diese emergente Eigenschaften, die wir sodann wahrnehmen und bewundern können. Würden Sie mich also heute bei einem Vortrag fragen, wie ich Leben definieren würde, wenn ich müsste, würde ich thermodynamische Überlegungen und das Konzept der Emergenz heranziehen. Was ist für mich also Leben? Ein komplexes chemisch-physikalisches System, dass fern der thermischen Gleichgewichts in Energieaustausch mit verschiedenen Energiequellen steht, sodass dabei so komplexe und selbstorganisierte Strukturen in Form genetischer Informationssysteme entstanden sind, die die emergente Eigenschaft „Leben" hervorrufen, wenngleich die Bestandteile des Systems (Gene, Moleküle, Proteine) diese Eigenschaft als Einzelteile nicht aufweisen. Diese Aussage zwingt mich aber natürlich auch im Umkehrschluss dazu, zuzugeben, dass ich Maschinen, Viren, ja sogar Wolken oder Städte nur deshalb nicht als „lebend" einstufe, weil sie noch nicht komplex genug sind. Es ist dieser Ansicht nach demnach allein die Komplexität fern von einem thermischen Gleichgewicht, die entscheidet, ob ich ein Meerschweinchen lebendiger einstufe als einen Kugelschreiber.

Im Rahmen der Astrobiologie muss man natürlich beachten, dass auch andere Orte im Universum und deren Umweltbedingungen in das Konzept des Lebens integriert werden müssen, sofern man sich so eines wünscht. Das Stichwort „universelle Biologie" (universal biology) bezeichnet diesen Wunsch, eine überall im Universum gültige Definition für das Leben zu finden. Als Astrobiologe kann ich Ihnen jedoch lediglich versichern, dass wir vielmehr Außerirdische in irgendeiner Form finden werden, als dass wir jemals eine ewig gültige Definition des Lebens formulieren.

3.2 Metabolismus oder Replikation? Oder beides?

Während der ersten zwei Milliarden Jahre der irdischen Geschichte – also ungefähr die Hälfte ihrer bisherigen Lebenszeit – kam es zu einschneidenden und langfristig bedeutsamen evolutionären Erscheinungen, die wir erst langsam zu verstehen beginnen. Vor allem sind dies der Reihe nach die chemische Evolution, die Entwicklung von zellulären Einheiten und die Evolution eines in der irdischen Ökologie seit jeher omnipräsenten genetischen Codes. Mit inkludiert ist die Bildung von stabilen Zellmembranen, die Speicherung und Umwandlung von Energie innerhalb der Zellen und schließlich die Entwicklung von Pigmenten und anderen Komponenten zur lichtabhängigen Energieausbeute und das erste Auftreten von multizellulären Verbundsystemen und sodann auch von ersten Nervensystemen. Die Grundlage all dieser komplexen Prozesse bleibt jedoch die mikrobielle Zelle, die sich replizieren kann und einen Stoffwechsel aufweist. Und – zumindest auf der Erde – um die grundlegenden Elemente Kohlenstoff (C), Wasserstoff (H), Stickstoff (N), Sauerstoff (O), Phosphor (P) und Schwefel (S) gebaut sind, weshalb die irdischen Stoffwechsel allesamt auch als „CHNOPS-Leben" bezeichnet werden.

Bereits im 17. Jahrhundert konnten Histologen unter den ersten guten Mikroskopen erkennen, dass auch unser gesamtes Gewebe, egal ob Gehirn oder Gesäß, aus einzelnen, extrem winzigen und doch vollkommen lebendigen Zellen besteht. Und heute wissen wir, dass deren biologische Organellen und chemische Kompartimente sich letztlich aus noch sehr viel kleineren und komplex vernetzten Molekülstrukturen formen. Folgende Faustregel können Sie sich hierbei merken: Wenn die Stadt Köln ein Mikroorganismus wäre, würde jeder Einwohner einem interagierenden Molekül des Großen Ganzen entsprechen – eine typische bakterielle Zelle wie der beliebte Modellorganismus *Escherichia coli* besteht als kleinste vermehrungsfähige Einheit des Lebens im Durchschnitt nämlich aus rund einer Million Molekülen. Während einige Menschen also über Lebenskräfte philosophieren, über einen göttlichen Geist oder eine magische Zutat, wird in diesem Kapitel demzufolge etwas, wie ich finde, weitaus Faszinierenderes und Unglaublicheres erörtert. Ein strikt naturalistischer Ansatz: Alles Leben ist nur eine Interaktion von unsichtbaren Atomen und Molekülen. Ein Produkt von Physik und Chemie.

Genauer gesagt: von Astrochemie. Denn die häufigsten Bestandteile unseres Körpers sind keine Spezialitäten der irdischen Küche. Das, was uns und andere irdische Lebewesen chemisch ausmacht, ist in den Weiten des Kosmos überall anzutreffen, insbesondere in den sogenannten (der Name legt es schon nahe) Molekülwolken des interstellaren Mediums, was die Bezeichnung für den Raum zwischen den Sternen innerhalb einer Galaxie ist. Auch in Masse und Volumen seltener auftretende, aber essenzielle Elemente unseres Körpers, wie zum Beispiel das Eisen in unserem Blut, wurden und werden fortlaufend in schweren Sternen gekocht (durch verschiedene Kernfusionen synthetisiert) und finden sich in den sterblichen Überresten ehemaliger Gestirne, deren Leben prachtvoll mit einer finalen Explosion (Supernova) endete. Deshalb hört man von Astrophysikern ab und zu einen Spruch, der aus einem magischen Rezeptbuch stammen könnte, aber ganz und gar real ist: Wir sind chemisch gesehen tatsächlich nichts anderes als star dust (Sternenstaub). Letztlich besteht physikalisch betrachtet ohnehin alles aus winzigen Energiepaketen, die in kosmischen Schmelzöfen im Zuge des Urknalls lange vor der Epoche der Sterne entstanden sind. Ein romantischer Materialismus, wenn man so will.

Für biologische Prozesse sind dabei ganz besondere Molekülverbunde relevant: die Aminosäuren. Ohne sie kann kein uns bekannter irdischer Organismus existieren, denn die Anordnung von Aminosäuren ist die Bauanleitung für die Produktion von Proteinen, aus denen jedes bislang beschriebene Lebewesen aufgebaut ist (bei freien Virionen ist nur die äußere Hülle aus Proteinen zusammengesetzt, was von einigen Autoren mitunter auch als Grund angegeben wird, dass Viren nicht zu den Lebewesen gezählt werden sollten). Die Proteinsynthese aller Lebewesen – Translation genannt – geschieht in winzig kleinen Komplexen im Zellplasma, die als „Ribosomen" bezeichnet werden. Dabei wird eine zuvor gebildete Kopie eines DNA-Strangs (die sogenannte Messenger-RNA) in eine Aminosäurensequenz umcodiert, welche dann für die Bildung eines Proteins verwendet wird, dessen Aufbau jeweils durch ein spezifisches Aminosäurenmuster gegeben ist. Sie können sich merken, dass die Abfolge von drei Basen letztlich die jeweilige Art der Aminosäure bestimmt. So steht beispielsweise das Basentriplett TGG für die Aminosäure Tryptophan und CAA für Glutamin (diese Drei-Buchstaben-Gruppen bezeichnet man auch als Codons). Hierbei gilt also stets: Aus DNA wird RNA wird Aminosäure wird Protein. Für all diese Prozesse und Kombinationen sind Enzyme, also katalytisch wirksame Proteinkomplexe, nötig. Denn erst durch ihre Aktivität werden biochemische Reaktionen angefacht, beschleunigt oder auch kontrolliert beendet. Enzyme sind aus dieser Perspektive die eigentlichen Übersetzer des genetischen Codes und somit auch die biochemischen Fundamente aller grundlegenden Lebensfunktionen.

Wenn Sie den vorletzten Satz genau gelesen haben, dürfte Ihnen in diesem Baustoffwechsel jedoch ein ebenso fundamentales Paradox aufgefallen sein, und zwar bei dem Begriff „katalytisch wirksame Proteinkomplexe". Sowohl die Enzyme als auch die Ribosomen, die für den Proteinaufbau verantwortlich sind, sind nämlich selbst unter anderem auch aus Proteinen aufgebaut. Es ergibt sich also die typische und schwierige Frage nach der Henne und dem Ei: Wenn die Fabrik und der Energielieferant, welche die Herstellung von Proteinen erst ermöglichen, selbst aus Proteinen zusammengesetzt sind, wie konnten dann die allerersten Proteine überhaupt entstehen? Dieses Rätsel der sogenannten präbiotischen bzw. chemischen Evolution ist bis heute weitgehend ungelöst und spaltete die Gemeinschaft der Molekularbiologen und Biochemiker im letzten Jahrhundert und oftmals auch heute noch in zwei konkurrierende Lager, auf deren Gegensätze und Konvergenzen wir an späterer Stelle noch zu sprechen kommen.

Fangen wir von vorne an: Bereits Darwin mutmaßte 1871 in seinem Brief an den englischen Botaniker Joseph Hooker, dass das kleinste Leben infolge von elementaren abiotischen Interaktionen aus einem warmen Tümpel hervorgegangen sein könnte – ganz ohne Adam und Eva (Darwin 1887). Etwa 50 Jahre später präzisierte der sowjetische Biochemiker Aleksandr Oparin diese Anschauung mit ersten stichhaltigen Formulierungen benötigter chemischer Ausgangsstoffe und führte mit dem britischen Genetiker John Haldane den allseits bekannten Begriff der „Ursuppe" ein (Oparin-Haldane-Hypothese) (Oparin 1947). 1953 zeigten Miller und Urey mit ihrem legendären Experiment an der Chicago University schließlich, dass sich verschiedenste Aminosäuren tatsächlich aus dem bloßen Zusammenspiel von Chemikalien und elektrischen Feldern (mehr oder weniger realistische Simulation von Blitzen in der Uratmosphäre) bilden können (Miller 1953). In ihren Ergebnissen befanden sich auch die „proteinogenen Aminosäuren", welche die primären Bausteine der Eiweiße aller bekannten Lebewesen sind.

Natürlich muss aus heutiger Sicht kritisiert werden, inwieweit ein Laborkolben mit chemischen Inhaltsstoffen repräsentativ für die Bedingungen auf der Uerde oder anderen Planeten angesehen werden kann. Forscher um Kathrin Altwegg von der Universität Bern bestätigten im Mai 2016 jedoch eindrucksvoll, dass der Ablauf dieser Prozesse bei Weitem kein besonderes Alleinstellungsmerkmal unserer Erde ist – oder gar irgendwelcher Labore. Bevor die Sonde Rosetta im September 2016 kontrolliert zum Absturz gebracht wurde, wiesen ihre Massenspektrometer in der Nebelhülle des Kometen 67P-Churjumov-Gerasimenko nämlich unter anderem die proteinogene Aminosäure Glycin nach. Sogar Phosphor kam dort draußen in signifikanten Mengen vor – neben Stickstoff ist er einer der Hauptbestandteile und das stabilisierendes Rückgrat der DNA (Altwegg et al. 2016). Solche Komponenten entstehen den Ergebnissen zufolge bereits in den interstellaren Gas- und Staubwolken unter Einwirkung von kosmischer UV-Strahlung und können sich demnach nicht nur auf der Uerde mit den dort vorhandenen Chemikalien, sondern vielerorts im Kosmos spontan bilden. Durch die Beobachtung des Sternentstehungsgebiets des Orionnebels mit dem Herschel-Weltraumteleskop konnten Forscher um Patrick Morris vom California Institute of Technology im September 2016 zudem erstmals nachweisen, dass die ultraviolette Strahlung junger Sterne für die Synthese organischer Ausgangssubstanzen sogar die wichtigste Rolle spielt – früher ging man hingegen davon aus, dass vor allem energiereiche Stoßwellen innerhalb des Gases eines Sternentstehungsgebietes dafür verantwortlich sind (Morris et al. 2016). Solche Entdeckungen bekräftigen darüber hinaus auch die Hypothese der sogenannten Pseudopanspermie, über die wir bereits im Kap. 2 erfahren haben, dass statt funktionsfähiger Lebensformen oder deren

Sporen viel eher nur einzelne chemische Bestandteile wie Aminosäuren und auch das lebensnotwendige Wasser zwischen Planeten, Zwergplaneten, Asteroiden und Kometen ausgetauscht werden, die auf den betreffenden Planeten oder Monden anschließend durch Reaktionen in der jeweiligen Umwelt eine präbiotische Evolution auslösen könnten.

Von den im All gefundenen Aminosäuren zu in Organismen aktiven Proteinen, geschweige denn zu funktionierenden Enzymen, ist es jedoch noch im wahrsten Sinne des Wortes ein astronomisch großer Schritt. Deshalb entwickelten sich in den letzten 50 Jahren hauptsächlich zwei Ansätze, denen zufolge die ersten ökologischen Prozesse erstmal keine fertigen Proteine benötigten. Wie auch im vorherigen Abschnitt sind die entscheidenden Merkmale hier ebenfalls der Metabolismus und die Replikation – diesmal aber nicht, weil man eine allgemeine Definition des Lebens aufstellen möchte, sondern weil man folgende Frage beantworten will: Welche dieser beiden Eigenschaften in der irdischen Geschichte des Lebens war zuerst da und begründete somit die erste Lebensform der Erde?

3.2.1 Stoffwechsel aus heißen Quellen – kommt das Leben wirklich aus den Ozeanen?

Vertreter der sogenannten Metabolism-first-Hypothese nehmen an, dass am Anfang des Lebendigen zunächst ein simpler chemischer Stoffwechsel existierte. Die Kernaussage besteht darin, dass die erste ökologische Interaktion durch geordnete chemische Reaktionen von einfachen organischen Verbindungen und sich selbst erhaltenden chemischen Kreisläufen gekennzeichnet war, lange bevor die informationstragenden Komponenten wie DNA und RNA (und somit die Replikation) eine Rolle spielten. Man spricht bei diesen Konzepten deshalb auch ganz simpel von „Metabolism before Replication".

Anfang der 1980er-Jahre schlug der Münchner Patentanwalt Günter Wächtershäuser erstmals das noch heute heiß favorisierte Szenario vor, dass sich solche primitiven chemischen Kreisläufe in Abhängigkeit von vulkanischen Quellen in der Tiefsee entwickelt haben könnten, was als iron-sulfur-world (Eisen-Schwefel-Welt) bezeichnet wird (Wächtershäuser 1992). Bei diesen etwas unwirklich anmutenden Kamin-Schloten am Tiefseegrund dringt kühles Wasser in unterirdische Schichten des Bodens ein und wird dort unten aufgrund erhöhter geologischer Aktivität stark aufgeheizt. Ein Kochen des Wassers tritt hierbei jedoch aufgrund des enormen Drucks unter dem Ozean nicht auf. Das Wasser schießt nach gewisser Zeit aber mit hoher Tempeatur (bis zu 350 Grad Celsius), einem hohem Druck und mit etlichen gelösten Mineralien aus den Gesteinsschichten zurück in die Tiefsee. Es handelt sich im Prinzip um vulkanische Aktivität, die also nicht nur an der Oberfläche der Erde stattfinden muss, sondern auch in den Tiefen des Ozeans möglich ist. Für dort lebende Organismen, insbesondere einfache Mikroorganismen, können diese nährstoffreichen mineralischen Auswürfe aus dem Unterwassergestein die primäre Nahrungsheiß sein. Deshalb erscheinen die oft extremen Umgebungen dieser Gebilde im Vergleich zu den eher öde wirkenden Unterwasserlandschaften der weiten Meeresgründe als prächtig blühende Oasen des Lebens. Aber nicht nur für heutiges Leben bieten sich hier günstige Möglichkeiten – auch für die Entstehung des Lebens an sich stellen diese heißen Unterwasserkamine für viele Astrobiologen ein plausibles Szenario dar.

Es können hierbei mit heutigem Kenntnisstand zwei Schlottypen differenziert werden, wobei Wächtershäuser in seinen Arbeiten die sogenannten „Schwarzen Raucher" (Black Smokers) beschreibt. Ihren Namen haben diese Unterwasserkamine einfach deshalb erhalten, weil die ausgestoßenen Mineralwolken im Lichtkegel eines Unterwasserfahrzeugs schwarz erscheinen.

In den Tiefseehabitaten der Schwarzen Raucher entweicht dabei unter anderem Schwefelwasserstoff (H_2S) aus der Erdkruste in den kühlen Ozean, der zu einem großen Teil auch die dunkle Färbung bestimmt. H_2S hat dabei auch die molekulare Eigenschaft, Elektronen an andere Moleküle abgeben zu können. Während dieses Elektronentransfers wird stets auch etwas Energie an die unmittelbare Umgebung abgeführt, welche sodann für den Antrieb anderer chemischer Reaktionen und zur Synthese von Biomolekülen zur Verfügung steht. Tatsächlich wurden sogar schon Tests durchgeführt, bei denen ein Schwarzer Raucher genug elektrische Energie produzierte, um eine Unterwasser-Diode erfolgreich zum Leuchten zu bringen (Yamamoto et al. 2013). Chemisch gesehen entsteht aus diesen Prozessen letztlich unter anderem Schwefeleisen (FeS), das selbst wiederum als Katalysator für verschiedene Reaktionen dienen kann (Blöchl et al. 1992). Die vulkanischen Schlote liefern – und das ist bei dieser Interpretation der entscheidende Punkt – weiterhin Schwefelwasserstoff und garantieren somit einen kontinuierlichen Energienachschub. Es handelt sich aufbauend auf dem vorherigen Unterkapitel zur Thermodynamik also um ein offenes System fern des thermischen Gleichgewichts, in dem viel Energie zur Verfügung steht. Das heißt: in diesem Szenario sind katalytische Eigenschaften, welche in lebenden Körpern erst durch spezielle Enzyme ermöglicht werden, mit dem bloßen Vorhandensein von geeigneten Mineralien und organischen

Molekülen zu erklären. Pyrit (FeS_2), welches ebenfalls aus solchen chemischen Prozessen am Tiefseegrund entsteht, lagert sich als Sediment ab und kann so zusätzlich eine chemisch reaktive Oberfläche bereitstellen, die nicht nur grundlegende Redoxreaktionen erlaubt, sondern auf der sich organische Moleküle verstärkt konzentrieren und vermehrt miteinander in Wechselwirkung treten können (Wächtershäuser 1988).

Neben diesen von Schwarzen Rauchern begründeten Biotopen gibt es auch andersartige Hydrothermalquellen, bei denen auch ein anderes Set an chemischen Bestandteilen ausgestoßen wird. Im Gegensatz zu den Schwarzen Rauchern, bei denen die ausgestoßenen Partikelwolken aufgrund des vorhandenen Schwefels und Eisens schwarz erscheinen, werden diese gegenteilig als „Weiße Raucher" (White Smokers) bezeichnet. Hier erscheint der „Rauch" im Wasser weiß, weil hauptsächlich Stoffe wie Barium und Kalzium ausgestoßen werden. Zu diesem Typ von Unterwasservulkan gehört zum Beispiel das Gebiet Lost City, ein im untermeerischen Gebirge des mittleren Atlantiks gelegenes Hydrothermalfeld mit 30 gut erkennbaren und bis zu 60 Meter hohen Schlöten, die wie verlassene Wolkenkratzer in einer märchenhaften Unterwasserstadt aussehen und somit den poetischen Namen des Feldes prägten, das sich auf dem Unterwasserberg Atlantis befindet (Boetius 2005).

Heute herrscht noch kein genereller Konsens darüber, welches der beiden Systeme aus chemischer Sicht für die präbiotische Evolution am plausibelsten erscheint, wenngleich die Tendenz in meinem wissenschaftlichen Umfeld eher zu den Weißen Rauchern geht. Der entscheidende Vorteil ist bei ihnen, dass hier Millionen von sogenannten Mikroporen vorhanden sind. Das sind mikrometer-große und mit Wasser gefüllte Hohlräume innerhalb der Schlotwände der Weißen Raucher, die direkt mit dem hinaufschießenden und heißen Wasser in Kontakt treten können. Da die Weißen Raucher kalkartige Gebilde sind, herrschen in diesen Poren alkaline Bedingungen, während das umgebende Ozeanwasser vergleichsweise sauer ist. Dies führt dazu, dass sich spontan pH-Gradienten zwischen den verschiedenen Oberflächenschichten bilden, was letztlich erlaubt, dass verschiedene Prozesse wie zum Beispiel Redoxreaktionen vonstatten gehen. Wir haben hier also die prinzipielle Möglichkeit, dass sich einfache chemische Stoffwechsel ohne die eigentliche Notwendigkeit einer Zellmembran im Schutze der Mikroporen bilden können (Sojo et al. 2016). Somit wird die häufig anzutreffende Kritik des „Konzentrationsproblems" – also dass der Ozean doch viel zu riesig ist, um spontane chemische Reaktionen von gelösten Stoffen zu ermöglichen – auf eine völlig simple Art und Weise überflüssig.

Unbeeindruckt von diesen Hypothesen und der Fragestellung, welches der Tiefseesysteme nun plausibler erscheint, wurden in den letzten Jahren aber auch immer wieder die Stimmen in der Astrobiologie laut, die die Entstehung des Lebens nicht in der Tiefsee oder anderswo in den Ozeanen sehen. Tatsächlich ist die alte Idee von Darwin, dass heiße und mit Chemikalien gefüllte Tümpel an Land dem Leben der Erde den Weg bereiteten, heute wieder hoch im Kurs. Heute spricht man hier aber auch von hydrothermalen Quellen und nicht von „warmen Tümpeln". Der Spruch „Alles Leben kommt aus dem Wasser" stimmt bei Annahme dieser Hypothesen also nur noch teilweise. Zwar handelt es sich hier immer noch um Wasserreserven an der Erdoberfläche, die durch vulkanische Aktivität heiß gehalten werden, aber nicht mehr um Tiefsee-Zonen in den Weiten der Ozeane. Der Grund für die neue Zündung dieser alten Idee liegt hauptsächlich darin begründet, dass ein neuer und plausibler Mechanismus beschrieben wurde, bei dem keine wassergetränkte Welt, sondern eine periodische Trockenheit an Land der Grundbaustein für die Entstehung der Moleküle des Lebens ist.

Fangen wir simpel an: Schon aus rein theoretischer Sicht haben die Land-Hypothesen einen entscheidenden Vorteil. Während es in den Tiefseegebieten nur eine mögliche Grenzfläche für die Interaktion zwischen Chemikalien gibt, nämlich zwischen dem Medium Wasser und den Ritzen und Furchen des Gesteins, gibt es in heißen Tümpeln an Land drei Interaktionsgrundlagen. Hier kann ebenfalls das Wasser mit dem darunter liegenden Gestein und dessen Hohlräumen interagieren, aber zusätzlich auch das Wasser mit der Atmosphäre. Und fallen die kleinen Tümpel gelegentlich trocken, ist auch eine direkte Interaktion zwischen feuchtem Gestein und der Atmosphäre und somit auch mit Trockenheit und Sonnenlicht nicht mehr ausgeschlossen. Das inkludiert auch die solare UV-Strahlung, die für viele chemische Reaktionen notwendig ist, in der Tiefsee jedoch komplett fehlt. Hier lautet das Motto also: Mehr Grenzflächen ist gleich mehr chemische Komplexität. Konkreter besteht die Idee darin, dass sich organische Moleküle natürlicherweise in den Tümpeln häufen und dort gewöhnliche Verbunde schließen und diese auch wieder zerfallen. Fällt der heiße Tümpel jedoch vorübergehend trocken, werden die chemischen Verbunde auf dem Gestein konzentriert und bilden komplexe und stark konzentrierte Schichten. Bei erneutem Anstieg des Wasserpegels saugen diese Schichten das Wasser auf und erlaubten einfache, aber völlig unterschiedliche chemische Reaktionen unter Schutz einer zuvor durch die Trockenheit entstandenen stabilen Membran. Nach mehrmaligem Wechsel zwischen Trocken- und Wasserphasen überdauerten dieser Hypothese zufolge schließlich diejenigen wenigen Verbunde, die an diesen wechselnden Zyklus angepasst waren. Schließlich führte dieser Prozess zu durch Membranen voneinander abgetrennten zellartigen Gebilden, die von den beteiligten Forschern als „Progenoten" bezeichnet werden (Damer und Deamer 2015). Und da die Existenz von heißen Quellen an Land auch für den ehemaligen Mars vermutet wird, ist diese Hypothese nicht nur mehr für die irdische Entstehung des Lebens relevant.

Sowohl die Tiefsee- als auch die Land-Hypothesen stoßen in der Fachwelt jedoch häufig auf höfliche Skepsis, manchmal auch auf missgünstige Ablehnung. Die theoretischen Überlegungen zu den ablaufenden chemischen Reaktionen werden zwar von nahezu allen Kollegen und auch Kontrahenten als nachvollziehbare Ideen akzeptiert, aber es wird stets darauf verwiesen, dass es bis heute noch nie gelungen ist, einen solchen theoretisch plausiblen Kreislauf experimentell nachzuweisen. Dabei geht es laut Kritikern auch nicht um die exakte Nachstellung des allerersten Stoffwechsels, sondern darum, überhaupt erst einmal zu zeigen, dass sich irgendein beliebig einfaches metabolisches System, sei es noch so simpel, tatsächlich auf diese tiefseechemische Art und Weise spontan bilden kann. Ganz nach dem Motto: Was man selbst nicht herstellen kann, versteht man auch nicht wirklich. Und überhaupt bleibt mit diesen Ansätzen zugegebenermaßen völlig unklar, wie sich einfache Stoffwechsel ohne informationstragende Komponenten wie DNA oder RNA selbständig replizieren oder unter Einfluss abiotischer Prozesse sogar zu komplexeren Systemen evolvieren konnten.

3.2.2 Eine alte Welt voller RNA-Schnipsel?

Einen grundsätzlich anderen Vorschlag formulieren aufgrund des noch nicht geglückten Nachweises eines Stoffwechsels in Abhängigkeit von heißen Quellen (seien sie nun an Land oder nicht) Anhänger der sogenannten „RNA-World", welche schon in den 60er-Jahren des letzten Jahrhunderts als vielversprechende Hypothese zur Entstehung des Lebens aufkeimte (Gilbert 1986). Steht bei der Metabolism-first-Hypothese ein primitiver Stoffwechsel über allem, so sind es hier sich selbst replizierende Moleküle, die den Beginn aller ökologischen Interaktionen markieren. Diesmal betrachten wir also das Konzept „Replication before Metabolism".

Die hypothetische Natur der ersten Replikatorgenerationen wurde zumindest theoretisch schon im Jahr 1924 von Oparin in seinem bedeutendsten Werk beschrieben (Oparin 1947). Am Anfang existierten seinen Überlegungen zufolge einfache informationstragende chemische Ketten, bei dem sich die erfolgreichsten Nachkommen der Replikation nach stets auftretenden, spontanen Mutationen und einer anknüpfenden molekularen Darwin'schen Selektion durchsetzten, bis sich irgendwann einzelne chemische Verbunde entwickelten, die mit ihrer Umwelt interagierten und fremde Peptide mit eigenen Molekülverbindungen einfangen konnten. Einige ihrer Nachkommen begannen irgendwann wiederum, ihr vorhandenes und eingefangenes Innenleben in winzigen luftgefüllten Bläschen (umgeben von einer Fettmembran wie Öltropfen in Wasser) dauerhaft vor schädlichen abiotischen Einflüssen abzuschirmen und diesen Prozess weiter zu optimieren, sodass dann ein stabiler Metabolismus folgte. Hier gibt es sodann auch die Idee, dass diese Fetttröpfen die eigentliche Grundlage der Entwicklung des Lebens darstellen, was mit mehreren Hypothesen zusammenfassend als „Lipid World" bezeichnet wird.

Im Prinzip ist dieses Leitbild bis heute in der astro- und evolutionsbiologischen Forschung erhalten geblieben. Letztlich wird hier einfach das Phänomen der biologischen Evolution auf die chemische Welt übertragen. Im Zuge der Evolutionsbiologie braucht es für die chemische Evolution also wie bei lebenden Organismen ebenfalls einen grundlegenden Trial-und-Error-Prozess, damit sich komplexere Strukturen im Rahmen eines Umwelt-Kontexts ergeben und fortlaufend anpassen – und vor allem auch absterben – können. Insbesondere müssen wir aus evolutionärer Sicht verstehen, dass, ebenso wie ganze lebende Wesen, auch die Chemikalien des Lebens nicht perfekt und für ewig in Stein gemeißelt sind, sondern sich gerade wegen ihrer Fehleranfälligkeit und Mutationsfähigkeit dynamisch entwickeln und sich gerade deshalb an immer neue Begebenheiten anpassen können. Leider wird dieser Aspekt der Evolutionsbiologie unter Laien immer noch häufig falsch verstanden, weshalb ich Ihnen folgendes nachdrücklich nahelegen möchte: Die Evolution führt nicht zu perfekten Lebewesen, die optimal angepasst sind und allem trotzen können. Vielmehr führt sie zu fehleranfälligen Wesen, die sich gerade aufgrund ihrer Nicht-Perfektion stetig verändern und an neue Umweltbedingungen anpassen können. Im Lichte der Evolutionsbiologie ist Perfektion gleichbedeutend mit Stillstand und Tod – erst durch fehlerhafte Prozesse kommt es zu Dynamik und Leben. Die biologische Evolution zeigt uns schlicht und ergreifend, dass eine Entwicklung und Entfaltung über einen festen Rahmen hinaus nur durch Fehler und Veränderung möglich ist. Für die Astrobiologie und die Frage nach der chemischen Entstehung des Lebens brauchen wir also ebenfalls keine von Anfang an perfekten und ewig gültigen Chemikalien, sondern vielmehr einen planetaren Prozess voller fehleranfälligen Möglichkeiten. Einen Pool an Chemikalien und Prozessen, in der sich das Leben bei thermodynamischem Ungleichgewicht über allerlei Ecken und Umwege verwirklichen und realisieren kann. Doch welche Chemikalien liegen diesen evolutionsbiologischen Gedankengängen eigentlich zugrunde?

Für das Szenario der präbiotischen Evolution der Erde müsste ein Molekül auf der Urerde vorhanden gewesen sein, das sich replizieren und eigenständig kopieren konnte und über die Zeit durch stetiges Anpassen und Absterben effizientere Wege der Vervielfältigung verwirklicht hat. Bei allen uns bekannten Lebewesen ist es vor allem die DNA, welche sich repliziert, codierte Information an die nächste Generation weitergibt und dabei spezifische, für einen funktionsfähigen Stoffwechsel grundlegende Reaktionen durchführt, aber selbstverständlich auch fehlerhaft abgelesen werden und mutieren kann. Der große Haken hierbei ist jedoch, dass die DNA selbst keine katalytischen Eigenschaften bereithält und darüber hinaus in ihrem Aufbau viel zu komplex erscheint, als dass sie sich völlig spontan von Hier auf Jetzt aus einer chaotischen Umwelt im Zuge von Trial-and-Error, Wahrscheinlichkeit und Kombinatorik hätte zusammensetzten können.

Solche Probleme könnten laut den Theoretikern jedoch weniger erheblich sein, wenn man einen anderen molekularen Kandidaten betrachtet: die RNA (Ribonukleinsäure, ribonucleic acid).

Die RNA ist ein essentieller Bestandteil aller Prozesse in Lebewesen, seien es nun Sie in ihrem Lesesessel, winzige Bakterien oder vielleicht auch die ersten Zellen der Erde. Vor allem bei der Produktion von Proteinen in einem lebendigen Körper ist die RNA am Zug. Wenn ein Protein innerhalb des Cytoplasmas einer jeden Zelle fabriziert wird, wird die DNA zunächst in RNA umcodiert, was als „Transkription" bezeichnet wird. In den folgenden Schritten dient diese RNA dann ihrerseits zum Aufbau der Aminosäuresequenzen in den Ribosomen. Natürlich ist dieser biochemische Prozess deutlich komplizierter als hier kurz dargestellt. Wichtig für die Astrobiologie ist jedoch zunächst einmal, dass dieser zweite Schritt von RNA zu Protein (sogenannte Translation) laut Anhängern der Replication-first-Hypothese zu Beginn des Lebens völlig unabhängig von der Transkription existiert haben und somit auch deutlich älter als diese sein könnte.

Anders als die DNA, bei der die Struktur durch eine Doppelhelix gekennzeichnet ist, ist die RNA zudem einfacher aufgebaut und meist nur einsträngig. Dabei kann sich die RNA in verschiedene Zustände „falten", welche jeweils spezielle chemische Reaktionen zur Folge haben (Tinoco und Bustamante 1999). Generell kann man sich für die Biochemie merken, dass die Faltung und Form von chemischen Komponenten sehr variieren kann und je nach Zustand völlig andere chemische Prozesse auslöst – das gilt nicht nur für die RNA an sich, sondern auch für die Chromosomen und dem Erbgut in Ihrem Körper (man sagt diesbezüglich auch: „function follows form", also die „Funktion folgt der Form"). Der alles entscheidende Prozess bezüglich der RNA-World-Hypothese wurde diesbezüglich in den 1980er-Jahren nachgewiesen: Speziell gefaltete RNA-Strukturen können eigenständige Verbindungen bilden (self splicing) und somit selbst als Katalysatoren für RNA-Moleküle tätig werden, ohne dass die eigentlich alles beherrschenden Enzyme oder katalytischen Bioproteine für diese Prozesse nötig sind. Diese multitalentierten Gefüge nennt man Ribozyme (Cech 1987) (Wortkombination aus Ribonukleinsäure und Enzym), und die Entdecker Sidney Altmann und Thomas Cech erhielten für diese bahnbrechende „protoökologische" Entdeckung im Jahr 1989 den Chemie-Nobelpreis. Die RNA oder RNA-ähnliche Vorläufer wurden in der Fachwelt daraufhin selbstverständlich sofort als mögliche Kandidaten für die ersten Bausteine des Lebens in Betracht gezogen. Sie besitzen nun nämlich sowohl informationstragende als auch katalytische Merkmale. Seit diesen Ergebnissen spricht man bei der RNA deshalb auch von einem „darwinschen Biopolymer".

Diese RNA-Hypothese ist meines Erachtens auch am weitesten fortgeschritten und vor allem auch experimentell fassbar, weshalb auch viele andere Astrobiologen heute annehmen: Es waren RNA-ähnliche Moleküle, die sich erstmals effizient vervielfältigten und somit evolutionäre Information in einer planetaren Umwelt streuten. Und das den heutigen Schätzungen nach ungefähr vor 4,3 Milliarden Jahren, was bedeutet, dass das Schauspiel des Lebens auf der Bühne der Erde nach der planetaren Entstehung nicht lange auf sich warten lies. Statt der Frage nach dem Huhn und dem Ei ergibt sich hier, wie auch bei der DNA, jedoch wieder das andere schwierige Problem, das bis heute einer Lösung bedarf: Wie konnte sich die RNA aus abiotischen Bedingungen spontan bilden?

Auch wenn sie einfacher aufgebaut ist als die DNA, hat die RNA im Vergleich zu anderen Polymeren aller Art immer noch einen überaus komplexen Aufbau. Zwar erhielten diesbezüglich viele internationale Forschungen Beachtung – vor allem die Forschergruppe um John Sutherland von der University of Manchester ist hierbei zu nennen, da sie im Jahr 2009 zwei der vier RNA-Basen (Uracil und Cytosin) aus gewöhnlichen abiotischen Ausgangsmaterialien im Labor erzeugen konnten (Powner et al. 2009). Aber wirklich überzeugt hat das viele Wissenschaftler noch nicht. Vor allem (Paläo-)Geologen kritisierten diese und weitere Experimente völlig zu Recht von Anbeginn, da die angesetzten Laborbedingungen bei Weitem nicht mit geowissenschaftlichen Erkenntnissen über die chemischen und physikalischen Verhältnisse der Urerde übereinstimmten. Selbst wenn man im Reagenzglas vollständige RNA synthetisieren könnte, wäre dieser bahnbrechende und historische Erfolg also ohnehin noch lange kein zwingender Beweis, dass dies dann auch tatsächlich so in der Umwelt der Urerde stattgefunden haben muss – über Aussagen auf anderen Planeten ganz zu schweigen. Vielleicht ist es ja sogar möglich, im Labor Leben zu synthetisieren, aber in einer völlig anderen Manier als es auf der Erde vor über vier Milliarden Jahren passiert ist, was sodann aber auch bedeuten würde, dass es möglicherweise viele alternative chemische Ausgangsbedingungen für die Entstehung von Leben gibt, sei es ein warmer Tümpel, eine Mikropore in einem Tiefseeschlot oder der Laborkolben eines Forschers. Im Jahr 2016 konnten Thomas Carell von der LMU München und seine Kollegen daraufhin zwar die anderen beiden RNA-Basen (Adenin und Guanin) unter deutlich plausibleren Bedingungen erzeugen (Becker et al. 2016). Doch bis heute fehlen auch in den modernsten Laboren immer noch die Nachweise, wie sich aus diesen einzelnen Bausteinen ein komplett aufgebauter Strang bilden konnte. Neue Bestrebungen zielen jedoch zusätzlich darauf, die Entstehung von RNA-Molekülen oder ähnlichen langkettigen Nukleinsäuren in Zusammenhang mit den heißen und gelegentlich trocken fallenden Tümpeln an Land zu beschreiben (Pearce et al. 2017). Ob diese Ideen in den Laboren oder sogar in Feldversuchen experimentell bestätigt werden können, ist also noch eine weitgehend offene Frage und somit ein spannendes astrobiologisches Thema der nächsten Jahre.

Für eine realistische Einschätzung müssen wir bei aller Motivation aber zusätzlich beachten, dass die Selbstverdopplung eines einzelnen Ribozyms immer noch nicht vollkommen verstanden oder gar gänzlich beschreibbar ist. Zumal dieses unter anderem eigene chemische Bestandteile eigenständig in der Umgebung lokalisieren und diese dann in der richtigen Reihenfolge zusammensetzen muss – selbst für Proteine in bereits lebenden Zellen sind diese Prozesse schwer zu dokumentieren. Auch die in den Laboren Harvards erzeugten – und zumindest in ihrer Funktion kontrollierbaren – Ribozyme können bisher nur einzelne Nucleotide (grundlegende Einheiten von Genen) replizieren, aber noch keine ganzen Stränge.

Letztlich ist das grundsätzliche Problem dasselbe wie beim metabolischen Ansatz: Genauso wie noch nicht experimentell nachgewiesen werden konnte, dass sich ein funktionsfähiger komplexer Stoffwechsel aus konzentrierten chemischen Reaktionen völlig spontan bilden und evolvieren kann, ist es auch noch nie beobachtet worden, dass stabile RNA-Vorläufer „von selbst" entstehen und ein informationstragendes Nano-Ökosystem begründen. Lediglich das Vorhandensein von selbstreplizierenden Molekülen sagt noch nicht viel darüber aus, wie diese anschließend ein stabiles Rückgrat über Phosphor bilden können oder wie größere stabile Stränge entstehen, von der Einleitung der Transkription ganz zu schweigen. Oder ob sie überhaupt der Beginn gewesen sein müssen. So könnte man auch argumentieren, dass es deutlich stabilere RNA-ähnliche Vorläufermoleküle gab und sich erst im Laufe der Zeit die uns heute bekannte RNA durchsetzte, weil sie in den Innereien von fertigen Lebewesen effizienter war. Und auch allerlei theoretische Überlegungen, wie alle vier RNA-Bausteine in einer ehemaligen Umwelt synthetisiert werden konnten, können natürlich nicht so beeindrucken, wie die tatsächliche Observierung eines solchen Phänomens. Darüber hinaus bleibt ohnehin offen, wie und warum der letztendliche Schritt von einer RNA-Welt zu einer von DNA dominierten Biosphäre hätte stattfinden sollen.

Wir dürfen also gespannt sein, ob sich die noch recht überschaubaren Indizien für die RNA als elementarer Entwicklungsschritt des Lebens in den nächsten Jahren weiter erhärten oder ob die spontane Bildung von RNA in Reagenzgläsern und der wirklichen Umwelt erst dann von einer zukünftigen Generation verstanden sein wird, wenn die lebenserhaltenden Funktionen der RNA bei Ihnen und mir schon längst zum Erliegen gekommen sind.

3.2.3 Fettige Tropfen und hartnäckige Replikatoren – Viren als Wegbereiter des Lebens?

Aus den vorherigen Unterkapiteln können wir schließen, dass wir für ein Verständnis der präbiotischen Evolution ein Konzept benötigen, dass sowohl die Entstehung von RNA und DNA aus einfachen organischen Bausteinen der Erde und aus dem Weltall, als auch die Entwicklung von komplexen Molekülverbunden zu den Lipid-Membranen von Zellen vereinen kann. Ein Konzept also, das die RNA-World mit einer urtümlichen Lipid-World in Beziehung setzt. Letztlich benötigen wir ein Verständnis über eine Umwelt, die Information und Komplexität erzeugt. Ein chemisches Ungleichgewicht, das gerade so ein Maß an Unordentlichkeit aufweist, dass sich Information aufeinander aufbauend in einer leblosen Umwelt ausbreiten kann.

Obwohl die bisherigen Szenarien der präbiotischen Evolution noch nicht auf einem festen Fundament stehen, werden die darauf gebauten Hypothesen-Gebäude in der Astrobiologie jedoch schon hoch gebaut. Ich möchte Ihnen im Folgenden diejenigen vorstellen, die ich für die evidenzbasierte Astrobiologie als besonders ergiebig einstufe, weil sie experimentell fassbar sind.

Mehrere Teams waren bereits in der Lage, stabile Tröpfchen aus Öl und ähnlichen Substanzen herzustellen, welche selbstständig im Wasser trieben und sich unter den richtigen Bedingungen und Mischungsverhältnissen als sogenannte Mizellen eigenständig und spontan bildeten (Toyota et al. 2009; Niederholtmeyer et al. 2018; Armstrong et al. 2018). Während die Öltröpfchen durch das zirkulierende Wasser treiben, laufen im Inneren (unter Schutz der wasserabweisenden Membran) tatsächlich einfache chemische Reaktionen ab. Das Beeindruckende ist, dass diese Proto-Stoffwechsel-Zellen durch ein Zusammenprallen mit anderen Tropfen wachsen und sich sogar eigenständig Bestandteile aus der Umgebung einverleiben können und andere „Zellen" zu einem Zerfall veranlassen können – primitive prä-ökologische Interaktionen bei kontrollierter Komplexität, wenn man so will. Mehr noch: Diese Aufnahme von Stoffen führte ab und an dazu, dass eine Kapsel in zwei kleinere autonome Tröpfchen zerfiel, die anschließend wuchsen und selbstständig mit ihrer Umwelt interagierten. Und in Verbundenheit waren sie sogar in der Lage, neuartige Funktionen zu erfüllen – also im Prinzip wie Zellverbunde zu handeln, die das dichteabhängige Quorum sensing betreiben (siehe Abschn. 3.1; Niederholtmeyer et al. 2018).

Doch was kann uns diese Soziologie der Moleküle sagen? Angesichts solcher möglichen Wechselwirkungen nehmen viele Forscher heute eher an, dass sich die Protein- und Nukleinsäuresysteme parallel zueinander entwickelt haben könnten, lange bevor durch synergetische Zusammenlagerungen und Verbindungen das Proto-Leben oder sogar die erste lebende Einheit entstand. Statt „metabolism-first" oder „replication-first" also „metabolism&replication-together".

Besonders interessant und ergiebig erscheinen mir bei der Beschreibung komplementärer Zusammenhänge ziemlich vernachlässigte Ansätze von einigen wenigen Forschern, die zu bekräftigen versuchen, dass wir nicht wirklich nach den allerersten RNA-Molekülen suchen müssen. Sie befinden sich diesen Ideen zufolge in unserem Umfeld nämlich bereits überall. Und zwar in Form von Viren. Als grundlegende Replikationseinheiten könnten sie vorläufige Versionen von späteren Zellen gewesen sein, was schon in den frühen 2000er-Jahren als „Virus-First-Hypothese" bezeichnet wurde, aber in der wissenschaftlichen Gemeinde weitgehend unbeachtet blieb (Bamford et al. 2005; Koonin und Martin 2005; Koonin et al. 2006). Ein Virion ist schließlich nichts anderes als ein (zum Leidwesen vieler Erkrankter) sehr hartnäckiges Nukleinsäuremolekül (meistens RNA) und in Verbundenheit mit einer Zelle besonders effizienter Replikator. Einfach ein auf Infiltration spezialisierter Erbgutträger, welcher meistens von Proteinkapseln umhüllt wird und entweder frei umherschwirrt oder sich im Körper anderer Zellen einnistet (dann nicht mehr als Virion, sondern als „echtes Virus" bezeichnet). Manche Viren lassen den infizierten Wirtskörper platzen, nachdem sie sich in dessen Inneren vermehrt haben (sogenannte lytische Viren), und andere können sogar Teile des eigenen viralen Genoms direkt in das Erbgut des Wirts einschleusen und somit durch die Vermehrung der Wirtszelle selbst vervielfältigt werden (sogenannte lysogene Viren). Zu Recht wird an dieser Stelle immer wieder betont, dass Viren sich nicht ohne den Metabolismus einer Wirtszelle replizieren können – doch das dieser Umstand dann keinen Sinn mehr für die „Virus-first-Hypothese" ergibt, ist meines Erachtens ein Trugschluss. Denn genau hier setzt wieder die problematische Frage an, ob das Replikationsvermögen und der Metabolismus überhaupt eine Definition des Lebens sein sollen oder nicht. So liebäugeln die Vertreter der Virus-first-Hypothese mit dem Gedanken, dass Virionen einfach entstehen und bestehen bleiben und die Unfähigkeit der Replikation sie ja nicht darin hindert, einfach zu exisiteren und sich selbst als (egal ob nun lebendige oder nicht-lebendige) Entität dauerhaft zu erhalten. Eben eine sich selbst erhaltende „ancient virus world" (Koonin et al. 2006).

Wie heutige Viruspartikel, die einen bereits existierenden Stoffwechsel auf die eine oder andere Art infiltrieren, könnten erste primitive Proto-RNA-Virionen in Proto-Stoffwechsel eingedrungen sein (z. B. indem eine membranumhüllte Kapsel den Virion-Vorläufer eingefangen hat) und einem stabilen Metabolismus somit „unabsichtlich" die Fähigkeit beschert haben, sich selbst zu einer informationstragenden Nukleinsäure zu replizieren und schließlich unter allgegenwärtigem Selektionsdruck zu evolvieren, was als „Koevolution" bezeichnet werden kann. Selbstverständlich bewegen sich Forscher mit solchen vagen und gewagten Aussagen im Rahmen der Spekulation, doch Experimente in diese Richtung könnten meines Erachtens einen der ergiebigsten Beiträge zum Verständnis des ersten Lebens liefern.

Viel relevanter für dieses astrobiologische Buch ist, dass der pauschale Ausschluss von Viren, weil man sie schlicht und ergreifend nicht als Lebensformen klassifiziert, zu falschen Schlüssen in bevorstehenden Missionen führen kann. Stellen Sie sich hierfür einen Marsrover vor, der im Regolith des Mars explizit nach Leben suchen soll – zum Beispiel der ExoMars-Rover der ESA, der 2021 auf unserem roten Nachbarn landen soll. Dieser kann letztlich zwei Ergebnisse liefern: Es gibt im marsianischen Boden Hinweise für Leben oder eben nicht. Doch was ist, wenn diese Suche nach Leben bereits zu Beginn voreingenommen war?

Tatsächlich ist keine vergangene und auch keine geplante Mission in der Lage, Viren auf anderen Himmelskörpern nachzuweisen oder ihre Hinterlassenschaften von Biosignaturen von gewöhnlichen Zellen zu unterscheiden. Der Fokus richtete sich immer einstimmig auf Zellen, weil Viren auf der Bühne des Lebens für viele anscheinend nichts zu suchen haben und für ewig im Feld der Infektionen und Krankheiten verdammt bleiben sollen. So wird heute allgemein angenommen, dass sich die ersten Viren dadurch bildeten, dass bereits lebende Zellen Teile ihres Erbguts wegen äußerer Einflüsse verloren haben, was als „Virus-Escape-Hypothese" bezeichnet wird. Eine alternative Hypothese (Virus-Reduction-Hypothese) sagt aus, dass sich Bakterien in ihrer Evolution so stark verkleinern und ihrem Genom verringern können, dass sie viele Fähigkeiten verlieren und als klassische Viren zurückbleiben. Diese Idee ist unter heutigen Wissenschaftlern jedoch kaum mehr anzutreffen, wenngleich im Sommer 2018 tatsächlich ein Bakterium entdeckt wurde, das aufgrund seiner parasitären Lebensweise so stark in der Wirtszelle eingenistet war, dass es keinen eigenen Metabolismus betrieb und nicht einmal mehr selbstständig Energie in Form der ATP-Synthese speicherte und sich somit jetzt schon insgesamt eher wie ein Virus verhält und sich in Zukunft vermutlich noch mehr in Richtung Virus entwickeln wird (Deeg et al. 2018). Das Problem: Ein endgültiger Ausschluss der einzelnen Hypothesen ist auf der Erde kaum oder überhaupt nicht möglich, weil Viren und Bakterien heute überall gemeinsam vorkommen und in allen möglichen Facetten miteinander agieren und voneinander abhängen. Und auch die geologische Aktivität hat fast alle uralten Gesteine der Erde bis hin zur Anonymität geschreddert, sodass uns direkte Hinweise über die Zeit des ersten Lebens fehlen. Was zuerst da war und ob Viren hier eine Rolle spielten, kann auf der Erde einfach nicht mehr empirisch nachgewiesen werden.

Es ist deshalb gerade die astrobiologische Erforschung des Mars, die uns den entscheidenden Hinweis liefern kann, ob Viren tatsächlich evolutionäre Vorläufer von zellulärem Leben sind (Janjic 2018). Erst einmal gibt es auf dem Mars derzeit keine Hinweise dafür, dass er heute oder in der Vergangenheit stark geotektonisch aktiv war, was bedeutet, dass hier noch richtig altes und intaktes Gestein gefunden werden könnte. Da der Mars außerdem nur für einen relativ geringen Zeitraum Bedingungen lieferte, die mit der Urerde vergleichbar sind (Abschn. 3.3), könnte dort die Zeit nur für die Entwicklung von Viren ausgereicht haben, falls diese in der Evolution wirklich vor den Zellen entstehen. Sollten wir auf dem Mars ausschließlich Viren finden, aber keine einzige Zelle, wäre das sodann ein schlagendes Indiz dafür, dass Viren die Pioniere in der Evolution des Lebens sind (Janjic 2018). Da Zellen sehr viel besser konserviert werden als Viren, wäre ein ausschließlicher Fund von Viren also auch nicht dadurch zu begründen, dass sie von ehemaligen Zellen abstammen, wie die Virus-Escape-und Virus-Reduction-Hypothesen nahelegen. Denn dann müssten auch überall Reste von Zellen zu finden sein. Es wäre zusammengefasst also einfach schade, wenn man milliardenteure Missionen zum Mars schickt und sich aufgrund einer voreingenommenen Definition des Lebens selbst solche Schlupflöcher der Evolutionsbiologie im Vorhinein verschließt. Stattdessen braucht es ein komplementäres Verständnis zwischen evolutionsbiologischen Indizien und der Ökosystematik des ehemaligen Mars.

Vernachlässigt wird bei der Virus-first-Hypothese zwar immer noch, wie die einzelnen Nukleinsäuren und andere Bestandteile eines Proto-Virus zuvor entstanden sind – aber zumindest als Verbindung zwischen den beiden Lebensgrundlagen Replikation und Metabolismus sind sie meiner Ansicht nach plausible Kandidaten für die Geburtsstunde und Frühgeschichte des irdischen Lebens.

Die weitergehende Frage, wieso sich irgendwann im Laufe der Evolution DNA aus RNA hätte bilden sollen, kann mit Viren möglicherweise ebenfalls teilweise beantwortet werden. Im Fokus dieser Untersuchungen steht hierbei sogar ein Kandidat, den man an dieser Stelle nun wirklich nicht vermuten würde. Und zwar das AIDS-auslösende HI-Virus. Dieser gefürchtete Krankheitserreger macht nämlich etwas, das Biologen und Chemiker durchaus schwer beeindruckt: Als sogenanntes Retrovirus besteht es selbst aus RNA und dringt in fremde Zellkerne ein, um dort seine eigene DNA zu kreieren und in das Wirtsgenom einer befallenen Zelle einzuschleusen. Statt der in allen Zellen allgegenwärtigen Transkription (DNA wird stets in RNA umgeschrieben) liegt hier also eine sogenannte reverse Transkription vor, die auch von eigenen speziellen Enzymen gesteuert wird (RNA als Vorlage zur Bildung von DNA). Wie alt diese enzymatische Aktivität von Retroviren ist, vielleicht sogar so alt, dass sie bei der Umwandlung von „Stein zu Leben" eine Rolle spielte, wäre eine Frage, auf die bei zukünftigen Forschungen meines Erachtens ein besonderes Augenmerk gelegt werden sollte.

Mehr Beachtung werden in Zukunft wohl auch ganz besondere Viren finden: die sogenannten Riesenviren. In heutigen phylogenetischen Stammbäumen des Lebens stehen Bakterien, Archaeen und Eukaryoten (die drei Domänen des Lebens) am Anfang der Geschichte des Lebendigen, während Viren einer separaten (chemischen) Klassifikation unterliegen. Diese Kategorisierung geriet in letzter Zeit aber vor allem immer dann ins Wanken, als immer mehr Meldungen über Entdeckungen neuer Riesenviren veröffentlicht wurden. Diese Riesenviren können nämlich sowohl in ihrer physischen Größe als auch in der Anzahl an Genen größer und komplexer sein als so manches Bakterium (Forterre 2017). Und zu finden sind sie in den Böden von allerlei gewöhnlichen und ungewöhnlichen Habitaten, obwohl man früher längere Zeit sicher war, dass sie lediglich extreme Ausreißer in der irdischen Ökologie darstellen (Schulz et al. 2018). Tatsächlich wurden vor Kurzem sogar Riesenviren entdeckt, die in Ihrem Genom ein

paar genetische Anleitungen für die Gärung beinhalten – ein Stoffwechsel-
prozess, der bisher nur echten Mikroben vorbehalten war (Schvarcz und
Steward 2018). Ob diese Gene vom Virus selbst stammen, oder „aus Versehen" von infizierten Zellen auf das Virus übertragen wurden, muss noch
eingehender geklärt werden. Falls Ersteres bestätigt werden sollte – was aber
natürlich noch absolute Spekulation ist -, könnte dieser Umstand also tatsächlich bedeuten, dass sich auch heutige Viren in ihrer Komplexität weiterentwickeln und möglicherweise auch in unserem jetzigen Zeitalter die
Entwicklungsstufe zu einfachen Bakterien überwinden könnten.

Die Hypothese, dass der Stammbaum der Viren selbst erst die Äste des
Lebendigen zum Blühen brachte, kann meines Erachtens neben der Existenz solcher Riesenviren auch besonders dann als realistisch angesehen
werden, wenn man einen Gedankengang betrachtet, der heute in den Biowissenschaften enorm viel Zuspruch findet – jedoch in einem anderen Kontext. Damit meine ich die Endosymbiontenhypothese, die wir bereits im
Abschn. 3.1 behandelt haben (bakterieller Ursprung von Zellorganellen wie
Mitochondiren und Chloroplasten). Auch hier haben sich also zwei evolutionäre Stammbäume (zwei Prokaryoten) durch gegenseitige Verbindung
zu einer emergenten Lebensform (Eukaryoten) entwickelt, also zu einer, die
Eigenschaften aufwies, die die einzelnen Vorläufer selber nicht aufzeigten.
Während die Endosymbiontenhypothese in Bezug zu Zellorganellen in
allen modernen biologischen Lehrbüchern Einzug gehalten hat, ist die Ver-
mutung, dass Proto-Viren und Proto-Stoffwechsel ebenfalls durch eine
solche Art der Vereinigung unseren lebendigen Urvorfahen bildeten, in heutigen Lehrbüchern der Mikrobiologie oder Evolutionsbiologie noch nicht
aufzufinden.

Wie dem auch sei: Einen hypothetischen Organismus, der am Anfang des
Stammbaums des uns bekannten zellulären Lebens steht, nennt man Progenot bzw. Protobiont – ob für deren initiale Entwicklung auch Proto-Viren
infrage kommen könnten, ist für Virologen meiner Ansicht nach also eine
der spannendsten Fragen der nächsten Jahrzehnte. Im englischen Sprach-
raum wird der Urvorfahr allen heutigen zellulären Lebens auch LUCA
genannt (last universal common ancestor). Auch wenn dies übersetzt eigentlich schlicht „allgemeiner Vorfahr aller Lebensformen" bedeutet, können
wir den Begriff „universal ancestor" allein schon in Anbetracht pan- und
transspermischer Gesichtspunkte durchaus buchstäblich nehmen und von
Lebensursprüngen im gesamten Universum und von Stammbäumen des
Kosmos sprechen. Dabei muss von einigen Astrobiologen auch nicht das
zelluläre Leben gemeint sein, sondern auch ein sogenannter Initial Darwinian Ancestor (IDA) („ursprünglicher darwinscher Vorfahr"), der keine

Bedingungen an Zellularität oder metabolischer Komplexität stellt (Yarus 2010), was auch als „azelluläres Leben" bezeichnet werden kann.

Bei der Suche nach Leben auf unseren planetaren Nachbarn (z. B. in tiefen Regolithschichten des Mars) sollten wir also nicht nur Ausschau nach typischen Zellen à la Bakterien und Co. halten – sondern meines Erachtens auch virenähnliche chemische Verbindungen ganz oben auf unsere Agenda setzen. Schließlich ergibt es ja auch einen Sinn, nach dem zu suchen, was vermutlich auch am häufigsten vorhanden ist – genauso wie Viren auf der Erde die Anzahl von Mikroben um ein Vielfaches überschreiten. Ein spannendes Teilgebiet der zukünftigen Astrobiologie könnte also die „Astrovirologie" werden (Berliner et al. 2018). Was würden Sie denn sagen, wenn im nächsten Jahrzehnt Viren auf dem Mars gefunden würden? Haben wir sodann außerirdisches Leben gefunden? Oder noch nicht? Oder andersrum gefragt: Was würde ein Alien denken, nachdem es eine Wasserprobe von unserem Planeten nimmt, in der deutlich mehr Viren existieren als mikrobielle Zellen?

Astrobiologen müssen meines Erachtens begreifen, dass das Leben keiner Schwarz-weiß-Kategorisierung entspricht und sich vermutlich auch nicht auf einen Schlag entwickelte. Die Entstehung des Lebens war vielmehr ein gradueller Prozess, bei dem möglicherweise auch Viren oder viren-ähnliche Kompartimente maßgeblich beteiligt waren. Die erste lebende Einheit war demnach vielmehr ein Netzwerk aus vielfältigen Replikatoren und anderen chemischen Verbunden, anstatt ein wohldefinierter Organismus.

Auch in diesem Kapitel können Sie wieder die Ironie erkennen: Während meine Mutter im Rahmen ihrer Arbeit in der Infektionsbiologie darin ausgebildet wurde, neben Endosporen auch Viren unschädlich zu machen oder am besten das Lebendige gänzlich vor ihren Wirkungen zu trennen, so schließe ich Viren als potenzielle Lebensstifter gerade dieses zu schützenden Lebens nicht aus.

3.3   Ökosystemarer Ansatz der Astrobiologie

Auch wenn Biochemiker unterschiedliche Perspektiven einnehmen und manchmal auch gerne radikale Ansätze wählen, um sich ein gewisses Gehör zu verschaffen, so sind sie sich bislang letztlich doch einig, dass uns bekannte Lebensformen stets auf Wasser angewiesen sind. Eine andere Annahme bleibt ihnen auch nicht wirklich übrig, denn schließlich wurde noch nie etwas anderes beobachtet oder ansatzweise dokumentiert.

Wasser ist in erster Linie ein universelles Lösungsmittel für viele biochemische Reaktionen. Es übernimmt den Transport von Nährstoffen oder Produkten in eine Zelle oder aus ihr heraus und ermöglicht durch die Dipol-Eigenschaften seiner Moleküle erst den dreidimensionalen Aufbau der DNA. Das Wasser selbst – und das ist ausschlaggebend – reagiert dabei mit den gelösten Stoffen nicht, sondern stellt nur ein Milieu für thermisch stabile und kontrollierte Wechselwirkungen für Biomoleküle zur Verfügung.

Bis heute weiß man trotz der herausragenden Rolle des Wassers jedoch nicht, ob die gigantischen Mengen irdischen Wassers in Form von Ozeanen, Binnengewässern und atmosphärischen Wasserdampfs ihren Ursprung in globalen chemo-geologischen Prozessen im Zeitalter des Hadaikums (vor über vier Milliarden Jahren) haben und somit ein eigenes Rezept der Erde sind. Oder ob unsere Hydrosphäre von fremden Körpern stammt, die unsere Heimat vor Urzeiten mit gewaltigen Wasservorräten bombardierten. Die Frage lautet hier also: Stammt das Wasser auf der Erde wirklich von ihr selbst oder wurde es von außen durch Kollisionen eingeflogen? Die zweite Hypothese hängt direkt mit der Pseudopanspermie zusammen (Kap. 2), da bei dieser Idee auch das Wasser natürlicherweise zwischen planetaren Körpern ausgetauscht werden kann. Was viele Laien bei meinen Vorträgen hierbei oft verwundert: Wasser an sich ist im Universum nicht rar, sondern überall vorhanden und eine der häufigsten chemischen Verbindungen in der Milchstraße überhaupt. Es ist aber bis dato korrekt, dass wir zumindest noch keine flüssigen Wasservorräte auf anderen Himmelskörpern direkt nachweisen konnten, sondern lediglich Wassereis und Wasserdampf.

Für die Beantwortung extraterrestrischer Fragestellungen, also ob unser Wasser von außen eingeflogen wurde, spielt eine wichtige Rolle, dass man Wasser in verschiedene Formen klassifizieren kann. Denn Wasser ist nicht gleich Wasser. Normalerweise haben wir schon in der Schule das Wasser chemisch als „H_2O" kennengelernt. Doch haben Sie auch schon mal von D_2O oder gar T_2O gehört? Dabei handelt es sich um sogenanntes schweres bzw. überschweres Wasser, bei dem neben dem Sauerstoff-Atom verschiedene Isotope (verschieden schwere Varianten) von Wasserstoff vorhanden sind. Während „normales Wasser" aus einem Wasserstoffatom mit lediglich einem Proton im Kern besteht (Protium, H), beherbergt schweres Wasser Deuterium (D), welches aus einem Proton und Neutron im Atomkern besteht. Bei Tritium (T) findet man im Atomkern auch nur ein Proton, aber dafür zwei Neutronen. Schweres und überschweres Wasser haben somit – wie es der Name ja bereits nahelegt – eine höhere Masse als H_2O, was zu einer geringeren Reaktionsfreudigkeit dieser Moleküle führt. Und tatsächlich konnte in Experimenten gezeigt werden, dass ein großer Anteil des „unnormalen

Wassers" in der Nahrung für Organismen durchaus giftig bis tödlich sein kann (Kushner et al. 1999). Aber keine Sorge: Krankheitsfälle außerhalb von speziell eingerichteten Experimenten sind nicht zu befürchten, da die natürliche Menge von schweren und überschweren Wasser in wilden Öko-systemen vernachlässigbar gering ist (D/H-Verhältnis ungefähr 1 zu 7000). Es ist deshalb fast schon ironisch, dass für Astrophysiker, die größtmögliche Strukturen im Universum verstehen wollen, gerade diese vernachlässigbar kleinen Differenzen der ausschlaggebende Punkt sind, um zu erfahren, ob und woher das irdische Wasser aus dem Weltraum gekommen ist.

Der Wert des Verhältnisses von Deuterium- zu Wasserstoffatomen in Wasservorräten kann sich unseren heutigen Kenntnissen zufolge nach einer beendeten Zusammensetzung nicht mehr durch eigene chemische Umwandlungen maßgeblich verändern. Und das bedeutet wiederum: identi-sche Raten des Wassers von Kometen und Asteroiden deuten somit auf eine gemeinsame Herkunft des Wassers hin.

Auch wenn die allererste Landung auf einem Kometen durch den ESA-Lander Philae im November 2014 ein sehr holpriges Unterfangen war (der Lander konnte sich mit seinen Harpunen nicht im Gestein von 67P/Churyumov-Gerasimenko verankern und gelangte nach mehreren Sprün-gen in einen für Untersuchungen letztlich nicht gut geeigneten Felsspalt), konnte seine Muttersonde Rosetta aus dem Orbit um den Kometen nach-weisen, dass der analysierte Wasserdampf ein dreimal höheres und somit völlig anderes D/H-Verhältnis im Vergleich zu irdischem Wasser aufweist (Altwegg et al. 2015). Das Kometenwasser war in seiner Chemie also grund-verschieden vom uns bekannten Lebenselixier. Dieses ernüchternde Ergeb-nis (das sich bei Vorbeiflügen auch bei anderen Kometen herausgestellt hat) weckte aber das vermehrte Interesse an Asteroiden oder gar Zwergplaneten, die die Urerde damals ebenfalls als Zielscheibe hatten und mit ihrer schie-ren Größe möglicherweise die Existenz von Urozeanen vor vier Milliarden Jahren mit wenigen Einschlägen ermöglichten und somit natürlich auch für unseren Badespaß in heutigen Swimmingpools ursprünglich verantwortlich sein könnten. Im September 2016 startete diesbezüglich die NASA-Raum-sonde OSIRIS-REx, die auf dem erdnahen Asteroiden Bennu nicht nur erfolgreich landen, sondern sogar mit Materialproben des etwa 500 Meter durchmessenden Gesteinsbrockens zur Erde zurückkehren soll (sample return mission) und somit nach ihrer Rückkehr im Jahr 2023 ganz neue Erkennt-nisse über den Ursprung unseres flüssigen Lebenselexiers liefern könnte. Und tatsächlich ist OSIRIS-REx im Dezember 2018 erfolgreich im Orbit des ver-gleichsweise winzigen Objekts angekommen, sodass die Landung auf dem etwa Empire-State-Building-hohem Asteroiden nun in Angriff genommen werden kann. Dasselbe Ziel verfolgte auch der Asteroiden-Lander Mascot, der im Oktober 2018 auf einem anderen Asteroiden namens „Ryugu" gelandet ist. Dort absolvierte der Lander sogar drei beabsichtigte Sprünge, um Messdaten von verschiedenen Stellen zu erhalten. Jedoch war die erste Landung mehr als holprig und es muss sich noch herausstellen, ob die teilweise vom Deutschen Luft- und Raumfahrtzentrum hergestellten und eventuell in Mitleidenschaft gezogenen Instrumente qualitative Erkenntnisse über die Natur des Wassers auf diesem Körper erlangen können (DLR 2018).

Vergessen sollte man hinsichtlich solcher Missionen und bei aller Euphorie jedoch nicht, dass punktuelle Untersuchungen vermutlich keine endgültige Antwort liefern können. Denn falls verschiedenartige Objekte die Erde in Frühzeiten des Sonnensystems bombardierten, was als gesichert gilt, muss man natürlich ebenso beachten, dass die D/H-Rate des irdischen Wassers ein gemitteltes Mischungsverhältnis aller eingeschlagenen Wasserressourcen aufweisen könnte. Auf jeden Fall müssen Sie in Zukunft, wenn Sie von einer Asteroiden-Mission hören, nicht mehr davon ausgehen, dass die Raumfahrtbehörden deshalb dorthin möchten, um eine Apokalypse durch Asteroideneinschläge zu verhindern. Vielmehr sind es heute astrochemische Interessen, die solche Missionen motivieren – aber natürlich kann auch nicht ausgeschlossen werden, dass uns irgendwann wieder ein Asteroid trifft, vielleicht ja sogar mit ganz viel Wasser an Bord.

3.3.1 Wasser als Leitfaden der In-situ-Exploration

Aufgrund der optimalen Eigenschaften von Wasser steuern heutige und zukünftige Raumfahrtmissionen oft Objekte mit potenziellen Ökosystemen auf Wasserbasis an, ganz gleich, ob wir nun wissen oder nicht, woher unser eigenes Wasser stammt. Das gilt insbesondere für unseren direkten Nachbarn, den Mars, bei dem wir jedoch immer noch nicht zweifelsfrei wissen, ob es dort heute existierende flüssige Wasservorräte gibt oder nicht. Wie die Beteiligten der NASA mit ihrem Spruch „Follow the water" nachdrücklich nahelegen, ist eine ökosystemare Perspektive des Mars unabdingbar, um erfolgsversprechend nach mikrobiellem Leben suchen zu können. Es herrscht unter Fachleuten deshalb zu Recht vollkommene Einigkeit darüber, dass – wenn wir vor Ort nach heute existierenden oder vergangenen marsianischen Leben suchen wollen – zunächst nur dort landen sollten, wo flüssiges Wasser entweder heute existiert oder in der Vergangenheit vorhanden war. Insbesondere für vergangene Ozeane, Seen und Flüsse gibt es heute mehrere vielversprechende Orte, sodass sich Astrobiologen auch darauf einigen müssen, welche dieser vielen potentiellen Landestellen Priorität haben und besonders aussichtsreich für eine Vor-Ort-Exploration sind (man spricht in diesem Fall von in-situ-Missionen).

So war man in den 1970er-Jahren sehr begeistert von den großen Mars-Kratern, die von Einschlägen resultierten und bei denen man annahm, dass sie in der Frühzeit des Mars auch wassergefüllte Seen an der Oberfläche ermöglichten. Und ein solcher Landeplatz wurde auch ausgenutzt, als im Zuge der Viking-Missionen der Mars bereits in den 1970er-Jahren intensiv auf Leben in Abhängigkeit von Wasser geprüft wurde. Der erste Lander Viking 1 lieferte am 20. Juli 1976 nicht nur das erste auf der Oberfläche aufgenommene Foto (auf dem leider keine neugierigen Wesen das neue metallische Objekt in ihrer Umwelt beschnupperten), sondern hatte auch vier vielversprechende exoökologische Experimente an Bord. Hauptsächlich wurde untersucht, ob sich aus Proben des Marsbodens bei Zufuhr von Wasser und anderen Stoffen Gase bildeten, die nur durch die ökologische Aktivität von Mikroorganismen erklärbar gewesen wären. In den damaligen Medien wurde das Viking-Projekt zuvor groß angekündigt und erfreute sich angesichts der zuvor geglückten Mondlandung von Apollo 11 breiter Beliebtheit in der Bevölkerung. Desto ernüchternder war es für die Interessierten, allen voran für die zuständigen und verantwortlichen Forscher, dass kein einziger eindeutiger und nicht anderweitig interpretierbarer Nachweis gelang.

Ein Roboterarm des Moduls sammelte Proben des Mars-Regolith und verfrachtete diese in verschiedene abgeriegelte Kammern. In einer davon wurde das Material im Zuge des PR-Experiments (pyrolytic release) durch Hinzugabe von Licht, Wasser und radioaktiv markierten ^{14}C-Isotopen auf eine mögliche photosynthetische Aktivität oder potentielle Atmung hin untersucht. Sollten sich atmende Organismen im Boden des Mars aufhalten, so die Überlegung, sollten sie unserer irdischen Erfahrung nach den Kohlenstoff fixieren, um ihn zur Synthese der eigenen Biomasse verwenden zu können. Nach sieben Tagen wurde sämtliches Gas entfernt und der reine Boden wurde nach gründlicher Erhitzung auf seine verbliebenen Bestandteile untersucht, also auch darauf, ob sich die Kohlenstoffisotope als Masse im Boden angesetzt haben. Das LR-Experiment (labeled release) zielte hingegen auf den inversen Effekt. Durch Hinzugabe von wässrigen Nährstofflösungen zum Regolith hätte sich bei einer Verstoffwechselung im Laufe der Zeit das radioaktiv markierte Ausgangsprodukt (CO_2) im Gasgemisch der Kammer akkumulieren sollen.

Und tatsächlich waren beide Ergebnisse positiv (Horowitz et al. 1976). Doch selbst wenn sich solche Veränderungen des Gasgemisches zeigten, die prinzipiell von mikrobiellen Lebewesen verursacht werden können (was auch bei den anderen beiden Experimenten der Fall war), waren rein abiotische Reaktionen als Ursache mindestens genauso plausibel oder gar deutlich wahrscheinlicher. Wir begegnen hier also demselben Problem wie in Kap. 1, bei dem Biosignaturen von Exoplaneten ebenfalls anfällig für

Fehlinterpretationen sein können. Eine finale Aussage darüber, ob es bereits Leben auf dem Mars gibt oder ob es sich lediglich um false positives handelt, steht somit (bis heute) aus (Klein et al. 1976). Vorsichtshalber hat man sich aber natürlich darauf geeignet, dass Viking kein Leben gefunden hat. Zukünftige Experimente werden deshalb im Zuge des ExoMars-Programms der ESA und der Mars-2020-Mission der NASA im nächsten Jahrzehnt unter moderner Technik und detaillierteren Aspekten neu aufgerollt werden.

Bevor wir über die moderne Erkundung des Mars zu sprechen kommen, möchte ich mich jedoch zunächst am historischen Zeitstrahl der letzten Jahrzehnte orientieren. Bei den beteiligten Exobiologen herrschte nach den Viking-Ergebnissen nämlich größtenteils Ernüchterung und die Mars-Exploration kam vorerst zum stocken. „Red is dead" war laut meinen gediegeneren Kollegen ab diesem Zeitpunkt oft als Slogan zu hören und die nicht vollends erfüllten Erwartungen in der Fachwelt und auch in der Bevölkerung waren womöglich ein wesentlicher (und letztlich glücklicher) Grund dafür, dass in den darauffolgenden Jahren ganz andere Welten zusätzlich in den Fokus der astrobiologischen Forschung rückten. Und wie beim Mars auch, war und ist auch hier wieder flüssiges Wasser das A und O.

Trabanten im äußeren Sonnensystem als wässrige Ökosysteme

1979, drei Jahre nach der Landung der beiden Viking-Sonden, sendeten die Raumsonden der Voyager-Mission (wir begegneten ihnen bereits im Kap. 1) erste gut erkennbare Fotos von einigen der 67 Jupitermonde. Darunter befand sich auch ein wunderschönes Portrait der eisigen Europa. Da ihr Vaterplanet Jupiter im Mittel 780 Millionen Kilometer von der wärmenden Sonne entfernt ist (die Erde „nur" 150 Millionen Kilometer), ist dieser Trabant eine völlige Eiswelt mit Oberflächentemperaturen von etwa −220 bis höchstens −150 Grad Celsius. Europa ist der kleinste der vier von Galileo entdeckten Monde und hat ungefähr dieselbe Größe wie unser Mond. Und dennoch packte dieser tiefgekühlte Mond den Eifer von Astrobiologen in einem Maß, wie es vorher für unscheinbare Planetenbegleiter nicht vorstellbar war. Doch warum sollte ausgerechnet auf dieser kleinen Eiswüste Leben auf der Basis von flüssigem Wasser möglich sein?

Nun, diese Frage ist falsch gestellt: Es geht nicht um Organismen auf dem Körper oder in der eisigen Kruste, sondern um lebensfreundliche Habitate weit unter dem ewigen Eis. Um ökologische Nischen in einem tiefen Ozean – also in einem riesigen Wasser-Habitat, welches man, in welcher Form auch immer, vom Mars nach den ersten Orbit-Aufnahmen von Mariner 9 in den 1970er-Jahren ohnehin nicht mehr erwartet hatte.

Erste stichhaltige Hinweise für einen Ozean oder zumindest großen Wasserkörper unter der mächtigen Eiskruste von Europa lieferte die Vermessung des Gravitationsfeldes durch die Raumsonde Galileo, die nach ihrer Suche nach Leben auf der Erde (Kap. 1) vor rund 20 Jahren den Jupiter erreichte (Khurana et al. 1998). Der berühmte Namensgeber der Sonde hatte mit seinen ersten Teleskopen den Trabanten im Jahr 1610 entdeckt und hätte wohl nie daran denken können, dass dieser winzige Punkt im Teleskop irgendwann zu einem der Hauptziele der astrobiologischen Forschung wird. Das von der Raumsonde Galileo vermessene Schwerefeld deutete auf eine unerwartete Massenverteilung innerhalb des Mondes hin, die am besten dadurch erklärt werden konnte, dass sich unter der Oberfläche eine fluide Welt mit höherer Dichte befindet. Die beste Erklärung war tatsächlich flüssiges Wasser, da es zirka sieben Prozent dichter ist als im gefrorenen Aggregatzustand – und das war der erforderliche Wert, um die Schwerkraftanomalie rechnerisch gut zu begründen.

Auf einer so weit von der wärmenden Sonne entfernten Welt kann Wasser aber selbstverständlich nicht ohne Weiteres im flüssigen Zustand auftreten. Durch die gravitative Bindung von Europa an den extrem massereichen Jupiter wird der Trabant auf seiner Umlaufbahn (auch wenn diese kaum exzentrisch ist) jedoch regelrecht gequetscht und gestaucht – die resultierende innere Reibung ist neben möglichen Kernzerfällen im Kernbereich des Mondes demnach vermutlich die primäre geologische Energiequelle, die das Wasser stetig aus dem Inneren heraus erwärmt und höchstwahrscheinlich auch kontinuierlich zirkulieren lässt (Tyler 2008; Gissinger und Petitdemange 2019). Und dieser Wasserdruck im unterirdischen Ozean reicht vermutlich auch aus, dass Europa Teile seines wässrigen Interieurs durch Geysire ab und an in die planetare Jupiter-Umgebung spuckt, wie nachträglich analysierte Daten der längst verstorbenen Sonde Galileo im Jahr 2018 nahelegten (Jia et al. 2018).

Fundierte Daten für einen wässrigen Tiefensee unter einer 30 bis 40 Kilometer mächtigen Eiskruste stammen in jüngster Zeit auch von der Observierung des Saturnmondes Enceladus durch die Cassini-Sonde (Iess et al. 2014). Auch hier waren die beteiligten Forscher zunächst auf unerwartete Ausformungen des Magnetfelds des Saturns gestoßen, welche auf Dichteverhältnisse unter dem ewigen Eis des Enceladus hinwiesen, die anders waren als erwartet. Sobald sich auch hier herausstellte, dass flüssiges Wasser die beste Erklärung liefert, wurde also ein weiterer Mond im Sonnensystem zum Star in der Astrobiologie. Auch in seiner physischen Erscheinung kann Enceladus vor Glanz scheinen: Er ist so eisig und weiß, dass er das Sonnenlicht wahrscheinlich besser reflektiert als neugefallener Schnee und deswegen wohl auch gut zu erkennen war, als Sir Wilhelm Herschel im Jahr 1789 sein Teleskop auf das Saturn-System richtete und die winzige und eisige, aber glänzende Weihnachtskugel erstmals entdeckte. Zudem konnte die Raumsonde Cassini auch hohe Fontänen, die aus Spalten der Eiskruste schossen, nicht nur erstmals hochqualitativ fotografieren, sondern sie vollends durchqueren und somit chemische Proben einfangen. Neben den bisher alleinig möglichen indirekten Hinweisen konnten nun also auch wirkliche Teilchen des postulierten Ozeans analysiert werden. Diese Art von Manöver wird als Plume fly-by bezeichnet und auch zukünftig sind solche Missionen vorgesehen.

Tatsächlich konnten schon die ersten Vorbeiflüge zeigen, dass die Fontänen von Enceladus vor allem aus Wasserdampf und Eiskristallen bestehen. Hinzu kam der Nachweis von Methan, Kohlenstoffdioxid, Ammonium, Wasserstoff und organischen Molekülen bis zu einer Länge von 200 Atomen, was unter diesen Umständen vergleichsweise hoch ist (Postberg et al. 2018). 2009 zeigte der vom Deutschen Zentrum für Luft- und Raumfahrt konstruierte Cosmic Dust Analyzer (CDA) an Bord der Sonde außerdem, dass die ausgestoßenen Partikel nicht nur Wassereis, sondern auch Kalium- und Natriumsalz enthalten (Abb. 3.1; Postberg et al. 2009, 2011). Da diese Stoffe den Observierungen zufolge keine Bestandteile der Eiskruste an der Oberfläche sind, konnten sie folglich nur vom festen Grund eines Ozeans stammen. Sie wurden demnach aus dem steinigen Boden des Meeres gelöst,

Abb. 3.1 Eisfontänen schießen aus Enceladus heraus, die unter anderem aus Wassereis und Salzpartikeln bestehen. Sie stammen aus einem etwa 25 bis 30 Kilometer tiefen Ozean unter einem Wassereispanzer, der je nach Region selber etwa 15 bis 25 Kilometer dick ist. (© NASA/JPL/Space Science Institute)

zirkulierten im Tiefengewässer und strömten schließlich unter augenblicklicher Vereisung ins All. Kritischen Hypothesen einzelner Forscher, die einen flüssigen Ozean verneinten, wurde somit der Boden entzogen, denn das Gefrieren von Wasserdampf anderer vermuteter Quellen hätte salzfreie Partikel zur Folge gehabt.

Da der salzige Wasserkörper also mit einem mineralischen Untergrund in Wechselwirkung treten musste, damit der Fund der Partikel erklärbar wurde, wirkte er optimistischen Biochemikern zufolge demnach auch als Lösungsmittel und könnte ebenfalls die uns bekannten oder auch völlig andere präbiotische Redoxreaktionen und weitere Interaktionen aus verwitterndem Gestein entfesselt haben. Es ist auch nicht ausgeschlossen, dass dies gerade in diesem Moment der Fall ist – also dass Enceladus Wasserozean eine heute existierende Ursuppe ist, in der sich Leben vielleicht auch erst in ferner Zukunft entwickelt. 2015 lieferte der Staubdetektor des CDA-Instruments sogar Nachweise für Siliziumdioxid-Partikel (SiO_2) (Hsu et al. 2015). Das ist insofern erstaunlich, weil diese Verbindungen aus Ionen entstehen, welche auf der Erde selbst erst durch sehr heißes Wasser aus dem Untergrund gelöst werden können und sich anschließend in kühlerem Wasser zu den gefundenen Partikeln zusammensetzen. Das legt sodann den Schluss nahe: Am Grund dieses außerirdischen Ozeans finden anscheinend hydrothermale Prozesse ähnlich denen auf der Erde statt – und zwar mit Wassertemperaturen von 90 bis 200 Grad Celsius. Die in derselben Gruppe arbeitenden Forscher um Yasuhito Sekine von der Universität Tokio untersuchten diese Vermutungen ihrer Kollegen zudem mit cleveren Laborversuchen, welche die postulierten Bedingungen im Enceladus-Meer nachstellten und stets die erwarteten Produkte wie Siliziumdioxid in ihrem Labor nachweisen konnten (Hsu et al. 2015). Diese Ergebnisse machten Enceladus für Astrobiologen schnell zu einem Mond mit höchster Forschungspriorität, da Ergebnisse in diesem Stil für Europa noch ausstehen. Man kann also ohne Übertreibung sagen, dass nach heutigem Kenntnisstand nach der Erde der Enceladus der vermutlich lebensfreundlichste Körper im Sonnensystem ist. Andere hingegen argumentieren, dass auf Europa vermutlich ein etwa 100-mal größerer Wasserkörper existiert und somit auch ein größerer Erkenntnisgewinn einhergehen könnte, weshalb man sich lieber auf diese eisige Jupiterbegleiterin fokussieren sollte, falls man sich in der astrobiologischen Exploration aus finanziellen Gründen nur für einen einzigen Körper entscheiden müsste (Kite et al. 2018).

Finanzen hin oder her – die grundsätzliche Frage bleibt für beide Eismonde dieselbe: Sind in den Ozeanen von Enceladus oder Europa also ökologische Nischen wie auf der Urerde oder sogar auf dem heutigem Grund der Ozeane möglich? Unterwasserwelten voll mit wimmelnden Wesen? Auch in irdischen Meeren gibt es (wie wir in Kap. 2 gesehen haben) schließlich eine Vielzahl an Organismen, die in den Tiefen fern allen Sonnenlichts nicht nur überdauern, sondern sich dort wohlfühlen und auch prächtig gedeihen – seien es aus dem Eis herauswachsende Seeanemonen oder gemächlich schwebende Frühlingsrollen. Und deren Habitate sogar die hydrothermalen Quellen selbst sind, welche stark alkalische Lösungen erzeugen und das Wasser auf 90 bis zu maximal 400 Grad Celsius erhitzen. Im Umfeld der Weißen und Schwarzen Raucher blüht das Leben wie an sonst nur wenigen Orten auf den weiten und oft wüstenähnlichen Meeresgründen. Man kann sie mit ein bisschen Kreativität bildlich tatsächlich mit dem Universum vergleichen: Was leuchtende Galaxien und ihre stellaren Populationen im leeren und dunklen Universum sind, sind hier rauchende Energiespender, die in der dunklen und weiten Unterwasserwüste ihre ganz eigenen Oasen des Lebens um sich herum vereinen.

Im Frühjahr 2018 wurde von Tiefseeökologen zum Beispiel zum ersten Mal beobachtet, dass Rochen diese warmen Habitate besonders gerne aufsuchen, weil ihre Eier – die übrigens wie kleine leckere Teigtaschen aussehen – durch die Wärme hier eine deutlich geringere Entwicklungszeit benötigen und die Nachkommen schneller schlüpfen, was die Schwarzen Raucher also auch unabhängig von der Abiogenese im üblichen Sinne zu einem Entstehungsort neuen Lebens macht (Salinas-de-Leon et al. 2018). Und neben gewöhnlichen Rochen fühlen sich auch besonders bizarre Lebensarten in diesen galaktischen Inseln von Biosphären zu Hause. Dazu gehören die sesshaften Giant Tube Worms (Riftia pachyptila), die im Umfeld der Schwarzen Raucher gedeihen. Diese riesigen wurmartigen Tiere besitzen weder Mund noch Darm, und auch keinen Anus, aber ernähren sich trotzdem ohne Probleme. Tatsächlich züchten sie im Inneren ihres Körpers spezielle Bakterien und grasen die Energie, die diese Symbionten zur Verfügung stellen, für ihr eigenes Überleben aus sich selbst heraus ab und verteilen diese nach dem Tod an andere Artgenossen (Klose et al. 2015). Ich bezweifle, dass ein Science-Fiction-Autor bisher auf solch bizarre Ideen in einem Alien-Roman gekommen ist. Die unglaublichsten (und vielleicht auch ekligsten) Geschichten schreibt schließlich nur das wirkliche Leben – sei es nun hier auf der Erde oder unter dem Eispanzer von Monden.

In irdischen Laboren hat man potenzielle Wasserreserven des Encelaudus Anfang 2018 bereits in ihrer vermuteten Physiochemie nachgestellt und sie zwar nicht mit Rochen oder Riesenwürmern, sondern erstmal mit methanproduzierenden Mikroorganismen der Art *Methanothermococcus okinawensis* befüllt. Tatsächlich konnten diese Mikroben dort gedeihen und völlig munter Methan produzieren (Taubner et al. 2018), welches ja auch schließlich einer der Bestandteile der Fontänen des Enceladus ist und bei den Vorbeiflügen von Cassini auch detektiert wurde. Weitere Vorbeiflüge von Cassini konnten zwar nicht klären, ob eierlegende Rochen, sich selbst konsumierende Riesenwürmer oder „normalere" Lebewesen auch fernab der Erde in den Mond-Habitaten existieren. Aber die Sonde befand sich noch bis Ende November 2016 im Analysemodus und die letzten Auswertungen haben noch einige wichtige Hinweise über die Zusammensetzung von Enceladus und die Natur des Saturns geliefert, bevor die Raumsonde im Herbst 2017 von den Planetary Protection Officers gezielt in den Saturn gestürzt wurde, um jegliche potenzielle Kontamination der fernen Monde mit irdischen Mikroben im Vorhinein auszuschließen. Darüber brauchen wir aber nicht traurig sein, denn für die nächsten Jahrzehnte stehen schon weitere und viel modernere Missionen zu Europa und Enceladus an.

Während einige angedachte Pläne aufgrund finanzieller Bedenken bereits völlig gestrichen wurden, klingen diesbezüglich vor allem die Europa-Clipper-Mission der NASA und der EnEx-Enceladus-Explorer des Deutschen Luft- und Raumfahrtzentrums vielversprechend. In beiden Fällen sollen zunächst Instrumente in den Raumsonden integriert sein, die die Ausstoßungen der Geysire auf diesen Monden präziser untersuchen sollen. So ist für den Europa-Clipper ein Massenspektrometer namens MASPEX geplant, welches eine bisher unvergleichbare Sensitivität gegenüber flüchtigen chemischen Bestandteilen aufweisen soll, wenn die Sonde rund 45-mal und in einer Entfernung zwischen 25 und 2700 Kilometern am Mond vorbeifliegt (Phillips und Pappalardo 2014; Brockwell et al. 2016). Doch damit nicht genug: Sowohl für die Erforschung der Europa als auch des Enceladus, soll jeweils ein Lander mit an Bord sein, der das Eis direkt untersuchen und sich entweder durch die Kruste bohren soll (sogenannte „Crawler") oder durch eine Schmelzapparatur den Weg in den Ozean freiwärmen soll. Einen tatsächlichen Einblick in die Wasserreserven könnten uns anschließend sogenannte Kryobots ermöglichen, die im Wasser einzelne autonome Unterwasserfahrzeuge (Hydrobots) inklusive Lichtapparatur und Kamerasystem aussetzen sollen (NASA 2017a; Konstantinidis et al. 2015). Ende August 2016 wurden im Symposium der NASA für Innovative Advanced Concepts (NIAC) sogar schon länger in Entwicklung befindliche Roboter vorgestellt, die einen bestehenden Krater auf Enceladus bis zum Wasser hinabklettern sollen (Abb. 3.2; Parness et al. 2012), wenngleich heute sowohl für Europa als auch Enceladus eher Schmelzapparaturen für das Vordringen diskutiert werden. Mit diesen Maschinen wird es sodann auch möglich sein, das umgebende Eis selbst zu untersuchen, falls es in diesem irgendwelche

Abb. 3.2 So könnten die ersten Enceladus-Erkunder aussehen: Nach der Landung auf dem Saturnmond Enceladus entkoppelt das Landemodul einen LEMUR-Roboter, der die fünf bis 40 Kilometer tiefen Krater des Enceladus hinabklettert und dabei stets mit dem Lander in Verbindung bleibt. Im Ozean angekommen, werden vom Roboter autonome Unterwasserfahrzeuge (AUV) ausgesetzt, welche die Gegend direkt mit integrierten Kamerasystemen erkunden. Heute stehen jedoch eher solche Lander im Fokus, die sich durch Wärme durch das Eis hindurch schmelzen können (© Aaron Parness, JPL/NASA)

Einschlüsse von uralten biologischen Materialien geben sollte. Denn sollte es eine vergangene Interaktion zwischen den Eisschilden und dem darunter befindlichen Wasser gegeben haben, könnten biologische Rückstände in der Eiseskälte gut konserviert sein – ab einer Eis-Tiefe von etwa 20 Zentimetern kann nämlich auch die destruktive Strahlung des interplanetaren Raums vermutlich keinen großen Schaden mehr anrichten (Nordheim et al. 2018). Für die meiste Spannung wird aber natürlich das geplante U-Boot im außerirdischen Wasserozean sorgen. Wir dürfen im nächsten oder übernächsten Jahrzehnt also gespannt sein, ob sich im Lichtkegel dieser, teilweise von Deutschland stammenden, Erkundungsroboter ebenfalls Fische tummeln, Quallen und Frühlingsrollen schweben oder Tentakel kopfüber aus dem Eis ragen werden. Wer weiß – vielleicht werden es auch viel langweiligere Wesen sein als in diesen irdischen Beispielen. Vielleicht kommt aber auch einfach überhaupt nichts dabei raus, wie jeder Astrobiologie im Hinterkopf weiß.

Wann diese faszinierenden und horizonterweiternden Missionen starten werden, steht aber im wahrsten Sinne des Wortes noch in den Sternen. Die technische Realisierung ist aber schon mit heutigen Mitteln im Bereich des Möglichen und es wird auch am Deutschlen Luft- und Raumfahrtzentrum im Rahmen der sogenannten Explorer-Intiative intensiv an der Exploration der beiden Monde geforscht und gebastelt. Genauere Starttermine gibt es aber heute wieder für einen Körper, der zeitweilen abgeschrieben wurde und heute mit den wasserreichen Ozean-Trabanten bei allen Raumfahrtbehörden wieder hoch im Fokus steht: der Mars. Denn Astrobiologen möchten sich einfach nicht damit zufriedengeben, dass der Mars der bisher einzige bekannte Planet ist, der nur von Robotern bewohnt wird.

Moderne Lebenssuche auf dem Mars – in-situ oder sample-return?

Ganz aufgegeben hat man unseren Nachbarn nach den Ernüchterungen der Viking-Experimente in den 1970er-Jahren nicht. Denn auch hier vermehrten sich über die Jahre Spekulationen und Wunschgedanken von optimistischen Astrobiologen, die den roten Planeten liebgewonnen hatten. Was ist, wenn – ähnlich wie bei den Eistrabanten – flüssiges Wasser unter der Oberfläche existieren kann? Oder falls Wasser in der längst vergangenen Historie des Mars irgendwann vorhanden war und somit Rückstände von ehemaligem Leben aufspürbar wären?

Es dauerte zwar über 20 Jahre, aber beflügelt von solchen Fragestellungen setzte dann 1996 mit dem Mars Pathfinder der NASA die moderne Exploration des Mars ein. Und dieser hatte eine raumfahrttechnische Neuerung an Bord, die zuvor auch noch nicht auf dem vergleichsweise nahen Mond erprobt wurde: einen Rover. Ein Rover ist ein unbemanntes und von der Erde aus ferngesteuertes Roboterfahrzeug, welches bei dieser ersten NASA-Mission „Sojourner" genannt wurde. Dieser Name (deutsch: „Gast") war für den neuen Mars-Enthusiasmus also genauso passend wie die Bezeichnung der gesamten Mission selbst (Pathfinder Mission, deutsch: Pfadfinder oder Spurenleser). Mit ungefähren Maßen einer großen Schuhschachtel brachte Sojourner rund zehn Kilogramm auf die Wage und rollte mit maximal einem halben Meter pro Minute 80 Tage lang durch die marsianische Landschaft. Der Landeplatz der dazugehörigen Sonde dürfte nicht nur einigen Star-Trek-Fans gefallen haben, da dieser in einigen Szenen der Serie mit einem Gedenkstein für Sojourner zu sehen ist, sondern war auch für die beteiligten Forscher optimal: Es handelt sich nämlich um einen langen und breiten ehemaligen Kanal namens Ares Vallis, der in den vorherigen Jahren aus dem Orbit kartografiert wurde und sofort mit weit in der Vergangenheit fließenden Wasserströmen in Verbindung gebracht wurde. Und obwohl die Mission hauptsächlich eine Demonstration der neuen Technik mit vergleichsweise geringen Kosten sein sollte, konnten mit ihr auch wichtige naturwissenschaftliche Erkenntnisse über den Mars gesammelt werden, die nun auch nicht nur von einer einzigen und fixen Landeposition einer Sonde abhingen, sondern von der Bewegungsfreiheit des Rovers. So konnte die grobe chemische Zusammenstellung der Oberfläche und Steine in einem Umkreis von etwa 25 Metern festgestellt werden, die im Großen und Ganzen dem Gestein von irdischen Vulkanlandschaften ähnelt (McSween et al. 1999). Auch wurden mit Sojourner erstmals abgerundete Kieselsteine fotografiert, die einen relativ starken Strom des ehemaligen Flusses nahelegen (Golombek et al. 1997; Matijevic et al. 1997). Neben vielen anderen Erkenntnissen ist für uns also das Wichtigste, dass der NASA-Spruch „Follow the water" von da an auch wieder den Mars inkludierte und nach Viking erneut in den Fokus der Astrobiologie rückte – diesmal jedoch mit den modernsten Methoden und Instrumenten.

Angesichts der in den 1990er-Jahren neu entflammten Mars-Euphorie ist es nicht verwunderlich, dass bis dato drei weitere funktionsfähige und deutlich modernere Rover folgten, die allesamt von der NASA gebaut und in den interplanetaren Raum geschickt wurden. Diese hatten nun auch nicht nur die Größe einer großen Schuhschachtel und das Gewicht eines Kleinkinds, sondern waren mit 170 bis zu 900 Kilogramm und einer Länge von eineinhalb bis drei Metern fast schon mit Kleinwägen vergleichbar. Sie heißen Spirit (Landung 2004), Opportunity (2004) und Curiosity (2012), wobei heute nur noch Curiosity neue Ergebnisse an die Erde funkt.

Die Hauptaufgabe der drei Rover bestand jedoch nicht darin, direkte Lebensspuren von primitiven Lebensformen wie Bakterien zu finden. Vielmehr wollten die beteiligten Planetologen und Astrobiologen zunächst ein besseres Verständnis des Umwelt-Kontexts des Mars erlangen, einschließlich des Klimas und der historischen Entwicklung der Atmosphäre sowie des vergangenen und heutigen Strahlungs- und Wasserhaushalts und der geologischen Beschaffenheit der jeweiligen Landegebiete. Diese waren zuvor so ausgewählt worden, dass sie zwar allesamt erfolgsversprechende Spuren für ehemalige Wasserreserven versprachen, aber voneinander dennoch unterschiedlich genug waren, um mehrere geoökologische Perspektiven einnehmen zu können. Während Spirit und Curiosity in zwei verschiedenartigen Einschlagkratern landeten (Gusev bzw. Gale Crater), erkundete Opportunity die Hochebene Meridiani Planum. Von den Kratern versprach man sich in erster Linie einen direkten Zugang zu Sediment-gestein, welches sich am Grund von ehemaligen Seen gebildet haben könnte, sofern diese vergangenen Wasserreserven tatsächlich existierten. Ausgehend von Beobachtungen vorheriger Orbiter-Missionen wurde das aber korrekterweise auch schon vor 15 Jahren vermutet. Zudem erlaubte die Position innerhalb eines Kraters, dass die Rover steile Kanten an den Rändern fotografieren konnten. So konnten diejenigen vergangenen Gesteins-schichten mit ihren Analysegeräten und Kameras untersucht werden, die normalerweise tief unter der Oberfläche versteckt und nicht freigelegt sind. Die äußerst flache Hochebene wurde hingegen für die Landung von Opportunity ausgewählt, weil dort zuvor aus dem Marsorbit durch spektro-skopische Erkundung die Existenz von Hämatit in größeren Mengen nach-gewiesen werden konnte (Christensen et al. 2000, 2001). Dieses Mineral bildet sich hauptsächlich bei geochemischen Reaktionen mit Wasser und lagert sich insbesondere als Deposit in Sedimenten ab und ist deshalb nicht nur für Marsforscher, sondern auch für Paläogeologen und -biologen interes-sant, wenn es zum Beispiel darum geht, vergangene Wasservorkommen auf der Erde nachzuweisen.

Letztlich bestätigten alle drei Rover unabhängig voneinander, dass flüssi-ges Wasser auf dem ehemaligem Mars ein wesentlicher Bestandteil der pla-netaren Prozesse war – sei es in Form von dünnen Wasserfilmen, schnell fließenden Strömen oder über längere Zeit stabilen Grundwasservorräten und Seen an der Oberfläche (Arvidson et al. 2006; Squyres et al. 2006; Williams et al. 2013). Das Vorhandensein von Oberflächenwasser lässt sich für den ehemaligen Mars klimatisch damit erklären, dass er bei einem höheren atmosphärischen Druck und mehr Kohlenstoffdioxid und Wasser-dampf in der Atmosphäre in der Lage war, Wasserreserven zu halten, auch wenn er nicht in der habitablen Zone gelegen ist und deutlich masseärmer ist als die Erde (Ramirez et al. 2014). Und dies deckt sich wiederum mit älteren Modellrechnungen, denen zufolge der Mars bis heute 99 Prozent seines ursprünglichen atmosphärischen Inhalts verloren hat, hauptsächlich aufgrund eines fehlenden globalen Magnetfelds und der daraus resultieren-den photochemischen Degradierung und Anfälligkeit gegenüber stärkeren Sonnenwinden (McElroy et al. 1977; Hutchins und Jakosky 1996).

Die Rover bestätigten mit ihren Ergebnissen auch die Abfolge der bis dahin stark konzeptionell eingeordneten klimatischen Mars-Epochen. Dazu gehört beginnend das „Noachian“, das mit einem starken Bombard-ment, der Entstehung von den ersten großen Gebirgen und Niederungen, aber auch einer uns vertrauten Feuchtigkeit und Wärme einhergeht (4,1 bis 3,7 Milliarden Jahre vor heute, Name „Noah“ soll das lange Zurückliegen verkörpern). Darauf folgte das „Hesperian", in welchem der Ausfluss von größeren Strömen oder gar Ozeanen vermutet wird, aber auch aktiver Vulkanismus und eine allmähliche Dominanz von Trockenheit (3,7 bis 3,1 Milliarden Jahre vor heute). Und mit dem „Amazonian" (ab 3,1 Milliarden Jahren vor heute) wurde der Mars dann schließlich zu der kargen und eiskalten Umwelt, wie sie sich uns heute präsentiert. Es versteht sich natürlich von selbst, dass diese Angaben grob zu verstehen sind und noch keine tieferen Details möglich sind – Sie können ja schließlich auch nicht mit einer einstündigen Wetteraufnahme auf der Erde das gesamte Wetter der nächsten 5 Jahre voraussagen.

Tatsächlich ist seit dem Sommer 2018 auch die Existenz von heute vorhandenen flüssigen Wasservorräten auf dem Mars nicht mehr auszuschließen – was ausgerechnet den Namen des heutigen Zeitalters „Amazonian" wieder etwas passender erscheinen lässt. Grund hierfür waren diesmal zwar nicht Ergebnisse der Rover, sondern äußerst detaillierte Radaruntersuchungen des Untergrunds der Mars-Region Planum Australe durch die europäische Sonde Mars Express und dem Instrument MARSIS, die seit 2003 den Mars in seinem Orbit begleiten. Das Ergebnis: ein potenzieller Mars-See, eineinhalb Kilometer unter dem Eis des Südpols und mit einer Ausdehnung von rund 20 Kilometern und einer Temperatur deutlich unter 50 Grad Celsius (Orosei et al. 2018). Jedoch muss beachtet werden, dass auch schlammartige Ablagerungen oder von Wasser getränktes Sediment solche Resultate hervorbringen könnten und nicht ein tatsächlich stabiler See. Deshalb werden noch unabhängige Messungen erfolgen müssen, beispielsweise mit dem ebenfalls im Marsorbit stationierten Radarinstrument SHARD. Sollte es diesen See jedoch tatsächlich geben, muss er zu großen Mengen mit Perchloraten und anderen salzhaltigen Verbindungen versetzt sein, um bei den eisigen Temperaturen dauerhaft flüssig bleiben zu können. Denn aufgrund der geringeren Schwerkraft auf dem Mars dürfte allein der Druck des Eispanzers hier im Gegensatz zu manchen Habitaten unter der Antarktis der Erde nicht ausreichen, um das Wasser auch unter dem Gefrierpunkt flüssig zu halten. Ein mit Salzen und Perchloraten vermischtes Wasser schließt jedoch nicht aus, dass Sauerstoff in dem Gewässer gelöst sein könnte (Stamenkovic et al. 2018) und für optimistische Astrobiologen somit eine potenzielle Nische für kälteliebende und perchlorat-resistente aerobische Mikroorganismen darstellen könnte, was zu diesem Zeitpunkt aber selbstverständlich noch äußerst spekulativ ist. Erste Laborversuche aus dem Jahr 2018 konnten aber tatsächlich zeigen, dass Bakterien der Gattung *Planococcus halocryophilus* in einer Lösung mit höheren Konzentrationen an Perchloraten überleben können (Heinz et al. 2018) – jedoch nur solange die Flüssigkeit nicht unter −30 Grad Celsius kalt ist, was auf dem Mars mit einer Gewässertemperatur von vermutlich unter Minus 50 Grad Celsius wohl deutlich unterboten wird.

Wenngleich diese ersten Ergebnisse für Astrobiologen zunächst vielversprechend klangen, muss aber beachtet werden, dass damit bis heute noch nicht so viel über die wirkliche Habitabilität solcher Wasserreserven gesagt werden kann. Auch viele alte Wasserreserven waren den Funden zufolge vermutlich äußerst sauer und mit Stoffen wie Perchloraten versetzt, was uns bekannten Lebensformen schwer zu schaffen macht und auch eine erdähnliche Abiogenese schwieriger vorstellbar erscheinen lässt. Es ist auch nicht ausgeschlossen, dass die ehemaligen Wasserreservoirs des Mars völlig anderer Natur waren als die der Erde – also beispielsweise mit Ionentypen versehen waren, die es in irdischen aquatischen Ökosystemen gar nicht gibt und das Wasser deutlich saurer machten. Heute wissen wir von allen drei Rovern jedoch, dass es auch einzelne Wasserreserven und hydrothermale Felder gab, die in ihrem pH-Wert neutral waren und in Verbundenheit mit einer dickeren Atmosphäre deutlich geeignetere Habitate dargestellt haben dürften (Morris et al. 2010; Squyres et al. 2012).

Neben Funden von Tonablagerungen durch Opportunity stach insbesondere Curiosity mit seinem unvergleichbaren wissenschaftlichen Repertoire und den daraus resultierenden Ergebnissen hervor. Neben den mitunter gewaltigen, bereits aus dem Weltraum sichtbaren ehemaligen Flusstälern oder ganzen Deltamündungen sind die sichersten Indizien für ehemalige gewaltige Wasserlandschaften vor allem von Curiosity gefundene und scharf fotografierte, abgerundete Kieselsteine in einem ehemaligem Flusslauf (Williams et al. 2013). Deren Größe und Verteilung kann wie bei den irdischen Steinchen Auskunft darüber geben, ob sie im Zuge von Wassertransport allmählich abgeschliffen oder dauerhaft im Sediment eines Gewässers verharrt sind. Das Ergebnis legte in diesem Fall eine Fließgeschwindigkeit von einem halben Meter pro Sekunde und einer etwa knietiefen Wassertiefe nahe. Mitte Januar 2017 teilte die NASA in einer Pressemitteilung sogar mit, dass Curiosity bei seinen Vor-Ort-Untersuchungen auch potenzielle Spuren von Überresten getrockneten Schlamms auf dem Mars gefunden hat (NASA 2017b). Bei Bohrungen konnte der Rover zuvor bereits schon zeigen, dass Schlammgestein mit Tonmineralen existiert, welche auf pH-neutrales Wasser in einem ruhigen Kratersee hinwiesen.

Neben diesen vergangenen Wasservorräten, Nitratspuren im Boden (Kap. 2) und schwankenden Methanausbrüchen (Kap. 2) konnte mit dem Rover zudem nachgewiesen werden, dass alle grundlegend benötigten chemischen Stoffe für uns bekanntes Leben auf dem Mars vorhanden sind oder früher in größeren Mengen vorhanden waren. Darunter befinden sich nicht nur Schwefel und Phosphor, sondern auch organischer Kohlenstoff und Sauerstoff (Grotzinger 2014). Auch komplexe organische Moleküle konnten sich vor Curiositys Augen nicht im Boden verstecken, wenngleich hier auch ein extraterrestrischer Ursprung im Sinne der Pseudopanspermie (also durch spätere Meteorideneinschläge) infrage kommt. Das Thema „Transspermie" könnte in diesem Zusammenhang im Gegensatz zu Kap. 2 also auch als nicht gewünschte Verschmutzung angesehen werden – so werden organische Moleküle auch von anderen Objekten wie Meteoriden eingeflogen und bleiben nach einem Einschlag in tieferen Schichten des Bodens vor Strahlung und Abbau geschützt, haben mit einem ehemaligen marsianischen Leben aber nicht zwingend etwas gemein.

Ebenfalls äußerst wichtig ist, dass zusätzlich zu diesen „Untergrund-Ergebnissen" es mit dem multitalentierten Rover nachzuweisen gelang, dass die ehemalige Atmosphäre auf dem Mars deutlich dicker und lebensfreundlicher war, während sich in der heutigen Marsatmosphäre nur noch die schwersten Isotope der ehemaligen Menge und Vielfalt nachweisen lassen, da sie den bis heute andauerndem Atmosphärenverlust aufgrund ihrer höheren Masse teilweise kompensieren können (Mahaffy et al. 2013; Webster et al. 2013). Damit zusammenhängend fotografierte Curiosity auch einen Eisen-Meteoriten namens „Lebanon", der mit einer Länge von zwei Metern so groß ist, dass er bei seinem damaligen Einschlag von einer deutlich dickeren Marsatmosphäre gebremst worden sein müsste, um nicht in kleinere Bestandteile zerschmettert zu werden oder einen deutlich größeren Krater zu hinterlassen (NASA 2014).

Zusammengefasst erlaubten die Ergebnisse aller drei Rover, eine aktualisierte und deutlich optimistischere Perspektive der Vergangenheit des Mars einzunehmen – und zwar in allen ökologisch relevanten Kontexten, vom atmosphärischen Klima über den Wasserhaushalt und bis hin zur Untergrundbeschaffenheit. Aufgrund dieser äußerst aussichtsreichen Ergebnisse sind sich Astrobiologen und Mars-Forscher einig und sicher, dass es nun an der Zeit ist, explizit nach vergangenem oder gar heute noch existierendem Leben in Form von Mikroorganismen zu suchen. Während alle bisherigen Rover lediglich die Einschätzung der Lebensfreundlichkeit unseres Nachbarplaneten im Fokus hatten, stehen heute zwei neue Missionen an, die sich auf den Nachweis von Leben spezialisieren sollen: der ExoMars-Rover der ESA und russischen Raumfahrtbehörde Roskosmos und die Mars2020-Mission der NASA. Beide sollen voraussichtlich 2020 starten und rund ein Jahr später die ersten Ergebnisse an die Erde funken. Für den ExoMars-Rover steht hierbei die Tiefebene Oxia Planum nahe dem Äquator als Landeplatz fest, in der früher Wasser in Form von Flusstälern eine große Rolle spielte. Doch was genau muss in einer solchen Landschaft untersucht werden, um Lebensspuren nachweisen zu können?

Diese Frage hört sich zunächst recht trivial an. Suchen Sie doch einfach nach Zellen mit hochaufgelösten Kameras, könnte jemand einwenden. Tatsächlich ist dieses Unterfangen aber auch mit modernster Technik äußerst schwierig, was nicht nur daran liegt, dass man die Rover je nach Lage des Mars von einer Entfernung von 60 bis 400 Millionen Kilometer weit weg steuern muss, sondern auch an der Ambivalenz des Themas an sich. Ein Lied davon singen können vor allem irdische Paläobiologen und -geologen, wenn sie untersuchen wollen, wo die ältesten Lebensspuren auf der Erde zu finden sind und wie diese aussehen. Schon auf unserem Planeten ist es für Forscher eine enorme Herausforderung, Lebensspuren von Mikroorganismen nachzuweisen, die vor Milliarden von Jahren gelebt haben. Hier liegt wie bei den Biosignaturen auf Exoplaneten die schwierigste Hürde darin, die Rückstände nicht mit abiotischen Phänomenen zu verwechseln. So veröffentlichte ein Team um Allen Nutman von der University of Wollongong (Australien) im Jahr 2016, dass sie im grönländischen Gestein die ältesten Lebensspuren nachgewiesen haben, die jemals gefunden wurden (Nutman et al. 2016). Gegenstand der Untersuchung waren 3,7 Milliarden Jahre alte und deutlich erkennbare Ablagerungen im Fels, die heutigen Stromatolithen stark ähneln – bei Stromatolithen handelt es sich um Sedimentschichten, die direkt von den Rückständen mikrobieller Gemeinschaften erzeugt werden. Doch kurz nach Veröffentlichung der Ergebnisse wurde die Arbeit mit Kommentaren anderer Wissenschaftler torpediert, die abiotisch-geologische Mechanismen für die Entstehung der gefundenen Strukturen deutlich plausibler fanden. Ihnen zufolge sind die Gesteine über die Milliarden Jahre langen Zeiträume langsam, aber sicher durchgeknetet geworden, mitsamt resultierenden Rissen, Beulen und Abreibungen, die letztlich ähnliche Muster aufweisen können wie die von mikrobiellen Ablagerungen (Allwood et al. 2018). Damit wären die bislang ältesten bekannten Überreste von Leben „nur" 3,45 Milliarden Jahre alt, welche bei dem Fund im Jahr 2006 in Gesteinen in Australien eindeutig als ehemalige Stromatolithe zu erkennen waren (Allwood et al. 2006).

Sie merken es schon – diese Diskussionen weisen im Grunde genau auf dasselbe Problem hin, das wir bereits in Kap. 1 in einem anderen Kontext angesprochen haben: Ebenso wie bei der Suche nach Biosignaturen auf Exoplaneten ist es oft nicht auszuschließen, dass eigentlich abiotische Phänomene vermeintlich als biologische Effekte interpretiert werden (sogenannte false-positive-Ergebnisse). Andererseits ist aber natürlich auch vorstellbar, dass wir abiotische Interpretationen vorsichtshalber vorziehen, obwohl es sich in Wirklichkeit doch um biologische Phänomene handelte (false-negative). Eine berechtigte Frage ist somit: Wenn Bioökologen und Geologen sich bereits auf der Erde so schwer mit dem Nachweis von längst vergangenem Leben tun, wie soll dies dann auf dem Mars funktionieren, auf dem Forscher (zumindest noch) nicht einmal vor Ort anwesend sind?

Dennoch bieten Welten wie der Mars aber auch einige Vorteile, die die Erde längst nicht mehr aufweisen kann. So ist der Fund von sehr altem Leben auf der Erde schon dadurch beschränkt, dass die überall präsente Plattentektonik im Laufe der Zeit alle möglichen Gesteine und ihre Lebensspuren bis zur Anonymität zerrieben hat – ein Prozess, der auf dem Mars heute kaum sichtbar ist und auch in seiner Geschichte vermutlich nicht so relevant war wie auf der Erde (Van Thienen et al. 2005). Es ergibt sich also die paradoxe Situation, dass der Mars mit seinen gut erhaltenen Gesteinen unter guten Umständen mehr über die Erde und ihre Evolution rückschließen lässt als die Gesteine der Erde selbst. Die zahlreichen Schwierigkeiten und Hürden bezüglich der Identifikation von Lebensspuren werden die neuen Rover dennoch mit neuartigen und ausgeklügelten Instrumenten und Konzepten begegnen. So wird der ExoMars-Rover mit einem Bohrinstrument erstmals in der Lage sein, Proben aus bis zu zwei Meter Bodentiefe zu entnehmen und in situ (vor Ort) zu analysieren, während bisher nur um die zehn Zentimeter Bodentiefe möglich waren. Und diese Tiefe ist natürlich aus gutem Grund wichtig: Denn jegliche potenzielle Biosignaturen an der Oberfläche waren über Milliarden von Jahren extrem von physikalischer und chemischer Degradierung betroffen, vor allem von UV- und kosmischer Partikelstrahlung, weshalb hier nicht wirklich etwas Brauchbares zu erwarten ist. Getoppt werden können die zwei Meter Bodentiefe bisher nur von dem im Dezember 2018 auf dem Mars gelandeten InSight-Lander, bei der sich ein Instrument wie ein Maulwurf ganze fünf Meter tief in den Boden graben wird. Doch InSight wurde „nur" für geologische Erkenntnisse weit unterhalb der Oberfläche konzipiert und nicht für die Identifikation von Lebensspuren oder Wasser. Dennoch können Astrobiologen von InSight eins schon lernen: bei Bohrungen kommt man an einigen Stellen nicht sehr weit, weil sich Steine oder gar Felsen im Untergrund befinden. Heute steckt der In-Sight-Maulwurf bei circa 30 Zentimetern Bodentiefe fest und es wird derzeit nach einer Lösungsstrategie gesucht. Der ExoMars-Rover wird aber mit zwei Instrumenten (Adron und WISDOM) und den integrierten Kamerasystemen die Untergründe mit Radaren nach besonders aussichtsreichen Stellen mit potenziellen Wassereisreserven aufsuchen und sollte somit auch störende Steine möglichst vor der Bohrung nachweisen können.

Nach der Entnahme der Bodenproben wird insbesondere das Instrument MOMA (Mars Organic Molecule Analyser) interessante Ergebnisse liefern können. MOMA ist von allen neun Instrumenten das größte an Bord und zielt direkt auf die Suche nach Biosignaturen in den entnommenen Proben ab. Kurz gesagt, werden die Proben entweder in kleine Öfen verfrachtet, sodass bei einer Erhitzung flüchtige Moleküle der porösen Bodenproben entweichen und mit einem Massenspektrometer identifiziert werden können. Oder sie werden mit einem Laser bestrahlt, um Ionen von der Probe zu trennen und sie ebenfalls charakterisieren zu können (für eine detaillierte Beschreibung des Versuchsaufbaus siehe Goesmann et al. 2017). Der entscheidende Punkt ist, dass MOMA damit prinzipiell in der Lage wäre zu unterscheiden, ob die analysierten Bestandteile biotischen Ursprungs sind oder nicht, da diese Methoden insbesondere Aussagen über die sogenannte Chiralität der Moleküle treffen können.

Die Chiralität beschreibt, wie die Atome eines Moleküls räumlich angeordnet sind – und vor allem, in welcher Richtung sie zu einander stehen. Ebenso wie Ihre beiden Hände im Prinzip identisch aufgebaut sind, aber dennoch optisch spiegelverkehrt zu einander stehen, können auch Moleküle entweder in der einen oder anderen Form vorliegen, ohne sich in ihrer Chemie zu unterscheiden. Man spricht von der D- und L-Seite oder auch von rechtsseitigen (D) und linksseitigen (L) Molekülen, wobei die entsprechenden Verbindungen „Enantiomere" genannt werden. Der für Astrobiologen relevante Knackpunkt: Die irdische Biochemie benutzt in (fast) allen uns bekannten Fällen nur ein Enantiomer von Aminosäuren zur Proteinsynthese. So liegen proteincodierende Aminosäuren in der L-Form vor, was aber nicht heißt, dass D-Formen in anderen biochemischen Prozessen nicht vorkommen (zum Beispiel D-seitige Einfachzucker wie die aus der Photosynthese stammende Glucose). Weil beide Formen in Bestandteilen von Lebensformen wie Mikroorganismen kaum gleichzeitig stabil existieren können, ist also das Hauptziel dieser Untersuchungen, eine deutlich erhöhte Rate eines Enantiomers in den Proben nachzuweisen (Viedma 2007). Diese sogenannte Homochiralität ist mit den Möglichkeiten der heutigen Technik also auch über die Erde hinaus eine der aussichtsreichsten molekularen Biosignaturen. Generell gilt hierbei bei einer In-situ-Mission zu beachten, dass nichtbiologisches Material eine weitgehend randomisierte und zufällig erscheinende Durchmischung aufweist, während biologische Materialien Häufungen in bestimmten Isotopen und spezielle Mischungsverhältnisse aufweisen – eben insbesondere auch in der Chiralität der vorhandenen Moleküle. So treten auf der Erde Hunderte von Aminosäuren natürlicherweise auf, doch fast alle uns bekannten Organismen benutzen lediglich dasselbe Set von 20 Aminosäuren. Im Prinzip ist das sodann auch auf Explorationen auf anderen Himmelsköpern ausweitbar – sei es bei der Suche nach verborgenen mirkobiellen Ökosystemen auf der Erde, bei Durchflügen von den Fontänen der Eismonde Europa und Enceladus oder in den Bodenproben des Mars.

Was MOMA jedoch nicht kann, und das muss neben dem berechtigten Lob auch benannt werden, ist zu unterscheiden, ob die gefundenen Moleküle nun von ehemaligen oder heutigen Quellen stammen. Auch ist diese Methode nicht geeignet, um die „Art" der Lebensform zu kategorisieren (welche Mikrooganismen?) oder ob es sich möglicherweise sogar um Viren handeln könnte (siehe Diskussion zur Virus-first-Hypothese, Abschn. 3.2.3). Zudem muss beachtet werden, dass viele biogene Moleküle schnell degradieren, wenn sie destruktiver Strahlung ausgesetzt sind. Ob sich das fehlende Magnetfeld des Mars durch eine Probenentnahme in einer Bodentiefe von bis zu zwei Metern kompensieren lässt, wird sich also noch zeigen müssen. Zwar gibt es auf der Erde entsprechende Tests, die eine Stabilität unter schützenden Bodenschichten nahelegen, jedoch muss man in Anbetracht von ehemaligen marsianischen Leben beachten, dass die Oberfläche des Mars schon Millionen oder gar Milliarden Jahre lang gnadenlos bestrahlt und durch Einschläge öfters umgepflügt wurde.

Vielleicht stellen Sie sich gerade die absolut berechtigte Frage: Wieso schicken die fleißigen Raumfahrtingenieure und Maschinenbauer nicht einfach ein in den Rovern integriertes Mikroskop auf den Mars, um die Proben direkt optisch zu untersuchen? Das würde so einige Fehlinterpretationen im Vorhinein ausschließen, da man mit bildgebenden Verfahren direkte Ablagerungen, ja sogar einzelne Zellen, erkennen könnte, anstatt nach irgendwelchen flüchtigen Molekülen nach ohnehin starker Erhitzung der Proben fahnden zu müssen. Tatsächlich wird der ExoMars-Rover das Instrument CLUPI (Close-Up Imager) auf den Mars befördern, das farbige Bilder mit einer Auflösung von maximal zehn Mikrometern liefern kann – also in etwa so viel, wie auch eine gute Lupe vergrößern kann (Bost et al. 2015). Damit sind einzelne Zellen mit durchschnittlichen Größen unter einem Mikrometer zwar nicht zu erkennen, geschweige denn wenige Hundert Nanometer kleine Viren. Dennoch sollten sich koloniebildende Mikroorganismen, die mit Millionen von Artgenossen Schichten wie zum Beispiel Biofilme erzeugen können, erkennen lassen, sofern diese in ausreichender Tiefe gut konserviert wären. Für zusammengesetzte marsianische Mikro-Fossilien ist die Kamera des ExoMars-Rovers also empfindlich genug – für die Identifizierung einzelner Zellen müsste hingegen ein hochauflösendes Mikroskop bereitgestellt und autonom gesteuert werden, was schon bei der sogenannten Umwelt-Mikrobiologie (environmental microbiology) auf der Erde ein schwieriges und kostspieliges Unterfangen sein kann. Genauso wie bei Spirit und Opportunity, die immerhin Bilder mit erkennbaren Mustern vom Durchmesser eines menschlichen Haares schießen konnten, bleibt für die anstehende ExoMars-Mission ein Mikroskop mit einer Auflösung im Nanometer-Bereich weiterhin ein unerfüllter Traum. Falls Sie also ab 2021 in den populären Nachrichten hören sollten, dass Lebensformen auf dem Mars entdeckt wurden, so seien Sie dahingehend achtsam, dass es sich höchstwahrscheinlich nur um ein indirektes Indiz wie das der Chiralität von Molekülen handelt und nicht etwa um ein echtes Foto einer außerirdischen Mikrobe. Dennoch sollte meines Erachtens nicht ausgeschlossen werden, dass fossilierte Kolonien von Mikroorganismen auffindbar sind und diese sodann auch fotografierbar wären. Abgesehen von der biologischen Exploration des Mars dürften scharf gestochene Fotos also auch für Geologen eines der Hauptziele sein. Denn Steine können ihnen Geschichten von entstehenden und verschwindenden Gebirgen, ausgetrockneten Ozeanen und bombardierten Kontinenten erzählen. Auch die Geschichte unserer Erde ist schließlich in Gestein gemeißelt – wieso also auch nicht die des Mars?

Dass man sich ausschließlich auf Mikroben fokussiert und nicht etwa auf Dinosaurier, ist natürlich dem Umstand geschuldet, dass der Mars bereits zum Zeitpunkt des ersten Auftretens von irdischen Pflanzen und Tieren schon seit Milliarden von Jahren eine lebensfeindliche Kältewüste war. Doch ebenso wie bei Fossilien von irdischen Dinosaurieren muss bei Mikroben-Fossilien des Mars beachtet werden, dass Fossilien immer nur eine unvollständige Geschichte erzählen. Sie ist voreingenommen davon, welche Materialien besonders gut oder eben nicht fossilierbar sind und welche chemischen und physikalischen Bedingungen in unmittelbarer Umgebung vorhanden waren und die Rückstände möglicherweise schon zerstört haben. Für die Auswahl zukünftiger Landeplätze auf dem Mars muss also auch in dieser Hinsicht ein ökosystemarer Ansatz eingenommen werden. Die zugrunde liegende Wissenschaft über die Entstehung und Stabilität von Fossilien wird übrigens als Taphonomie bezeichnet und ist somit nicht nur für Jurassic-Park-Fans, sondern auch für Astrobiologen höchst spannend. Im Grunde müssen wir diesbezüglich auf dem Mars dasselbe leisten, was vor über 2.500 Jahren Xenophanes auf einem Berg vollbracht hat: Durch den Fund von teilweise fossilliersten Muscheln konnte er zeigen, dass die Landschaft in grauer Vorzeit von Wasser bedeckt und ein flüssiger Hort des Lebens war. Vielleicht können Astrobiologen in dieser Hinsicht also tatsächlich am ehesten etwas von Dinosaurier-Forschern lernen, wenngleich

Astrobiologen nach winzigen Organismen im riesigen Weltall und Paläontologen nach riesigen Organismen auf der kleinen Erde suchen.

Ein Dinosaurier-Forscher könnte uns zum Beispiel berichten, dass biogene organische Bestandteile anfällig für chemische und physikalische Degradation sind, nachdem die Organismen selbst gestorben sind und etwa Strahlung die übrig gebliebenen Bestandteile des Körpers trifft. Trotz dieser potenziell verfälschenden Umstände ist nicht nur die ESA, sondern natürlich auch die NASA von potentiell fossilierten Rückständen auf dem Mars begeistert. Mit ihrer Mars2020-Mission wird zwar ebenfalls kein Rover selbstständig mit Mikroskopen nach Lebensformen suchen können. Doch ein Curiosity-ähnlicher Rover soll – wenn alles gut läuft – Proben aus dem Marsboden entnehmen und sie sicher lagern, sodass diese mit einer darauffolgenden Mission abgeholt werden können. Und zwar zurück zur Erde. Im Gegensatz zu In-situ-Missionen, bei denen alles vor Ort erledigt wird, handelt es sich bei diesen Planungen der NASA um eine sogenannte sample-return-Mission (Proben-Rücknahme-Mission). Geplant ist laut heutigen Planungen die Mitnahme von etwa 30 Gesteinen. Wenn Sie sich das Kapitel zur Planetary Protection ins Gedächtnis rufen, dürfte Ihnen jedoch schnell klar werden, wie begeistert die Planetary Protection Officers von solchen sample-return-Ideen sind. Schließlich geben sie bei dem Transport von Erde zum Mars schon zu bedenken, dass wir im ungünstigen Fall einfach nur Lebensformen detektieren könnten, die wir selber als Verschmutzung mit auf die Reise nehmen. Der potenzielle Transport von marsianischen Mikroben zurück zur Erde wird sodann natürlich ein noch heikleres Diskussionsthema bieten. Die Gefahren einer solchen Rückwärtskontamination sind mit heutigen Kenntnissen aber schlicht nicht abschätzbar: Ein völlig neuartiger Krankheitserreger ist genauso denkbar wie ein gänzlich unschädlicher Austausch – vielleicht so, als ob ein Android-Virus in einem I-Phone vergeblich nach Andockstellen sucht.

Derzeit muss man sich vor einer Rückwärts-Kontamination aber ohnehin nicht fürchten – denn im Gegensatz zum ExoMars-Rover sind die NASA-Missionen noch nicht offiziell abgestimmt und wirken zumindest den mir bekannten offiziellen Vorträgen zufolge nach außen ehrlich gesagt auch noch nicht wirklich vollends durchdacht. Dennoch gibt es für die NASA-Mission Mars2020 seit November 2018 nach Einsendung von über 150 Vorschlägen einen favorisierten Landeplatz – und zwar ein ehemaliges Delta, welches sich vor rund vier Milliarden Jahren in einen Einschlagskrater ergoss, der heute als „Jezero-Krater" bezeichnet wird (Jezero aus dem tschechischen und serbokroatischen für „See") (NASA 2018). Der Standort der Untersuchung wird ein wesentliches Kriterium darstellen, denn der

Erfolg einer jeden sample-return-Mission hängt natürlich davon ab, wie die Qualität des eingesammelten Materials beschaffen ist. Und diese ergibt sich freilich einerseits aus der potenziellen Habitabilität des Landeplatzes vor Milliarden von Jahren, andererseits aber auch aus dem Konservierungspotenzial des Gesteins und der eventuell vorhandenen Mikrofossilien unter den heutigen Umweltbedingungen.

Bis eine Prioritätenliste erstellt ist, wird sich die NASA also weiterhin auf ihre sehr erfolgreiche Rover-Flotte konzentrieren müssen, wobei zwei davon vermutlich nicht mehr zum Einsatz kommen werden. Spirit gab seinen Spirit nach sechs Erdjahren Einsatzzeit schon im Jahr 2010 auf, und zwar festgesteckt in einer Sandablagerung und folglich an Instrumentenstörung durch nicht mehr auszuweichende und besonders kalte Temperaturen während des harschen Marswinters. Und auch die Rettung von Opportunity wurde am 13. Februar 2019 nach über 1000 erfolglosen Kontaktversuchen und über 45 Kilometer zurückgelegter Strecke des Rovers offiziell abgebrochen. Der Grund für das Ableben von Opportunity waren besonders hartnäckige Stürme, die im April und Juni 2018 in der Tiefebene Utopia Planitia aufgezogen sind. Natürlich fallen diese Stürme aufgrund der sehr dünnen Atmosphäre nicht so hart aus wie auf der Erde – jedoch reicht der aufgewirbelte Staub aus, um den Himmel und somit auch die Solarpanelen des Rovers für längere Zeit zu verdunkeln. Die beteiligten Forscher versetzten Opportunity deshalb vorsorglich in einen Schlafzustand, weil sie hofften, dass ein neuer Sturm die Solarpanelen wieder sauber fegen würde. Aber bis heute (Stand Mai 2019) ist Opportunity nicht mehr aufgestanden. Ein anderes Opfer der marsianischen Stürme war übrigens der sowjetische Lander „Mars 3", der im Jahr 1971 zwar erfolgreich auf dem Mars aufsetzen konnte, aber Sekunden später für immer und ewig verstummte.

Der jüngste Rover und somit das Nestküken Curiosity ist nach dem Tod seiner Kollegen also momentan das einzig bekannte und noch funktionierende Wesen auf dem Mars. Das liegt hauptsächlich daran, dass er durch die stabile Energie der guten alten Radioaktivität angetrieben wird und somit nicht von der Funktionstüchtigkeit von Solarmodulen abhängig ist. Bis heute hat er dank dieser Energie 21 Kilometer auf dem Mars zurücklegen können. Bald könnte der einsame Rover jedoch einen neuen NASA-Begleiter bekommen, der jedoch nicht neben ihm umherfahren wird, sondern womöglich über ihm herumschwirren wird. Damit ist die rund zwei Kilogramm schwere Drohne namens „Mars Helicopter" gemeint, die ab 2020 ebenfalls zum Mars geschickt werden soll (Balaram et al. 2018). Erstmal jedoch nur zu technischen Demonstrationszwecken, und nicht etwa zum Nachweis von Wasser oder gar Leben.

Rover oder Helikopter hin oder her. Zusammenfassend sollten Sie nach den Ausführungen dieses Unterkapitels vor allem Folgendes mitnehmen: Die 2020er-Jahre könnten mit dem ExoMars-Rover und der Mars2020-Mission tatsächlich das Jahrzehnt werden, in dem zum ersten Mal mit modernster Technik außerirdisches Leben nachgewiesen wird, und zwar direkt bei unserem lange für sicherlich tot deklarierten roten Nachbarn. Der ExoMars-Rover wird übrigens nach der Chemikern Rosalind Franklin benannt, die in den 1950er-Jahren die DNA-Struktur als Erste identifizierte, aber schon mit 38 Jahren an einem Tumor verstarb. Genauso wie sie mit ihren Arbeiten den Weg für ein völlig neues Verständnis des irdischen Lebens bereitete, wird vielleicht auch die metallische Rosalind Franklin (der erste europäische Rover überhaupt) völlig neue Einblicke in das Leben erlauben – und zwar diesmal über die Erde hinaus. Derzeit gibt es zumindest eine Prototyp-Rosalind-Franklin, die in Turin auf simuliertem Marsgestein herumrollt.

Bis es soweit ist, werden aber auch Erkenntnisse aus der irdischen Ökologie weiterhelfen können. So wurden in den letzten Jahren vermehrt Projekte ins Leben gerufen, die als sogenannte „Analog-Missionen" bezeichnet werden. Eine davon heißt BASALT-A (Hughes et al. 2018), bei der in vulkanischen Gebieten der USA und auf Hawaii baugleiche Rover auf schwierigen irdischen Untergründen getestet werden. Ziel ist es, dass man Fehlplanungen und bisher nicht beachtete Hindernisse im Vorhinein und neben der bloßen Theorie auch auf eine praktische Art und Weise erkennt und somit auf dem Mars hoffentlich von ihnen verschont bleibt. Ob die Ergebnisse dieser irdischen Rover-Missionen direkt auf den Mars übertragen werden können, bleibt natürlich allein aufgrund der fehlenden Marsatmosphäre und der deutlich geringeren Schwerkraft fraglich und wird die beteiligten Forscher also auch nicht vor Angespanntheit und Aufregung schützen können.

3.3.2 Erdunähnliche Ökosysteme – gibt es Titanen?

Die neuen Erkenntnisse von potenziellen Wasserreserven unter der Oberfläche planetarer Körper zeigen auf, dass in der heutigen Astrobiologie das Konzept der habitablen Zone nicht mehr allein gültig ist. So befinden sich weder der Mars noch die Monde Enceladus und Europa in der habitablen Zone, aber sie bestehen dennoch die Kriterien der Habitabilität oder waren in ferner Vergangenheit lebensfreundlich. Ob nun unterirdisch oder an der Oberfläche – das Leitmotiv „Follow the water" kann im Sonnensystem also vermutlich auch auf ein paar weitere Himmelskörper angewendet werden.

So gibt es seit 2016 neben Enceladus und Europa auch erste stichhaltige Hinweise für flüssige Wasservorräte unter der Kruste des Zwergplaneten Pluto (Nimmo et al. 2016; Shematovich 2018). Hinzu kommen etliche Kandidaten für bislang unbekannte unterirdische Wasserreserven, darunter der größte Mond des Sonnenmonds Ganymed sowie Callisto, Triton, Miranda, Ceres und – mit einem besonders passenden Namen – der Uranusmond Ariel. Die potenzielle Vielfalt hat die NASA im Jahr 2018 schließlich dazu veranlasst, eine eigene „Roadmap to Ocean Worlds"-Gruppe (ROW) mit etwa 80 Ozeanwissenschaftlern und Planetenwissenschaftlern zu gründen, bei der als Hauptziel deklariert wurde, alle Ozeanwelten des Sonnensystems zu identifizieren, sie katalogartig zu charakterisieren, ihre Habitabilität einzustufen und dementsprechend dann auch nach Leben zu suchen. Bei einem etwaigen Fund geht es dann natürlich auch noch weiter – und zwar würde es dann um die eigentliche Exoökologie gehen, also darum, die Ökologie, das Verhalten und die Diversität dieser Biosphäre und der darin beteiligten Lebewesen zu verstehen (Hendrix et al. 2019).

Für große flüssige Wasservorräte auf der Oberfläche bleibt hingegen die Erde mit ihrer Position in der habitablen Zone der bislang einzige Körper im Sonnensystem. Unser Heimatplanet ist also letztlich eine vergleichsweise gut untersuchte Ozeanwelt im Sonnensystem, die bis zu einem gewissen Grad als Referenzwelt dienen kann – wobei Ihnen natürlich klar wird, wie schwierig es werden dürfte, andere Ozeanwelten zu erforschen, wenn sogar die Ozeane auf unserer Welt zu großen Teilen unentdeckt sind und immer wieder neue Funde zutage bringen (bitte vergessen Sie aber nicht, dass die Erde im Verhältnis ein ziemlich trockener Planet ist, da der Ozean trotz 70 Prozent Oberflächenbedeckung vergleichsweise flach ist. Selbst der Jupitermond Europa hat im Vergleich zu seiner Gesamtmasse mehr vermutlich deutlich mehr Wasser zu bieten als die Erde). Abgesehen davon, kann man sich als Astrobiologe auch fragen, ob dieser vergleichsweise engstirnige Fokus auf flüssiges Wasser ein limitierender Faktor für die astrobiologische Forschung ist. Machen wir uns eines planetaren Chauvinismus schuldig? Wie steht es um andere potenzielle Lebenselixiere im Sonnensystem, für die die Erde keine Referenzen aufweisen kann? Sollten wir hier – wie auch in vielen anderen Lebensfragen – nicht ein bisschen vielfältiger denken?

Die habitable Zone um unseren Heimatstern ist relativ eng und schließt nur unseren Planeten mit ein. Selbst unter der günstigen Annahme, dass sich Wasser während der Entstehung des Sonnensystems und der Planeten isotrop ausgebreitet hätte und somit überall gleich viel davon zur Verfügung stehen würde, ergäben sich allein schon aufgrund der unterschiedlichen

Temperaturen immer noch völlig verschiedene Eis- und Wüstenumwelten, abhängig vom Schmelz- und Siedepunkt von Wasser sowie dem herrschenden Druck auf den jeweiligen Himmelskörpern. Erinnern Sie sich dazu an Kap. 2, in dem erläutert wurde, dass der Mars bei welchem atmosphärischen Druck auch immer keine Oberflächengewässer aufweisen kann, da das Wassereis bei den Marstemperaturen an der Oberfläche sofort sublimiert, also zu flüchtigem Dampf wird. Doch genauso wie Wasser in Form von Dampf oder Eis auftreten kann, was Ihren Besuch in einer Sauna oder Schlittschuhhalle erst so richtig amüsant macht, können auch andere Stoffe im flüssigen Aggregatzustand auftreten. Dazu gehört auch das uns eigentlich nur als Gas bekannte Methan (CH_4), welches unter geeigneten Bedingungen ebenfalls flüssig oder fest sein kann. Wenn man von der habitablen Zone in einem Sternsystem spricht, sollte man also der astrobiologischen Richtigkeit halber immer dazu sagen, welche habitable Zone eigentlich gemeint ist. Für ökologische Prozesse in Abhängigkeit von flüssigem Wasser? Oder flüssigem Methan? Oder vielleicht flüssigem Stickstoff oder fließender Schwefelsäure?

Methan kann bereits bei -182 Grad Celsius flüssig werden und verflüchtigt sich als Dampf schon bei eisigen -162 Grad Celsius. Die habitable Zone für CH_4 befindet sich demnach in den bitterkalten Zonen des äußeren Sonnensystems auf Höhe des Saturns. Und genau hier befindet sich ein äußerst außergewöhnlicher Kandidat für eine außerirdisch exotische Ökologie. Er trägt auch einen vielversprechenden Namen: der Saturnmond Titan.

Mit einem Durchmesser von 5150 Kilometern ist der natürliche Satellit des zweitgrößten Planeten in unserem Sonnensystem größer als der innerste Planet Merkur und wird als einziger bekannter Mond von einer sehr dichten Atmosphäre umhüllt. Da zudem das Vorhandensein von Flüssigkeit auf der Oberfläche nachgewiesenermaßen in Form von Methanseen möglich ist, gilt ausgerechnet ein Mond als der in seinen geophysikalischen Eigenschaften erdähnlichste Körper innerhalb des Sonnensystems. Die chemischen Unterschiede könnten hingegen nicht enormer sein. Wieder war es die multitalentierte Sonde Cassini, welche (etwa einen Monat vor der ersten Untersuchung des Enceladus) die chemische Zusammensetzung der Atmosphäre von Titan enthüllte. Das Resultat: fast ausschließlich Stickstoff (98,4 %) mit etwas Methan (1,4 %), Wasserstoff, Argon und anderen Elementen vermischt, wobei geringfügige Spuren organischer Verbindungen ebenfalls bereits nachgewiesen werden konnten (Niemann et al. 2005).

Cassini konnte mit der Untersuchung von Enceladus zwar sehr wichtige und erstaunliche Ergebnisse erzielen, doch schon einige Jahre zuvor – und zwar am 14. Januar 2005 – sorgte die multitalentierte Raumsonde bei ihrem Titan-Besuch für eine der aufregendsten Stunden der gesamten Raumfahrtgeschichte. Denn der Lander an Bord löste sich von seiner Muttersonde und hatte an diesem Tag die erste Landung auf einem fernen Mond zum Ziel (der Lander wurde nach Christiaan Huygens benannt, der den Titan im Jahr 1655 entdeckt hat). In einer Höhe von 1270 Kilometern trat der Lander in die optisch völlig undurchsichtige Atmosphäre des Titan ein und landete etwa dreieinhalb Stunden später mit gemütlicher Fahrradgeschwindigkeit (17 km/h) nach der Öffnung von drei Fallschirmen erfolgreich auf der außerirdischen Oberfläche. Das Ergebnis waren 350 Fotografien und eine im Internet aufrufbare Aufzeichnung des Sinkfluges (ESA 2005) – und das alles rund 1.300.000.000 Kilometern von der Erde entfernt.

Die Bilder nach der Landung zeigten Ablagerungen von organischem Material, und der Untergrund, auf dem Huygens gelandet war, ähnelte auf den ersten Blick Sand oder Ton – hier jedoch hauptsächlich aus Wasser- und Kohlenstoffeis bestehend. Die Temperatur betrug −180 Grad Celsius, der Druck lag bei etwa 1,5 bar. Das ist etwa der Wert, den man als irdischer Taucher ganze fünf Meter unter der Meeresoberfläche erfährt (auf Meereshöhe lastet auf Ihrem Körper circa 1 bar). Auf den Fotografien des Lander-Moduls sind zuvor postulierte Methangewässer auf der Oberfläche aber leider nicht zu sehen.

Cassini erspähte etwa ein Jahr später mit Radaraufnahmen im infraroten Bereich große Seen auf der Oberfläche in den Polregionen. Diese sind mit flüssigen Kohlenwasserstoffen, also Methan und Ethan, gefüllt und können neueren Messungen zufolge eine Tiefe von über 100 Meter aufweisen (Mastrogiuseppe et al. 2019). Mit späteren Instrumente konnte man die Anzahl bekannter Seen auf etwa 600 Stück erhöhen, von denen ungefähr die Hälfte mit Flüssigkeit gefüllt sind. In deren Nähe ist der Lander zuvor aber schlicht und ergreifend nicht gelandet und konnte deshalb auch nichts von diesen alternativen flüssigen Welten erblicken (Stofan 2007). Auf den Radaraufnahmen sieht man hingegen ganz deutlich den gigantische See „Kraken Mare", welcher gewaltiger ist als das salzige Kaspische Meer, der größte See unseres Planeten. Diese Titan-Gewässer werden mitunter sogar von eigenen Flusssystemen gespeist, deren Flüssigkeit im Gegensatz zur Atmosphäre weitgehend durchsichtig ist und einem Menschen am Ufer einen Einblick wie in einen klaren irdischen See gewähren würde. Auch in punkto Wellen sind die Titan-Gewässer den Radarmessungen zufolge ziemlich still. Vermutlich legt sich aufgrund der sehr dichten Atmosphäre eine genügend hohe Menge an chemischen Verbindungen auf die Oberfläche der flüssigen Körper und lässt keine Verwirbelungen entstehen, die sodann höhere Wellen durch Wind erzeugen würden, der auf Titan durchaus weht (Cordier und Carrasco 2019). Neueren Erkenntnissen zufolge würden die Oberflächengewässer aufgrund des Kontakts mit der stickstoffhaltigen Atmosphäre nach einem Regenfall aber vermutlich stark blubbern, was die Einsicht also wieder deutlich beschränken dürfte (Malaska et al. 2017). Zudem existiert auf Titan ein konstanter Methankreislauf mit vermutlich regelmäßig auftretenden Regenereignissen, welche auch das Relief allmählich erodieren lassen könnten. Mit der vorhandenen stickstoffreichen Atmosphäre sind das (abgesehen von der eisigen Temperatur) also alles geoökologische Bedingungen, welche in ähnlicher Form auch für die belebte Urerde angenommen werden können (Raulin 2005).

Der Titan Mare Explorer (TiME) sollte der erste Lander werden, der direkt auf einem der Methanseen landen sollte, um damit zum ersten Mal in der Geschichte der Menschheit ein außerirdisches Gewässer in-situ zu untersuchen. Und noch dazu ein Gewässer, das gar nicht aus Wasser besteht. Die Mission wurde jedoch von 2016 auf einen nicht näher definierten Termin in der Zukunft verschoben. Auf dem NIAC-Symposium wurde neben den Enceladus-Tauchkonzepten ebenfalls eine faszinierende Mission für den Titan mit dem nicht minder atemberaubendend Titel „Titan-Submarine: Exploring the Depths of Kraken Mare" (Titan-U-Boot: Erkundung der Tiefen des Kraken Mare) beschrieben. Bei diesem Konzept sollen autonome Unterwasserfahrzeuge direkt in den Methanseen ausgesetzt werden, die anschließend das außerirdische Gewässer sowie die Sedimentablagerungen am Grund auf ökologische Prozesse hin untersuchen sollen (Oleson 2016). Absehbare Starttermine wurden hier vorsichtshalber aber erst gar nicht näher diskutiert.

Ob flüssiges Methan ein Lebenselixier für außerirdische Ökosysteme sein kann oder nicht, bleibt also auf nicht absehbare Zeit offen, weil In-situ-Analysen zurzeit einfach nicht möglich sind bzw. nicht mit hoher Priorität angestrebt werden. Zwar konnte im Labor bereits gezeigt werden, dass sich in der Titanatmosphäre wahrscheinlich nicht nur Aminosäuren, sondern auch die einzelnen DNA- und RNA-Basen aus abiotischen Interaktionen wie auf der hypothetischen Urerde spontan bilden können (Hörst et al. 2012) – die extrem geringen Temperaturen auf Titan machen eine erdähnliche chemische Evolution mitsamt einer resultierenden Abiogenese und komplexeren biotischen Reaktionen jedoch auf den ersten Blick zugegebenermaßen äußerst unwahrscheinlich. Auch ist es schwer vorstellbar, wie Organismen morphologisch beschaffen sein und biochemisch funktionieren müssten, um die eisigen Temperaturen von bis zu −180 Grad Celsius in den Seen an der Oberfläche aushalten zu können. Zwar gibt es auf der Erde allerlei Beispiele für physiologische Kälteanpassungen von

Zellen – sei es die Produktion von natürlichen Antigefriermitteln oder der Schutz durch sehr fetthaltige Zellmembranen. Die bisher niedrigste Temperatur, bei der irdische Mikroben nachgewiesenermaßen wachsen können, beträgt etwa −20 Grad Celsius (Collins und Buick 1989), wenngleich grundlegende Atmungsprozesse und auch die Photosynthese bei einigen extremen Organismen wie Flechten bei bis zu −40 Grad Celsius vonstatten gehen können (Miteva et al. 2007; De Vera et al. 2014). Im Vergleich zur Oberfläche des Titans sind diese irdischen Extremisten aber natürlich Lachfiguren. Bei uns vertrautem Leben in den Methanseen muss man schlicht und ergreifend eingestehen, dass −180 Grad Celsius biochemische Reaktionen völlig zum Erliegen bringen dürften, während es bei sehr hohen Temperaturen wie auf der Oberfläche der Venus zu einer direkten Degradierung der chemischen Bestandteile an sich kommen dürfte. Die abiotischen Bedingungen in der Umgebung des Saturn sind einfach absolut gnadenlos, auch wenn der Namensgeber für die alten Römer eigentlich als der Gott des Ackerbaus und der Keimung galt. Ob dieser göttliche Keimling ähnlich der irdischen Natur sein muss, ist damit aber natürlich nicht mit einbedacht.

Über eine nicht-erdähnliche präbiotische Evolution kann hier also nur spekuliert werden, was ja nicht verwunderlich ist, wenn das Rätsel selbst auf der Erde noch weitgehend ungelöst ist. Im Hinblick auf den Titan muss man als Astrobiologie aber auch beachten, dass ebenso wie das Wasser auch das Methan eine sehr ambivalente Rolle spielen könnte. Denn flüssiges Methan ist deutlich reaktionsträger als unser geliebtes Lebensmedium – und das kann unter gewissen Umständen positiv sein. Tatsächlich ist das Wasser auf unserer Erde an sich für Biopolymere wie die DNA nicht immer optimal, weil die erbguttragenden Verbindungen bei direktem Kontakt im Zuge der Hydrolyse gespalten werden können – bei flüssigem Methan ist ein weitaus geringeres Zerstörungsrisiko für die DNA gegeben. Das chemische Zerstörungspotenzial von Wasser wird in unseren Laboren sogar zur kontrollierten Fragmentierung von DNA-Molekülen verwendet, um isolierte Nucleotide als Produkte zu erhalten. Diese Ambivalenz wird von Astrobiologen ab und an als „Wasser-Leben-Paradox" bezeichnet, da das Leben zwingend auf Wasser angewiesen ist, aber das Wasser die Grundlage des Lebens auch komplett zerstören kann. Andererseits muss man aus biochemischer Sicht natürlich auch beachten, dass es in einer Zelle nicht nur um Aufbau und Synthese geht – auch die Degradation und Ausscheidung von Stoffen ist wesentlich, damit ein zelluläres biologisches System funktioniert. Somit ist die zerstörerische Rolle von Wasser auch hilfreich, um die Rate zwischen Aufbau und Abbau konstant halten zu können. Was soll man auch mit einer

Zelle anfangen, die alles Mögliche aufbaut, aber mit Fehlen von Zerstörung nie Platz für Neues macht?

Trotz der Unsicherheiten, ob auch andere Stoffe wie Methan Leben speisen können, hat man sich in Laborversuchen bereits gefragt und seit 2005 auch Hypothesen aufgestellt, welche Ergebnisse und Muster die Titanatmosphäre auf Messgeräten hinterlassen müsste, falls es dort irgendeine Form von atmendem Leben mit entsprechenden Atmosphäreninteraktionen geben sollte (McKay und Smith 2005). Was könnte auf dem Titan eine empirisch überprüfbare Biosignatur sein?

Vorhergesagt wurde unter anderem, dass das Wasserstoffvorkommen in der Tropopause des Titan bei Vorhandensein von Leben deutlich andere Werte annehmen müsste als unter rein abiotischen Bedingungen zu erwarten und simulieren wäre (auf der Erde trennt diese Schicht die von Leben dominierte Troposphäre und die darüber liegende Stratosphäre). Demnach würden dort lebende Mikroorganismen Wasserstoff konsumieren. Ferner würden auch irreguläre Bestände des Kohlenwasserstoffes Ethin auf der Oberfläche nahelegen, dass rein geologische oder photochemische Prozesse für die Unregelmäßigkeit nicht alleinig verantwortlich sind, sondern eher mikrobielle Aktivität eine elementare Rolle spielt. Und tatsächlich: Die Hypothesen wurden fünf Jahre nach ihrer Formulierung experimentell bestätigt. Die Wasserstoffkonzentration in der Tropopause verändert sich zwar nicht so erheblich, wie durch das Vorhandensein von postuliertem Leben zuvor angenommen wurde. Aber zur Oberfläche nimmt die Konzentration stetig ab und erreicht kurz über dem Boden einen Wert nahe Null – eine eindeutige abiotische Erklärung hierfür steht bisher aus (Strobel 2010), und die Möglichkeit, dass hypothetische Mikroorganismen auf Titan molekularen Wasserstoff (H_2) für einen alternativen Stoffwechsel verwenden, gewann somit stark an Popularität. Eine andere Forschergruppe enthüllte zudem, dass auch Ethin kurz oberhalb des Bodens – wie von einigen Hypothesen vorhergesagt – nicht aufzuspüren ist (Niemann et al. 2010). Dieser ebenfalls beeindruckende Fund von Cassini regte die bezüglich waghalsiger Spekulationen über außerirdisches Leben eher vorsichtige und zurückhaltende NASA schließlich an, eine eindringliche Frage in den sozialen Netzwerken zu veröffentlichen: „What is Consuming Hydrogen and Acetylene on Titan?" (Was konsumiert Wasserstoff und Acetylen auf Titan?). Konsum? – das klang für viele schon ziemlich nach der Gier des Lebens.

Persönlich betrachten ich und viele andere Kollegen diese Euphorie jedoch eher skeptisch, weil wir nicht einfach so tun können, als würden wir auf einem derart fremdartigen Körper geochemische Abläufe perfekt verstehen und ohnehin unbekannte chemische Reaktionen ausschließen können. Wie auch bei Biosignaturen von Exoplaneten, sollte vor allem auf Titan die Forderung von Carl Sagan nachdrücklich betont werden: Vorhandensein von Leben sollte nur dann geschlussfolgert werden, wenn alle anderen abiotischen Erklärungen mit hoher Sicherheit ausgeschlossen werden können („Life as the hypothesis of last resort").

Doch beschränkt sich der Titan tatsächlich nur auf völlig exotische Chemie? Die heutige Antwortet lautet Nein. Denn neben dem Enceladus und Europa ist der Titan für viele Astrobiologen neben der Methanwelt auch eine potenziell vielversprechende Wasserwelt. Ebenso wie bei den anderen Monden ist nach Analysen der Rotation des Mondes und der Verformung des Saturn-Magnetfelds nicht ausgeschlossen, dass es auf dem Titan flüssige und sehr salzhaltige Wasservorräte unter der von Methan dominierten Oberfläche geben könnte, die sodann auch wärmer sein müssten als die Methanseen an der Oberfläche (Lorenz et al. 2008). Vermutlich könnte auch die Untersuchung der Oberfläche bestätigen, dass der Titan unterirdische Wasser-Habitate beherbergt. Denn was bei der Erde das Magma ist, das durch Vulkane ausgestoßen wird, wäre auf dem Titan das Wasser, das vom Untergrund zur Oberfläche hin ausbricht. Dieser Prozess wird aufgrund der Kälte auf dem Titan als „Kryovulkanismus" bezeichnet und ist wohl auch auf einigen anderen Himmelskörpern wie dem Zwergplaneten Ceres vorhanden (Mitri et al. 2008).

Die Fragen, ob es Hinweise für diesen Kryovulkanismus gibt und ob unabhängig davon die Methanseen als potenzielle Lebensspender infrage kommen, könnten im glücklichsten Fall ab Mitte der 2020er-Jahre neu angepackt werden. Denn hier ist das Startfenster für die Mission „Dragonfly" angedacht (Trainer et al. 2018a, b). Wie der deutsche Name „Libelle" bereits nahelegt, handelt es sich hierbei um ein völlig neuartiges Konzept, neben dem die bisherigen Rover der NASA zumindest gestalterisch einpacken können. Denn Dragonfly soll eine automatisierte Drohne werden, die auf dem Titan nicht nur selbstständig abheben, sondern auch von Stelle zu Stelle fliegen kann. Eine exotische und aufregende Mission für eine ebenso exotische und aufregende Welt. Das Aufgabenspektrum der Libellendrohne würde aber wohl eher auf die Kartografie der Gegend und höchstens auf kleine Probeentnahmen entfallen.

Natürlich erhebt sich unabhängig von solch coolen Missionen für die Definition extraterrestrischer ökologischer Nischen aber auch immer die generelle Frage, ob das uns nicht bekannte Leben („kryptisches Leben") überhaupt auf etwas wie uns vertraute biologische Funktionen wie die der DNA angewiesen sein muss. Oder ob es in alternativen Umwelten wie der des Titan aus völlig anderen Bestandteilen aufgebaut sein könnte – vor allem Silizium wird in diesem Zusammenhang oft als denkbare Alternative zu unseren Kohlenstoff-Körpern genannt. Oder von mir aus gar verwehbare und gasförmige oder diamantharte und kristalline Lebensformen.

Der Fokus auf das Leben à la Erde bringt natürlicherweise eine gewisse Voreingenommenheit und mehrere Vorurteile mit sich. Die weitreichenden Hypothesen um völlig exotisches Leben genieße ich als durchaus optimistischer irdischer Ökologe im Gegensatz zu vielen anderen Autoren jedoch dennoch lieber mit Vorsicht. Schließlich wissen wir nicht einmal, wie das Leben um uns herum mit den uns vertrauten Elementen entstanden ist. Ich schließe aber grundsätzlich auch nicht aus, dass wir Mindestanforderungen an extraterrestrisches Leben stellen können, sofern es zellulär ist. Zum Beispiel können wir bei der Größe von außerirdischen Zellen davon ausgehen, dass die Diffusionsraten chemischer Bestandteile eine Obergrenze für die Ausdehnung einer Zelle setzt, während der kleinstmögliche chemische Bausatz für irgendeine Art und Weise der chemischen Informationsspeicherung die Zelle nicht unendlich klein werden lassen kann. Prinzipiell schließe ich grundsätzlich auch die Existenz von Leben ohne Wasser nicht aus – aber dafür brauchen wir dann einen anderen Stoff, der dasselbe leisten kann wie Wasser. Und zwar bezüglich jederlei Hinsicht und aller Funktionen. Eine solche Altrnative erscheint mir mit bisherigem Kenntnisstand noch sehr ungewiss. In Hinblick auf die DNA scheint aber zumindest die Einzigartigkeit der vier Basen (Adenin, Guanin, Cytosin und Thymin) und die verpflichtende Abhängigkeit von Organismen von ihnen mit neuesten Ergebnissen jedoch ein wenig zu schwanken. So verkündeten Forscher der synthetischen Biologie im Februar 2019, dass es gelungen sei, in speziellen Experimenten dem genetischen Alphabet weitere vier künstliche Basen hinzuzufügen, die sie S, B, P, und Z nennen. Besonders beeindruckend: Diese neuen Basen funktionieren bisher einwandfrei und verhalten sich wie die natürlichen Vorbilder – sie werden sogar ohne Probleme in RNA transkribiert (Hoshika et al. 2019). Daraus könnte man als Astrobiologe bei weiterer Bestätigung der Beobachtungen also durchaus schlussfolgern, dass es nicht wirklich etwas „Magisches" oder besonders Essenzielles an den natürlichen vier Basen der bisherigen irdischen Biologie gibt, sondern dass sie durch andere chemische Verbunde ersetzbar und austauschbar wären, falls es sich hier auf der Erde oder anderswo im Universum in der Evolution so ergeben würde oder in der Vergangenheit ergeben hätte.

Tatsächlich mutmaßte bereits Darwin, dass es verschiedenste Quellen des Lebendigen geben könnte und dass die irdische Ökologie nur eine von vielen Formen realisiert. In seinen privaten Notizbüchern (welche unter „Darwin Online" zu finden sind) skizzierte er einen irdischen Lebensbaum, dessen Keimling in der Zeichnung nur einer von vielen weiteren ist. Auch er dachte also womöglich schon an alternative Lebensbäume im Sonnensystem, die mit allerlei ökologischen Nischen im Zuge von Mutation und Selektion gewachsen sind. Moderne kreative Forscher „warnen" zudem, dass unsere irdischen Maßstäbe nicht unbedingt geeignet sein müssen, wenn wir nach Habitaten und ökologischen Interaktionen fernab unserer vertrauten Heimat suchen wollen. Sogar in den Wolkenschichten der Jupiteratmosphäre wären laut Simulationen und Überlegungen der populären Astrophysiker Carl Sagan und Edwin Salpeter einfache spontan entstandene Lebensformen prinzipiell nicht auszuschließen. Diese könnten an der Oberfläche Energie sammeln, anschließend langsam herabsinken und dabei von schwebenden Moleküljägern, die gelernt haben, den Auftrieb dauerhaft zu nutzen, verschlungen werden (Sagan und Salpeter 1976) (potenzielle Bewohner des Jupiters nennt man übrigens auch in wissenschaftlichen Fachkreisen Jovianer). Der Planetologe Jack Yates veröffentlichte im Dezember 2016 eine Studie, laut der sogar in den äußeren Hüllen von Braunen Zwergen Temperatur- und Druckbedingungen herrschen, die den Verhältnissen der irdischen Atmosphäre gleichen (wir erinnern uns aus Kap. 1: Braune Zwerge sind Objekte, die weder Planet noch Stern sind, sondern mit ihrer Masse irgendwo im Grenzbereich dazwischen liegen). Gegenüber der hochrenommierten Fachzeitschrift Science beteuerte er, dass „man möglicherweise nicht unbedingt einen terrestrischen Planeten mit einer Oberfläche braucht, um Leben zu beherbergen", sondern luftige Lebensformen „durch Wolken eines gescheiterten Sterns schweben" könnten (Yates et al. 2017). Der Astronom Abraham Loeb ging sogar noch einen kosmischen Schritt weiter und erinnerte daran, dass das gesamte Universum laut heutigen Erkenntnissen rund 15 Millionen Jahre nach dem Urknall für lange Zeit ein angenehm temperierter Brutkasten gewesen ist – enge habitable Zonen hätten für etwaiges kosmisches Leben damals also gar keine Rolle gespielt (Loeb 2013). Das gesamte Universum als potenzielles Ökosystem!

Ich halte davon aber ehrlich gesagt nicht viel. Die Ideen sind selbstverständlich amüsant und erweitern den gedanklichen Horizont. Doch genau diese besonders öffentlich wirksamen Publikationen machen die Astrobiologie zu dem, als was sie von einigen Personen oftmals wahrgenommen wird – als eine Wissenschaft des Konjunktivs, in der Spekulationen über Spekulationen aufgestellt werden, die vor allem aufgrund der astronomischen Distanzen kaum überprüft werden können. Dem entgegen steht meines Erachtens die in den letzten Unterkapiteln erläuterte Exploration des Sonnensystems. Hier können sinnvolle Hypothesen aufgestellt werden, die sehr wohl mit Raumsonden und integrierten Experimenten überprüfbar sind und somit auch empirisch untermauert werden können. So gelingt die evidenzbasierte Astrobiologie.

Die Frage, die ich dahingehend stellen möchte, lautet: Müssen wir uns wirklich so weit in Raum und Zeit von unserem Heimatplaneten entfernen, um alternative Habitate und alienhafte Wesen zu finden?

3.3.3 Aliens? Wie langweilig – Die exotische Erde

Viele Personen, darunter einige Wissenschaftler, aber vor allem interessierte Laien, gehen davon aus, dass es außerirdisches Leben geben muss bzw. das eine Nicht-Existenz von Leben fernab der Erde ein Ding der Unmöglichkeit ist. Die gängige Argumentation hierfür lautet in etwa wie folgt: Es gibt Abermilliarden Galaxien, die wiederum Hunderte Milliarden Sterne enthalten, von denen die meisten auch Planeten beherbergen. Wie unplausibel wäre es insofern also zu denken, dass wir die einzigen sind? Und egoistisch obendrein. Oder?

Diese Interpretationen kann ich nicht nachvollziehen, ja lehne sie sogar grundsätzlich ab. Denn meines Erachtens läuft Statistik so nicht und hat erst recht nichts mit menschlicher Egozentrik zu tun. Es gibt zwei Umstände, die ich Ihnen diesbezüglich – auch wenn Sie selbst völlig überzeugt von außerirdischem Leben sind – in diesem letzten Unterkapitel näherbringen möchte. Erstens: Statistische Argumente in der Diskussion um Aliens haben derzeit keinerlei Aussagekraft, da uns eine bekannte Grundgesamtheit belebter Planeten fehlt. Wir haben ein N von 1 – und zwar unsere Erde. Das wars. Sollten Sie ein Student der Naturwissenschaften sein, dürften Sie bereits im ersten Semester gelernt haben, was eine zu geringe Anzahl (N) in einer Stichprobe bedeutet. Kurz gesagt: Sie können Ihre Arbeit (oftmals, aber nicht immer, zurecht) in die Tonne treten. Selbstverständlich kann man zwar abschätzen, wie viele Planeten in der habitablen Zone es in unserer Galaxie ungefähr geben könnte. Doch diese Welten können statistisch nicht zur Grundgesamtheit gezählt werden, da wir schlicht und ergreifend noch nicht wissen, ob eine Abiogenese ein zwangsläufiges Phänomen eines habitablen Planeten ist oder einfach nur eine extrem unwahrscheinliche chemische Verkettung von Einzelereignissen, die bei uns glücklicherweise eingetreten ist (man spricht in diesem Zusammenhang auch von der „Rare-Earth-Hypothese", deutsch: „Hypothese der seltenen Erde"). Es muss also nachdrücklich betont werden, dass Habitabilität nicht bedeutet, dass es auch Leben geben muss. Das wäre in etwa so, als ob ich einen mit Wasser gefüllten Glaskolben komplett sterilisiere und anschließend behaupte, dort gäbe es mit hoher Wahrscheinlichkeit Leben, weil im Kolben Wasser vorhanden ist und in irgendeiner Küche am anderen Ende der Welt ein Kolben vorhanden ist, in dem es Mikroorganismen gibt. Noch gravierender wird das Problem der Stichprobengröße natürlich, wenn wir nicht nur erdähnliches Leben finden wollen, sondern viel eher unbekannte Biologie in einer unbekannten Welt.

Das zweite Argument ist hingegen eher grundsätzlicher Natur: Statistische Aussagen sind per se nicht geeignet, um Vorhersagen für einen Einzelfall zu treffen. Für eine sichere statistische Aussage brauchen Sie eine möglichst hohe Stichprobengröße – je höher, desto besser. Hier können Sie sodann einen durchschnittlichen Wert und die Streuung um diese mittlere Tendenz angeben. Das Problem: Da dieser Mittelwert von vielen Einzelfällen gespeist ist, lässt sich nicht sagen, wie ein zukünftiger Einzelfall mit Sicherheit aussehen wird oder ob dieser eintreten muss. Folgendes Beispiel zur Veranschaulichung: Als Student untersuchen Sie in der Cafeteria der Universität, welche Schuhgrößen 1000 Personen haben. Sie kommen auf einen Durchschnittswert von etwa 40. Sie wollen daraus ableiten, welche Schuhgröße die nächste Person hat, die sich zu Ihnen an den Tisch setzt. Und plötzlich setzt sich eine zierliche Studentin mit Schuhgröße 35 zu Ihnen, oder ein stämmiger Bursche mit Schuhgroße 48. Merken Sie sich also: Statistische Aussagen sind geeignet, um rückwirkend festzustellen, wie eine Menge von Werten verteilt ist und ob es signifikante Unterschiede zwischen zuvor erfassten Stichproben mit möglichst hohem N gibt. Für Vorhersagen von Einzelfällen sind Hochrechnungen und statistische Angaben jedoch nicht geeignet – das gilt auch für ausgeklügelte Modellierungen – das gilt auch für ausgeklügelte Modellierungen. Vor allem nicht bei einem N von 1 – ganz gleich, wie viele Milliarden Galaxien mit Milliarden Sternsystemen es gibt.

Die Statistik ist nun mal eine offene Methode. Die Frage „Gibt es Außerirdisches Leben?" ist jedoch eine geschlossene Fragestellung, die entweder mit Ja oder Nein beantwortet werden kann. Es ist also völlig egal, wie hoch die aus Gesamtwerten ermittelte Wahrscheinlichkeit für einen habitablen Planeten und Leben darauf ist – es könnte auch sein, dass er schlicht und ergreifend nicht bewohnt ist und mit der von uns erdachten Stichprobe nichts gemein hat. Wie lächerlich würden Sie es finden, wenn Ihr Flugzeug gerade dabei ist abzustürzen und Ihr Sitznachbar Ihnen trotzdem während dem Abstürzen versichernd sagt, dass die Wahrscheinlichkeit für einen Flugzeugabsturz doch eigentlich gegen null geht? Richtig – es wäre völlig irrelevant. Sie würden trotzdem abstürzen und beide sterben. Ebenso ist es bei der Argumentation völlig egal, wie hoch die Wahrscheinlichkeit für außerirdisches Leben ist – es könnte schlicht und ergreifend nicht vorhanden sein. Wir kennen die Antwort einfach nicht. Und gerade deshalb ist es meines Erachtens vonnöten, die evidenzbasierte Astrobiologie weiter zu entwickeln und empirisch überprüfbare Experimente und Observierungen durchzuführen, anstatt Spekulationen über Spekulationen auf Grundlage eines einzigen bekannten Planeten mit Leben darauf anzustellen. Es kann nämlich nicht Ziel der Astrobiologie sein, ein statistisches Mengenargument für die Argumentation von außerirdischem Leben zu benutzen (so und so viele Galaxien mit so und so vielen Sternen), aber im selben Zug die grundlegenden Regeln und Voraussetzungen ebendieser Statistik einfach zu ignorieren.

Doch verstehen Sie mich nicht falsch: Es ist nötig und wichtig, dass Leute interessante Gedankenspiele anstellen und unseren Horizont fantastisch erweitern. Forscher behandeln schließlich das Ungeklärte und diesen noch freien Raum kann die Science-Fiction phantastisch und wunderschön füllen. Die Historie hat schließlich oft genug gezeigt, dass verrückte Ideen wahrhaftig manifestiert werden können – sei es die absurde Idee von spukhaften Quanten, die nun die moderne Informationstechnologie beflügeln, oder der Wunsch, Gold aus Urin herzustellen, der letztlich in neuem Gewand zur modernen Synthese chemischer Stoffe führte. Und genau diese Umsetzung von Gedankengängen durch durchführbare Experimente ist es, die ich Ihnen im Lichte der Astrobiologie in diesem Kapitel versucht habe nahezulegen.

Wichtig ist mir außerdem, dass Sie aus den vorherigen Kapiteln Folgendes verstehen: Auch wenn Überlegungen bezüglich fernen Lebens auf fremden Planeten, Monden oder gar Braunen Zwergen besonders großes Interesse wecken, sind die Erscheinungen auf unserer Erde nicht weniger relevant für die astrobiologische und exoökologische Forschung. Die Erde ist der Grundpfeiler der Astrobiologie. Natürlich bekennen wir uns mit dem alleinigen Fokus auf die Referenzeigenschaften der Erde zu einem planetaren Nationalismus. Doch müssen wir uns eingestehen, dass andere Vorgehensweisen oft nichts weiter sind als schlau formulierte Science-Fiction. Es ist auch nicht grundsätzlich auszuschließen, dass es irgendwo auf der Erde uralte und weitgehend isolierte ökologische Nischen gibt, die unbekannte Kreisläufe aufweisen oder kein freies Wasser zur Verfügung stellen. Oder irdische Lebensformen, die andere Energiequellen nutzen und deren Körperbestandteile anders zusammengesetzt sind, als wir es kennen. Neuerdings richtet sich der astrobiologische Blick beispielsweise vermehrt in Richtung Untergrund der Erde. Unter unseren Böden liegt nämlich deutlich mehr Volumen als alle Weltmeere zusammen aufweisen können – und die Vielfalt und Lebensfähigkeit von Mikroben scheint in den kilometerweiten Tiefen der Lithosphäre nicht zu leiden – seien es nun omnipräsente und überall bekannte Arten oder auch einzelne Vertreter von anderswo längst ausgestorbenen Ur-Mikroben.

Aber auch das Meer hat immer wieder neue Exoten enthüllt. So berichteten Tiefseeökologen um Antje Boetius schon zur Jahrtausendwende von Archaeen, die in Symbiose mit schwefelverarbeitenden Bakterien das freigesetzte Methan von Unterwasserschloten direkt als primäre Energiequelle nutzen (Boetius et al. 2000). Ein solch exotischer Speiseplan wurde zuvor noch nicht beobachtet bzw. dokumentiert. Noch größere Aufregung in der Fachwelt verursachte ein Bericht der amerikanischen Geoforschungsbehörde 2010. Die beteiligten Forscher berichteten über einen im Schlamm eines Salzsees gefundenen Bakterienstamm, der anstelle des bis dahin als lebensnotwendig betrachteten Phosphors das weitaus unbeachtete und sogar in geringen Dosen toxische Arsen als Bestandteil nutzt. Und zwar nicht nur für Proteine, sondern vor allem auch als Phosphorersatz in der DNA (Wolfe-Simon et al. 2010). Im Nachhinein wurde diese Veröffentlichung jedoch als Falschmeldung aufgrund von Verunreinigungen und mangelhaften Auswertungsmethoden entlarvt. Die Hoffnung von Forschern, außerirdisch bizarre Lebensformen inmitten irdischer Ökosysteme zu finden, wurde meiner Empfindung nach bei den Kollegen – darunter insbesondere eifrige Mikrobiologen und Mykologen – jedoch keineswegs getrübt. Das gilt insbesondere für längst vergangenes Leben. So gibt es neuerdings Hinweise darauf, dass die RNA in der anfänglichen Phase des irdischen Lebens unter anderem aus Inosin aufgebaut war, welches in lebenden Organismen heute gar nicht mehr vorhanden zu sein scheint (Kim et al. 2018).

In Hinblick auf die Entstehung des Lebens kann meines Erachtens sogar angenommen werden, dass die Einleitung lebendiger Prozesse aus abiotischen Interaktionen auch heute noch stattfindet – und zwar außerhalb von speziell eingerichteten Laboren. Wenn abiotische und mehr oder weniger extreme Bedingungen zu Leben führten, dann spricht prinzipiell nichts dagegen, dass auch in heutigen Thermalquellen – jetzt in diesem Moment – neue protozelluläre Einheiten entstehen. Diese dürften sich aber selbstverständlich nicht zu komplexeren Strängen wie RNA-Molekülen oder gar funktionsfähigen Zellen weiterentwickeln, da heutige überall vorhandene Mikroorganismen die entstehenden Moleküle so schnell konsumieren und verbrauchen, dass die Zeit für eine Entwicklung hin zu mehr Komplexität nicht ausreichen dürfte. Bis zu kurzkettigen Aminosäuren scheint es natürlicherweise aber tatsächlich zu reichen, wie entsprechende Funde unter dem Atlantis Massiv des mittelatlantischen Rückens nahelegen (Menez et al. 2018). Das legt den Schluss nahe, dass es neben der Makroökologie nicht nur die mikrobielle, sondern auch eine grundlegende protozelluläre Ökologie gibt, bei der es eine bioinformatische Frage von Kombinatorik und Wahrscheinlichkeit ist, ob vorläufige Einheiten des Lebens aus abiotischen Interaktionen entstehen können. Leben wäre somit keine diskrete Einheit eines lokalen Ereignisses, sondern Ergebnis einer kontinuierlichen Abiogenese. Für die heutige Evolutionsbiologie könnte dieses Argument sogar bedeuten, dass Bakterien und Archaaen nicht auf einen gemeinsamen Vorfahren zurückzuführbar sein müssen, sondern dass ihre Wurzeln aus verschiedenen, aber ähnlichen chemischen Systemen entwichen sind (Di Giulio 2011; Egel 2012). Tiefseeökologische Experimente der nahen Zukunft könnte man meines Erachtens also unter anderem darauf auslegen, protozelluläre Einheiten in den unmittelbaren Hinterlassenschaften der Unterwasserschlote zu identifizieren. Oder aber es werden in naher Zukunft unsere Nachbarn sein – insbesondere der Mars –, die uns mit ihren vor Ewigkeiten eingefrorenen Böden ein Fenster zu den Anfängen belebter Prozesse öffnen.

Zuletzt möchte ich nun selbst ein bisschen phantasieren: Ein möglicherweise völlig anderes Verständnis über das System „Leben" entwickelt sich meines Erachtens derzeit auch aus einer der aufstrebendsten modernen Wissenschaftsdisziplinen. Das Zauberwort heißt hier Synthetische Biologie, beziehungsweise Xenobiologie. Berücksichtigt man den exponentiellen Wissenszuwachs, scheint es vielen Forschern und Wissenschaftsautoren nur eine Frage der Zeit zu sein, bis in einem Labor tatsächlich eine Wetware (biologische Software) für die Entstehung einer neuartigen Zelle erzeugt wird. Für einen Stoffwechsel 2.0, der ohne unser Eingreifen nie zum Leben erwacht wäre – vielleicht ja auch ein Leben in-silico. Anstatt von allen bekannten Lebensformen schlusszufolgern, was die wesentlichen Merkmale des Lebens sind, wird mit diesem Ansatz also das Verständnis des Lebens als ein „Bottom-Up"-Prozess verstanden – ganz getreu dem Motto: „Was du bauen kannst, verstehst du auch."

Im Jahr 2012 brachten Systembiologen um Markus Covert von der Stanford University die Forschergemeinde diesbezüglich ins Staunen, als sie ein Computermodell einer virtuellen Zelle vorstellten, das erstmalig alle genetischen und biochemischen Prozesse im Vergleich zu einem echten Prokaryoten äußerst realistisch simulierte (Karr et al. 2012). Also ein Sims bacterium, wenn man so will. Natürlich steckt dieser exotische Bereich der Forschung, der vor allem in der Medizin zur Simulation von Krankheitserregern dienlich sein soll, noch immer in den Kinderschuhen. Aber die Füße wachsen allmählich. Was bei diesen Konzepten aber auf jeden Fall noch fehlt, ist der evolutionsbiologische Umstand, dass biologische Systeme dreckig und nicht perfekt sind, was ihnen aber dafür evolutionäre Plastizität beschert und sie entwicklungsfähig macht. Als Ingenieur wird es also nötig sein zu akzeptieren, dass man keinen perfekten Mechanismus, sondern vielmehr ein offenes und sich selbst korrigierendes System fernab des thermodynamischen Gleichgewichts schaffen werden muss, um dem Ziel eines neuartigen „künstlichen" Lebens auf der Erde näher zu kommen. Der Ort der zweiten Genesis könnte bei Erreichen dieser Ziele in diesem Jahrhundert also ein Labor unter der Oberfläche unserer Städte sein, anstatt unterirdische Ozeane auf weit entfernten Himmelskörpern. Vielmehr eine gewöhnliche, kleine Petrischale als exotisches Ökosystem, statt einer riesigen außerirdischen Landschaft. Eine völlig neuartige Welt, die im Gegensatz zu weit entfernten Exoplaneten direkt vor unseren Augen überprüft und evidenzbasiert untersucht werden könnte.

Noch atemberaubender erscheint ein weiterer Aspekt, der sich erst in den letzten Jahren von den fantastischen Fragestellungen des letzten Jahrhunderts zu einem ernsthaften und überprüfbaren Diskussionsfeld in den Informations- und Naturwissenschaften entwickelt hat. Heute können Sie an jedem beliebigen Tag die Zeitung aufschlagen und irgendwo einen Artikel über den Trend Künstliche Intelligenz finden. So ist es nicht verwunderlich, dass auch Astrobiologen das Forschungsfeld der K.I. vermehrt aus ihrer Perspektive betrachten: Wären Maschinen bei Eintritt der technologischen Singularität, nach der sie die Fähigkeit besitzen, ihre Programmierung selbstständig zu verändern (zu verbessern), sich selbst zu replizieren und vor allem ihre Umwelt sensorisch wahrzunehmen, mit ihr zu interagieren und sie selbstständig zu kreieren – dann allein schon per biologischer Definition nicht auch ein sich selbst organisiertes System mit extrem hoher Komplexität fernab des thermischen Gleichgewichts, also nicht auch irgendwie lebendig? Auch wenn sie überhaupt kein biotisches Gewebe besäßen und bizarrer aufgebaut und strukturiert wären als jedes denkbare Alien?

Die Evolutionsbiologie liefert hier, wie ich finde, eine klare Antwort: Wenn sich unser komplexer Körper und unser (mehr oder weniger) intelligenter Geist aus einfachen abiotischen Bestandteilen in Jahrmilliarden der Evolution bilden konnte, dann spricht (sofern man an kein göttliches oder anders geartetes übernatürliches Eingreifen glaubt) prinzipiell nichts dagegen, dass auch die abiotischen Bestandteile einer Maschine früher oder später einen Weg des Lebens einschlagen können. Ich möchte Ihnen damit nicht nahelegen, dass dies so sein muss – aber ich finde es spannend, darüber nachzudenken, ob das Leben womöglich immer irgendeinen Weg findet. Natürlich sind die Fähigkeiten von einer Maschine und ihr daraus resultierendes Wissen heute eingeschränkt. Aber gilt das nicht genauso –

oder gar mehr – für einen Menschen? Was hieße das dann für völlig körperlose artifizielle Intelligenzen in Form von virtuellen neuronalen Netzen, die überhaupt keine physischen Körper besitzen, sich ihrer selbst aber bewusst werden könnten? Und neuronal codierte Informationen wie Emotionen und Logik innerhalb des Netzwerks an einzelne Server vermitteln würden – vielleicht ähnlich wie ein pflanzlicher Genet und sein geklontes Kollektiv? Für einige mag es einleuchtend erscheinen, dass biologische und artifizielle Systeme grundsätzlich unterschiedlich sind und getrennt aufgefasst und kategorisiert werden sollten. Für andere hingegen sind beide nichts anderes als informationsverarbeitende Systeme, die letztlich auf derselben physikalisch-thermodynamischen Grundlage basieren.

Bevor ich selbst nun in die mystischen und absolut spekulativen Bereiche vordringe, die ich vorher erst kritisiert habe, verbleibe ich mit dem sinngemäßen Zitat des amerikanischen Quantenphysikers und Nobelpreisträgers Richard Feynman: „Irgendwo muss man aufhören und dem Leser noch etwas zum Vorstellen übriglassen".

Ich beende dieses astrobiologische Buch nun also mit der Aussicht, dass gerade die durch den Menschen angestoßene Evolutionstechnologie in Zukunft (vielleicht auch schon für unsere Generation) ein tatsächlich greifbares Thema außerhalb der Science-Fiction werden wird. Die generelle Definition des Lebens wird dann entweder weiter abstrahiert oder aber deutlich präziser gefasst werden müssen.

Neben technischen Entwicklungen aus den Bereichen der synthetischen Biologie, Computertechnologie, Robotik, Gentechnologie und Bioinformatik werden es aber auch die neuartigen Raumfahrtmissionen der bevorstehenden Zukunft sein, die unser Verständnis im Falle eines Fundes außerirdischen Lebens so stark verändern könnten, dass Forscher des 25. Jahrhunderts unsere Bemühungen genauso belächeln, wie wir über die fast 400 Jahre alten Experimente der frühen Neuzeit schmunzeln, bei der man lebende Mäuse aus vergammelten Weizen herstellen wollte. So werden zum Beispiel die extrem schnellen SpaceChips, sofern sie jemals zum Aussatz kommen, auch dafür eingesetzt werden, unser eigenes Sonnensystem genauer zu untersuchen und innerhalb von Stunden neue Ergebnisse über unsere planetaren Nachbarn, Monde, Kometen und Asteroiden zu erhalten.

Bei all dem Staunen sollte aber eins nicht vergessen werden: Selbst wenn überhaupt keine Hinweise für außerirdisches Leben und exoökologische Nischen gefunden werden, bleibt eine noch spannendere und rätselhaftere Frage: Wieso sind es dann ausgerechnet wir, die in einem komplexen und globalen ökologischen Netzwerk eingebettet sind und diesen Planeten mit allerlei bizarren Lebensformen teilen dürfen?

Übrigens: Kein einziges von den 23 Kindern, die ich zu Beginn dieses Kapitels über die Eigenschaften des Lebens befragt habe, konnte sich einen tatsächlich lebendigen Computer oder Roboter vorstellen. Außerirdisches Leben hielten 17 Kinder jedoch für möglich…

Literatur

Allwood AC, Walter MR, Kamber BS et al (2006) Stromatolite reef from the Early Archaean era of Australia. Nature 441:714–718

Allwood AC, Rosing MT, Flannery DT et al (2018) Reassessing evidence of life in 3,700-million-year-old rocks of Greenland. Nature 563:241–244

Altwegg K, Balsiger H, Bar-Nun A et al (2015) 67P/Churyumov-Gerasimenko, a Jupiter family comet with a high D/H ratio. Science 347(6220):1261952

Altwegg K, Balsiger H, Bar-Nun A et al (2016) Prebiotic chemicals – amino acids and phosphorus – in the coma of comet 67/PChuryumov-Gerasimenko. Sci Adv 2(5):e1600285

Armstrong DL, Lancet D, Zidovetzki R (2018) Replication of Simulated Prebiotic Amphiphilic Vesicles in a finite environment exhibits complex behavior that includes high progeny variability and competition. Astrobioloy 18:419–430

Arvidson RE, Squyres SW, Anderson RC et al (2006) Overview of the spirit Mars exploration rover mission to Gusev Crater: landing site to Backstay Rock in the Columbia Hills. JGR Planets 111:E2

Balaram B, Canham T, Duncan C et al (2018) Mars helicopter technology demonstration. 2018 AIAA Atmospheric Flight Mechanics Conference, AIAA SciTech Forum, AIAA 2018-0023

Baluska F, Mancuso S (2016) Vision in plants via plant-specific ocelli? Trends Plant Sci 21:727–730

Bamford DH, Grimes JM, Stuart DI (2005) What does structure tell us about virus evolution? Curr Opin Struct Biol 15:655–663

Becker S, Thoma I, Deutsch A et al (2016) A high-yielding, strictly regioselective prebiotic purine nucleoside formation pathway. Science 352(6287):833–836

Berliner AJ, Mochizuki T, Stedman KM (2018) Astrovirology: viruses at large in the universe. Astrobiology 18:207–223

Blöchl E, Keller M, Wächtershäuser G et al (1992) Reactions depending on iron sulfide and linking geochemistry with biochemistry. Proc Natl Acad Sci 89:8117–8120

Boetius A, Ravenschlag K, Schubert CJ et al (2000) A marine microbial consortium apparently mediating anaerobic oxidation of methane. Nature 46:623–626

Boetius A (2005) Lost city life. Science 307(5714):1420–1422

Bost N, Ramboz C, LeBreton N et al (2015) Testing the ability of the ExoMars 2018 payload to document geological context and potential habitability on Mars. Planet Space Sci 108:87–97

Brockwell TG, Meech KJ, Pickens K et al (2016) The mass spectrometer for plane-tary exploration (MASPEX). In Aerospace Conference 2016 IEEE, IEEE, Big Sky, MT

Cech TR (1987) The chemistry of self-splicing RNA and RNA enzymes. Science 236:1532–1539

Cho I, Blaser MJ (2012) The human microbiome: at the interface of health and disease. Nat Rev Genet 13:260–270

Christensen PR, Bandfield JL, Clark RN et al (2000) Detection of crystalline hematite mineralization on Mars by the Thermal Emission Spectrometer: evi-dence for near-surface water. JGR Planets 105:9623–9642

Christensen PR, Morris RV, Lane MD et al (2001) Global mapping of Martian hematite mineral deposits: Remnants of water-driven processes on early Mars. JGR Planets 106:23873–23885

Collins MA, Buick RK (1989) Effect of temperature on the spoilage of sotred peas by Rhodotorula glutinis. Food Microbiol 6:135–141

Cordier D, Carrasco N (2019) The floatability of aerosols and wave damping on Titan's seas. Nat Geosci 12:315–320

Damer B, Deamer D (2015) Coupled phases and combinatorial selection in fluc-tuating hydrothermal pools: a scenario to guide experimental approaches to the origin of cellular life. Life 5:872–887

Darwin F (1887) The life and letters of Charles Darwin. Bd. 3. John Murray, Lon-don, 18. Viele Werke und Briefe Darwins wurden von seinem Sohn Francis Dar-win veröffentlicht und sind heute online verfügbar unter darwin-online.org.uk

De Vera J-PP, Schulze-Makuch D, Khan A et al (2014) Adaptation of an Antarctic lichen to Martian niche conditions can occur within 34 days. Planet Space Sci 98:182–190

Deeg CM, Zimmer MM, George E et al (2018) Chromulinavorax destructans, a pathogenic TM6 bacterium with an unusual replication strategy targeting protist mitochondrion. bioRxiv:10.1101/ 379388

Di Giulio M (2011) The last universal common ancestor (LUCA) and the ancestors of archaea and bacteria were progenotes. J Mol Evol 72:119–126

DLR (2018) MASCOT lands safely on asteroid Ryugu. Presseveröffentlichung. https://www.dlr.de/dlr/presse/en/desktopdefault.aspx/tabid-10172/213_read-30118/#/gallery/32231. Zugegriffen: 15. Febr. 2019

Egel R (2012) Primal eukaryogenesis: on the communal nature of precellular states, ancestral to modern life. Life 2:170–212

ESA (2005) Europe arrives at the New Frontier – The Huygens landing on Titan. ESA Bulletin 121. Open access. http://www.esa.int/esapub/bulletin/bulletin121/bul121a_lebreton.pdf. Zugegriffen: 15. Febr. 2019

Erez Z, Steinberger-Levy I, Shamir M et al (2017) Communication between viruses guides lysis-lysogeny decisions. Nature 541:488–493

Forterre P (2011) Manipulation of cellular syntheses and the nature of viruses: the virocell concept. C R Chim 14:392–399

Forterre P (2017) Viruses in the 21st century: from the curiosity-driven discovery of giant viruses to new concepts and definitions of life. Clin Infect Dis 65:S74–S79

Gilbert W (1986) The RNA world. Nature 319(6055):618

Gissinger C, Petitdemange L (2019) A magnetically driven equatorial jet in Europa's ocean. Nat Astron 3:401–407

Goesmann F, Brinckerhoff WB, Raulin F et al (2017) The Mars Organic Molecule Analyzer (MOMA) instrument: characterization of organic material in martian sediments. Astrobiology 17:655–685

Golombek MP, Cook RA, Economou T et al (1997) Overview of the Mars Pathfinder mission and assessment of landing site predictions. Science 278:1743–1748

Grotzinger JP (2014) Habitability, taphonomy, and the search for organic carbon on Mars. Science 343:386–387

Heinz J, Schirmack J, Airo A et al (2018) Enhanced microbial survivability in sub-zero brines. Astrobiology 18:1171–1180

Hendrix AR, Hurford TA, Barge LM et al (2019) The NASA roadmap to ocean worlds. Astrobiology 19:1–27

Hörst SM, Yelle RV, Buch A et al (2012) Formation of amino acids and nucleotide bases in a Titan atmosphere simulation experiment. Astrobiology 12(9):809–817

Horowitz NH et al (1976) The Viking carbon assimilation experiments: interim report. Science 194(4721):1321f

Hoshika S, Leal NA, Kim M-J et al (2019) Hachimoji DNA and RNA: a genetic system with eight building blocks. Science 363:884–887

Hsu H-W, Postberg F, Sekine Y et al (2015) Ongoing hydrothermal activities within Enceladus. Nature 519:207–210

Hughes SS, Haberle CW, Kobs Nawotniak SE et al (2018) BASALT A: Basaltic Terrains in Idao and Hawaii as Planetary Analogues for Mars geology and Astrobiology. Astrobiology 19. https://doi.org/10.1089/ast.2018.1847

Hutchins KS, Jakosky BM (1996) Evolution of martian atmospheric argon: implications for sources of volatiles. J Geophys Res: Planets 101:14933–14949

Iess L et al (2014) The gravity field and interior structure of enceladus. Science 344(6179):6178–6180

Janjic A (2018) The need for including virus detection methods in future Mars missions. Astrobiology 18:1611–1614

Jia X, Kivelson MG, Khurana K et al (2018) Evidence of a plume on Europa from Galileo magnetic and plasma wave signatures. Nat Astron 2:459–464

Karr JR, Sanghvi JC, Macklin DN et al (2012) A whole-cell computational model predicts phenotype from genotype. Cell 150(2):389–401

Khurana KK et al (1998) Induced magnetic fields as evidence for subsurface oceans in Europa and Callisto. Nature 395:777–780

Kim SC, O'Flaherty DK, Zhou L et al (2018) Inosine, but none of the 8-oxo-purines, is a plausible component of a primordial version of RNA. PNAS 115:13318–13323

Kite ES, Gaidos E, Onstott TC (2018) Valuing life-detection missions. Astrobiology 18:834–840

Klein HP et al (1976) The viking biological investigation: preliminary results. Science 194(4260):99–105

Klose J, Polz MFP, Wagner M et al (2015) Endosymbionts escape dead hydrothermal vent tubeworms to enrich the free-living population. PNAS 112:11300–11305

Konstantinidis K, Flores Martinez CL, Dachwald B et al (2015) A lander mission to probe suglacial water on Saturn's moon Enceladus for life. Acta Astronaut 106:63–89

Koonin EV, Martin W (2005) On the origin of genomes and cells within inorganic compartments. Trends Genet 21:647–654

Koonin EV, Senkevich TG, Dolja VV (2006) The ancient Virus world and evolution of cells. Biol Direct 1:29

Kushner DJ, Baker A, Dunstall TG (1999) Pharmalogical uses and perspectives of heavy water and deuterated compounds. Can J Physiol Pharmacol 77:79–88

Loeb A (2013) The habitable epoche of the early universe. Int J Astrobiol 13(4):337–339

Lorenz RD, Stiles B, Kirk RL et al (2008) Titan's rotation revelas an internal ocean and changing zonal winds. Science 319:1649–1651

Lou E, Fujisawa S, Barlas A et al (2012) Tunneling Nanotubes – a new paradigm for studying intercellular communication and therapeutics in cancer. Communicative & Integr Biology 5:399–403

Mahaffy PR, Webster CR, Atreya SK et al (2013) Abundance and isotopic composition of gases in the Martian atmosphere from the Curiosity rover. Science 341:263–266

Malaska MJ, Hodyss R, Lunine JI et al (2017) Laboratory measurements of nitrogen dissolution in Titan lake fluids. Icarus 289:94–105

Mastrogiuseppe M, Poggiali V, Hayes AG et al (2019) Deep and methane-rich lakes on Titan. Nat Astron. https://doi.org/10.1038/s41550-019-0714-2

Matijevic JR, Crisp J, Bickler DB et al (1997) Characterization of the Martian surface deposits by the Mars Pathfinder rover, Sojourner. Science 278:1765–1768

McElroy MB, Kong TY, Yung YL (1977) Photochemistry and evolution of Mars' atmosphere: a Viking perspective. J Geophys Res 82:4379–4388

McKay CP, Smith HD (2005) Possibilites for methanogenic life in liquid methane on the surface of Titan. Icarus 178:274–276

McSween HY Jr, Murchie SL, Crisp JA et al (1999) Chemical, multispectral, and textural constraints on the composition and origin of rocks at the Mars Pathfinder landing site. JGR Planets 104:8679–8715

Menez B, Pisapia C, Andreani M et al (2018) Abiotic synthesis of amino acids in the recesses of the oceanic lithosphere. Nature 564:59–63

Miller SL (1953) A production of amino acids under possible primitive earth conditions. Science 117(3046):528f

Miteva V, Sowers T, Brenchley J (2007) Production of N2O by ammonia oxidizing bacteria at subfreezing temperatures as a model for assessing the N2O anomalies in the Vostok Ice core. Geomicrobiol J 24:451–459

Mitri G, Showman AP, Lunine JI et al (2008) Resurfacing of Titan by ammonia-water cryomagma. Icarus 196:216–224

Morris RV, Ruff SW, Gellert R et al (2010) Identification of carbonate-rich outcrops on Mars by the Spirit rover. Science 329:421–424

Morris PW, Gupta H, Nagy Z et al (2016) Herschel/HIFI spectral mapping of C⁺, CH⁺, and CH in Orion BN/KL: the prevailing role of ultraviolet irradiation in CH⁺ formation. Astrophys J 829(1):15

NASA (2014) Curiosity finds Iron meteorite on Mars. NASA-Pressemitteilung. https://www.nasa.gov/jpl/msl/pia18387. Zugegriffen: 15. Febr. 2019

NASA (2017a) Journey to the center of icy moons. Pressemitteilung der NASA. https://www.nasa.gov/feature/journey-to-the-center-of-icy-moons. Zugegriffen: 15. Febr. 2019

NASA (2017b) Mars Rover curiosity examines possible mud cracks. Presseveröffentlichung der NASA. https://www.nasa.gov/feature/jpl/mars-rover-curiosity-examines-possible-mud-cracks. Zugegriffen: 15. Febr. 2019

NASA (2018) NASA Announces Landing Site for Mars 2020 Rover. Presseveröffentlichung der NASA. https://www.nasa.gov/press-release/nasa-announces-landing-site-for-mars-2020-rover. Zugegriffen: 15. Febr. 2019

Niederholtmeyer H, Chaggan C, Devaraj NK et al (2018) Communication and quorum sensing in non-living mimics of eukaryotic cells. Nat Commun 9:5027

Niemann HB, Atreya SK, Bauer SJ et al (2005) The abundances of constituents of Titan's atmosphere from the GCMS instrument on the Huygens probe. Nature 438(7069):779–784

Niemann HB, Atreya SK, Demick JE et al (2010) Composition of Titan's lower atmosphere and simple surface vola- tiles as measured by the Cassini-Huygens probe gas chromatograph mass spectrometer experiment. J Geophys Res 115:E12

Nimmo F, Hamilton DP, McKinnon WB et al (2016) Reorientation of Sputnik Planitia implies a subsurface ocean on Pluto. Nature 540:94–96

Nordheim TA, Hand KP, Paranicas C (2018) Preservation of potential biosignatures in the shallow subsurface of Europa. Nature Astronomy 2:673–679

Nutman AP, Bennett VC, Friend CRL et al (2016) Rapid emergence of life shown by discovery of 3,700-million-year-old microbial structures. Nature 537: 535–538

Oleson SR (2016) Titan submarine: exploring the depths of Kranken Mare. Nennung des Konzepts im Vortrag NASA Glenn Research Centers auf dem NASA-Innovative-Advanced-Concepts-Symposium, Raleigh, North Carolina

Oparin A (1947) Die Entstehung des Lebens auf der Erde. Volk und Wissen, Berlin. 1924 erschien die russische Originalliteratur: Oparin A., Proiskhozhdenie zhizny, Izd. Moskovhii RabochiI, Moskau

Orosei R, Lauro SE, Pettinelli E et al (2018) Radar evidence of subglacial liquid water on Mars. Science 361:490–493

Pande S, Kost C (2017) Bacterial unculturability and the formation of intercellular metabolic networks. Trends Microbiol 25:349–361

Parness A, Frost M, Boston P et al (2012) Rock climbing robot for exploration and sample acquisition at lava tubes, steep slopes, and cliff walls. Nennung der Arbeit im Vortrag des NASA Jet Propulsion Laboratory auf dem NASA-Innovative-Advanced-Concepts-Symposium, Raleigh, North Carolina

Pasteur L (1864) On spontaneous generation: an address delivered by Louis Pasteur at the „Sorbonne Scientific Soiree" of April 7, 1864. Revue des cours scientifics I (1863–1864):257–264. Englische Übersetzung mitsamt handschriftlichen Korrekturen von Pasteur im Auftrag von Bruno Latour, Copyright Alex Levine 1993

Pearce BKD, Pudritz RE, Semenov DA et al (2017) Origin of the RNA world: the fate of nucleobases in warm little ponds. PNAS 114:11327–11332

Penalosa J (1983) Shoot dynamics and adaptive morphology of Ipomoea phillomega (Vell.) House (Convolvulaceae), a Tropical Rainforest Liana. Ann Bot 52(5):737–754. (u. A. in Silvertown, J, Charlesworth D (2001) Plant Population Biology 13. Blackwell Publishing, Malden.)

Phillips CB, Pappalardo RT (2014) Europa clipper mission concept: exploring Jupiter's ocean moon. EOS Trans AGU 95:165–167

Postberg F, Kempf S, Schmidt J et al (2009) Sodium salts in E-ring ice grains from an ocean below the surface of Enceladus. Nature 459:1098–1101

Postberg F, Schmidt J, Hillier J et al (2011) A salt-water reservoir as the source of a compositionally stratified plume on Enceladus. Nature 474:620–622

Postberg F, Khawaja N, Abel B et al (2018) Macromolecular organic compounds from the depths of Enceladus. Nature 558:564–568

Powner MW, Gerland B, Sutherland JD (2009) Synthesis of activated pyrimidine ribonucleotides in prebiotically plausible conditions. Nature 459:239–242

Rustom A, Saffrich R, Markovic I et al (2004) Nanotubular highways for intercellular organelle transport. Science 303:1007–1010

Raulin F (2005) Exo-astrobiological aspects of Europa and Titan: From observations to speculations. Space Sci Rev 116(1):471–486

Ramirez RM, Kopparapu R, Zugger ME et al (2014) Warming early Mars with CO_2 and H_2. Nat Geosci 7:59–63

Sagan C, Salpeter EE (1976) Particles, environments and possible ecologies in the Jovian atmosphere. Astrophys J Suppl 32:737–755

Salinas-de-Leon P, Phillips B, Ebert D et al (2018) Deep-sea hydrothermal vents as natural egg-case incubators at the Galapagos Rift. Sci Rep 8:1788

Schuergers N, Lenn T, Kampmann R et al (2016) Cyanobacteria use micro-optics to sense light direction. eLife 5:e12620

Schulz F, Alteio L, Goudeau D et al (2018) Hidden diversity of soil giant viruses. Nat Commun 9:4881

Schvarcz CR, Steward GF (2018) A giant virus infecting green algae encodes key fermentation genes. Virology 518:423–433

Sender R, Fuchs S, Milo R (2016) Revised estimates for the number of human and bacteria cells in the body. PLoS Biol 14(8):e1002533

Shematovich VI (2018) Ocean worlds in the outer regions of the solar system (Review). Sol Syst Res 52:371–381

Sojo V, Herschy B, Whicher A et al (2016) The origion of life in alkaline hydrothermal vents. Astrobiology 16:181–197

Squyres SW, Arvidson RE, Bollen D et al (2006) Overview of the opportunity Mars exploration Rover Mission to Meridiani Planum: Eagle crater to Purgatory Ripple. JGR Planets 111:E12

Stamenkovic V, Ward LM, Mischna M, Fischer WW (2018) O2 solubility in Martian near-surface environemnts and implications for aerobic life. Nat Geosci 11:905–909

Stevens AH, Childers D, Fox-Powell M et al (2019) Growth, viability, and death of Planktonic and biofilm Sphingomonas desiccabilis in simulated Martian brines. Astrobiology 19:87–98

Stofan ER (2007) The lakes of Titan. Nature 445:61–64

Strobel DF (2010) Molecular hydrogen in Titan's atmosphere: implications of the measured tropospheric and thermospheric mole fractions. Icarus 208(2):878–886

Squyres SW, Arvidson RE, Bell JF et al (2012) Ancient impact and aqueous processes at Endeavour Crater, Mars. Science 336:570–576

Taubner R-S, Pappenreiter P, Zwicker J et al (2018) Biological methane production under putative Enceladus-like conditions. Nat Commun 9:748

Tinoco I Jr, Bustamante C (1999) How RNA folds. J Mol Biol 293(2):271–281

Toyota T, Maru N, Hanczyc MM et al (2009) Self-propelled oil droplets consuming >fuel< surfactant. J Am Chem Soc 131(14):5012f

Trainer MG, Brinckerhoff WB, Freissinet C et al (2018a) Dragonfly: investigating the surface composition of Titan. 49th Lunar andPlanetary Science Conference, Document ID 20180003047

Trainer MG, Brinckerhoff WB, Freissinet C et al (2018b) Dragonfly: investigating the surface composition of Titan. NASA-Pressemitteilung. https://ntrs.nasa.gov/archive/nasa/casi.ntrs.nasa.gov/20180003047.pdf. Zugegriffen: 15. Febr. 2019

Tyler RH (2008) Strong ocean tidal flow and heating on moons of the outer planets. Nature 456:770–772

Van Thienen P, Vlaar NJ, Van den Berg AP (2005) Assessment of the cooling capacity of plate tectonics and flood volcanism in the evolution of Earth, Mars and Venus. Phys Earth Planet Inter 150:287–315

Viedma C (2007) Chiral symmetry breaking and complete chiral purity by thermodynamic-kinetic feedback near equilibrium: implications for the origin of biochirality. Astrobiology 7:312–319

Wächtershäuser G (1988) Pyrite formation, the first energy source for life: A hypothesis. Syst Appl Microbiol 10(3):207–210

Wächtershäuser G (1992) Groundworks for an evolutionary biochemistry: the iron-sulphur world. Prog Biophys Mol Biol 58(2):85–201

Webster CR, Mahaffy PR, Flesch GJ et al (2013) Isotope ratios of H, C, and O in CO2 and H2O of the Martian atmosphere. Science 341:260–263

Williams RME, Grotzinger JP, Dietrich WE et al (2013) Martian fluvial conglomerates at gale crater. Science 340:1068–1072

Wolfe-Simon F, Switzer Blum J, Kulp TR et al (2010) A Bacterium that can grow by using arsenic instead of phosphorus. Science 323(6034):1163–1166

Yamamoto M, Nakamura R, Oguri K et al (2013) Generation of electricity and illumination by an environmental fuel cell in deep-sea hydrothermal vents. Angew Chem Int Ed 52:10758–10761

Yarus M (2010) Getting past the RNA world: the initial Darwinian Ancestor. RNA worlds: from Life's origins to diversity in gene regulation. Cold Spring Habror Laboratory Press, New York, S 43–50

Yates JS, Palmer PI, Biller B et al (2017) Atmospheric Habitable Zones in Y Dwarf Atmospheres. Astrophys J 836:184

Glossar

Abiogenese Entstehung lebendiger Entitäten und biologischer Kreisläufe aus chemisch-physikalischen Prozessen. Der Prozess wird auch als Chemische bzw. Präbiotische Evolution bezeichnet. Gegenteil der Biogenese, bei der ein Lebewesen aus einem vorherigen Lebewesen heraus entsteht (Geburt, Zellteilung, …).

Antibiosignatur Das Vorhandensein von chemischen Elementen und Molekülen in einer Exoplaneten-Atmosphäre oder Bodenprobe, die eine Abwesenheit von uns bekannten biologischen Prozessen nahelegen (zum Beispiel gleichzeitige Existenz von CO und CO_2 bei Abwesenheit von CH_4). Auch generelle Umstände wie starke Strahlungsausbrüche des Muttersterns können eine Antibiosignatur darstellen. Gegenteil der Biosignatur.

Astrometrische Methode Entdeckung von Exoplaneten durch die direkte Observierung einer Sternbewegung vor einem fixen Hintergrund (bei der Radialgeschwindigkeitsmethode wird hingegen indirekt durch die Veränderung der Strahlungsmuster auf die Bewegung geschlossen).

Atmospheric escape Verlust von Gasen einer Atmosphäre in den interplanetaren Raum. Es gibt verschiedene Gründe für diesen Prozess, wie z. B. Sternwinde oder eine zu geringe Masse (Gravitation) des planetaren Körpers.

Baryzentrum Gravitativer Massenmittelpunkt zweier oder mehrerer Körper im Weltraum (Planeten und Sterne, Sterne und Sterne, Planete und Monde, usw.). So befindet sich das Baryzentrum des Erde-Mond-Systems nicht exakt im Zentrum der Erde, da auch der Mond mit seiner Masse an der Erde „zieht".

Biofilm Vergesellschaftung von Mikroorganismen an Grenzschichten und Oberflächen, oft auch als Schleimschicht bezeichnet. Ein Großteil der bekannten Archaeen und Bakterien kommen in Biofilmen vor. Insbesondere in wässrigen Umgebungen anzutreffen, oder auch im Körper von Menschen und anderen komplexen Organismen.

© Springer-Verlag GmbH Deutschland, ein Teil von Springer Nature 2019
A. Janjic, *Astrobiologie – die Suche nach außerirdischem Leben*,
https://doi.org/10.1007/978-3-662-59492-6

Biosignatur Eigenschaft eines gesamten Planeten oder einer Bodenprobe, die dafür spricht, dass biologische Prozesse stattfinden oder in der Vergangenheit stattgefunden haben. Beispiele sind atmosphärische Biosignaturen (z. B. Präsenz von Gasen in Exoplaneten-Atmosphären), Oberflächenbiosignaturen (z. B. farbig pigmentierte Oberflächen), oder dynamische/zeitliche Biosignaturen (Veränderung von Gasgemischen oder Oberflächenpigmentierungen im Verlaufe der Zeit), aber beispielsweise auch die Chiralität von Molekülen in einer Bodenprobe.

Biotische Stickstofffixierung Reduzierung von molekularem Stickstoff (N_2) in der Atmosphäre zu bioverfügbaren Stickstoffverbindungen durch Mikroorganismen (z. B. Cyanobakterien).

Brauner Zwerg Ein astronomischer Körper, der aufgrund seiner Masse weder den Sternen, noch den Planeten zugeordnet werden kann. Die Masse ist zwar so hoch, dass im Gegensatz zu riesigen Gasplaneten eine Fusion von Deuterium und Lithium im Zentrum stattfinden kann, jedoch immer noch nicht hoch genug, um Wasserstoff im Kern zu fusionieren, so wie es bei „echten" Sternen der Fall ist. Masse zwischen 13 und 75 Jupitermassen.

Breakthrough Starshot Forschungsprojekt, bei dem daumengroße Starchips zu einem nächstgelegenen Stern und dessen Planeten geschickt werden sollen (z. B. Proxima centauri b). Der Antrieb soll durch gebündelte Laserstrahlen erfolgen, welche die Segel des Starchips im Erdorbit treffen und mit dem Photonendruck auf bis zu 20 Prozent der Lichtgeschwindigkeit beschleunigen.

Chiralität Punktsymmetrische Formen von Molekülen, die somit nicht deckungsgleich sind, aber dieselbe Funktion ausüben. In biologischen Prozessen wird oft nur eine Symmetrieform bevorzugt, weshalb in einer Bodenprobe biologische Prozesse vermutet werden können, wenn ein Großteil der Moleküle dieselbe Chiralität aufweist. Unter rein abiotischen Bedingungen sind solche Trends meistens nicht beobachtbar.

Direct Imaging Entdeckung von Exoplaneten durch direkte Photographie (meist jedoch nicht im sichtbaren Licht, sondern Infrarot).

Earth-Similarity-Index Erdähnlichkeit eines Exoplaneten in Hinblick auf grundlegende physikalische Eigenschaften, wie z. B. Masse, Durchmesser, Orbitalgeschwindigkeit. Sagt nichts über die Habitabilität eines Himmelskörpers aus.

Endospore Überdauerungsform eines Mikroorganismus, die innerhalb des jeweiligen Zellkörpers produziert wird. Ein Bakterium (z. B. der Gattung *Bacillus*) zerstört somit seinen Zellkörper, jedoch kann aus der Spore zu einem späteren Zeitpunkt eine neue vegetative Zelle entstehen (in gewisser Hinsicht mit Pflanzensamen vergleichbar, aber nicht identisch).

Endosymbiontenhypothese Evolutionsbiologische Vorstellung, dass zwei Prokaryoten (Zellen ohne Zellkern) sich in ferner Vergangenheit verbunden haben, was nach langer Zeit dazu führte, dass Eukaryoten entstanden sind (Zellen mit Zellkern und Organellen). Die Organellen in heutigen Eukaryoten (z. B. die Mitochondrien) sind demnach letztlich rudimentär ausgeprägte Formen von vor Urzeiten eingefangenen Prokaryoten. Die Idee gewann an Zustimmung, als bekannt wurde, dass das Genom der Organellen dem von Bakterien stark ähnelt. Heute gilt die Endosymbiontenhypothese auch aufgrund der Beobachtung von intrazellulären Bakterien als äußerst plausibel und weitgehend anerkannt.

Flare bzw. Superflare Sterneneruption, bei der besonders große Mengen an Strahlung (auch Teilchenstrahlung) freigesetzt werden können (konkreter auch als koronaler Massenauswurf (CME) bezeichnet).

Fraunhofer-Linien (Absorptionslinien) Dunkle Balken in der Aufnahme eines Absorptionsspektrums eines Sterns. Die Strahlung eines Sterns wird auf dem Weg nach außen von chemischen Elementen und Molekülen spezifisch absorbiert, sodass die jeweiligen Wellenlängen nicht mehr weiter vordringen können und somit auch nicht im Detektor ankommen. Durch die Analyse dieser Linien sind Aussagen über die chemische Beschaffenheit eines Sterns möglich.

Große Sauerstoffkatastrophe Globaler Anstieg von Sauerstoff (O_2) in den Gewässern und der Atmosphäre der Erde vor etwa 2,3 Milliarden Jahren. Auslöser waren große Mengen an sauerstoffproduzierenden Cyanobakterien (bzw. Vorläufer von Cyanobakterien). Für viele damalige Mikroorganismen waren erhöhte Konzentrationen von Sauerstoff toxisch, weshalb ein mikrobielles Massensterben folgte. Auch eine große Vereisung der Erde folgte vermutlich auf das Ereignis, da der Sauerstoff in der Atmosphäre mit Methan reagierte und CO_2 produzierte (CO_2 ist ein deutlich schwächeres Treibhausgas als Methan).

Grünlücke Im Absorptionsspektrum der Erde kann der grüne Teil des Lichts (490 bis 620 Nanometer) nicht oder sehr verringert detektiert werden, da pflanzliche Organismen (bzw. deren Zellorganellen in Form von Chlorophyllen) grünes Licht remittieren und nicht absorbieren. Die Grünlücke ist somit eine Oberflächenbiosignatur. Da (hell-)rotes Licht von Pflanzen stark absorbiert wird, kann konvergent zur Grünlücke auch der Vegetation-Red-Edge im Absorptionsspektrum sichtbar sein.

Habitable Zone Bereich im interplanetaren Raum, bei dem für uns bekanntes Leben „angenehme" Bedingungen herrschen. Die innere Zone der habitablen Zone ist dann erreicht, wenn ein Atmosphärenverlust aufgrund der Strahlung des Sterns oder ein extremer Treibhauseffekt nicht verhindert werden kann. Die äußere Grenze ist hingegen dann erreicht, wenn die Oberfläche den Gefrierpunkt nicht mehr übersteigen kann, auch wenn weitere Treibhausgase hinzugefügt werden würden. Die Aussage, dass die Strahlung des Sterns die habitable Zone alleinig bestimmt, ist nicht richtig, da auch die Masse des Planeten selbst eine Rolle spielt. Auch außerhalb von habitablen Zonen können habitable Bedingungen herrschen, wie zum Beispiel in unterirdischen Ozeanen von Eismonden, die von geologischen Prozessen erwärmt werden. Früher auch als „Ökosphäre" bezeichnet.

Kosmische Strahlung Hochenergetische Partikelstrahlung/Teilchenstrahlung, die von der Sonne, der Milchstraße oder anderen kosmischen Quellen stammen kann. Hauptsächlicher Bestandteil sind extrem hohe Geschwindigkeit aufweisende

Protonen. Nicht zu verwechseln mit der Kosmischen Hintergrundstrahlung, die in der Kosmologie von wesentlicher Bedeutung ist.

Kryptobiose Überleben eines Organismus unter schwierigen Bedingungen, indem der gesamte Stoffwechsel extrem reduziert wird. Insbesondere das weitgehende Fehlen von Wasser hilft in diesem Zustand dabei, dass hoher Hitze, Kälte und chemischer Degradierung entgegengewirkt wird.

Last Universal Common Ancestor (LUCA) Eine Lebensform, von der alle heute lebenden Organismen ursprünglich abstammen. Manchmal auch als Progenot bezeichnet. Es ist nicht klar, ob es sich hierbei um eine einzelne Art oder gar einen einzelnen Organismus handeln muss, oder vielmehr um eine miteinander vernetzte biochemische Struktur, die zur genetischen Informationsspeicherung in der Lage war und eine bereits lebende Entität darstellte. Nicht zu verwechseln mit Protobionten, die Vorläufer von lebendigen Einheiten darstellen.

Late Heavy Bombardment Besonders häufig auftretende Einschläge von planetaren Körpern auf anderen Körpern (auch der Erde) im Sonnensystem vor 3,95 Milliarden Jahren. In letzter Zeit ist die Hypothese wieder hinterfragt worden, weil neue Funde nicht zwingend nahelegen, dass es ein sehr kurzzeitiges und dadurch extremes Ereignis in der Frühgeschichte der Erde war.

Metabolism-first-Hypothese / Replication-first-Hypothese Vorstellung, dass sich in der Entstehung des Lebens katalytisch wirksame chemische Prozesse und Stoffwechselvorläufer vor replizierenden und informationstragenden Molekülen entwickelten und vice versa. Auch eine parallele Entwicklung von Stoffwechseln und replizierenden Molekülen und spätere Verbindung beider Prozesse wird heute diskutiert.

Mykorrhiza-Pilze Pilz, der eine Symbiose mit einer Pflanze über deren Feinwurzelsystem bildet. Der Pilz erhält insbesondere Kohlenstoff von der Pflanze, während der Pilz durch seine sehr feinen Hyphen die Aufnahmerate von Nährstoffen aus dem Boden für die Pflanze stark erhöht.

Panspermie und Transspermie Vorstellung, dass biologische Bestandteile oder gar ganze Lebensformen durch den interplanetaren oder gar interstellaren Raum ausgetauscht werden können. Man unterscheidet die Lithopanspermie von der Radiopanspermie – bei Ersterem sorgen Einschläge von planetaren Körpern auf anderen Himmelskörpern dafür, dass Gesteine in den interplanetaren Raum katapultiert werden, die mikrobielles Leben enthalten. Diese können sodann zu anderen Körpern gelangen. Bei der Radiopanspermie wird argumentiert, dass der Strahlungsdruck eines Sterns ausreichen kann, um Mikroorganismen aus der oberen Atmosphäre in den interplanetaren Raum abzugeben. Die Transspermie wird als Begriff eingesetzt, wenn man aussagen möchte, dass sich die Übertragung von Lebensformen oder biologischen Bestandteilen zwischen zwei direkt benachbarten Planeten ereignen kann. Weitere Begriffe sind die Pseudopanspermie, bei der nur davon ausgegangen wird, dass für das Leben wichtige Moleküle (z. B. Wasser, Aminosäuren) zwischen planetaren Körpern ausgetauscht werden, oder auch die Nekropanspermie, bei der betont wird, dass die Reste getöteter Mikroben übertragen werden, nicht aber lebendige Mikroben.

Planemo „Planetary-mass-object" – Planet, der keine ersichtliche Bindung an einen Stern aufweist und durch den Weltraum driftet. Auch als free-floating-planet oder vagabundierender Planet bezeichnet.

Planet X Hypothetischer Planet, der sich sehr weit außen im Sonnensystem befindet und womöglich Ausmaße einer Supererde aufweist. Trotz einiger Indizien aus abgeleiteten Umlaufbahnen von Asteroiden und Kometen ist diese Hypothese noch sehr spekulativ.

Planetary Protection Verhinderung, dass irdische mikrobiologische Lebensformen oder deren Bestandteile (DNA, RNA, Proteine) durch Raumfahrtmissionen auf andere Himmelskörper gelangen. Ziel ist es also, die sogenannte Vorwärts-Kontamination zu verhindern. Auch eine Rückwärts-Kontamination kann unter die Planetary Protection kategorisiert werden, bei der die Erde aus Versehen durch zurückgebrachte extraterrestrische Bodenproben mit außerirdischen Mikroorganismen oder deren Bestandteilen kontaminiert wird.

Purple-Earth-Hypothese Vorstellung, dass vor dem heute überall anzutreffendem Chlorophyll-basierten Leben (Pflanzen und viele Mikroorganismen) ein anderes Photosynthese-Pigment in vielen Lebewesen vorhanden war, welches Oberflächen in violetter Farbe benetzt. Auch heute sind noch alte Stämme von Mikroorganismen bekannt, die ein solches Pigment verwenden und sogar ganze Landschaften lila erscheinen lassen können.

Quorum sensing Dichteabhängige Zellkommunikation, bei der einzelne Zellen durch Ausschüttung bestimmter Stoffe andere Zellen über deren Präsenz informieren können. So werden manche Prozesse erst dann von Mikroorganismen initiiert, wenn genügend Zellen in direkter Umgebung vorhanden sind. Bei Biofilmen und deren Resistenz spielt dieses Phänomen höchstwahrscheinlich eine wesentliche Rolle.

Radialgeschwindigkeitsmethode Entdeckung von Exoplaneten durch penible Observierung des Sternspektrums, wenn sich dieser Stern bewegt. Die Bewegung eines solchen Sterns weist sodann darauf hin, dass sich in der Umgebung massereiche planetare Körper befinden.

RNA-Welt Vorstellung, dass sich RNA lange vor der DNA in der irdischen Umwelt bildete und dort mit anderen Molekülen bzw. bereits entwickelten Stoffwechseln interagierte und somit zur Entstehung erster Progenoten führte.

Roter Zwerg Himmelskörper, dessen Masse ausreicht, um die Kernfusion von Wasserstoff zu zünden, aber noch deutlich geringer ist, als bei größeren Sternen wie der Sonne. Es handelt sich im Gegensatz zu noch kleineren und leichteren Braunen Zwergen also um leuchtschwache und kleine, aber „echte" Sterne.

Starshade Ein einige zehn Meter durchmessendes Objekt, das in einer großen Entfernung im Weltraum vor einem Teleskop positioniert wird, sodass das Licht eines beobachteten Sterns keinen Überstrahlungseffekt hervorruft und eventuell vorhandene Exoplaneten im beobachteten Planetensystem für das Direct Imaging sichtbar werden.

Subglazialer See Abgeschlossener See unter einen dicken Eisschicht eines Gletschers. Vor allem in der Antarktis wurden subglaziale Seen nachgewiesen und auf biologische Spuren hin untersucht.

Supererde Ein terrestrischer Planet, der eine Masse zwischen 1 und 14 Erdmassen aufweist. Es kann sich auch um völlige Wasser-Welten handeln, bei der ein extrem tiefer Ozean alles bedeckt, oder auch um Gesteinskörper ähnlich der Erde. Der Begriff der Supererde sagt jedoch nichts über die Habitabilität des Körpers aus.

Swing-by-Manöver Beschleunigung einer Raumsonde mit Hilfe des Gravitationsfelds eines planetaren Körpers, um ein weiter entferntes Ziel mit einer höheren Endgeschwindigkeit erreichen zu können.

Symbiose und Mutualismus Vergesellschaftung von Organismen, wobei „Mutualismus" bedeutet, dass beide Partner von der Vergesellschaftung profitieren (z. B. Mykorrhiza-Pilze und Pflanzen). Auch andere Formen der Symbiose wurden beobachtet, z. B. Parasitismus (eindeutiger Schaden an einem der Partner), Kommensalismus (für einen Partner positiv, für anderen Partner egal), usw. Man unterscheidet zwischen obligaten und fakultativen Symbiosen, also von solchen, die verpflichtend notwendig sind, damit ein Organismus überleben kann, oder welchen, die nur bei Bedarf oder per Zufall eingegangen werden.

Technosignatur Eindeutiger Hinweis darauf, dass ein Exoplanet von kommunizierenden und intelligenten Lebensformen bewohnt wird (z. B. Radiokommunikation). Eine Technosignatur entspricht somit einer eindeutigen, wenngleich sehr spekulativen Biosignatur.

Terraforming Vorstellung und Maßnahmen, um einen anderen und lebensfeindlichen Planeten (insbesondere den Mars) lebensfreundlicher bzw. erdähnlicher zu gestalten. Mit heutigen technologischen Möglichkeiten scheint ein Terraforming des Mars oder der Venus nicht in absehbarer Zukunft möglich zu sein.

Transitmethode Entdeckung von Exoplaneten, wenn diese vor ihrem Mutterstern vorbeiziehen und dessen Licht somit für eine gewisse Zeitspanne verdunkeln. Bislang ist die Transitmethode die mit Abstand erfolgreichste Nachweismethode für Exoplaneten.

Transmissionsspektroskopie Analyse der Atmosphäre eines Exoplaneten, wenn dieser in unserer Blickachse von hinten von der Sternenstrahlung beleuchtet wird. Die Strahlung dringt somit in die Atmosphäre eines Exoplaneten ein und dringt zu einem gewissen Teil bis zu unseren Detektoren hindurch, während andere Wellenlängen hingegen von Molekülen in der Atmosphäre des Exoplaneten absorbiert werden und unsere Detektoren nicht erreichen. Somit lässt sich auf die chemische Beschaffenheit einer Exoplaneten-Atmosphäre schließen.

Vegetation Red Edge (VRE) Da pflanzliche Organismen und viele Mikroorganismen den (hell-)roten Bereich des Sonnenlichts stark absorbieren, kann im Absorptionsspektrum der Oberfläche der Erde oft ein starker Anstieg in diesem Frequenzbereich registriert werden. Konvergent dazu ist das Muster der Grünlücke in einem Absorptionsspektrum.

Stichwortverzeichnis

© Springer-Verlag GmbH Deutschland, ein Teil von Springer Nature 2019
A. Janjic, *Astrobiologie – die Suche nach außerirdischem Leben*,
https://doi.org/10.1007/978-3-662-59492-6

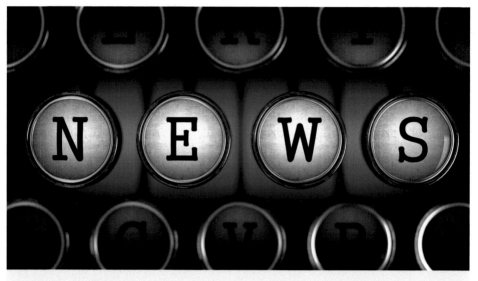

Ihr kostenloses eBook

Vielen Dank für den Kauf dieses Buches. Sie haben die Möglichkeit, das eBook zu diesem Titel kostenlos zu nutzen. Das eBook können Sie dauerhaft in Ihrem persönlichen, digitalen Bücherregal auf **springer.com** speichern, oder es auf Ihren PC/Tablet/eReader herunterladen.

1. Gehen Sie auf **www.springer.com** und loggen Sie sich ein. Falls Sie noch kein Kundenkonto haben, registrieren Sie sich bitte auf der Webseite.
2. Geben Sie die eISBN (siehe unten) in das Suchfeld ein und klicken Sie auf den angezeigten Titel. Legen Sie im nächsten Schritt das eBook über **eBook kaufen** in Ihren Warenkorb. Klicken Sie auf **Warenkorb und zur Kasse gehen**.
3. Geben Sie in das Feld **Coupon/Token** Ihren persönlichen Coupon ein, den Sie unten auf dieser Seite finden. Der Coupon wird vom System erkannt und der Preis auf 0,00 Euro reduziert.
4. Klicken Sie auf **Weiter zur Anmeldung**. Geben Sie Ihre Adressdaten ein und klicken Sie auf **Details speichern und fortfahren**.
5. Klicken Sie nun auf **kostenfrei bestellen**.
6. Sie können das eBook nun auf der Bestätigungsseite herunterladen und auf einem Gerät Ihrer Wahl lesen. Das eBook bleibt dauerhaft in Ihrem digitalen Bücherregal gespeichert. Zudem können Sie das eBook zu jedem späteren Zeitpunkt über Ihr Bücherregal herunterladen. Das Bücherregal erreichen Sie, wenn Sie im oberen Teil der Webseite auf Ihren Namen klicken und dort **Mein Bücherregal** auswählen.

EBOOK INSIDE

eISBN	978-3-662-59492-6
Ihr persönlicher Coupon	z2csxax97jxaarQ

Sollte der Coupon fehlen oder nicht funktionieren, senden Sie uns bitte eine E-Mail mit dem Betreff: **eBook inside** an **customerservice@springer.com**.